# 泄露攻击下可证明安全的公钥密码机制

周彦伟　著

科 学 出 版 社
北　京

## 内 容 简 介

本书主要介绍在信息泄露环境下安全公钥加密机制的构造，共 8 章。第 1 章介绍抗泄露密码学的研究背景及意义；第 2 章介绍相关的数学基础及安全性假设；第 3 章介绍相关密码学工具的形式化定义及安全模型；第 4 章介绍抗泄露公钥加密机制的构造方法；第 5 章介绍抗泄露基于身份加密机制的构造方法；第 6 章介绍抗泄露无证书公钥加密机制的构造方法；第 7 章介绍抗泄露基于证书公钥加密机制的构造方法；第 8 章介绍抗泄露密钥封装机制的构造方法。

本书可作为网络空间安全、密码学等专业高年级本科生和研究生相关课程的教材，也可作为相关科研人员和工程技术人员的参考用书。

**图书在版编目（CIP）数据**

泄露攻击下可证明安全的公钥密码机制 / 周彦伟著. — 北京：科学出版社，2021.11

ISBN 978-7-03-070119-0

Ⅰ. ①泄…　Ⅱ. ①周…　Ⅲ. ①公钥密码系统－研究　Ⅳ. ①TN918.4

中国版本图书馆 CIP 数据核字（2021）第 209882 号

责任编辑：陈　静　霍明亮 / 责任校对：胡小洁

责任印制：吴兆东 / 封面设计：迷底书装

科学出版社 出版

北京东黄城根北街 16 号

邮政编码：100717

http://www.sciencep.com

北京中石油彩色印刷有限责任公司 印刷

科学出版社发行　各地新华书店经销

*

2021 年 11 月第　一　版　开本：720×1 000　1/16

2023 年 3 月第二次印刷　印张：14 3/4

字数：284 000

**定价：118.00 元**

（如有印装质量问题，我社负责调换）

# 前　言

传统密码学基础原语的安全性均依赖于一个较强的安全性假定，即诚实参与方的内部状态对任何攻击者是完全保密的。然而现实环境中，攻击者却能够通过各种各样的泄露攻击(如边信道攻击、冷启动攻击等)获得诚实参与方的内部状态。传统密码学基础原语的设计中均忽略了信息泄露对机制安全性所造成的危害，导致在泄露攻击下，现有的许多可证明安全的密码学基础原语在实际应用中可能不再保持其所声称的安全性，所以基于传统设计模式所构造的密码学基础原语仅具有较弱的安全性。为增强实用性，密码学机制必须具有抵抗泄露攻击的能力，甚至是连续的泄露攻击，因此抵抗(连续)泄露攻击将成为密码学基础原语的一个必备安全属性。

本书旨在从密码机制抵抗泄露攻击的基础理论和基本工具出发，分别对公钥加密机制、基于身份加密机制、无证书公钥加密机制、基于证书公钥加密机制和密钥封装机制等公钥密码原语的抗泄露性进行系统介绍；从安全模型、实例构造和安全性证明等方面进行详细阐述。

本书的内容安排如下所示。

第 1 章主要简述密码学的发展，从实际应用角度出发介绍研究抗泄露密码机制的必要性；同时，对抗泄露密码机制的研究现状、实际应用探索等做了必要的分析和描述。

第 2 章详细介绍本书所使用的相关数学基础和密码学工具，包括哈希函数、强随机性提取器、区别引理和困难性假设等；此外，给出泄露模型的分类和泄露谕言机的具体定义，并阐述合数阶双线性群及其相应的子群判定假设；最后介绍可证明安全的理论基础。

第 3 章详细介绍相关密码学基础工具的形式化定义及安全模型，如哈希证明系统、对偶系统加密技术、一次性损耗滤波器、非交互式零知识论证、卡梅隆哈希函数、密钥衍射函数和消息验证码等，并在此基础上给出相关工具的具体实例化构造。

第 4 章详细介绍公钥加密机制的形式化定义和泄露容忍的安全模型；分别设计泄露容忍的公钥加密机制和连续泄露容忍的公钥加密机制，并证明上述构造具有相应的安全性。

第 5 章详细介绍基于身份加密机制的形式化定义和泄露容忍的安全模型；分别设计泄露容忍的基于身份加密机制和连续泄露容忍的基于身份加密机制，并证明上述构造具有相应的安全性。

第 6 章详细介绍无证书公钥加密机制的形式化定义和泄露容忍的安全模型；分

别设计泄露容忍的无证书公钥加密机制和连续泄露容忍的无证书公钥加密机制，并证明上述构造具有相应的安全性。

第 7 章详细介绍基于证书加密机制的形式化定义和泄露容忍的安全模型；分别设计泄露容忍的基于证书公钥加密机制和连续泄露容忍的基于证书公钥加密机制，并证明上述构造具有相应的安全性。

第 8 章详细介绍基于身份密钥封装机制、无证书密钥封装机制和基于证书广播密钥封装机制的形式化定义和泄露容忍的安全模型；并在此基础上分别设计抗泄露的基于身份密钥封装机制、抗泄露的无证书密钥封装机制和抗泄露的基于证书广播密钥封装机制，同时证明上述构造具有相应的安全性。

本书在编写过程中得到了博士生导生杨波教授的大力支持和帮助，在此表示感谢。另外本书的出版得到了国家自然科学基金(61802242)的资助，同时得到中国电子科技集团第三十研究所保密通信国防科技重点实验室开放课题、广西密码学与信息安全重点实验室开放课题(GCIS-202108)和陕西师范大学研究生教育教学改革研究项目(GERP-21-15)的资助，在此表示感谢。

由于作者水平有限，书中不足之处在所难免，敬请广大读者批评指正。作者联系方式：zyw@snnu.edu.cn。

作　者

2021 年 7 月

# 目　录

# 第1章　绪　　论

## 1.1　研究动机及目标

随着科学技术的不断进步，以互联网发展为代表的信息革命深刻重塑了经济社会和生产生活的形态，为社会注入了强劲的发展之力，为人们带来了无尽的生活便利。然而，由于互联网环境的开放性，信息安全问题日益凸显，网络攻击、网络恐怖等安全事件时有发生，侵犯个人隐私、窃取个人信息、诈骗网民钱财等违法犯罪行为不断发生，2013年曝光的“棱镜门”事件，则告诉人们信息安全问题已经上升为国家与国家之间的对抗。

保障信息安全在技术方面需要综合身份鉴别、访问控制、数据加密、完整性保护和抗抵赖等安全措施，而实施这些安全措施的重要基础就是密码学，密码学是保障信息安全的关键和核心技术。它既可以有效地保障信息的机密性，也可以保护信息的完整性和真实性，防止信息被篡改、伪造和假冒等，为信息的安全传输提供各种解决途径。当前，掌握核心密码技术已成为国家信息安全战略成败的关键之一。现在和未来相当长一段时间内，密码学将在安全的信息加密、身份认证、安全隔离、可信计算和完整性保护等方面继续发挥着难以替代的重要作用。

传统密码学均认为任何敌手无法获知参与方的内部秘密信息，只能接触密码机制的特定输入和输出，也就是说，在传统安全性模型中未考虑信息泄露攻击对密码学基础原语安全性造成的影响。但是现实环境中各种泄露攻击的出现导致攻击者能够获得参与方内部的部分信息；甚至在现实环境中敌手能够进行连续的泄露攻击以获得用户秘密状态的更多泄露，即真实的应用环境中，泄露是无界的。因此，传统密码学机制的安全性是在未考虑泄露的理想安全模型下证明的，使得相应的机制在存在泄露的环境中已不再保持其所声称的安全性。为增强密码学基础原语的实用性，抵抗泄露攻击的能力已成为密码学基础原语的必备能力之一。

在抗泄露密码学中，通过赋予敌手访问泄露谕言机的能力完成对泄露攻击的模拟，敌手以高效可计算的泄露函数作为输入向泄露谕言机提出泄露申请，泄露谕言机返回相应密钥的泄露信息给敌手，泄露信息是关于相应密钥的函数值。为了防止密钥整体被敌手获知，必须在泄露函数上增加相应的限制(即密钥泄露信息的最大长度是受限制的)。一旦敌手获得密钥的全部信息，敌手就很容易攻破相应密码机制的安全性。因此对敌手获得的密钥泄露量，一般有两种不同的限制方法，分别如下所述。

(1) 限制在密码机制的全生命周期内关于密钥的泄露信息的总量要远远小于密钥的长度；一般情况下系统设定一个泄露参数，且值小于密钥的长度，密码机制运行期间的泄露量不能超过系统设定的泄露参数。

(2) 为了模拟更强的泄露攻击，在保持功能和公开信息不变的前提下可以对密钥进行周期性的更新，并且更新后的密钥与原始密钥具有不可区分的分布，同时密码机制的性能和安全性不受密钥更新操作的影响。由于更新后的密钥对敌手而言是一个全新的密钥，因此更新前密钥的泄露信息对更新后的密钥是不起作用的。攻击者即使进行连续的泄露攻击，只需限制在两次更新操作间密钥的泄露量不超过系统设定的泄露参数即可。

近年来，对抗泄露密码机制的研究已引起密码学研究者的广泛关注，在秘密信息存在部分泄漏的前提下，设计仍然保持安全的密码机制，换句话说，密钥、随机数等秘密信息的完备保密性已不再是密码学基础原语安全性证明的基础假定。攻击者通过边信道、冷启动等泄露攻击可以获得秘密状态的相关信息，这种存在泄漏的安全性分析环境无疑更接近于现实应用环境。在允许泄露的前提下对密码学基础原语的研究，将传统“黑盒”的运算模式(运算过程对外界是完全未知的，即参与者的秘密信息对敌手而言是完全保密的)转换到“灰盒”的运算模式(运算过程对外界是若隐若现的，即敌手能够获知参与者的部分秘密信息)。传统敌手模型与泄露敌手模型如图 1-1 所示。

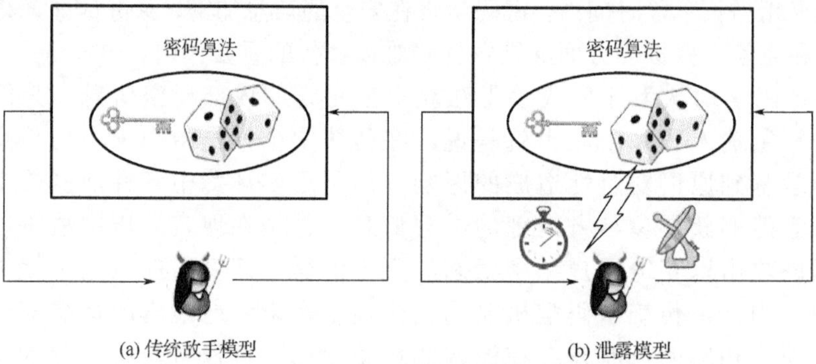


图 1-1　传统敌手模型与泄露敌手模型

## 1.2　研究现状与进展

为了避免因密钥泄露所带来的安全威胁，密码学研究人员在抗泄露密码机制上已开展了相应的研究工作，该机制在攻击者获得系统秘密状态的部分泄露信息的前提下，依然能够保持其所声称的可证明安全性。近年来，抗泄露密码学的研究因其在系统设计时已将泄露情况的发生考虑在内而备受关注。

Akavia 等[1]首先引入了密钥泄露的概念，为了刻画泄露，假定有一个泄露谕言机，敌手可以针对密钥自适应地对泄露谕言机进行任意询问，但是为了避免敌手获得密钥的全部内容，所设计密码机制必须考虑系统所能容忍泄露量的上界，为此对攻击者所获得的泄露信息的数量有所限定，即系统密钥的泄露量满足泄露率的限制(通过泄露率要求实现泄露界的限制,即泄露的总量不能超过系统设定的泄露参数)。Cramer 和 Shoup[2]提出了一个新的密码学原语——哈希证明系统(Hash proof system, HPS)，并基于 HPS 构造了具有选择密文攻击(chosen-ciphertext attacks, CCA)安全性的公钥加密(public key encryption，PKE)机制。Naor 和 Segev[3]提出了以 HPS 作为基本工具构造泄露容忍的 PKE 机制的通用方法；同时，分别介绍了泄露容忍的适应性选择明文攻击(leakage-resilient chosen-plaintext attacks，LR-CPA)安全性和泄露容忍的适应性选择密文攻击(leakage-resilient chosen-ciphertext attacks，LR-CCA)安全性的具体定义与安全性模型；并且基于平均情况下的强随机性提取器提出两个泄露容忍的 PKE 机制的具体构造，其中第一个构造达到了适应性先验的 LR-CCA 安全性，第二个构造达到了适应性后验的 LR-CCA 安全性。虽然文献[3]中泄露容忍的 PKE 机制具有较强的实用性，但为了提高上述机制的计算效率，Li 等[4]依然采用强随机性提取器处理泄露的方法，提出了一个改进的泄露容忍的 PKE 机制，改进的机制具有较高的计算效率。在上述构造[3,4]中，泄露参数 $\lambda$ 和待加密消息的长度 $l_m$ 之间存在相互制约关系，即 $\lambda$ 和 $l_m$ 需满足条件 $\lambda + l_m \leqslant \log q - \omega(\log \kappa)$，其中素数 $q$ 是相应群的阶数，$\kappa$ 是安全参数，$\omega(\log \kappa)$ 表示算法计算过程中的额外泄露。此时，当 $l_m$ 接近 $\log q - \omega(\log \kappa)$ 时，$\lambda$ 趋向于 0，反之亦然。因此上述相关机制[3,4]只能通过减少待加密消息的长度以实现容忍更多泄露的目标。为了解决上述问题，Liu 等[5]基于通用哈希函数提出了一个新颖的泄露容忍的 PKE 机制，其中泄露参数 $\lambda \leqslant \log q - \omega(\log \kappa)$ 是一个独立于待加密消息空间的固定值，即机制所能容忍的泄露量不受待加密消息长度的影响。由于 CCA 安全的加密机制具有更佳的安全性，Qin 和 Liu[6]基于 HPS 和一次性损耗滤波器(one-time lossy filter，OT-LF)，提出了泄露容忍的 PKE 机制的通用设计方法，并在文献[7]中给出了拥有更优性能的泄露容忍的 PKE 机制的具体构造。上述泄露容忍的 PKE 机制[1-7]仅能抵抗有界的泄露攻击，在连续泄露环境下无法保持其所声称的安全性；并且，密文中的部分元素可以表示成一个关于密钥的函数(对敌手而言，密文中的所有元素并不是完全随机的)，使得任意敌手能够从相应的密文中获知密钥的部分泄露信息；此外，部分构造[3,4]中泄露参数和待加密消息的长度间存在此消彼长的制约关系，使得相应构造[3,4]只能通过减少待加密消息的长度来实现容忍更多泄露的目标，然而待加密消息长度的缩短会影响相应构造的实用性。针对上述问题，Zhou 等[8]设计了性能更优的抵抗有界泄露攻击的 CCA 安全的 PKE 机制，任意敌手均无法从相应的密文中获知密钥的附加信息，并且泄露参数是一个独立于待加密消息空间的固定常数，避免通过减少待加密消息的长度来增加泄露量的不足。为抵抗敌手的连续泄露攻击，文献[8]和[9]设计了连续泄露容忍的 PKE 机制，通过对密钥的定期更新使得相应的机制在受到连续泄露攻击的情况下依然能够保持其所声称的安全性。

Alwen 等[10]将 HPS 的概念推广到基于身份的环境下，提出了一个新密码学基础原语——基于身份的哈希证明系统(identity-based Hash proof system，IB-HPS)，并给出了具体的形式化定义和安全性模型；同时，基于 Gentry[11]提出的身份基加密(identity-based encryption，IBE)机制构造了一个高效适应性安全的 IB-HPS，但其安全性是基于非静态假设(其安全性依赖于敌手询问的次数)证明的；同时，Alwen 等[10]基于 IB-HPS 提出了泄露容忍的 IBE 机制的通用构造方法。Chow 等[12]利用 Alwen 的基本理论，基于已有的 IBE 方案构造了三个静态假设下的 IB-HPS，进而得到了三个高效的泄露容忍的 IBE 机制，其中第一个机制是基于选择身份安全的 Boneh-Boyen IBE[13]，第二个机制是基于全安全的 Waters IBE[14]，上述两个机制基于的安全性假设都是判定的双线性 Diffie-Hellman(decisional bilinear Diffie-Hellman，DBDH)；第三个机制基于 Lewko-Waters IBE[15]，达到了全安全且具有较短的公开参数，基于的假设是合数阶双线性群上的子群判定假设。但这些机制在安全性证明中都没有考虑主密钥泄露的情况；此外，第二个机制的安全性证明过程被省略了。此后的很长一段时间内，基于哈希证明系统所构造的泄露容忍的 IBE 机制都没有将主密钥泄露安全性考虑在内。Lewko 等[16]表明密码系统中的强抗泄露性能够非常自然地由对偶系统加密技术得到。Lewko 等[16]所提的方案既可以抗主密钥泄露又可以抵抗用户密钥泄露。然而，上述泄露容忍的 IBE 机制的构造仅能达到选择明文攻击(chosen-plaintext attacks，CPA)安全性。由于满足 CCA 安全性的 IBE 机制具有更优的实际应用性，为了提高泄露容忍的 IBE 机制的安全性，Li 等[17]基于 Gentry 的 IBE 机制，提出了一个 CCA 安全的泄露容忍的 IBE 机制。上述构造[10,12,17]中，泄露参数 $\lambda$ 和待加密消息的长度 $l_m$ 之间存在此消彼长的制约关系，即 $\lambda$ 和 $l_m$ 需满足关系 $\lambda+l_m \leqslant \text{con}$，其中 con 是一个固定的常数值。此时，当 $l_m$ 接近于 con 时，$\lambda$ 趋向于 0，反之亦然。因此只能通过减少待加密消息的长度以实现容忍更多泄露的目标；然而，待加密消息长度的缩短会影响相应机制的实用性。为解决上述问题，基于 Liu 等[5]的结论，Sun 等[18]同样采用通用哈希函数处理泄露的方法提出了一个新的泄露容忍的 IBE 机制，其中泄露参数 $\lambda \leqslant \log q - \omega(\log \kappa)$ 是一个独立于待加密消息空间的固定常数，即机制所能容忍泄露的量不受待加密消息长度的影响。Li 等[17]和 Sun 等[18]的方案都是在有界模型下构造的，即泄露量被某个泄露参数所限定。为了设计抗连续泄露且具有 CCA 安全性的 IBE 机制，Zhou 等[19]基于 DBDH 假设提出了一个抗连续泄露 IBE 的新型构造，但该方案只能在选择身份模型下达到 CCA 安全性。后来，Zhou 等[20]提出了抗连续泄露 CCA 安全的 IBE 方案，与已有方案相比，该方案具有长度更短的公开参数，通信效率更高，且能达到紧归约，但该方案与 Li 等[17]和 Sun 等[18]的方案一样基于的假设依然是一个非静态的安全性假设。为了满足IBE机制的抗连续泄露性需求，Zhou等[21]提出了一个新的密码学原语——可更新的基于身份的哈希证明系统(updatable identity-based Hash proof system，U-IB-HPS)，并基于U-IB-HPS提出了构造CCA安全的连续泄露容忍的IBE机制的通用构造。

Xiong等[22]提出了第一个抵抗泄露攻击的无证书公钥加密(certificateless public-key encryption，CL-PKE)机制，但该机制仅证明了适应性先验的选择密文攻击(adaptive prior chosen-ciphertext attacks，CCA1)安全性，无法满足适应性后验的选择密文攻击(adaptive posteriori chosen-ciphertext attacks，CCA2)安全性。针对上述不足，Zhou和Yang[23]设计了具有CCA2安全性的泄露容忍的CL-PKE机制，其中任意的敌手无法从相应的密文中获知用户密钥的泄露信息，并且泄露参数是一个独立于待加密消息空间的固定常数。为满足实际应用环境对CL-PKE机制抵抗连续泄露攻击的需求，文献[24]提出了能够抵抗连续泄露攻击的CL-PKE机制。

## 1.3 研究意义

现有的传统密码学基础原语的研究中，往往忽视了密钥的泄露对其安全性所造成的影响。然而，在现实环境中，敌手可通过如时间攻击、电源损耗、冷启动攻击及音频分析等泄露攻击，获得关于密钥的泄露信息，因此在密码机制设计过程中，为了更接近现实情况，应去除密钥绝对保密的强安全性假设。本书将以具体的密码机制为研究对象，探索泄露模型的刻画，给出密码机制实现泄露攻击的条件及方法；在存在泄露的场景下，设计更接近于现实环境的密码机制。

密码机制抗泄露性的研究提升了机制的实用性，使得相应的密码机制能够在存在泄露的现实环境中依然保持其所声称的安全性。由于现实环境的泄露攻击是无界的，即敌手能够通过持续执行泄露攻击达到攻破密码机制安全性的目的。由此可见连续泄露模型更接近于现实应用环境。因此，抵抗连续泄露攻击的密码机制更加接近现实环境对其的安全性要求。

密码学基础原语的抗泄露性研究在一定程度上推进了对密码学安全协议抗泄露性研究的进程；通常情况下，密码协议的设计中会涉及相应的密码学基础原语，因此可将密码学基础原语抵抗泄露攻击的技术延伸到应用层密码协议的研究中，设计安全性高的更接近现实应用环境的密码协议。

## 1.4 抗泄露密码机制的应用

抗泄露密码机制能够容忍密钥的部分泄露，在此条件下依然保持其所声称的安全性，克服了传统密码机制中对秘密信息完备性的强安全性假设，是一种更贴合实际应用环境的密码方案。

以下面几个场景为例简要说明抗泄露密码机制研究成果在现实环境中的广泛应用前景。

(1)物联网。在物联网中，为保证各节点间传输数据的安全性，发送节点通常采用传统的加密机制将数据加密后进行传输。由于现实环境中存在泄露攻击的威胁，实现加密操作的密钥需进行抗泄露的保护，以防止敌手通过泄露攻击获得相应密钥的泄露信息，避免数据传输机制的安全性受到威胁。特别地，物联网中大量的节点部署在户外，通过无线通信实现节点间的数据传输，而无线传输过程更容易遭受敌手的攻击，采用抗泄露的相关密码学机制，在敌手获知密钥泄露信息的前提下，依然保证密钥具有较强的安全性，能够确保物联网数据传输系统在存在泄露攻击的环境下依然具有其所声称的原始安全性。

在实际网络中，敌手能够通过连续的泄露攻击获得关于密钥的更多泄露，因此可采用相应的抵抗连续泄露攻击的密码机制对数据进行加密传输，为物联网数据传输机制提供抵抗连续泄露攻击的能力。

(2)漫游认证机制。漫游认证机制需采用相应的密码技术在完成共享密钥协商的同时，完成漫游用户与服务器间身份的相互认证，现有漫游认证机制的研究中均忽视了参与者秘密信息泄露的存在，导致在有信息泄露的环境下，已有的可证明安全的漫游认证机制可能不再保持其所声称的安全性。换句话讲，采用传统密码学机制生成的认证信息无法抵抗由密钥泄露所造成的危害，为防止敌手通过泄露攻击获得相应密钥的泄露信息，避免数据传输机制的安全性受到威胁，采用抗泄露的相关密码学机制对认证双方的密钥进行抗泄露保护，使得在敌手获知密钥泄露信息的前提下，依然保证密钥具有较强的安全性，能够确保漫游认证机制依然具有原始的安全性。

特别地，现实应用的泄露是无界的，敌手可通过执行连续的泄露攻击攻破漫游认证机制的安全性。由于抵抗参与者秘密信息泄露的漫游认证机制更接近现实应用环境的实际安全性需求，因此需使用抗连续泄露的密码机制对参与者的密钥提供抵抗连续泄露攻击的能力。

(3)匿名通信系统。传统的第二代洋葱路由(the second onion routing，Tor)匿名通信系统采用传统的加密机制完成节点间传输数据的加密封装，即 Tor 匿名通信系统并未考虑节点密钥的泄露对其安全性造成的影响，导致传统的 Tor 匿名通信系统在泄露环境下因不具有抵抗泄露攻击的能力而无法保持其所声称的安全性。因此可以采用抗泄露的加密机制完成节点间“洋葱型”数据包的封装，即使各节点的密钥存在一定的泄露，系统的匿名通信过程依然保持其原始的安全性。

由于敌手能够通过连续的泄露攻击获得更多关于密钥的泄露信息，采用抵抗连续泄露攻击的加密机制对数据进行封装，为 Tor 匿名通信系统提供抵抗连续泄露攻击的能力。

(4) ATM 系统。银行的 ATM 系统在使用时，口令密码(可视为 ATM 系统的密钥)的输入过程极易受到外界的攻击，例如，密码可能被攻击者通过视频监控或分析按键手势和频率等方法而获知。采用传统密码机制来保护敏感信息的方法在密码被泄露的情况下可能已无法满足其应有的安全性。因此采用抗泄露的相关研究成果对密码进行抗泄露保护，即使口令密码有部分泄露，整个 ATM 系统依然保持其原始的安全性。

下面将以抗泄露的密钥封装机制(key encapsulation mechanism，KEM)为例，简要叙述其在云计算环境下的数据共享机制和广播授权机制中的典型应用案例。

1. 数据共享机制

如图 1-2 所示，云计算环境下的用户 Alice(身份为 $id_A$)需向用户 Bob(身份为 $id_B$)授权访问相应的个人隐私数据，传统方法是用户 Alice 将共享数据用用户 Bob 的公钥加密后存储到云数据库中，当用户 Bob 收到共享通知后，从云数据库中下载相应的密文，并用自己的私钥解密即可获知用户 Alice 的共享数据。然而非对称加密技术的使用导致该方法的计算效率较低。由于对称加密机制的运算效率较高，因此云计算环境中，数据共享应采用对称加密的思路。基于泄露容忍的无证书密钥封装机制，我们提出一种适用于云计算环境的抗泄露数据授权机制，用户 Alice 将待授权的访问数据使用对称加密机制加密后存储到云数据库中，只需与用户 Bob 进行一次通信，用户 Bob 即可下载相应的授权数据，并且将加密状态的数据解密，获得相应的授权数据。

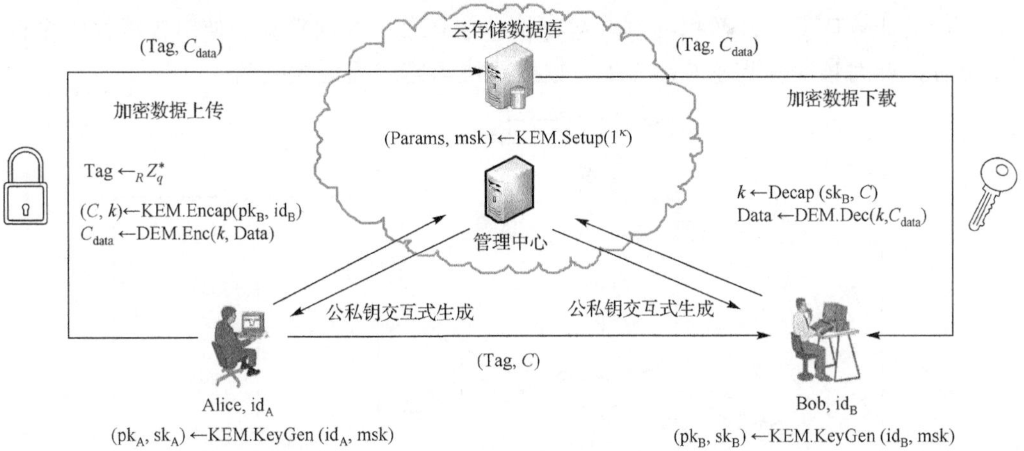


图 1-2 云计算环境下的抗泄露数据共享机制

令 $\Pi'$ = (KEM.Setup,KEM.KeyGen,KEM.Encap,KEM.Decap) 是 CCA 安全的泄露容忍的密钥封装机制，$\Pi''$ = (DEM.Enc,DEM.Dec) 是安全的数据封装机制(data encapsulation mechanism，DEM)，那么云计算环境下抗泄露数据授权机制的具体过程如下所示。

1) 系统初始化

管理中心运行初始化算法 $(\text{Params},\text{msk}) \leftarrow \text{KEM.Setup}(1^{\kappa})$，并公布相应的公开参数 Params；系统用户分别与管理中心交互生成相应的公私钥，并分别对外公布各自的公开信息。用户 Alice 和用户 Bob 分别与管理中心交互生成相应的公私钥对 $(\text{pk}_A,\text{sk}_A)$ 和 $(\text{pk}_B,\text{sk}_B)$，即运行 $(\text{pk}_A,\text{sk}_A) \leftarrow \text{KEM.KeyGen}(\text{id}_A,\text{msk})$ 和 $(\text{pk}_B,\text{sk}_B) \leftarrow \text{KEM.KeyGen}(\text{id}_B,\text{msk})$。

2) 数据授权

(1) 用户 Alice 随机选取 $\text{Tag} \leftarrow_R Z_q^*$，并计算 $(C,k) \leftarrow \text{KEM.Encap}(\text{pk}_B,\text{id}_B)$ 和 $C_{\text{data}} \leftarrow \text{DEM.Enc}(k,\text{Data})$，将密文数据 $(\text{Tag},C_{\text{data}})$ 存储到云数据库中，同时发送消息 $(\text{Tag},C)$ 给用户 Bob，其中 Tag 是数据标签，Data 是待授权的数据。

(2) 用户 Bob 从云数据库中下载标签为 Tag 的密文数据 $C_{\text{data}}$，然后计算 $k \leftarrow \text{KEM.Decap}(\text{sk}_B,C)$ 和 $\text{Data} \leftarrow \text{DEM.Dec}(k,C_{\text{data}})$。

用户 Alice 与用户 Bob 间只需要通信封装密文 $C$，即可完成数据的授权访问，该机制的通信效率较高；此外底层密钥封装机制和数据封装机制的安全性保证了上层数据授权机制的安全性；同时，数据共享过程的抗泄露性来自底层密钥封装机制的抗泄露攻击能力。

2. 广播授权机制

在云计算环境下，数据拥有者需要将在云环境中存储数据的使用权授权给多位使用者，针对该实际需求，图 1-3 为数据的抗泄露广播授权机制。

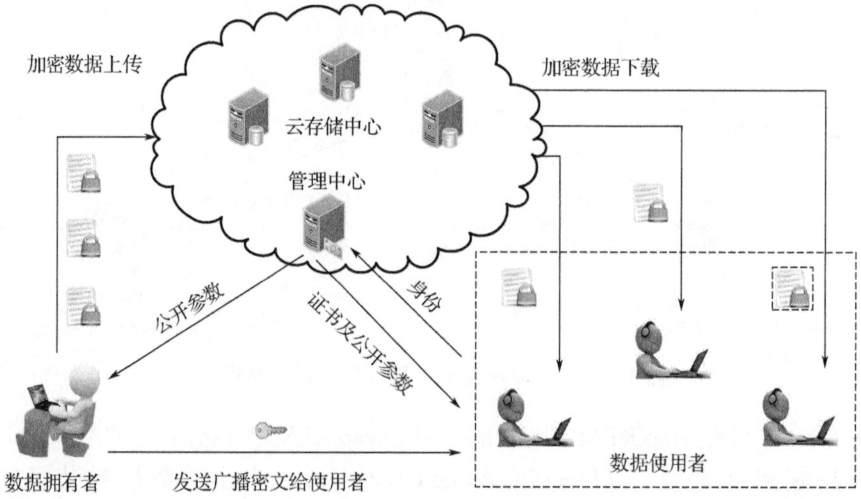


图 1-3　数据的抗泄露广播授权机制

令 $\Pi' = (\text{KEM.Setup},\text{KEM.KeyGen},\text{KEM.Encap},\text{KEM.Decap})$ 是 CCA 安全的抗泄露基于证书的广播密钥封装机制，$\Pi'' = (\text{DEM.Enc},\text{DEM.Dec})$ 是安全的数据封装机制，泄露容忍的数据广播授权机制的具体过程如下所示。

(1) 云存储中心的管理中心运行初始化算法 $(\text{Params},\text{msk}) \leftarrow \text{KEM.Setup}(1^{\kappa})$，各系统用户 $U_{\text{id}}$ 从管理中心处获得公开参数 Params 及各自的证书 $\text{Cert}_{\text{id}}$。

(2) 数据拥有者欲向集合 ID=$\{\text{id}_1,\cdots,\text{id}_n\}$ 中的用户授权对数据 $M = \{m_1,\cdots,m_n\}$ 的使用权限，首先，广播封装算法 $[C, K = (k_1,\cdots,k_n)] \leftarrow \text{KEM.Encap}(\text{ID},\text{PK}_{\text{ID}})$，其中，$\text{PK}_{\text{ID}} = \{\text{pk}_{\text{id}_1},\cdots,\text{pk}_{\text{id}_n}\}$；然后，用封装密钥 $k_i$ 将数据 $m_i$ 用对称加密算法 $\text{Data}_i = \text{DEM.Enc}(k_i, m_i)$ 加密后上传存储至云存储中心；最后，将封装密文 $C$ 广播给集合 $\text{ID} = \{\text{id}_1,\cdots,\text{id}_n\}$ 中的每一个数据使用者 $\text{id}_i$。

(3) 数据使用者 $\text{id}_i$ 收到数据拥有者的广播密文 $C$ 后，首先，运行解封装算法 $k_i \leftarrow \text{KEM.Decap}(C,\text{sk}_{\text{id}_i},\text{Cert}_{\text{id}_i})$；然后，对从云存储中心下载的密态数据 $\text{Data}_i$ 使用密钥 $k_i$ 对其进行解密 $m_i = \text{DEM.Dec}(k_i,\text{Data}_i)$，即可获得授权数据 $m_i$。

## 参考文献

[1] Akavia A, Goldwasser S, Vaikuntanathan V. Simultaneous hardcore bits and cryptography against memory attacks[C]//Proceedings of 6th Theory of Cryptography Conference, San Francisco, 2009: 474-495.

[2] Cramer R, Shoup V. Universal Hash proofs and a paradigm for adaptive chosen ciphertext secure public-key encryption[C]//Proceedings of the International Conference on the Theory and Applications of Cryptographic Techniques, Amsterdam, 2002: 45-64.

[3] Naor M, Segev G. Public-key cryptosystems resilient to key leakage[C]//Proceedings of the 29th Annual International Cryptology Conference, Santa Barbara, 2009: 18-35.

[4] Li S J, Zhang F T, Sun Y X, et al. Efficient leakage resilient public key encryption from DDH assumption[J]. Cluster Computing, 2013, 16(4): 797-806.

[5] Liu S L, Weng J, Zhao Y L. Efficient public key cryptosystem resilient to key leakage chosen ciphertext attacks[C]//Proceedings of the Cryptographers' Track at the RSA Conference, San Francisco, 2013: 84-100.

[6] Qin B D, Liu S L. Leakage-resilient chosen-ciphertext secure public-key encryption from Hash proof system and one-time lossy filter[C]//Proceedings of the 19th International Conference on the Theory and Application of Cryptology and Information Security, Bengaluru, 2013: 381-400.

[7] Qin B D, Liu S L. Leakage-flexible CCA-secure public-key encryption: Simple construction and free of pairing[C]//Proceedings of the 17th International Conference on Practice and Theory in

Public-Key Cryptography, Buenos Aires, 2014: 19-36.

[8] Zhou Y W, Yang B, Zhang W Z, et al. CCA2 secure public-key encryption scheme tolerating continual leakage attacks[J]. Security and Communication Networks, 2016, 9(17): 4505-4519.

[9] Zhou Y W, Yang B. Continuous leakage-resilient public-key encryption scheme with CCA security[J]. The Computer Journal, 2017, 60(8): 1161-1172.

[10] Alwen J, Dodis Y, Naor M, et al. Public-key encryption in the bounded-retrieval model[C] //Proceedings of the 29th Annual International Conference on the Theory and Applications of Cryptographic Techniques, French Riviera, 2010: 113-134.

[11] Gentry C. Practical identity-based encryption without random oracles[C]//Proceedings of the 25th Annual International Conference on the Theory and Applications of Cryptographic Techniques, Saint Petersburg, 2006: 445-464.

[12] Chow S, Dodis Y, Rouselakis Y, et al. Practical leakage-resilient identity-based encryption from simple assumptions[C]//Proceedings of the 17th ACM Conference on Computer and Communications Security, Chicago, 2010: 152-161.

[13] Boneh D, Boyen X. Efficient selective-ID secure identity-based encryption without random oracles[C]//Proceedings of the International Conference on the Theory and Applications of Cryptographic Techniques, Interlaken, 2004: 223-238.

[14] Waters B. Efficient identity-based encryption without random oracles[C]//Proceedings of the 24th Annual International Conference on the Theory and Applications of Cryptographic Techniques, Aarhus, 2005: 114-127.

[15] Lewko A B, Waters B. New techniques for dual system encryption and fully secure HIBE with short ciphertexts[C]//Proceedings of the 7th Theory of Cryptography Conference, Zurich, 2010: 455-479.

[16] Lewko A B, Rouselakis Y, Waters B. Achieving leakage resilience through dual system encryption[C]//Proceedings of the 8th Theory of Cryptography Conference, Berlin, 2011: 70-88.

[17] Li J G, Teng M L, Zhang Y C, et al. A leakage-resilient CCA-secure identity-based encryption scheme[J]. The Computer Journal, 2016, 59(7): 1066-1075.

[18] Sun S F, Gu D W, Liu S L. Efficient chosen ciphertext secure identity-based encryption against key leakage attacks[J]. Security and Communication Networks, 2016, 9(11): 1417-1434.

[19] Zhou Y W, Yang B, Mu Y. Continuous leakage resilient identity-based encryption without random oracles[J]. The Computer Journal, 2018, 61(4): 586-600.

[20] Zhou Y W, Yang B, Hou H X, et al. Continuous leakage-resilient identity-based encryption with tight security[J]. The Computer Journal, 2019, 62(8): 1092-1105.

[21] Zhou Y W, Yang B, Mu Y. The generic construction of continuous leakage-resilient identity-based cryptosystems[J]. Theoretical Computer Science, 2019, 772: 1-45.

[22] Xiong H, Yuen T H, Zhang C, et al. Leakage-resilient certificateless public key encryption[C] //Proceedings of the 1st ACM Workshop on Asia Public-Key Cryptography, Hangzhou, 2013: 13-22.

[23] Zhou Y W, Yang B. Leakage-resilient CCA2-secure certificateless public-key encryption scheme without bilinear pairing[J]. Information Processing Letter, 2018, 130: 16-24.

[24] Zhou Y W, Yang B. Continuous leakage-resilient certificateless public key encryption with CCA security[J]. Knowledge-Based Systems, 2017, 136: 27-36.

# 第 2 章 基础知识

本章主要介绍本书所需的相关数学基础，如统计距离、困难性假设、平均最小熵和平均情况下的强随机性提取器等。

本书中用 $\kappa$ 表示安全参数；$a \leftarrow_R A$ 表示从集合 $A$ 中均匀随机地选取元素 $a$；$\text{negl}(\kappa)$ 表示在安全参数 $\kappa$ 上计算可忽略的值；$a \leftarrow B(b)$ 表示算法 $B$ 在输入 $b$ 的作用下输出相应的计算结果 $a$；$\boldsymbol{a} \leftarrow_R (Z_p)^n$ 表示长度为 $n$ 的向量，且 $a_i \in Z_p (i=1,\cdots,n)$；$\text{Adv}_{\mathcal{A}}(\kappa)$ 表示敌手 $\mathcal{A}$ 在相应的事件中获胜的优势。此外，PPT 是概率多项式时间 (probabilistic polynomial time) 的英文缩写。

## 2.1 哈希函数

### 2.1.1 抗碰撞哈希函数

令 $\mathcal{H}_I^{\text{CR}}$ 是集合 $\mathcal{X}$ 到集合 $\mathcal{Y}$ 的单向哈希函数集，对于任意的 $i \leftarrow_R I$ 和任意的 PPT 敌手 $\mathcal{A}$，若

$$\text{Adv}_{\mathcal{A}}^{\text{CR}}(\kappa) = \Pr[H_i(x) = H_i(x') \wedge x \neq x' \mid (x', x) \leftarrow \mathcal{A}(H_i)]$$

是可忽略的，则称 $\mathcal{H}_I^{\text{CR}}$ 是抗碰撞的单向哈希函数集合。

### 2.1.2 抗目标碰撞哈希函数

令 $\mathcal{H}_I^{\text{TCR}}$ 是集合 $\mathcal{X}$ 到集合 $\mathcal{Y}$ 的单向哈希函数集，对于任意的 $x \leftarrow_R \mathcal{X}$，$i \leftarrow_R I$ 和任意的敌手 $\mathcal{A}$，若有

$$\text{Adv}_{\mathcal{A}}^{\text{TCR}}(\kappa) = \Pr[H_i(x) = H_i(x') \wedge x \neq x' \mid x' \leftarrow \mathcal{A}(x, H_i)]$$

是可忽略的，则称 $\mathcal{H}_I^{\text{TCR}}$ 是抗目标碰撞的单向哈希函数集合。

特别地，在抗碰撞哈希函数 $\mathcal{H}_I^{\text{CR}}$ 的定义中，敌手 $\mathcal{A}$ 在整个定义域 $\mathcal{X}$ 中寻找产生碰撞的两个不同点 $x, x' \in \mathcal{X}$ 使得 $H_i(x) = H_i(x')$ 和 $x \neq x'$ 成立；然而，在抗目标碰撞哈希函数 $\mathcal{H}_I^{\text{TCR}}$ 的定义中，在已知定义域 $\mathcal{X}$ 中某个点 $x$ 哈希值 $H_i(x)$ 的前提下，敌手 $\mathcal{A}$ 在整个定义域 $\mathcal{X}$ 中寻找与点 $x$ 产生碰撞的另外一个不同点 $x' \in \mathcal{X}$，即有 $x \neq x'$ 和 $H_i(x) = H_i(x')$ 成立。

# 2.2 强随机性提取

## 2.2.1 统计距离

**定义 2-1** （统计距离）设 $X$ 和 $Y$ 是取值于有限域 $\Omega$ 上的两个随机变量，$X$ 和 $Y$ 之间的统计距离定义为

$$\mathrm{SD}(X,Y)=\frac{1}{2}\sum_{x\in\Omega}\left|\Pr[X=x]-\Pr[Y=x]\right|$$

如果两个随机变量的统计距离至多为 $\varepsilon$，则称它们是 $\varepsilon$-接近的。同时，统计距离满足下述两个性质。

**性质 2-1** 设 $f$ 是 $\Omega$ 上的（随机化）函数，则有 $\mathrm{SD}[f(X),f(Y)]\leqslant \mathrm{SD}(X,Y)$。当且仅当 $f$ 是一一对应的，则等号成立。换句话说，将函数应用到两个随机变量上，不能增加这两个随机变量之间的统计距离。

**性质 2-2** 统计距离满足三角不等式，即有 $\mathrm{SD}(X,Y)\leqslant \mathrm{SD}(X,Z)+\mathrm{SD}(Z,Y)$ 成立。

不可区分性表示两个概率整体间的关系，一个重要的前提是区分者的计算能力，不同的计算能力会导致不同的不可区分性。两个实用的不可区分性是统计不可区分性和计算不可区分性。

**定义 2-2** （统计不可区分性）设 $X_1$ 和 $X_2$ 是空间 $\mathcal{X}$ 上的两个随机分布，若有 $\mathrm{SD}(X_1,X_2)\leqslant \mathrm{negl}(\kappa)$ 成立，则称 $X_1$ 和 $X_2$ 是统计不可区分的，记为 $X_1\approx_S X_2$。

**定义 2-3** （计算不可区分性）设 $X_1$ 和 $X_2$ 是空间 $\mathcal{X}$ 上的两个随机分布，对于任意多项式时间区分器 $\mathcal{D}$，若有 $\left|\Pr[\mathcal{D}(X_1)=1]-\Pr[\mathcal{D}(X_2)=1]\right|\leqslant \mathrm{negl}(\kappa)$ 成立，则称 $X_1$ 和 $X_2$ 是计算不可区分的，记为 $X_1\approx_C X_2$。

## 2.2.2 信息熵

**定义 2-4** （最小熵）随机变量 $X$ 的最小熵是 $H_\infty(X)=-\log(\max_x \Pr[X=x])$，其中对数以 2 为底。

最小熵 $H_\infty(X)$ 刻画了随机变量 $X$ 的不可预测性。换句话讲，随机变量 $X$ 的最小熵 $H_\infty(X)$ 是变量 $X$ 由最佳猜测者 $\mathcal{A}$ 猜中的最大概率，即

$$H_\infty(X)=-\log(\max_{\mathcal{A}} \Pr[\mathcal{A}(\Omega)=X])$$

特别地，$H_\infty(X)$ 表示无任何信息协助的前提下任意敌手猜测变量 $X$ 的最大概率，即变量 $X$ 的最小熵 $H_\infty(X)$ 体现了 $X$ 的不可预测性。

**定义 2-5** （平均最小熵）已知随机变量 $Y$ 时，变量 $X$ 的平均最小熵是

$$\tilde{H}_\infty(X|Y)=-\log[E_{y\leftarrow_R Y}(2^{-H_\infty(X|Y=y)})]$$

$\tilde{H}_\infty(X|Y)$ 刻画了已知变量 $Y$ 时，变量 $X$ 的不可预测性。换句话说，随机变量 $X$ 的平均最小熵 $\tilde{H}_\infty(X|Y)$ 是在变量 $Y$ 已知时，变量 $X$ 由最佳猜测者 $\mathcal{A}$ 猜中的最大概率，即

$$\tilde{H}_\infty(X|Y) = -\log(\max_{\mathcal{A}} \Pr[\mathcal{A}(Y) = X])$$

在泄露环境中，在已知泄露信息的前提下，敌手将对秘密信息进行猜测，因此平均最小熵能够刻画有泄露的情况下秘密信息的随机性。

对于任意的敌手 $\mathcal{A}$，有下述关系成立。

$$\begin{aligned}\Pr[\mathcal{A}(Y) = X] &= E_{y\leftarrow_R Y}(\Pr[\mathcal{A}(Y) = X]) \\ &\leqslant E_{y\leftarrow_R Y}(2^{-\tilde{H}_\infty(X|Y=y)}) \\ &= 2^{-\tilde{H}_\infty(X|Y)}\end{aligned}$$

式中，$E$ 表示数学期望。

**定理 2-1** 如果 $Y$ 有 $2^\ell$ 个可能的取值，即 $|Y| = \ell$，对于任意的两个随机变量 $X$ 和 $Z$，则有

$$\tilde{H}_\infty[X|(Y,Z)] \geqslant \tilde{H}_\infty(X|Z) - \ell$$

类似地，对于随机变量 $X$，$\lambda$ 比特的泄露信息会导致该变量最小熵的减少值最多是 $\lambda$，因此有下述引理。

**引理 2-1** 对于随机变量和任意高效可计算的泄露函数 $f:\{0,1\}^* \to \{0,1\}^\lambda$，有

$$\tilde{H}_\infty[X \mid f(X)] \geqslant H_\infty(X) - \lambda$$

## 2.2.3 随机性提取器

**定义 2-6** （随机性提取器）设函数 $\text{Ext}:\{0,1\}^{l_n} \times \{0,1\}^{l_t} \to \{0,1\}^{l_m}$ 是高效可计算的，对于满足条件 $X \in \{0,1\}^{l_n}$ 和 $\tilde{H}_\infty(X|Y) \geqslant k$ 的任意随机变量 $X$ 和 $Y$，若有

$$\text{SD}([\text{Ext}(X,S),S,Y],(U,S,Y)) \leqslant \varepsilon$$

成立，其中 $S$ 是空间 $\{0,1\}^{l_t}$ 上的均匀随机变量（$S$ 是提取器的随机性种子），$U$ 是空间 $\{0,1\}^{l_m}$ 上的均匀随机值，那么称函数 $\text{Ext}:\{0,1\}^{l_n} \times \{0,1\}^{l_t} \to \{0,1\}^{l_m}$ 是平均情况下的 $(k,\varepsilon)$-强随机性提取器。

**注解 2-1** 强随机性提取器在随机性种子的作用下，从具有一定平均最小熵的随机变量中提取出具有充足最小熵的随机变量，该变量与相应空间中的均匀随机值是不可区分的。

Dodis 等[1]证明了任何一个强随机性提取器事实上是一个平均情况下的强提取器。

**引理 2-2** 对于任意 $\delta \geqslant 0$，若函数 $\text{Ext}:\{0,1\}^{l_n} \times \{0,1\}^{l_t} \to \{0,1\}^{l_m}$ 是一个最差情况下的 $(k-\log(1/\delta),\varepsilon)$- 强随机性提取器，那么它也是平均情况下的 $(k,\varepsilon+\delta)$- 强随机性提取器。

**定义 2-7** （通用哈希函数）设 $\mathcal{H}_I = \{H_i : \mathcal{X} \to \mathcal{Y}\}$ 是哈希函数集，若对于所有不同

的变量$x_1,x_2\in\mathcal{X}$和$i\leftarrow_R I$，有$\Pr[H_i(x_1)=H_i(x_2)]\leqslant\dfrac{1}{|\mathcal{Y}|}$成立，则称$H_i:\mathcal{X}\to\mathcal{Y}$是通用哈希函数，其中$|\mathcal{Y}|$表示函数值域$\mathcal{Y}$中的元素个数。

下面将给出两个通用哈希函数的具体构造。

**实例 2-1** 函数集合$\mathcal{H}=\{H_{k_1,k_2,\cdots,k_t}:\mathcal{X}\to\mathcal{Y}\}_{k_i\in Z_q,i=1,2,\cdots,t}$是通用的，其中

$$H_{k_1,k_2,\cdots,k_t}(x_0,x_1,x_2,\cdots,x_t)=x_0+k_1x_1+k_2x_2+\cdots+k_tx_t$$

并且所有的操作都是在有限域$F_q$上进行的。

**实例 2-2** 函数集合$\mathcal{H}=\{H_{k_1,k_2,\cdots,k_t}:G^{t+1}\to G\}_{k_i\in Z_q,i=1,2,\cdots,t}$是通用的，其中$G$是一个阶为素数$q$的乘法循环群，$g$是群$G$的一个生成元，则有

$$H_{k_1,k_2,\cdots,k_t}(g_0,g_1,g_2,\cdots,g_t)=g_0g_1^{k_1}g_2^{k_2}\cdots g_t^{k_t}=g^{x_0+k_1x_1+k_2x_2+\cdots+k_tx_t}$$

对于任意的$i=1,2,\cdots,t$，有$g_i=g^{x_i}$。

**引理 2-3** (剩余哈希引理)设$\mathcal{H}_I=\{H_i:\mathcal{X}\to\mathcal{Y}\}$是通用哈希函数集合，则对于任意的变量$X\leftarrow_R\mathcal{X}$、$Y\leftarrow_R\mathcal{Y}$、$C$和$i\leftarrow_R I$，有下述关系成立：

$$\mathrm{SD}([H_i(X),i],(Y,i))\leqslant\frac{1}{2}\sqrt{2^{-H_\infty(X)}|\mathcal{Y}|}$$

$$\mathrm{SD}([H_i(X),i,C],(Y,i,C))\leqslant\frac{1}{2}\sqrt{2^{-H_\infty(X|C)}|\mathcal{Y}|}$$

引理 2-4 是引理 2-3 的一个变形，说明两两独立的哈希函数簇(通用哈希函数)是一个平均情况下的强提取器，称引理 2-4 为广义的剩余哈希引理。

**引理 2-4** (广义的剩余哈希引理)设随机变量$X$和$Y$，满足$X\in\{0,1\}^{l_n}$和$\tilde{H}_\infty(X|Y)\geqslant k$，又设$\mathcal{H}$是$\{0,1\}^{l_n}$到$\{0,1\}^{l_m}$的两两独立的哈希函数簇，则对于$H\leftarrow_R\mathcal{H}$和$U_m\leftarrow_R\{0,1\}^{l_m}$，只要$l_m\leqslant k-2\log\left(\dfrac{1}{\varepsilon}\right)$，就有$\mathrm{SD}([Y,H,H(X)],(Y,H,U_m))\leqslant\varepsilon$成立。

**定义 2-8** (二源提取器)对于相互独立且满足条件$A\in\{0,1\}^{l_n}$、$B\in\{0,1\}^{l_m}$、$H_\infty(A)\geqslant l_n$和$H_\infty(B)\geqslant l_m$的两个随机变量$A$和$B$，若有$\mathrm{SD}[\text{2-Ext}(A,B),U_k]\leqslant\varepsilon$成立，则称函数 2-Ext:$\{0,1\}^{l_n}\times\{0,1\}^{l_m}\to\{0,1\}^{l_k}$是$(l_n,l_m,\varepsilon)$-二源提取器，其中$U_k\leftarrow_R\{0,1\}^{l_k}$。

**注解 2-2** 二源提取器从具有充足最小熵的两个随机变量中提取出具有高熵的随机变量，该随机变量与相应空间中的均匀随机值是不可区分的；并且二源提取器无需随机性种子的协助。

## 2.3 区别引理

**引理 2-5** (区别引理)令$\mathcal{E}_1$、$\mathcal{E}_2$和$\mathcal{F}$是定义在相关概率分布上的三个事件，且满足$\Pr[\mathcal{E}_1|\bar{\mathcal{F}}]=\Pr[\mathcal{E}_2|\bar{\mathcal{F}}]$，那么有$|\Pr[\mathcal{E}_1]-\Pr[\mathcal{E}_2]|\leqslant\Pr[\mathcal{F}]$成立。

**证明** 由概率公式可知

$$\begin{aligned}\left|\Pr[\mathcal{E}_1]-\Pr[\mathcal{E}_2]\right| &= \left|\Pr[\mathcal{E}_1|\mathcal{F}]+\Pr[\mathcal{E}_1|\bar{\mathcal{F}}]-\Pr[\mathcal{E}_2|\mathcal{F}]-\Pr[\mathcal{E}_2|\bar{\mathcal{F}}]\right| \\ &= \left|\Pr[\mathcal{E}_1|\mathcal{F}]-\Pr[\mathcal{E}_2|\mathcal{F}]\right| \\ &\leqslant \Pr[\mathcal{F}]\end{aligned}$$

式中，事件 $\mathcal{E}_1|\mathcal{F}$ 发生的概率 $\Pr[\mathcal{E}_1|\mathcal{F}]$ 满足条件 $\Pr[\mathcal{E}_1|\mathcal{F}]\in[0,\Pr[\mathcal{F}]]$。类似地，有 $\Pr[\mathcal{E}_2|\mathcal{F}]\in[0,\Pr[\mathcal{F}]]$。因此有 $\left|\Pr[\mathcal{E}_1|\mathcal{F}]-\Pr[\mathcal{E}_2|\mathcal{F}]\right|\leqslant\Pr[\mathcal{F}]$。

引理 2-5 证毕。

# 2.4 泄露模型及泄露谕言机

## 2.4.1 泄露模型

(1) 仅计算泄露模型(only computation leaks model)。在该模型中假设设备在运行密码算法时，内存会泄露部分密钥信息，但不参加运算的部件是不会发生泄露的。

(2) 有界泄露模型(bounded leakage model)。该模型限制密码机制的全生命周期内泄露信息的总量要远远小于密钥的长度；一般情况下系统设定一个密钥泄露参数，且值小于密钥的长度，密码机制运行期间的泄露量不能超过系统设定的泄露参数。换句话说，在密码机制的生命周期内，密钥的泄露总量不能超过系统设定的泄露参数。

(3) 辅助输入模型(auxiliary input model)。这种模型是比前两种模型更强的安全模型，它是有界泄漏模型的一种延伸。在该模型下，允许攻击者拥有一类不可逆的辅助函数 $f(\cdot)$，将这类不可逆的辅助函数作用于密钥 sk，使攻击者获得 $f(\mathrm{sk})$ 的函数值信息，从而来模拟密钥 sk 的各种泄露情况，但前提条件是，无论通过这些泄漏函数泄露的信息有多少，甚至密钥 sk 在信息论意义上已被完全泄露，攻击者都无法恢复出用户的密钥 sk。

(4) 连续泄露模型(continuous leakage model)。为了抵抗更多的泄露攻击，将密码机制的生命周期划分为多个时间间隔，并且每个间隔结束时对密钥进行更新，只需限制在两次更新操作间密钥的泄露量不超过系统设定的泄露参数即可，将这种方式所对应的泄露模型称为连续泄露模型。在该模型中，攻击者能够获知关于密钥的任意泄露信息，只要在两次更新操作的执行间隔内密钥的实际泄露量不超过系统设定的泄露参数即可，因此无须限制密码机制在整个生命周期的泄露总量，由此可见连续泄露模型更接近现实应用环境的实际泄露需求。由于该模型模拟了敌手的连续泄露攻击，因此为提高抗泄露密码机制的实用性，应在连续泄露模型中研究密码机制抵抗连续泄露攻击的能力。特别地，密钥更新操作是在保持功能和公开信息不变的前提下进行的，并且更新后的密钥与原始密钥具有不可区分的分布；由于更新后的密钥对敌手而言是一个全新的密钥，因此更新之前密钥的泄露信息对更新后的密钥是不起作用的。

在 FOCS(IEEE Annual Symposium on Foundations of Computer Science) 2010 中，Dodis 等[2]指出一个密码学机制具有抵抗连续泄露攻击的能力，只要其允许用户使用本地随机数对密钥进行定期更新，并且更新过程满足下述性质。

**性质 2-3** 更新前后密码机制保持原有的功能不变，即使密钥被多次更新；并且密钥更新过程中公钥及公开参数始终保持不变。因此外界环境不受密钥更新操作的影响，也没有必要获知密钥更新的周期。换句话讲，更新的密钥和原始密钥对任意敌手而言是无法区分的。

**性质 2-4** 更新前后密码机制依然保持其原有的安全性，即使任意敌手能够获得关于密钥的相关泄露信息，但是在两次密钥更新操作的执行间隔内，密钥的泄露总量不能超过相应的泄露参数；然而，在整个密码机制的生命周期内对密钥的泄露量是没有限制的。换句话说，机制必须具有抵抗有界泄露攻击的能力，才能通过定期对密钥进行更新的方法获得抵抗连续泄露攻击的能力。

基于 Dodis 等的上述结论，可知通过对有界泄露容忍的密码学机制增加额外的密钥更新操作，即可获得具有连续泄露容忍性的密码学机制，其中密钥更新操作将新的随机性添加到密钥中；新的随机性使得先前密钥的泄露信息对更新后的密钥不产生影响，因此在泄露环境下使密钥对任何敌手而言保持较高的平均最少熵，确保了相应机制具有抵抗连续泄露攻击的能力。特别地，通过更新获得连续泄露容忍性的前提条件是：①相应的机制能够抵抗有界的泄露攻击；②密钥更新过程中，公开参数保持不变，并且更新后的密钥与原始密钥是不可区分的。虽然连续泄露攻击的过程较复杂，但是其最大的优势就是可以将对连续泄露容忍性的研究转化为简单的有界泄露容忍性，实现复杂问题的简单化。更确切地讲，设计抵抗连续泄露攻击的密码机制的前提条件是该机制的密钥空间与公开参数间存在多对一的映射关系，密钥空间中的任何有效实例都能配合公开信息完成相应密码机制的运行，用户仅需通过运行密钥更新算法实现密钥空间中各有效实例间的变换，并且密钥空间中的有效实例的个数是无限制的，因此用户可以任意多次地执行密钥更新算法。所以对抗连续泄露容忍的密码学机制而言，在它的生命周期内不限制密钥泄露量的大小和密钥更新算法的执行次数。

### 2.4.2 泄露谕言机

在泄露容忍的安全性模型中，通过赋予敌手访问泄露谕言机 $\mathcal{O}_{\text{sk}}^{\lambda,\kappa}(\cdot)$ 的能力完成敌手对密钥 sk 的泄露攻击，其中 $\kappa$ 是安全参数，$\lambda$ 是系统设定的泄露参数，sk 是相应的密钥。

**定义 2-9** （泄露谕言机）设 $\mathcal{O}_{\text{sk}}^{\lambda,\kappa}(\cdot)$ 是泄露谕言机，其输入为任意高效可计算的函数 $f_i:\{0,1\}^* \to \{0,1\}^{\lambda_i}$，输出为 $f_i(\text{sk})$，其中对 $f_i(\text{sk})$ 的计算是在多项式时间内可完成的。敌手可通过适应性询问泄露谕言机 $\mathcal{O}_{\text{sk}}^{\lambda,\kappa}(\cdot)$ 获知相应密钥 sk 的泄露信息，限制条

件是关于同一密钥泄露信息的总量不能超过系统设定的泄露参数 $\lambda$；否则，泄露谕言机 $\mathcal{O}_{\text{sk}}^{\lambda,\kappa}(\cdot)$ 返回无效符号 $\perp$，即 $\sum_{j=1}^{i} f_j(\text{sk}) \leqslant \lambda$。

不失一般性，可假设敌手在询问阶段对泄露谕言机 $\mathcal{O}_{\text{sk}}^{\lambda,\kappa}(\cdot)$ 只询问一次，泄露谕言机 $\mathcal{O}_{\text{sk}}^{\lambda,\kappa}(\cdot)$ 返回相应的泄露信息 $f(\text{sk})$，但 $f(\text{sk})$ 的长度不能超过 $\lambda$。多次询问和一次询问，在本质上是没有区别的。

**注解 2-3**　具体的安全性证明时，泄露谕言机 $\mathcal{O}_{\text{sk}}^{\lambda,\kappa}(\cdot)$ 是由模拟者掌握的，协助其回答敌手的泄露询问，其中初始化参数 $\kappa$、$\lambda$ 和 sk 均由模拟者提供。

## 2.5　困难性假设

群生成算法 $\mathcal{G}(1^\kappa)$ 的输入为安全参数 $\kappa$，输出是元组 $\mathbb{G}=(p,G,g)$，其中 $G$ 为阶是大素数 $p$ 的乘法循环群，$g$ 为群 $G$ 的一个生成元，即 $\mathbb{G}=(p,G,g)\leftarrow\mathcal{G}(1^\kappa)$。类似地，后面部分方案的设计会使用加法循环群，则相应的群生成算法可表述为：群生成算法 $\mathcal{G}(1^\kappa)$ 的输入为安全参数 $\kappa$，输出是元组 $\mathbb{G}=(q,G,P)$，其中 $G$ 为阶是大素数 $p$ 的加法循环群，$P$ 为群 $G$ 的一个生成元。

群生成算法 $\tilde{\mathcal{G}}(1^\kappa)$ 的输入为安全参数 $\kappa$，输出是元组 $\tilde{\mathbb{G}}=[p,g,G,G_T,e(\cdot)]$，其中 $G$ 和 $G_T$ 为阶是大素数 $p$ 的乘法循环群，$g$ 为群 $G$ 的一个生成元，$e:G\times G\to G_T$ 是满足下述性质的双线性映射，即 $\tilde{\mathbb{G}}=[p,g,G,G_T,e(\cdot)]\leftarrow\tilde{\mathcal{G}}(1^\kappa)$。

双线性：对于任意的 $a,b\leftarrow_R Z_p^*$，有 $e(g^a,g^b)=e(g,g)^{ab}$ 成立。

非退化性：有 $e(g,g)\neq 1_{G_T}$ 成立，其中 $1_{G_T}$ 是群 $G_T$ 的单位元。

可计算性：对于任意的 $U,V\in G$，$e(U,V)$ 可在多项式时间内完成计算。

**注解 2-4**　由于加法群上相应的困难性假设与乘法群的相类似，因此本节的困难性假设以乘法循环群为例进行叙述。

**假设 2-1**　离散对数(discrete logarithm，DL)假设。对于已知的元组 $\mathbb{G}=(q,G,g)\leftarrow\mathcal{G}(1^\kappa)$，给定任意随机的 $g^a\in G$，离散对数问题的目标是计算未知的指数 $a\in Z_q^*$。DL 假设意味着任意的 PPT 算法 $\mathcal{A}$ 成功解决离散对数问题的优势

$$\text{Adv}_{\mathcal{A}}^{\text{DL}}(\kappa)=\Pr[\mathcal{A}(g,g^a)=a]$$

是可忽略的，其中概率来源于 $a$ 在 $Z_q^*$ 上的随机选取和算法 $\mathcal{A}$ 的随机选择。

**假设 2-2**　计算性 Diffie-Hellman(computational Diffie-Hellman，CDH)假设。对于已知的元组 $\mathbb{G}=(q,G,g)\leftarrow\mathcal{G}(1^\kappa)$，给定任意随机的 $g^a,g^b\in G$，对于任意未知的指数 $a,b\in Z_q^*$，计算性 Diffie-Hellman 问题的目标是计算 $g^{ab}$。CDH 假设意味着任意的 PPT 算法 $\mathcal{A}$ 成功解决 CDH 问题的优势

$$\text{Adv}_{\mathcal{A}}^{\text{CDH}}(\kappa)=\Pr[\mathcal{A}(g,g^a,g^b)=g^{ab}]$$

是可忽略的，其中概率来源于 $a$ 和 $b$ 在 $Z_q^*$ 上的随机选取和算法 $\mathcal{A}$ 的随机选择。

**假设 2-3** 判定性 Diffie-Hellman(decisional Diffie-Hellman，DDH)假设。对于已知的元组 $\mathbb{G}=(q,G,g)\leftarrow\mathcal{G}(1^\kappa)$，给定任意的元组 $(g,g^a,g^b,g^{ab})$ 和 $(g,g^a,g^b,g^c)$，对于任意未知的指数 $a,b,c\in Z_q^*$，判定性 Diffie-Hellman 问题的目标是判断等式 $g^{ab}=g^c$ 是否成立。DDH 假设意味着任意的 PPT 算法 $\mathcal{A}$ 成功解决 DDH 问题的优势

$$\mathrm{Adv}_{\mathcal{A}}^{\mathrm{DDH}}(\kappa)=\Pr[\mathcal{A}(g,g^a,g^b,g^{ab})=1]-\Pr[\mathcal{A}(g,g^a,g^b,g^c)=1]$$

是可忽略的，其中概率来源于 $a$、$b$ 和 $c$ 在 $Z_q^*$ 上的随机选取和算法 $\mathcal{A}$ 的随机选择。

特别地，当元组 $(g_1,g_2,U_1,U_2)$ 满足条件 $\log_{g_1}U_1=\log_{g_2}U_2$ 时，称为 DH 元组；否则称为非 DH 元组。

**注解 2-5** DDH 假设在双线性群上并不成立(双线性运算很容易实现上述判断)，而 CDH 假设在双线性群上依然成立。

**假设 2-4** 判定的双线性 Diffie-Hellman(decisional bilinear Diffie-Hellman，DBDH)假设。对于已知的元组 $\mathbb{G}'=[q,g,G_1,G_2,e(\cdot)]\leftarrow\mathcal{G}'(1^\kappa)$，给定任意两个元组 $[g,g^a,g^b,g^c,e(g,g)^{abc}]$ 和 $[g,g^a,g^b,g^c,e(g,g)^d]$，对于任意未知的指数 $a,b,c,d\in Z_q^*$，判定的双线性 Diffie-Hellman 问题的目标是判断等式 $e(g,g)^{abc}=e(g,g)^d$ 是否成立。DBDH 假设意味着任意的 PPT 算法 $\mathcal{A}$ 成功解决 DBDH 问题的优势

$$\mathrm{Adv}_{\mathcal{A}}^{\mathrm{DBDH}}(\kappa)=\Pr(\mathcal{A}[g,g^a,g^b,g^c,e(g,g)^{abc}]=1)-\Pr(\mathcal{A}[g,g^a,g^b,g^c,e(g,g)^d]=1)$$

是可忽略的，其中概率来源于 $a$、$b$、$c$ 和 $d$ 在 $Z_q^*$ 上的随机选取和算法 $\mathcal{A}$ 的随机选择。

特别地，当元组 $\mathcal{T}_v=[g,g^a,g^b,g^c,e(g,g)^d]$ 满足条件 $d=abc$ 时，称为 DBDH 元组；否则称为非 DBDH 元组。

**假设 2-5** 双线性 Diffie-Hellman 指数(bilinear Diffie-Hellman exponent，BDHE)假设。对于已知的公开参数 $[q,g,G_1,G_2,e(\cdot)]\leftarrow\mathcal{G}'(1^\kappa)$ 和任意未知的指数 $\alpha,c\leftarrow_R Z_q^*$，令公共元组为 $T=(g,g^c,g^\alpha,g^{\alpha^2},\cdots,g^{\alpha^{\mu-1}},g^{\alpha^{\mu+1}},\cdots,g^{\alpha^{2\mu}})$，给定两个元组 $\mathcal{T}_1=(T,T_1)$ 和 $\mathcal{T}_0=(T,T_0)$，其中 $T_1=e(g^c,g)^{\alpha^\mu}$ 和 $T_0\leftarrow_R G_T$。BDHE 问题的目标是区分上述两个元组 $\mathcal{T}_1$ 和 $\mathcal{T}_0$。为了表述方便，令 $x=g^c$ 和 $y_i=g^{(\alpha^i)}$。

BDHE 假设意味着任意的 PPT 算法 $\mathcal{A}$ 成功解决 BDHE 问题的优势

$$\begin{aligned}\mathrm{Adv}^{\mu\text{-BDHE}}(\kappa)=&\Pr[\mathcal{A}(g,x,y_1,\cdots,y_{\mu-1},y_{\mu+1},\cdots,y_{2\mu},T_1)=1]\\&-\Pr[\mathcal{A}(g,x,y_1,\cdots,y_{\mu-1},y_{\mu+1},\cdots,y_{2\mu},T_0)=1]\end{aligned}$$

是可忽略的，其中概率来源于 $\alpha$ 和 $c$ 在 $Z_q^*$ 上的随机选取和算法 $\mathcal{A}$ 的随机选择。

**假设 2-6** 截短增强的双线性 Diffie-Hellman 指数(truncated augmented bilinear Diffie-Hellman exponent，$q$-ABDHE)假设。对于元组 $[p,g,G_1,G_2,e(\cdot)]\leftarrow\mathcal{G}'(1^\kappa)$，给定两个元组 $\mathcal{T}_1=[g,g^a,g^{(a)^2},\cdots,g^{(a)^q},g',g'^{(a^{q+2})},e(g^{(a^{q+1})},g')]$ 和 $\mathcal{T}_0=[g,g^a,g^{(a)^2},\cdots,g^{(a)^q},g',$

$g'^{(a^{q+2})},Z]$，其中 $g' \leftarrow_R G$、$a \leftarrow_R Z_q^*$ 和 $Z \leftarrow_R G_2$。$q$-ABDHE 问题的目标是区分元组 $\mathcal{T}_1$ 和 $\mathcal{T}_0$。

$q$-ABDHE 假设意味着对于任意的多项式 $q$ 和任意的 PPT 算法 $\mathcal{A}$ 成功区分元组 $\mathcal{T}_1$ 和 $\mathcal{T}_0$ 的优势

$$\mathrm{Adv}^{q\text{-ABDHE}}(\kappa)=\Pr[\mathcal{A}(\mathcal{T}_1)=1]-\Pr[\mathcal{A}(\mathcal{T}_0)=1]$$

是可忽略的，其中概率来源于 $a$ 在 $Z_q^*$ 上的随机选取和算法 $\mathcal{A}$ 的随机选择。

特别地，为了方便证明，随机选取 $\gamma \leftarrow_R Z_q^*$，将群 $G_2$ 中的随机元素 $Z$ 表示为 $Z=e(g,g)^{\gamma}$，那么存在一个随机值 $\beta \in Z_p^*$，满足 $\gamma = a^{q+1}\log_g g'+\beta$，使得

$$Z=e(g,g)^{\gamma}=e(g,g)^{a^{q+1}\log_g g'+\beta}=e(g,g)^{a^{q+1}\log_g g'}e(g,g)^{\beta}=e(g^{a^{q+1}},g')e(g,g)^{\beta}$$

综上所述，下面将元组 $\mathcal{T}_0$ 写成

$$\mathcal{T}_0=(g,g^{a},g^{(a)^2},\cdots,g^{(a)^q},g',g'^{(a^{q+2})},e(g^{a^{q+1}},g')e(g,g)^{\beta})$$

式中，$\beta$ 是从 $Z_q^*$ 中随机选取的。

## 2.6 合数阶双线性群及相应的子群判定假设

合数阶双线性群在文献[3]中首次被用于密码机制的构造中。群生成算法 $\hat{\mathcal{G}}(1^{\kappa})$ 的输入为安全参数 $\kappa$，输出是元组 $\hat{\mathbb{G}}=[N=p_1p_2p_3,g,G,G_T,e(\cdot)]$，其中 $G$ 和 $G_T$ 为阶是合数 $N$ 的乘法循环群，$\{p_1,p_2,p_3\}$ 都是等长的大素数，$G_i(i=1,2,3)$ 是群 $G$ 的阶为大素数 $p_i \in \{p_1,p_2,p_3\}$ 的子群，$e:G\times G\to G_T$ 是满足下述性质的双线性映射。

双线性：对于任意的 $a,b\leftarrow_R Z_N$ 和 $g\in G$，有 $e(g^a,g^b)=e(g,g)^{ab}$ 成立。

非退化性：有 $e(g,g)\neq 1_{G_T}$ 成立，其中 $1_{G_T}$ 是群 $G_T$ 的单位元。

可计算性：对于任意的 $U,V\in G$，$e(U,V)$ 可在多项式时间内完成计算。

子群正交性：对于任意的 $h_i\in G_i$ 和 $h_j \in G_j$，当 $i\neq j$ 时，有 $e(h_i,h_j)=1$。

假设 $g$ 是群 $G$ 的生成元，那么 $g^{p_1p_3}$ 是子群 $G_2$ 的生成元，$g^{p_1p_2}$ 是子群 $G_3$ 的生成元，$g^{p_2p_3}$ 是子群 $G_1$ 的生成元。则对于 $h_1\in G_1$ 和 $h_2\in G_2$，可以表示为 $h_1=(g^{p_2p_3})^{\alpha_1}$ 和 $h_2=(g^{p_1p_3})^{\alpha_2}$，其中 $\alpha_1,\alpha_2\leftarrow_R Z_N$，那么有

$$e(h_1,h_2)=e[(g^{p_2p_3})^{\alpha_1},(g^{p_1p_3})^{\alpha_2}]=e(g^{\alpha_1},g^{\alpha_2p_3})^{p_1p_2p_3}=1$$

**注解 2-6** 合数阶双线性群中，$G_{i,j}$ 表示群 $G$ 的阶为 $p_ip_j$ 的子群。若有 $X_i\in G_i$ 和 $Y_j\in G_j$，则有 $X_iY_j\in G_{i,j}$。

**假设 2-7** 令群生成算法 $\hat{\mathcal{G}}(1^{\kappa})$ 的输出是 $\hat{\mathbb{G}}=[N=p_1p_2p_3,g,G,G_T,e(\cdot)]$，给定两个元组 $(\hat{\mathbb{G}},g,X_3,T_1)$ 和 $(\hat{\mathbb{G}},g,X_3,T_2)$，其中 $g\leftarrow_R G_1$、$X_3\leftarrow_R G_3$、$T_1\leftarrow_R G_{1,2}$ 和 $T_2\leftarrow_R G_1$。对于任意的算法 $\mathcal{A}$，其成功区分 $(D,T_1)$ 和 $(D,T_2)$（其中 $D=(\hat{\mathbb{G}},g,X_3)$）的优势

$$\mathrm{Adv}^{\mathrm{SD}\text{-}1}(\kappa)=\Pr[\mathcal{A}(D,T_1)=1]-\Pr[\mathcal{A}(D,T_2)=1]$$

是可忽略的，其中概率来源于随机值的选取和算法 $\mathcal{A}$ 的随机选择。

**假设 2-8** 令群生成算法 $\hat{\mathcal{G}}(1^\kappa)$ 的输出是 $\hat{\mathbb{G}}=[N=p_1p_2p_3,g,G,G_T,e(\cdot)]$，给定两个元组 $(\hat{\mathbb{G}},g,X_1X_2,X_3,Y_2Y_3,T_1)$ 和 $(\hat{\mathbb{G}},g,X_1X_2,X_3,Y_2Y_3,T_2)$，其中 $g,X_1\leftarrow_R G_1$、$X_2,Y_2\leftarrow_R G_2$、$X_3,Y_3\leftarrow_R G_3$、$T_1\leftarrow_R G$ 和 $T_2\leftarrow_R G_{1,3}$。对于任意的算法 $\mathcal{A}$，其成功区分 $(D,T_1)$ 和 $(D,T_2)$（其中 $D=(\hat{\mathbb{G}},g,X_1X_2,X_3,Y_2Y_3)$）的优势

$$\mathrm{Adv}^{\mathrm{SD}\text{-}2}(\kappa)=\Pr[\mathcal{A}(D,T_1)=1]-\Pr[\mathcal{A}(D,T_2)=1]$$

是可忽略的，其中概率来源于随机值的选取和算法 $\mathcal{A}$ 的随机选择。

**假设 2-9** 令群生成算法 $\hat{\mathcal{G}}(1^\kappa)$ 的输出是 $\hat{\mathbb{G}}=[N=p_1p_2p_3,g,G,G_T,e(\cdot)]$，给定两个元组 $(\hat{\mathbb{G}},g,g^\alpha X_2,X_3,g^sY_2,Z_2,T_1)$ 和 $(\hat{\mathbb{G}},g,g^\alpha X_2,X_3,g^sY_2,Z_2,T_2)$，其中 $\alpha,s\leftarrow_R Z_N$、$g\leftarrow_R G_1$、$X_2,Y_2,Z_2\leftarrow_R G_2$、$X_3\leftarrow_R G_3$、$T_1=e(g,g)^{\alpha s}$ 和 $T_2\leftarrow_R G_T$。对于任意的算法 $\mathcal{A}$，其成功区分 $(D,T_1)$ 和 $(D,T_2)$（其中 $D=(\hat{\mathbb{G}},g,g^\alpha X_2,X_3,g^sY_2,Z_2)$）的优势

$$\mathrm{Adv}^{\mathrm{SD}\text{-}3}(\kappa)=\Pr[\mathcal{A}(D,T_1)=1]-\Pr[\mathcal{A}(D,T_2)=1]$$

是可忽略的，其中概率来源于随机值的选取和算法 $\mathcal{A}$ 的随机选择。

**注解 2-7** 方便起见，后面将上述假设 2-7、假设 2-8 和假设 2-9 分别称为合数阶双线性群上的安全性假设 1、安全性假设 2 和安全性假设 3。

## 2.7 可证明安全理论基础

20 世纪 80 年代以前，密码方案的设计过程是一个周而复始的不断修补过程，即设计者首先精心设计密码方案并将其应用于实践中，然后攻击者试图去破译这些密码方案或发现方案中存在的漏洞，一旦发现安全问题，设计者再进行修补以得到更加安全的方案。Goldwasser 和 Micali[4]首次提出了可证明安全的思想，并给出了具体的可证明安全的加密和签名方案。自此以后人们开始采用一种崭新的思路来设计和分析密码方案。

可证明安全理论是一种研究安全密码方案和协议的科学化方法，实质上是一种归约证明方法。归约就是将敌手对方案 $\Pi$ 的攻击转化为求解某个困难问题实例 $\mathcal{P}$ 的过程。即如果存在一个 PPT 敌手 $\mathcal{A}$ 能够在多项式时间内以不可忽略的优势攻破方案 $\Pi$，那么就可以利用敌手 $\mathcal{A}$ 的能力构造另外的一个敌手 $\mathcal{B}$ 在多项式时间内以不可忽略的优势攻破某个困难问题，由困难问题的难解性可知，这样的攻击假设不成立，从而证明了方案的安全性[5-7]。这个转化的过程就是归约过程，如图 2-1 所示。

下面对归约技术进行进一步的介绍[5]：归约是复杂性理论中的概念，如果存在一个多项式时间可计算的函数 $f:\{0,1\}^*\to\{0,1\}^*$，使得 $x\in L_1$ 当且仅当 $f(x)\in L_2$，则称语言 $L_1$ 可以多项式时间归约到语言 $L_2$，有时把这个关系简写为 $L_1\leqslant_p L_2$。

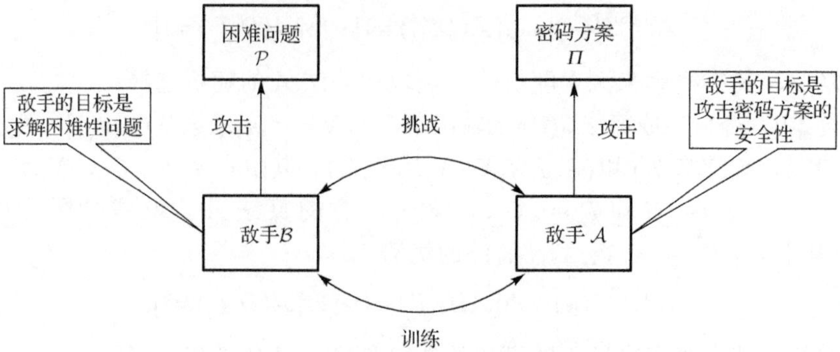


图 2-1　密码机制的安全性归约

如果 $L_1 \leqslant_p L_2$ 且 $L_2 \in P$，则 $L_1 \in P$。这是因为已知 $x \in \{0,1\}^*$，计算 $x_0 = f(x)$。如果 $L_2 \in P$，则判断 $x_0 \in L_2$ 可在多项式时间完成。如果判断出 $x_0 \in L_2$，则得 $x \in L_1$，即在多项式时间内判断出 $x \in L_1$。

类似地，如果 $L_1 \leqslant_p L_2$ 且 $L_2 \in \mathrm{NP}$，则 $L_1 \in \mathrm{NP}$。

一般地，如果一个问题 $P_1$ 归约到问题 $P_2$，且已知解决问题 $P_1$ 的算法 $M_1$，我们能构造另一个算法 $M_2$，算法 $M_2$ 可以用算法 $M_1$ 作为子程序，用来解决问题 $P_2$。把归约方法用在密码算法或安全协议的安全性证明，可把敌手对密码算法或安全协议（问题 $P_1$）的攻击归约到一些已经得到深入研究的困难问题（问题 $P_2$）。即如果算法 $M_1$ 能够对算法或协议发起有效的攻击，则可以利用 $M_1$ 构造一个算法 $M_2$ 来攻破困难问题，由于困难问题已知是难解的，从而得出矛盾，上述过程如图 2-2 所示。根据反证法，敌手能够对算法或协议发起有效攻击的假设不成立。这里需要强调的是，反证法是确定性的，而归约一般是概率性的。

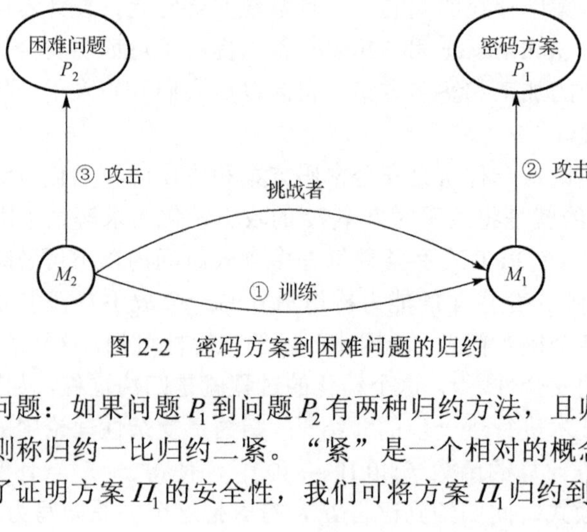


图 2-2　密码方案到困难问题的归约

归约的效率问题：如果问题 $P_1$ 到问题 $P_2$ 有两种归约方法，且归约一的概率大于归约二的概率，则称归约一比归约二紧。“紧”是一个相对的概念。

一般地，为了证明方案 $\Pi_1$ 的安全性，我们可将方案 $\Pi_1$ 归约到方案 $\Pi_2$，即如果

敌手 $\mathcal{A}$ 能够攻击方案 $\Pi_1$，则敌手 $\mathcal{B}$ 能够攻击方案 $\Pi_2$，其中方案 $\Pi_2$ 是已证明安全的，或是一个困难问题，或是一个密码本原。

证明过程通过思维实验来描述，首先由挑战者建立方案 $\Pi_2$，方案 $\Pi_2$ 中的敌手用 $\mathcal{B}$ 表示，方案 $\Pi_1$ 中的敌手用 $\mathcal{A}$ 表示。$\mathcal{B}$ 为了攻击方案 $\Pi_2$，它利用 $\mathcal{A}$ 作为子程序来攻击方案 $\Pi_1$。$\mathcal{B}$ 为了利用 $\mathcal{A}$，它必须模拟 $\mathcal{A}$ 的挑战者对 $\mathcal{A}$ 加以训练，因此 $\mathcal{B}$ 又称为模拟器。两个方案之间的归约如图 2-3 所示。

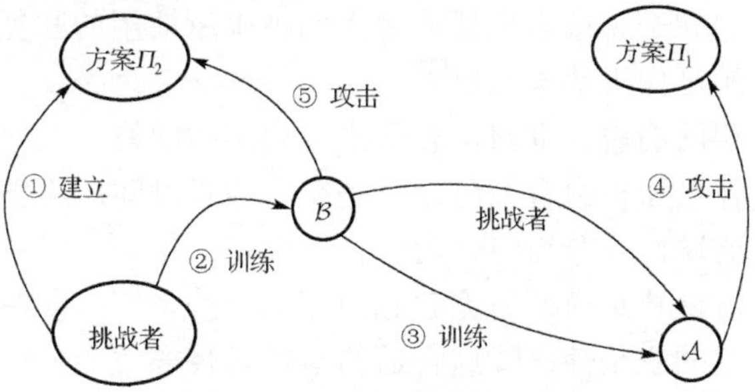


图 2-3 两个方案之间的归约

具体步骤如下所示。

(1) 挑战者产生方案 $\Pi_2$ 的系统。

(2) 敌手 $\mathcal{B}$ 为了攻击方案 $\Pi_2$，接受挑战者的训练。

(3) $\mathcal{B}$ 为了利用敌手 $\mathcal{A}$，对 $\mathcal{A}$ 进行训练，即作为 $\mathcal{A}$ 的挑战者。

(4) $\mathcal{A}$ 攻击方案 $\Pi_1$ 的系统。

(5) $\mathcal{B}$ 利用 $\mathcal{A}$ 攻击方案 $\Pi_1$ 的结果，攻击方案 $\Pi_2$。

对于加密算法来说，图 2-3 中的方案 $\Pi_1$ 取为加密算法，如果其安全目标是语义安全，即敌手 $\mathcal{A}$ 攻击它的不可区分性，敌手 $\mathcal{B}$ 模拟 $\mathcal{A}$ 的挑战者，通过模拟为其构建加密算法的运行环境，和 $\mathcal{A}$ 进行不可区分性游戏，则称此时 $\mathcal{A}$ 对方案 $\Pi_1$ 的攻击为模拟攻击。在这个过程中，$\mathcal{B}$ 为了达到自己的目标，而利用 $\mathcal{A}$，$\mathcal{A}$ 也许不愿意被 $\mathcal{B}$ 利用。但如果 $\mathcal{B}$ 的模拟使得 $\mathcal{A}$ 不能判别是和自己的挑战者交互还是和模拟的挑战者交互，则称 $\mathcal{B}$ 的模拟是完备的。

对于其他密码算法或密码协议，首先要确定它要达到的安全目标，如签名方案的不可伪造性、签密方案的机密性和不可伪造性等；然后构造一个形式化的敌手模型及思维实验；最后利用概率论和计算复杂性理论，把对密码算法或密码协议的攻击归约到对已知困难问题的攻击。这种方法就是可证明安全性。可证明安全性是密码学和计算复杂性理论的有效结合。过去 40 年，密码学的最大进展是将密码学建立在计算复杂性理论之上，并且正是计算复杂性理论将密码学从一门艺术发展成为一门严格的科学。

1) 随机谕言机模型

Goldwasser 和 Micali[4]虽然首次提出了可证明安全的加密机制和签名方案，但其可证明安全性以严重牺牲效率为代价，导致方案并不实用，这极大地制约了可证明安全理论的发展。为了使可证明安全的密码方案能够应用于实际领域中，Bellare 和 Rogaway[7]提出了著名的随机谕言机模型(random oracle model，ROM)，它是将理想化的模型引入密码方案的安全性证明中，并在实际应用中取得了很大的成功。Oracle 在古希腊表示神谕的意思，因此谕言机也称为神谕、神使或传神谕者，神谕是古代希腊的一种迷信活动，由女祭祀代神传谕，解答疑难者的询问，她们被认为在传达神的旨意。也就是说谕言机能够为人们带来所期望的回复。

随机谕言必须满足如下基本性质[8]。

确定性：对于相同的谕言询问，总是给出相同的回答。

有效性：对于任意随机谕言询问，总是在多项式时间内给出相应的回答。

随机性：谕言的输出分布均匀、随机。

应用随机谕言方法构造密码方案包括以下几个步骤[8]：①在随机谕言模型中构造方案，并建立方案的安全性；②用合适的函数代替方案中使用的随机谕言，即随机谕言的实例化。一般情况下，通常将哈希函数视为随机谕言机。

由于随机谕言的输出熵大于它的输入熵，也就是说它的确定性和随机性要求是矛盾的，这一点表明，随机谕言只是理想存在的原语。因此，随机谕言模型中建立的方案安全性并不等同于实例化之后的方案实际安全性，这一点也成为随机谕言模型受到质疑的原因。

当在随机谕言模型中证明方案的安全性时，需要模拟随机谕言。这一点通常使用“查表法”来实现，也就是说保持一个动态增长的列表 $\mathcal{L}$，对于询问 $x$，首先在列表 $\mathcal{L}$ 中查找是否已存在相应的元组 $(x,y)$；如果列表 $\mathcal{L}$ 中已存在相应的元组 $(x,y)$，则输出 $y$ 作为回答，否则均匀随机地选择并输出 $y$，同时将元组 $(x,y)$ 添加到列表 $\mathcal{L}$ 中。

2) 标准模型

标准模型(standard model)消除了安全性证明中随机谕言机的使用，该模型下密码方案的安全性归约不依赖于随机谕言机。由于该模型中安全性证明只有对某些数学问题的难解性假设，而没有对密码学原语的理想化假设，因此标准模型被认为是最接近现实状况的模型。相较于随机谕言机模型，标准模型中可证明安全的密码方案的效率较低和简洁性较差，使得这类密码方案在现实中缺乏竞争力，因此，构造标准模型下高效可证明安全的密码方案一直是密码学领域的研究热点之一。

特别地，对于密码学中可证明安全性理论和方法的更多介绍和实例，请读者参阅文献[5]。

## 2.8 本章小结

本章主要对密码机制安全性证明过程中的相关困难性假设进行了描述，如 CDH

假设、DDH 假设和 DBDH 假设等；此外详细介绍了抗泄露密码机制设计过程中所涉及的基础知识，如统计距离、最小熵、平均最小熵、随机性提取器、泄露谕言机等。

## 参考文献

[1] Dodis Y, Reyzin L, Smith A D. Fuzzy extractors: How to generate strong keys from biometrics and other noisy data[C]//Proceedings of the International Conference on the Theory and Applications of Cryptographic Techniques, Interlaken, 2004: 523-540.

[2] Dodis Y, Haralambiev K, López-Alt A, et al. Cryptography against continuous memory attacks [C]//Proceedings of the 51th IEEE Annual Symposium on Foundations of Computer Science, Las Vegas, 2010: 511-520.

[3] Goldwasser S, Micali S. Probabilistic encryption[J]. Journal of Computer and System Sciences, 1984: 28(2): 270-299.

[4] Goldwasser S, Micali S. Probabilistic encryption and how to play mental poker keeping secret all partial information[C]//Proceedings of the 14th Annual ACM Symposium on Theory of Computing, San Francisco, 1982: 365-377.

[5] 杨波. 密码学中的可证明安全性[M]. 北京: 清华大学出版社, 2017.

[6] 侯红霞. 密钥泄露攻击下可证明安全的身份基公钥密码方案研究[D]. 西安: 陕西师范大学, 2020.

[7] Bellare M, Rogaway P. Random oracles are practical: A paradigm for designing efficient protocols[C]//Proceedings of the 1st ACM Conference on Computer and Communications Security, Fairfax, 1993: 62-73.

[8] 贾小英, 李宝, 刘亚敏. 随机谕言模型[J]. 软件学报, 2012, 23(1): 144-155.

# 第 3 章　基本密码学工具及构造

本章主要介绍抗泄露密码机制构造过程所涉及的相关密码学基础工具，如哈希证明系统(HPS)、对偶系统加密(dual system encryption，DSE)技术、一次性损耗滤波器(OT-LF)、非交互式零知识(non-interactive zero-knowledge，NIZK)论证、卡梅隆哈希(Chameleon Hash)函数、密钥衍射函数(key diffraction function，KDF)和消息验证码(message authentication code，MAC)等，并且本章在回顾形式化定义的基础上还将给出上述相关密码工具的具体实例。

## 3.1　哈希证明系统

HPS 作为一个重要的密码学组件，用于设计 CCA 安全的公钥密码体制。HPS 要求存在一个集合 $X$ 和定义在 $X$ 上的 NP 语言 $L$，使得区分 $L$ 中的一个随机元素和 $X\setminus L$ 中的一个随机元素是计算困难的。HPS 具有两个完美特性，即投影性和平滑性。投影性是指哈希簇中的每个哈希函数，对于 $x\in L$，有两种方式计算每个点的哈希函数值，它们分别是一个公开算法 $\text{Pub}(\cdot)$ 和一个秘密算法 $\text{Priv}(\cdot)$（分别对应投影密钥和哈希密钥），其中公开算法 $\text{Pub}(\cdot)$ 以公钥 pk 作为输入；秘密算法 $\text{Priv}(\cdot)$ 以私钥 sk 作为输入。平滑性是指给定投影密钥，对于 $x\in L$ 和 $x\in X\setminus L$ 两种情况下，哈希函数的输出是统计不可区分的。

更一般地讲，令 $X$ 是一个实例集合，$L$ 是 $X$ 中由某二元关系 $R$ 定义的一个真子集，即 $x\in L$ 当且仅当存在 $w\in W$ 使得 $(x,w)\in R$，那么 $(X,L,W,R)$ 构成了一个语言系统，$L$ 为语言集合，$W$ 为证据集合。$L$ 中的实例常称为有效实例，$L$ 之外的实例称为无效实例，通常要求语言系统上存在子集成员不可区分问题，即一个随机的有效实例和一个随机的无效实例是计算不可区分的。

### 3.1.1　平滑投影哈希函数

设 $\mathcal{SK}$、$\mathcal{PK}$、$\mathcal{K}$ 分别是私钥集合、公钥集合及封装密钥集合。$\mathcal{C}$ 和 $\mathcal{V}\in\mathcal{C}$ 分别为所有密文集合和所有有效密文集合。

设 $\Lambda_{\text{sk}}:\mathcal{C}\to\mathcal{K}$ 是以 $\text{sk}\in\mathcal{SK}$ 为索引的、把密文映射为对称密钥的哈希函数。对哈希函数 $\Lambda_{\text{sk}}(\cdot)$，若存在投影 $\mu:\mathcal{SK}\to\mathcal{PK}$，使得 $\mu(\text{sk})\in\mathcal{PK}$ 定义了 $\Lambda_{\text{sk}}:\mathcal{C}\to\mathcal{K}$ 在有效密文集合 $\mathcal{V}\in\mathcal{C}$ 上的取值，即对每个有效密文 $C\in\mathcal{V}$，$K=\Lambda_{\text{sk}}(C)$ 的值由 $\text{pk}=\mu(\text{sk})$ 和 $C$ 唯一确定，则称哈希函数 $\Lambda_{\text{sk}}(\cdot)$ 是投影的。尽管可能有许多不同的私钥对应于同

一个公钥 pk，但是在有效密文集合上函数 $\Lambda_{sk}(\cdot)$ 的取值由公钥 pk 完全确定。另外，在无效密文集合 $\mathcal{C}\setminus\mathcal{V}$ 上函数 $\Lambda_{sk}(\cdot)$ 的取值是不能完全确定的。也就是说，对所有的无效密文 $\tilde{C}\in\mathcal{C}\setminus\mathcal{V}$，有

$$\mathrm{SD}([\mathrm{pk},\Lambda_{sk}(\tilde{C})],(\mathrm{pk},K))\leqslant\varepsilon$$

式中，$\mathrm{sk}\leftarrow_R\mathcal{SK}$、$K\leftarrow_R\mathcal{K}$ 和 $\mathrm{pk}=\mu(\mathrm{sk})$，则称此哈希函数 $\Lambda_{sk}(\cdot)$ 是 $\varepsilon$-通用的($\varepsilon$-universal)，即对于无效密文 $\tilde{C}\in\mathcal{C}\setminus\mathcal{V}$，函数 $\Lambda_{sk}(\cdot)$ 的输出 $\Lambda_{sk}(\tilde{C})$ 与封装密钥集合 $\mathcal{K}$ 上的任意随机值 $K$ 是不可区分的。

## 3.1.2 HPS 的定义及安全属性

HPS 包含了三个多项式时间算法，即 $\Pi_{\mathrm{HPS}}=(\mathrm{Gen},\mathrm{Pub},\mathrm{Priv})$，其中 $\mathrm{Gen}(1^\kappa)$ 是随机化算法，用于生成系统的一个实例 $(\mathrm{group},\mathcal{K},\mathcal{C},\mathcal{V},\mathcal{SK},\mathcal{PK},\Lambda_{sk}(\cdot),\mu)$，其中 group 包含公开参数。$\mathrm{Pub}(\cdot)$ 是确定性的公开求值算法，当已知一个证据 $w$(证明 $C\in\mathcal{V}$ 是有效的)时，用于对 $C$ 解封装。具体地说，当输入为 $\mathrm{pk}=\mu(\mathrm{sk})$、有效密文 $C\in\mathcal{V}$ 及证据 $w$ 时，$\mathrm{Pub}(\cdot)$ 输出封装密钥 $K=\Lambda_{sk}(C)$。$\mathrm{Priv}(\cdot)$ 是确定性的秘密求解算法，用于已知私钥 $\mathrm{sk}\in\mathcal{SK}$ 而无法获知证据 $w$ 时，对有效密文 $C\in\mathcal{V}$ 执行解封装操作。具体地说，当输入为私钥 $\mathrm{sk}\in\mathcal{SK}$ 和有效密文 $C\in\mathcal{V}$ 时，$\mathrm{Priv}(\cdot)$ 输出封装密钥 $K=\Lambda_{sk}(C)$。

为了方便理解，下面换一种方式给出 HPS 的形式化定义，图 3-1 为 HPS 的工作原理。图中，SampR($r$)表示选取相应的随机数。

(1) 密钥生成算法 $(\mathrm{pk},\mathrm{sk})\leftarrow\mathrm{Gen}(1^\kappa)$ 输出一对密钥 $(\mathrm{pk},\mathrm{sk})$，sk 与 pk 之间存在多对一的映射关系，即 $\mathrm{pk}=\mu(\mathrm{sk})$。每个 sk 都定义了一个哈希函数 $\Lambda_{sk}:\mathcal{C}\to\mathcal{K}$，其中，$\mathcal{C}$ 是实例空间(也称为密文空间)，$\mathcal{K}$ 是证明空间(也称为封装密钥空间)。

(2) 私密求值算法 $K\leftarrow\mathrm{Priv}(\mathrm{sk},C)$ 的输入是私钥 sk 和 $C$，可高效计算 $K=\Lambda_{sk}(C)$，其中 $C$ 是 $\mathcal{C}$ 中的任意实例。

(3) 公开求值算法 $K\leftarrow\mathrm{Pub}(\mathrm{pk},C,w)$ 的输入 $C$ 属于语言 $L$ 时，可在没有密钥 sk 的情况下根据 pk 和 $C\in L$ 相对应的证据 $w$ 计算出 $K=\Lambda_{sk}(C)$。

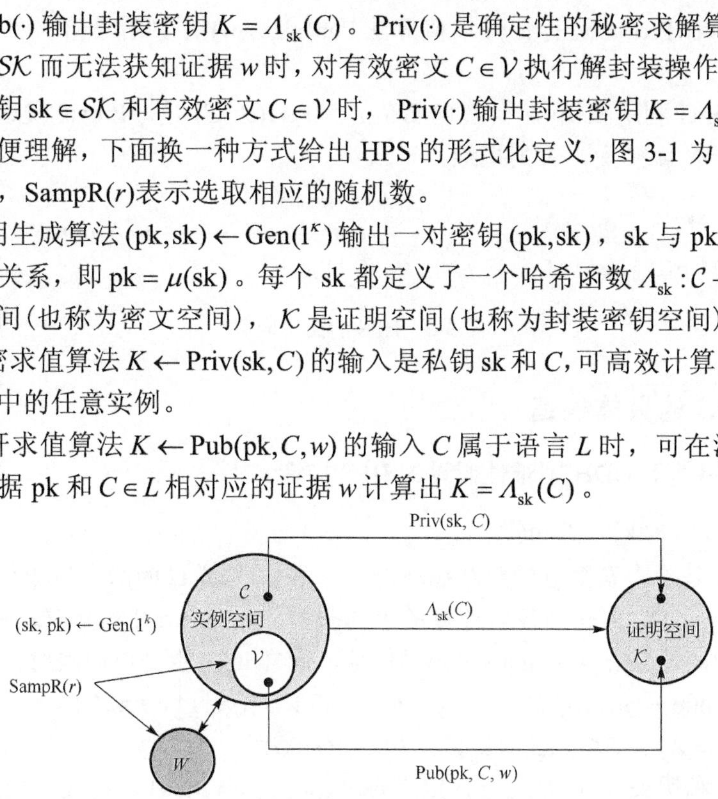


图 3-1　HPS 的工作原理

在 HPS 中要求子集成员问题是计算困难的，即对于随机的有效密文 $C_0\in\mathcal{V}$ 和随

机的无效密文 $C_1 \in \mathcal{C} \setminus \mathcal{V}$，$C_0$ 和 $C_1$ 是计算不可区分的。对于多项式时间的敌手 $\mathcal{A}$，区分密文 $C_0$ 和 $C_1$ 的优势 $\text{Adv}_{\text{HPS},\mathcal{A}}^{\text{SM}}(\kappa)$ 是可忽略的，$\text{Adv}_{\text{HPS},\mathcal{A}}^{\text{SM}}(\kappa)$ 的定义如下：

$$\text{Adv}_{\text{HPS},\mathcal{A}}^{\text{SM}}(\kappa)=\left|\Pr_{C_0\in\mathcal{V}}[\mathcal{A}(\mathcal{C},\mathcal{V},C_0)]-\Pr_{C_1\in\mathcal{C}\setminus\mathcal{V}}[\mathcal{A}(\mathcal{C},\mathcal{V},C_1)]\right|$$

式中，集合 $\mathcal{C}$ 和 $\mathcal{V}$ 由函数 $\text{Gen}(1^\kappa)$ 生成。特别地，$\text{Gen}(1^\kappa)$ 在输出密钥对 (pk,sk) 的同时输出相应的系统公开参数。

**定义 3-1**　(通用性) 如果哈希证明系统 $\Pi_{\text{HPS}} = (\text{Gen},\text{Pub},\text{Priv})$ 满足以下两个条件，则称其为1-通用的 (1-universal)。

(1) 对于足够大的 $n \in \mathbb{N}$ 和 $\text{Gen}(1^\kappa)$ 的所有可能输出，投影哈希函数 $\Lambda_{\text{sk}}:\mathcal{C}\to\mathcal{K}$ 是 $\varepsilon(\kappa)$-通用的，其中 $\varepsilon(\kappa)$ 是一个可忽略的函数。

(2) 对应的子集成员问题是困难的。

图 3-2 是 HPS 的简单应用，具体过程如下所示。

(1) 验证者 Verifier 运行密钥生成算法 $(\text{pk},\text{sk}) \leftarrow \text{Gen}(1^\kappa)$，生成一对公私钥 (pk,sk)，将 pk 公开，sk 秘密保存。

(2) 证明者 Prover 运行公开求值算法 $\text{Pub}(\text{pk},C,w)$ 计算哈希值 $K$ 并将其发送给 Verifier。

(3) Verifier 利用私钥 sk 计算哈希值 $K' = \text{Priv}(\text{sk},C)$ 并与 Prover 发送过来的进行比对，若 $K'=K$ 就接受，否则拒绝。

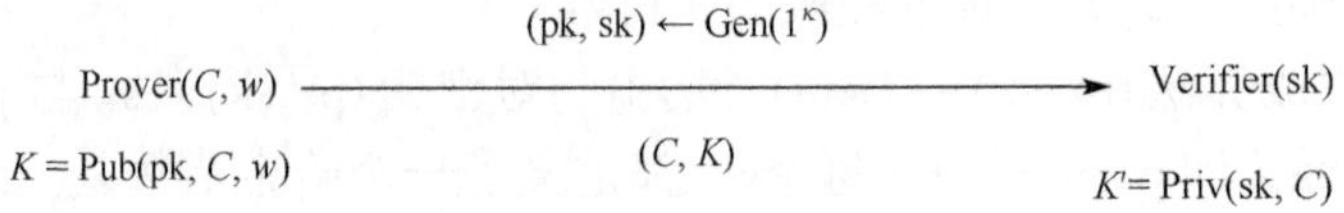


图 3-2　HPS 的简单应用

### 3.1.3　HPS 的具体构造

下面介绍基于 DDH 困难性假设的 HPS 构造。

1) $(\text{Params},\text{pk},\text{sk}) \leftarrow \text{Gen}(1^\kappa)$

(1) 令 $G$ 是阶为素数 $p$ 的乘法循环群，$g_1$ 和 $g_2$ 是群 $G$ 的两个生成元。

(2) 令 $\text{Inj}: G \to Z_q$ 是高效可计算的单向映射，对于 $n \in \mathbb{N}$ 和 $\boldsymbol{u} = (u_1,\cdots,u_n) \in G^n$，定义运算 $\overline{\text{Inj}}(\boldsymbol{u}) = [\text{Inj}(u_1),\cdots,\text{Inj}(u_n)]$。类似地，同样 $\overline{\text{Inj}}(\cdot)$ 也是单向映射。

(3) 令 $\text{group} = \{p,g_1,g_2,G,n\}$、$\mathcal{C} = G \times G$ 和 $\mathcal{V} = \{(g_1^r,g_2^r): r \in Z_q\}$。

(4) 令 $\mathcal{K} = Z_q^n$、$\mathcal{SK} = (Z_q \times Z_q)^n$ 和 $\mathcal{PK} = (G \times G)^n$。

(5) 对于私钥 $\text{sk} = (x_{i,1}x_{i,2})_{i\in[n]}$，定义 $\text{pk} = (\text{pk}_i)_{i\in[n]} = \mu(\text{sk}) = (g_1^{x_{i,1}} g_2^{x_{i,2}})_{i\in[n]}$。

(6) 对于密文 $C = (u_1,u_2) \in \mathcal{C}$，定义 $\Lambda_{\text{sk}}(C) = \overline{\text{Inj}}(u_1^{x_{i,1}} u_2^{x_{i,2}})_{i\in[n]}$。

(7) 输出系统公开参数 $\text{Params} = (\text{group},\mathcal{K},\mathcal{C},\mathcal{V},\mathcal{SK},\mathcal{PK},\Lambda_{\text{sk}}(\cdot),\mu)$。

2) $K \leftarrow \mathrm{Pub}(\mathrm{pk}, C, r)$

(1) 对于密文 $C=(g_1^r, g_2^r)\in\mathcal{V}$ 和相应的证据 $r\in Z_p$，计算

$$K=\overline{\mathrm{Inj}}(\mathrm{pk}_1^r,\cdots,\mathrm{pk}_n^r)$$

(2) 输出封装密钥 $K$。

3) $K \leftarrow \mathrm{Priv}(\mathrm{sk}, C)$

(1) 对于密文 $C=(u_1,u_2)\in\mathcal{C}$，计算

$$K=\Lambda_{\mathrm{sk}}(C)=\overline{\mathrm{Inj}}(u_1^{x_{i,1}}u_2^{x_{i,2}})_{i\in[n]}$$

(2) 输出封装密钥 $K$。

# 3.2　对偶系统加密技术

## 3.2.1　DSE 技术介绍

为了克服身份分离策略在 IBE 机制的构造中所产生的缺陷，Waters 于 2009 年首次提出了 DSE 技术的概念[1]，利用该技术获得了标准模型下基于静态假设的全安全 IBE 方案。在 DSE 技术中，密文和密钥分别具有两种不同的形式：正常形式和半功能形式，其中半功能密文和半功能密钥仅用于方案的安全性证明，不会在真实的方案构造中使用。正常密钥可以解密正常密文和半功能密文，半功能密钥可以解密正常密文，但半功能密钥不能解密半功能密文。换句话讲，当半功能密钥解密半功能的密文时，密钥和密文的半功能部分相互作用会产生额外的信息，导致解密失败。DSE 技术中的密文和密钥的关系如图 3-3 所示。

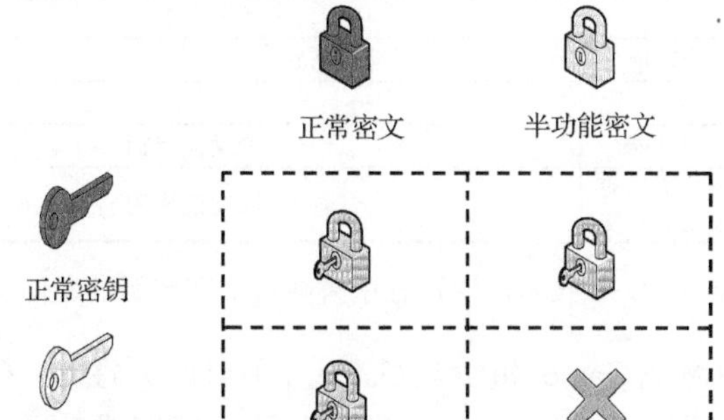


图 3-3　DSE 技术中的密文和密钥的关系

DSE 技术为证明 IBE 及相关加密系统的安全性开辟了一条新的途径，其安全性证明过程属于混合论证，是通过证明一系列游戏之间的两两不可区分性来完成的。

具体的游戏定义如下，其中假设在 IBE 机制的语义安全性游戏中，敌手除进行挑战询问之外，还将进行密钥生成询问，假设在游戏中敌手共进行了 $Q$ 次密钥生成询问。

游戏 $\text{Game}_{\text{real}}$：IBE 机制原始的安全性游戏，即挑战密文和密钥生成询问的应答都是正常的分布，该游戏中敌手获得了正常的挑战密文和正常的身份密钥。

游戏 $\text{Game}_0$：该游戏与游戏 $\text{Game}_{\text{real}}$ 相类似，在该游戏中所有密钥生成询问的应答都是正常的，但挑战密文是半功能的。

游戏 $\text{Game}_i$：该游戏与游戏 $\text{Game}_0$ 相类似，但是在该游戏中前 $i$ 个密钥生成询问的应答是半功能密钥，剩余的 $Q-i$ 个密钥生成询问的应答是正常的，其中 $i=1,2,\cdots,Q$。

游戏 $\text{Game}_{\text{final}}$：该游戏与游戏 $\text{Game}_Q$ 相类似，但是在该游戏中挑战密文是一个随机消息的半功能密文。

上述游戏的不可区分性证明过程大致为：首先，证明游戏 $\text{Game}_{\text{real}}$ 与游戏 $\text{Game}_0$ 的不可区分性，然后证明游戏 $\text{Game}_0$ 到游戏 $\text{Game}_Q$ 之间的游戏是两两不可区分的，最后证明游戏 $\text{Game}_Q$ 与游戏 $\text{Game}_{\text{final}}$ 是不可区分的。由于在游戏 $\text{Game}_{\text{final}}$ 中，敌手获胜的优势是可忽略的（在 $\text{Game}_{\text{final}}$ 中敌手赢得游戏的概率是 $\frac{1}{2}$），所以可得在 $\text{Game}_{\text{real}}$ 中敌手获胜的优势同样是可忽略的，即原始的 IBE 方案是安全的。DSE 技术证明过程中挑战密文和密钥生成询问应答的变化情况如图 3-4 所示。

| 游戏 | 挑战密文 | 密钥生成询问 | | | | |
|---|---|---|---|---|---|---|
| | | 1 | … | $i$ | … | $Q$ |
| $\text{Game}_{\text{real}}$ | 正常 | 正常密钥 | | | | |
| $\text{Game}_0$ | 半功能 | 正常密钥 | | | | |
| $\text{Game}_1$ | 半功能 | 半功能密钥 | 正常密钥 | | | |
| … | | | | | | |
| $\text{Game}_i$ | 半功能 | 半功能密钥 | | | 正常密钥 | |
| … | | | | | | |
| $\text{Game}_Q$ | 半功能 | 半功能密钥 | | | | |
| $\text{Game}_{\text{final}}$ | 随机消息的半功能密文 | 半功能密钥 | | | | |

图 3-4　DSE 技术证明过程中挑战密文和密钥的变化情况

特别地，在证明游戏 $\text{Game}_i$ 和游戏 $\text{Game}_{i+1}$ 不可区分性时，模拟器需要借助敌手的能力解决困难性问题，若存在一个 PPT 敌手 $\mathcal{A}$ 能够成功区分游戏 $\text{Game}_i$ 和游戏 $\text{Game}_{i+1}$，则模拟器可利用敌手 $\mathcal{A}$ 的能力解决相应的困难性问题。但模拟器可以为任何合法身份生成挑战密文和相应的用户私钥，这就会导致一个潜在的问题，即模拟器既可以生成关于身份 $\text{id}_i$（第 $i$ 次密钥生成询问的身份信息）的半功能密文，也能为该身份生成第 $i$ 个密钥，所以看起来模拟器可以通过检验身份 $\text{id}_i$ 的半功能密文能

否被第 $i$ 个密钥成功解密，就可确定第 $i$ 个密钥是否为半功能密钥，因此模拟器自己能够区分游戏 $\mathrm{Game}_i$ 和游戏 $\mathrm{Game}_{i+1}$。

为了解决上述问题，文献[1]为每一个密文和用户密钥关联了一个随机的标签值，只有当密文和密钥的标签值相等时才能正确解密。由于引入标签值，模拟器想通过构造相应身份的半功能密文来测试其所对应的第 $i$ 个私钥是否为半功能密钥时，只能生成标签值相同的半功能密文，因此，解密将无条件终止。而标签的关系对于敌手是完全隐藏的，因为敌手不能询问挑战密文所对应身份的私钥，在敌手看来标签是随机分布的。

然而上述构造中标签的使用一定程度上对方案的实用性带来影响，为了去掉标签，2010 年 Lewko 和 Waters[2]提出了一种不同的方法来解决证明中的悖论问题。该方法的思路是：当模拟器试图测试第 $i$ 个密钥的半功能密钥时，解密不再是无条件失败，而是通过有意设计使其无条件成功。为此，他们引入了半功能密钥的一个变形概念，称为“名义”半功能密钥。之所以称为“名义”半功能密钥，是因为“名义”半功能密钥的分布类似于半功能密钥的分布，但实际上却与半功能密文相关联。因此当“名义”半功能密钥解密相应的半功能密文时，密文中的半功能部分与“名义”半功能密钥中的半功能部分会相互抵消，从而解密成功。因此，模拟器试图通过创建同一身份的用户私钥和挑战密文来自己解决困难问题是不可行的，因为模拟器只能创建一个“名义”半功能密钥，而“名义”半功能密钥和正常密钥的解密结果是不可区分的。对敌手而言，其不能询问挑战身份所对应的用户密钥，这个限制使得“名义”性得以很好地隐藏，在敌手看来，“名义”半功能密钥与普通半功能密钥的分布是相同的。基于上述方法，文献[2]构造了一个无标签短参数的全安全 IBE 方案，同时也给出了一个具有固定密文长度的全安全的分层的基于身份加密(hierarchical identity based encryption，HIBE)方案，由于没有使用标签，其密钥派生过程中密钥可以完全再随机化，从而完美解决了文献[1]的 HIBE 方案中密钥与其派生密钥之间的派生关系被泄露的问题。

综上所述，DSE 技术的提出很好地解决了基于身份密码系统中的一些公开问题，为提高方案安全性能和简化安全性证明提供了新的思路。然而，通常 DSE 技术基于合数阶群实现，导致相应构造的通信和存储效率较低，另外，目前基于 DSE 技术构造的多数 IBE 机制仅具有 CPA 安全性。

### 3.2.2 基于 DSE 技术的 IBE 机制

本节将介绍 Lewko 和 Waters[2]提出的 IBE 机制，该机制使用阶为 $N = p_1p_2p_3$ 的合数阶群，并且身份空间为 $Z_N$。该构造在 Boneh 和 Boyen 的 IBE 机制的基础上为用户私钥增加了在子群 $G_3$（$G_3$ 是阶为素数 $p_3$ 的子群）上的随机值；此外，子群 $G_2$（$G_2$ 是阶为素数 $p_2$ 的子群）并未在机制的构造中使用，而是作为机制的半功能空间，也就是说，当密文和用户密钥包含子群 $G_2$ 中的相关元素时，它们都是半功能的，那么当正常密钥解密半功能密文或者半功能密钥解密正常密文时，由合数阶群中各子群间的正交性可知，子群 $G_2$ 中的元素将被子群 $G_1$ 和 $G_3$ 中的元素通过双线性映射运算消除掉，而当半功能密钥解密半功能密文时，解密结果中将包含子群 $G_2$ 中的一个元素，这将导致解密失败。

1. 具体构造

1) $(\text{Params}, \text{msk}) \leftarrow \text{KeyGen}(1^{\kappa})$

(1) 令 $G$ 是阶为合数 $N = p_1 p_2 p_3$ 的乘法循环群，其中 $p_1$、$p_2$ 和 $p_3$ 是不同的素数；对于 $i = 1,2,3$，$G_i$ 是群 $G$ 中阶为素数 $p_i$ 的子群。

(2) 随机选取 $\alpha \leftarrow_R Z_N^*$、$u,h,g \leftarrow_R G_1$ 和 $X_3 \leftarrow_R G_3$，公开系统参数 Params，并计算主私钥 $\text{msk} = (\alpha, X_3)$，其中 Params=$\{N,u,h,g,e(g,g)^{\alpha}\}$。

2) $\text{sk}_{\text{id}} \leftarrow \text{KeyGen}(\text{msk}, \text{id})$

(1) 随机选取 $r,\rho,\rho' \leftarrow_R Z_p^*$，并计算 $d_1 = g^{-\alpha}(u^{\text{id}}h)^r X_3^{\rho}$ 和 $d_2 = g^{-r} X_3^{\rho'}$。

(2) 输出身份 id 所对应的私钥 $\text{sk}_{\text{id}} = (d_1, d_2)$。

3) $C \leftarrow \text{Enc}(\text{id}, M)$

(1) 随机选取 $z \leftarrow_R Z_p^*$，并计算 $c_1 = g^z$、$c_2 = (u^{\text{id}}h)^z$ 和 $c_3 = e(g,g)^{\alpha z} M$。

(2) 输出加密密文 $C = (c_1, c_2, c_3)$。

4) $M \leftarrow \text{Dec}(\text{sk}_{\text{id}}, C)$

(1) 计算 $M$=$e(c_1,d_1)e(c_2,d_2)c_3$。

(2) 输出 $M$ 作为密文 $C = (c_1, c_2, c_3)$ 所对应的解密结果。

2. 正确性

由下述等式即可获得上述 IBE 机制的正确性。

$$
\begin{aligned}
e(c_1,d_1)e(c_2,d_2)c_3 &= e(g^z, g^{-\alpha}(u^{\text{id}}h)^r X_3^{\rho}) e((u^{\text{id}}h)^z, g^{-r} X_3^{\rho'}) e(g,g)^{\alpha z} M \\
&= e(g^z, g^{-\alpha}) e(g^z, (u^{\text{id}}h)^r) e((u^{\text{id}}h)^z, g^{-r}) e(g,g)^{\alpha z} M \\
&= M
\end{aligned}
$$

3. 安全性证明

为了证明上述 IBE 机制的安全性，首先给出半功能密文和半功能密钥的具体结构，该结构在真实方案中并未使用，仅用于机制的安全性证明。

(1) 半功能密文。令 $g_2$ 为子群 $G_2$ 的生成元。为了生成消息 $M$ 关于身份 id 的半功能密文，首先，生成 $M$ 关于身份 id 的正常密文 $C = (c_1,c_2,c_3) = (g^z, (u^{\text{id}}h)^z, e(g,g)^{\alpha z} M)$；然后，随机选取 $x, z_c \leftarrow_R Z_N$，并计算 $(c_1', c_2', c_3') = (c_1 g_2^x, c_2 g_2^{xz_c}, c_3)$，输出消息 $M$ 关于身份 id 的半功能密文 $C^{\text{semi}} = (c_1', c_2', c_3')$。

(2) 半功能密钥。为了生成身份 id 的半功能密钥，首先，生成身份 id 对应的正常密钥 $d_{\text{id}}=(d_1,d_2)=(g^{-\alpha}(u^{\text{id}}h)^r X_3^{\rho}, g^{-r}X_3^{\rho'})$；然后，随机选取 $y,z_k \leftarrow_R Z_N$，并计算 $(d_1',d_2')=(d_1 g_2^{yz_k}, d_2 g_2^{-y})$，输出身份 id 对应的半功能密钥 $d_{\text{id}}^{\text{semi}}=(d_1',d_2')$。

特别地，当半功能密钥被用来解密半功能密文时，由下述等式可知，解密结果包含附加的 $e(g,g)^{xy(z_k-z_c)}$，若有 $z_k=z_c$，则解密操作依然正确。将满足该条件的密钥称为“名义”半功能密钥，虽然包含子群 $G_2$ 的元素，但不妨碍该半功能密钥对相应半功能密文的解密操作。

$$
\begin{aligned}
e(c_1',d_1')e(c_2',d_2')c_3' &= e(g^z g_2^x, g^{-\alpha}(u^{\text{id}}h)^r g_2^{yz_k} X_3^{\rho})e((u^{\text{id}}h)^z g_2^{xz_c}, g^{-r}g_2^{-y}X_3^{\rho'})e(g,g)^{\alpha z}M \\
&= e(g_2,g_2)^{xyz_k}e(g_2,g_2)^{-xyz_c}M \\
&= e(g_2,g_2)^{xy(z_k-z_c)}M
\end{aligned}
$$

上述 IBE 机制的安全性证明可通过下述系列游戏来完成，各游戏的具体定义如下所示。

游戏 $\text{Game}_{\text{real}}$：该游戏是 IBE 机制原始的 CPA 安全性游戏，在该游戏中，敌手获得了正常的挑战密文和正常的用户密钥。

游戏 $\text{Game}_{\text{restricted}}$：该游戏与游戏 $\text{Game}_{\text{real}}$ 相类似，但在询问阶段禁止敌手对满足条件 $\text{id}^*=\text{id} \bmod p_2$ 的身份 id 进行密钥生成询问，其中 $\text{id}^*$ 是挑战身份。换句话说，游戏中询问阶段提交的身份进行模 $p_2$ 运算后的结果与挑战身份是不相等的，这是一个强的限制，在剩余的游戏中始终保持该限制。

令 $Q$ 表示游戏中敌手提交的密钥生成询问的最大次数。对于 $i$ 从 0 到 $Q$，游戏 $\text{Game}_i$ 的定义为：该游戏与游戏 $\text{Game}_{\text{restricted}}$ 相类似，但是在该游戏中挑战密文是半功能的，且前 $i$ 个密钥生成询问的应答是半功能密钥，剩余的 $Q-i$ 个密钥生成询问的应答是正常的。

游戏 $\text{Game}_{\text{final}}$：该游戏与游戏 $\text{Game}_Q$ 相类似，但是在该游戏中挑战密文是关于一个随机消息的半功能密文。

**引理 3-1**　若存在一个 PPT 敌手 $\mathcal{A}$ 能以不可忽略的优势 $\varepsilon_1$ 区分游戏 $\text{Game}_{\text{real}}$ 和游戏 $\text{Game}_{\text{restricted}}$，即有 $\left|\text{Adv}_{\mathcal{A}}^{\text{Game}_{\text{real}}}(\kappa)-\text{Adv}_{\mathcal{A}}^{\text{Game}_{\text{restricted}}}(\kappa)\right| \leqslant \varepsilon_1$ 成立，那么就能构造一个敌手 $\mathcal{B}$ 以显而易见的优势 $\frac{\varepsilon_1}{2}$ 攻破合数阶双线性群上的安全性假设 1 或假设 2。

**注解 3-1**　$\text{Adv}_{\mathcal{A}}^{\text{Game}_k}(\kappa)$ 表示敌手 $\mathcal{A}$ 在游戏 $\text{Game}_k$ 中获胜的优势。

**证明**　在合数阶群上的相关安全性假设 1 和假设 2 中，敌手 $\mathcal{B}$ 均能获得 $g$ 和 $X_3$ 及相应的挑战元组 $T_v$。如果敌手 $\mathcal{A}$ 能以概率 $\varepsilon_1$ 在询问阶段提交身份满足条件 $\text{id} \neq \text{id}^* \bmod N$ 和 $\text{id}=\text{id}^* \bmod p_2$ 的密钥生成询问，那么敌手 $\mathcal{B}$ 使用这些身份能够通过计算 $a=\gcd(\text{id}-\text{id}^*,N)$ 获得 $N=p_1p_2p_3$ 的一个非平凡因子，其中 gcd 表示最大公因

数。令$b=\frac{N}{a}$，下面分两种情况进行介绍，并且每种情况均以$\frac{\varepsilon_1}{2}$的概率发生。

情况 1：$b=p_1$。敌手$\mathcal{B}$能够通过验证$g^b=1$是否成立判断条件$b=p_1$是否成立，然后通过对$T_v$进行$b$次方的计算结果$T_v^b$攻破合数阶群上的安全性假设 1，因为当$T_v \in G_1$时$T_v^b$=1；否则$T_v \in G_1G_2$且$T_v^b \neq 1$。

情况 2：$a=p_1p_2$且$b=p_3$。敌手$\mathcal{B}$能够通过验证$(X_1X_2)^a$是否成立判断条件$a=p_1p_2$是否成立，然后通过测试等式$e((Y_2Y_3)^b,T_v)=1$是否成立攻破假设 2，由于$Y_3^{p_3}=1$，当$T_v \in G_1G_3$，即$T_v$中不包含子群$G_2$的部分时，上述等式成立；否则有$T_v \in G$。

引理 3-1 证毕。

**引理 3-2** 若存在一个 PPT 敌手$\mathcal{A}$能以不可忽略的优势$\varepsilon_2$区分游戏$\text{Game}_{\text{restricted}}$和游戏$\text{Game}_0$，即有$\left|\text{Adv}_{\mathcal{A}}^{\text{Game}_{\text{restricted}}}(\kappa)-\text{Adv}_{\mathcal{A}}^{\text{Game}_0}(\kappa)\right| \leqslant \varepsilon_2$，那么就能构造一个敌手$\mathcal{B}$以显而易见的优势$\varepsilon_2$攻破合数阶双线性群上的安全性假设 1。

**证明** 在假设 1 中敌手$\mathcal{B}$能够获得$g$和$X_3$及相应的挑战元组$T_v$，将通过下述操作为敌手$\mathcal{A}$模拟游戏$\text{Game}_{\text{restricted}}$或游戏$\text{Game}_0$，随机选取$\alpha,a,b \leftarrow_R Z_N$，令主私钥为$\text{msk}=(\alpha,X_3)$，并计算$u=g^a$和$h=g^b$，然后发送系统公开参数$\text{Params}=\{N,u,h,g,e(g,g)^\alpha\}$给敌手$\mathcal{A}$。

对于敌手$\mathcal{A}$提交的关于身份空间中任意身份$\text{id}_i$的密钥生成询问，敌手$\mathcal{B}$随机选取$r_i,\rho_i,\rho_i' \leftarrow_R Z_p^*$，并计算$d_1^i=g^{-\alpha}(u^{\text{id}_i}h)^{r_i}X_3^{\rho_i}$和$d_2^i=g^{-r_i}X_3^{\rho_i'}$，最后返回$\text{sk}_{\text{id}_i}=(d_1^i,d_2^i)$。

挑战阶段，敌手$\mathcal{B}$收到敌手$\mathcal{A}$提交的两个等长挑战消息$M_0,M_1$和一个挑战身份$\text{id}^*$，然后随机选取$\beta \leftarrow_R \{0,1\}$，并基于假设 1 的挑战元组$T_v$生成挑战密文$C_v^*=(c_1^*,c_2^*,c_3^*)$，其中$C_v^*=(c_1^*,c_2^*,c_3^*)=(T_v,T_v^{a\text{id}^*+b},e(T_v,g)^\alpha M_\beta)$。

下面分两种情况对挑战密文$C_v^*=(c_1^*,c_2^*,c_3^*)$进行讨论。

情况 1：$T_v \in G_1$。由于$T_v=g^z$，则挑战密文$C_v^*=(c_1^*,c_2^*,c_3^*)$是关于挑战消息$M_\beta$和挑战身份$\text{id}^*$的正常密文，因此敌手$\mathcal{B}$与$\mathcal{A}$执行游戏$\text{Game}_{\text{restricted}}$。

情况 2：$T_v \in G_1G_2$。由于$T_v=g^zX_2$（其中$X_2$是群$G_2$中的元素），则挑战密文$C_v^*=(c_1^*,c_2^*,c_3^*)$是关于挑战消息$M_\beta$和挑战身份$\text{id}^*$的半功能密文，且相应的半功能参数为$z_c=a\text{id}^*+b$，因此敌手$\mathcal{B}$与$\mathcal{A}$执行游戏$\text{Game}_0$。

特别地，由于$z_c \bmod p_2$与$a \bmod p_1$和$b \bmod p_1$是不相关的，$z_c$具有正确的参数分布。因此，敌手$\mathcal{B}$能借助敌手$\mathcal{A}$的输出以优势$\varepsilon_2$攻破假设 1。

引理 3-2 证毕。

**引理 3-3** 对于$i=1,\cdots,Q$，若存在一个 PPT 敌手$\mathcal{A}$能以不可忽略的优势$\varepsilon_3$区分游戏$\text{Game}_{i-1}$和游戏$\text{Game}_i$，即有$\left|\text{Adv}_{\mathcal{A}}^{\text{Game}_{i-1}}(\kappa)-\text{Adv}_{\mathcal{A}}^{\text{Game}_i}(\kappa)\right| \leqslant \varepsilon_3$，那么就能构造一个敌手$\mathcal{B}$以显而易见的优势$\varepsilon_3$攻破合数阶双线性群上的安全性假设 2。

**证明** 敌手$\mathcal{B}$将从假设 2 的挑战者处获得公开元组$(g,X_1X_2,X_3,Y_2Y_3)$及相应的挑战元组$T_v$。敌手$\mathcal{B}$首先随机选取$\alpha,a,b \leftarrow_R Z_N$，并计算$u=g^a$和$h=g^b$；然后发送

系统公开参数 $\text{Params}=\{N,u,h,g,e(g,g)^{\alpha}\}$ 给敌手 $\mathcal{A}$。特别地，上述模拟过程中敌手 $\mathcal{B}$ 掌握主私钥 $\text{msk}=(\alpha,X_3)$。

对于敌手 $\mathcal{A}$ 提交的前 $i-1$ 次密钥生成询问，敌手 $\mathcal{B}$ 随机选取 $r_j,\rho_j,\rho'_j \leftarrow_R Z_N$，然后返回身份 $\text{id}_j(j\leqslant i-1)$ 相对应的半功能密钥

$$\text{sk}_{\text{id}_j}^{\text{semi}}=(d_1^{j\prime},d_2^{j\prime})=(g^{-\alpha}(u_i^{\text{id}_j}h)^{r_j}(Y_2Y_3)^{\rho_j},g_i^{-r_j}(Y_2Y_3)^{\rho'_j})$$

对于敌手 $\mathcal{A}$ 提交的第 $i$ 次密钥生成询问，敌手 $\mathcal{B}$ 随机选取 $\rho\leftarrow_R Z_N$，并生成身份 $\text{id}_i$ 所对应的密钥 $\text{sk}_{\text{id}_i}=(\tilde{d}_1,\tilde{d}_2)=(g^{\alpha}T_v^{z_k}X_3^{\rho},T_v)$，其中 $z_k=a\text{id}_i+b$。特别地，同一身份所对应的半功能密钥和半功能密文中相关半功能参数是相等的，即有 $z_k=z_c$。

对于敌手 $\mathcal{A}$ 提交的第 $i+1$ 个之后所有剩余的 $Q-i$ 次密钥生成询问，敌手 $\mathcal{B}$ 随机选取 $r_j,\rho_j,\rho'_j\leftarrow_R Z_N$，然后返回身份 $\text{id}_j(i+1\leqslant j\leqslant Q)$ 相对应的正常密钥

$$\text{sk}_{\text{id}_j}=(d_1^j,d_2^j)=(g^{-\alpha}(u_i^{\text{id}_j}h)^{r_j}X_3^{\rho_j},g^{-r_j}X_3^{\rho'_j})$$

挑战阶段，敌手 $\mathcal{B}$ 收到敌手 $\mathcal{A}$ 提交的两个等长挑战消息 $M_0,M_1$ 和一个挑战身份 $\text{id}^*$，然后随机选取 $\beta\leftarrow_R\{0,1\}$，通过下述运算生成相应的半功能密文 $C_{\text{semi}}^*=(c_1^*,c_2^*,c_3^*)$，其中 $C_{\text{semi}}^*=(c_1^*,c_2^*,c_3^*)=(X_1X_2,(X_1X_2)^{a\text{id}^*+b},e(X_1X_2,g)^{\alpha}M_{\beta})$。特别地，密文 $C_{\text{semi}}^*=(c_1^*,c_2^*,c_3^*)$ 是关于半功能参数 $z_c=a\text{id}^*+b$ 的半功能密文。

由于所有询问身份 $\text{id}_i$ 均满足条件 $\text{id}_i\neq\text{id}^*\bmod p_2$，则对于敌手 $\mathcal{A}$ 而言，$z_k=a\text{id}_i+b$ 和 $z_c=a\text{id}^*+b$ 是均匀随机的参数。如果 $\text{id}_i=\text{id}^*\bmod p_2$，那么在这种情况下敌手 $\mathcal{A}$ 提交了无效的密钥生成询问，这是在游戏 $\text{Game}_{\text{restricted}}$ 中增加相应限制条件的原因。

特别地，若敌手 $\mathcal{A}$ 想测试关于身份 $\text{id}_i$ 的密钥生成询问的应答 $\text{sk}_{\text{id}_i}=(\tilde{d}_1,\tilde{d}_2)$ 是半功能密钥还是正常密钥，那么它将生成关于身份 $\text{id}_i$ 和该身份对应的任意消息的半功能密文(相应的半功能密文参数为 $z_k=a\text{id}_i+b$)，然后通过对上述半功能密文进行解密的方式来达到判断 $\text{sk}_{\text{id}_i}=(\tilde{d}_1,\tilde{d}_2)$ 是正常密钥还是半功能密钥的目的。由于 $z_c=z_k$，那么上述解密操作的结果中不再包含子群 $G_2$ 中的元素，即解密操作正确执行。

下面分两种情况对第 $i$ 次密钥生成询问的应答密钥 $\text{sk}_{\text{id}_i}=(\tilde{d}_1,\tilde{d}_2)$ 进行讨论。

情况 1：若 $T_v\in G_1G_3$，那么 $\text{sk}_{\text{id}_i}=(\tilde{d}_1,\tilde{d}_2)$ 是相对于身份 $\text{id}_i$ 的正常密钥，则敌手 $\mathcal{B}$ 与敌手 $\mathcal{A}$ 执行游戏 $\text{Game}_{i-1}$。

情况 2：若 $T_v\in G$，那么 $\text{sk}_{\text{id}_i}=(\tilde{d}_1,\tilde{d}_2)$ 是相对于身份 $\text{id}_i$ 的半功能密钥，则敌手 $\mathcal{B}$ 与敌手 $\mathcal{A}$ 执行游戏 $\text{Game}_i$。

因此，敌手 $\mathcal{B}$ 能借助敌手 $\mathcal{A}$ 的输出以优势 $\varepsilon_3$ 攻破合数阶群上的安全性假设 2。

引理 3-3 证毕。

**引理 3-4**　若存在一个 PPT 敌手 $\mathcal{A}$ 能以不可忽略的优势 $\varepsilon_4$ 区分游戏 $\text{Game}_Q$ 和游戏 $\text{Game}_{\text{final}}$，即有 $\left|\text{Adv}_{\mathcal{A}}^{\text{Game}_Q}(\kappa)-\text{Adv}_{\mathcal{A}}^{\text{Game}_{\text{final}}}(\kappa)\right|\leqslant\varepsilon_4$，那么就能构造一个敌手 $\mathcal{B}$ 以显而易见的优势 $\varepsilon_4$ 攻破合数阶双线性群上的安全性假设 3。

**证明**　根据合数阶群上的安全性假设 3，敌手 $\mathcal{B}$ 从相应的挑战者处获得公开元

组$(g,g^{\alpha}X_2,g^{z}Y_2,Z_2,X_3)$及相应的挑战元组$T_{\nu}$，随机选取$a,b \leftarrow_R Z_N$，通过下述计算生成公开参数$\text{Params}=\{N,u,h,g,e(g,g)^{\alpha}\}$。特别地，上述模拟过程中敌手$\mathcal{B}$无法掌握系统主密钥$\text{msk}=(\alpha,\eta,X_3)$。

$$u=g^{a}, \quad h=g^{b}, \quad e(g,g)^{\alpha}=e(g^{\alpha}X_2,g)$$

特别地，上述模拟使得挑战者无法掌握主私钥，导致其无法在询问阶段为任意身份生成正常的私钥，因此也无法回答敌手对任意正常密文的解密询问；此外，敌手对挑战密文进行半功能化后，可以对其进行解密询问，此时挑战者很难区分半功能的挑战密文与原始的挑战密文。上述限制导致现有基于 DSE 技术的 IBE 机制通常仅具有 CPA 安全性。

对于任意身份$\text{id}_i(i=1,\cdots,Q)$的密钥生成询问，敌手$\mathcal{B}$随机选取$r_i,\rho_i,\rho_i',\rho_i'',\rho_i''' \leftarrow_R Z_N$，并生成身份$\text{id}_i$相对应的半功能密钥

$$d_{\text{id}_i}^{\text{semi}}=(d_1^i,d_2^i)=(g^{\alpha}X_2(u^{\text{id}}h)^{r_i}X_3^{\rho_i}Z_2^{\rho_i'''},g^{-r_i}X_3^{\rho_i'}Z_2^{\rho_i''})$$

挑战阶段，敌手$\mathcal{B}$收到敌手$\mathcal{A}$提交的两个等长挑战消息$M_0,M_1$和一个挑战身份$\text{id}^*$，然后随机选取$\beta \leftarrow_R \{0,1\}$，并基于挑战元组$T_{\nu}$生成相应的挑战密文

$$C_{\nu}^*=(c_1^*,c_2^*,c_3^*)=(g^{z}Y_2,(g^{z}Y_2)^{a\text{id}^*+b},T_{\nu}M_{\beta})$$

特别地，由于参数$a$和$b$必须模$p_1$，参数$z_c=a\text{id}^*+b$必须模$p_2$，所以它们间不存在相关性，因此$z_c=a\text{id}^*+b$对于敌手$\mathcal{A}$而言是均匀随机的。

下面分两种情况对挑战密文$C_{\nu}^*=(c_1^*,c_2^*,c_3^*)$进行讨论。

情况 1：若$T_{\nu}=e(g,g)^{\alpha z}$，那么挑战密文$C_{\nu}^*=(c_1^*,c_2^*,c_3^*)$是关于挑战消息$M_{\beta}$和挑战身份$\text{id}^*$的半功能密文，因此敌手$\mathcal{B}$与敌手$\mathcal{A}$执行游戏$\text{Game}_Q$。

情况 2：若$T_{\nu} \leftarrow_R G_T$，那么挑战密文$C_{\nu}^*=(c_1^*,c_2^*,c_3^*)$是关于随机消息$\dfrac{T_{\nu}}{e(g,g)^{\alpha z}}M_{\beta}$和挑战身份$\text{id}^*$的半功能密文，因此敌手$\mathcal{B}$与敌手$\mathcal{A}$执行游戏$\text{Game}_{\text{final}}$。

因此，敌手$\mathcal{B}$能根据敌手$\mathcal{A}$的输出以优势$\varepsilon_4$攻破合数阶群上的安全性假设 3。

引理 3-4 证毕。

**定理 3-1** 若合数阶群上相应的安全性假设 1、安全性假设 2 和安全性假设 3 是难解的，那么上述 IBE 机制是 CPA 安全的。

**证明** 若合数阶群上相应的安全性假设 1、安全性假设 2 和安全性假设 3 是难解的，那么通过上述引理可知游戏$\text{Game}_{\text{real}}$和游戏$\text{Game}_{\text{final}}$是不可区分的。因为在游戏$\text{Game}_{\text{final}}$中敌手$\mathcal{A}$获胜的优势是可忽略的，所以在游戏$\text{Game}_{\text{real}}$中敌手$\mathcal{A}$获胜的优势同样是可忽略的。由于游戏$\text{Game}_{\text{real}}$是 IBE 机制原始的 CPA 安全性游戏，因此上述构造是 CPA 安全的 IBE 机制。特别地，在游戏$\text{Game}_{\text{final}}$中，敌手$\mathcal{A}$将收到关于任意明文消息的挑战密文，则该密文中不包含待猜测随机值的任何信息，因此在该游戏中敌手$\mathcal{A}$获胜的优势是可忽略的。

换句话讲，由于合数阶群上相应的安全性假设1、假设2和假设3是难解的，则相应的优势$\varepsilon_1$、$\varepsilon_2$、$\varepsilon_3$和$\varepsilon_4$是可忽略的，那么定理3-1的形式证明过程如表3-1所示。

**表3-1　定理3-1的证明演变过程**

| 引理 | 信息 | 备注 |
|---|---|---|
| 引理3-1 | $\left\|\mathrm{Adv}_{\mathcal{A}}^{\mathrm{Game}_{\mathrm{real}}}(\kappa)-\mathrm{Adv}_{\mathcal{A}}^{\mathrm{Game}_{\mathrm{restricted}}}(\kappa)\right\|\leqslant \mathrm{negl}(\kappa)$ | |
| 引理3-2 | $\left\|\mathrm{Adv}_{\mathcal{A}}^{\mathrm{Game}_{\mathrm{restricted}}}(\kappa)-\mathrm{Adv}_{\mathcal{A}}^{\mathrm{Game}_0}(\kappa)\right\|\leqslant \mathrm{negl}(\kappa)$ | |
| 引理3-3 | $\left\|\mathrm{Adv}_{\mathcal{A}}^{\mathrm{Game}_{i-1}}(\kappa)-\mathrm{Adv}_{\mathcal{A}}^{\mathrm{Game}_i}(\kappa)\right\|\leqslant \mathrm{negl}(\kappa)$ | $i=1,2,\cdots,Q$ |
| 引理3-4 | $\left\|\mathrm{Adv}_{\mathcal{A}}^{\mathrm{Game}_Q}(\kappa)-\mathrm{Adv}_{\mathcal{A}}^{\mathrm{Game}_{\mathrm{final}}}(\kappa)\right\|\leqslant \mathrm{negl}(\kappa)$ | |

定理3-1证毕。

## 3.3　一次性损耗滤波器

### 3.3.1　OT-LF的形式化定义

一个$(\mathrm{Dom},l_{\mathrm{LF}})$-OT-LF $(\mathrm{LF}_{F_{\mathrm{pk}},t}(\cdot))$是以公钥$F_{\mathrm{pk}}$和标签$t$为索引的函数集合，对于任意的输入$X\in\mathrm{Dom}$，$\mathrm{LF}_{F_{\mathrm{pk}},t}(\cdot)$函数输出$\mathrm{LF}_{F_{\mathrm{pk}},t}(X)$，其中标签集合$\mathcal{T}$包含了两个计算不可区分的子集，其中一个是单射标签子集合$\mathcal{T}_{\mathrm{inj}}$，另一个是损耗标签子集合$\mathcal{T}_{\mathrm{loss}}$。若$t\in\mathcal{T}_{\mathrm{inj}}$，那么函数$\mathrm{LF}_{F_{\mathrm{pk}},t}(\cdot)$是单射的，值域的大小为$|\mathrm{Dom}|$；若$t\in\mathcal{T}_{\mathrm{loss}}$，则函数$\mathrm{LF}_{F_{\mathrm{pk}},t}(\cdot)$的值域大小至多为$2^{l_{\mathrm{LF}}}$。因此一个损耗标签使得函数$\mathrm{LF}_{F_{\mathrm{pk}},t}(\cdot)$至多暴露关于输入$X$的$l_{\mathrm{LF}}$比特的信息。

一个$(\mathrm{Dom},l_{\mathrm{LF}})$-OT-LF $(\mathrm{LF}_{F_{\mathrm{pk}},t}(\cdot))$主要包含3个PPT算法：LF.Gen、LF.Eval和LF.LTag[3]。

(1) 密钥生成算法$(F_{\mathrm{pk}},F_{\mathrm{td}})\leftarrow\mathrm{LF.Gen}(1^{\kappa})$输出OT-LF的密钥对$(F_{\mathrm{pk}},F_{\mathrm{td}})$，其中公钥$F_{\mathrm{pk}}$定义了标签空间$\mathcal{T}=\{0,1\}^*\times\mathcal{T}_c$，且$\mathcal{T}$包含两个不相交子集合，分别是损耗标签子集合$\mathcal{T}_{\mathrm{loss}}\in\mathcal{T}$和单射标签子集合$\mathcal{T}_{\mathrm{inj}}\in\mathcal{T}$，那么$\mathcal{T}_{\mathrm{loss}}\cap\mathcal{T}_{\mathrm{inj}}=\varnothing$；标签$t=(t_a,t_c)$由辅助标签$t_a\in\{0,1\}^*$和核心标签$t_c\in\mathcal{T}_c$两部分组成；$F_{\mathrm{td}}$是用于计算损耗标签的陷门。

(2) 函数计算算法$y\leftarrow\mathrm{LF.Eval}(F_{\mathrm{pk}},t,x)$在输入公钥$F_{\mathrm{pk}}$及标签$t\in\mathcal{T}$的前提下，输出$x\in\mathrm{Dom}$所对应的函数值$\mathrm{LF.Eval}(F_{\mathrm{pk}},t,x)$。

(3) 损耗生成算法$t_c=\mathrm{LF.LTag}(F_{\mathrm{td}},t_a)$在陷门$F_{\mathrm{td}}$的作用下输出辅助标签$t_a$所对应的核心标签$t_c$，并且$t=(t_a,t_c)$是一个损耗标签。

### 3.3.2　OT-LF的安全性质

一个OT-LF $(\mathrm{LF}=(\mathrm{LF.Gen},\mathrm{LF.Eval},\mathrm{LF.LTag}))$需满足下述性质[3]。

(1) 损耗性(lossiness)。若$t\in\mathcal{T}_{\mathrm{inj}}$，那么函数$\mathrm{LF}_{F_{\mathrm{pk}},t}(\cdot)$是单射的，值域的大小为

$|\mathrm{Dom}|$；若 $t \in \mathcal{T}_{\mathrm{loss}}$，则函数 $\mathrm{LF}_{F_{\mathrm{pk}},t}(\cdot)$ 的值域大小至多为 $2^{l_{\mathrm{LF}}}$。因此一个损耗标签使得函数 $\mathrm{LF}_{F_{\mathrm{pk}},t}(\cdot)$ 至多暴露关于输入 $X$ 的 $l_{\mathrm{LF}}$ 比特的信息。

(2) 不可区分性(indistinguishability)。对于任意的 PPT 敌手 $\mathcal{A}$，其区分损耗标签和单射标签是困难的，也就是说，下述优势是可忽略的。

$$\mathrm{Adv}_{\mathcal{A}}^{\mathrm{IND}}(\kappa) = \left|\Pr(\mathcal{A}[F_{\mathrm{pk}},(t_a,t_c^0)]=1) - \Pr(\mathcal{A}[F_{\mathrm{pk}},(t_a,t_c^1)]=1)\right|$$

其中，$(F_{\mathrm{pk}},F_{\mathrm{td}}) \leftarrow \mathrm{LF.Gen}(1^\kappa)$、$t_a \leftarrow \mathcal{A}(F_{\mathrm{pk}})$、$t_c^0 = \mathrm{LF.LTag}(F_{\mathrm{td}},t_a)$ 和 $t_c^1 \leftarrow_R \mathcal{T}_c$。

(3) 躲闪性(evasiveness)。对于任意的 PPT 敌手 $\mathcal{A}$，给定一个损耗标签 $(t_a,t_c) \in \mathcal{T}_{\mathrm{loss}}$ 很难生成一个非单射标签 $(t_a',t_c')$（一些情况下，一个标签既不是单射的，也不是损耗的），即下述优势是可忽略的。

$$\mathrm{Adv}_{\mathrm{LF},\mathcal{A}}^{\mathrm{Eva}}(\kappa) = \left[ \begin{array}{c|c} (t_a',t_c') \neq (t_a,t_c), & (F_{\mathrm{pk}},F_{\mathrm{td}}) \leftarrow \mathrm{LF.Gen}(1^\kappa) \\ & t_a \leftarrow \mathcal{A}(F_{\mathrm{pk}}) \\ (t_a',t_c') \in \mathcal{T} \setminus \mathcal{T}_{\mathrm{inj}} & t_c = \mathrm{LF.LTag}(F_{\mathrm{td}},t_a) \\ & (t_a',t_c') \leftarrow \mathcal{A}[F_{\mathrm{pk}},(t_a,t_c)] \end{array} \right] \leqslant \mathrm{negl}(\kappa)$$

### 3.3.3　OT-LF 的具体构造

下面将介绍文献[4]中基于 DBDH 困难性假设的 OT-LF 实例。

令 $\boldsymbol{A} = (A_{i,j})_{i,j\in[n]}$ 是空间 $Z_p$ 上的 $n \times n$ 矩阵，其中 $A_{i,j} \in Z_p$；$g^{\boldsymbol{A}} = (g^{A_{i,j}})_{i,j\in[n]}$ 表示乘法循环群 $G$ 上的 $n \times n$ 矩阵，其中 $g$ 是群 $G$ 的一个生成元。给定一个向量 $\boldsymbol{x} = (x_1,x_2,\cdots,x_n) \in (Z_p)^n$ 和一个矩阵 $\boldsymbol{E} = (E_{i,j})_{i,j\in[n]} \in G^{n\times n}$，那么定义下述运算：

$$\boldsymbol{x} \cdot \boldsymbol{E} = \left(\prod_{i=1}^n E_{i,1}^{x_i}, \prod_{i=1}^n E_{i,2}^{x_i}, \cdots, \prod_{i=1}^n E_{i,n}^{x_i}\right) \in G^n$$

令 $\mathrm{CH} = (\mathrm{CH.Gen},\mathrm{CH.Eval},\mathrm{CH.Equiv})$ 是像集为 $Z_p$ 的卡梅隆哈希函数，$H:\{0,1\}^{l_m} \times [n] \to Z_q$ 是抗碰撞的单向哈希函数。

1) $(F_{\mathrm{pk}},F_{\mathrm{td}}) \leftarrow \mathrm{LF.Gen}(1^\kappa)$

(1) 运行群生成算法 $\mathcal{G}(1^\kappa)$ 输出相应的元组 $[p,G,g,G_T,e(\cdot)]$，其中 $G$ 是阶为大素数 $p$ 的乘法循环群，$g$ 是群 $G$ 的一个生成元，$e: G \times G \to G_T$ 是高效可计算的双线性映射。

(2) 运行 $\mathrm{CH.Gen}(1^\kappa)$ 获得 $(\mathrm{ek_{CH}},\mathrm{td_{CH}})$，然后随机选取 $(t_a^*,t_c^*) \leftarrow_R \{0,1\}^* \times \mathcal{R}_{\mathrm{CH}}$，并计算 $b^* = \mathrm{CH.Eval}(\mathrm{ek_{CH}},t_a^*,t_c^*)$，其中 $\mathcal{R}_{\mathrm{CH}}$ 表示卡梅隆哈希函数的随机空间，令 $\mathcal{T}_c = \mathcal{R}_{\mathrm{CH}}$。

(3) 令 $\boldsymbol{I} = (I_{i,j})_{i,j\in[n]}$ 是空间 $Z_p$ 上的 $n \times n$ 单位矩阵。随机选取 $r_1,\cdots,r_n \leftarrow_R Z_p$ 和 $s_1,\cdots,s_n \leftarrow_R Z_p$，对于 $i=1,\cdots,n$ 和 $j=1,\cdots,n$，计算

$$A_{i,j} = r_i s_j \text{ 和 } E_{i,j} = e(g,g)^{A_{i,j} - b^* I_{i,j}}$$

令 $\boldsymbol{A} = (A_{i,j})_{i,j\in[n]} \in (Z_q)^{n\times n}$ 和 $\boldsymbol{E} = (E_{i,j})_{i,j\in[n]} \in (G_T)^{n\times n}$ 是两个 $n \times n$ 矩阵。特别地，矩阵 $\boldsymbol{A}$ 的秩为 1，矩阵 $\boldsymbol{E}$ 可表示为 $\boldsymbol{E} = e(g,g)^{\boldsymbol{A} - b^*\boldsymbol{I}}$。

(4) 输出 $F_{\text{pk}}=(\text{ek}_{\text{CH}},\boldsymbol{E})$ 和 $F_{\text{td}}=(\text{td}_{\text{CH}},t_a^*,t_c^*)$，且相对应的标签空间为 $\mathcal{T}=\{0,1\}^*\times\mathcal{T}_c$，其中损耗标签 $\mathcal{T}_{\text{loss}}$ 和单设标签 $\mathcal{T}_{\text{inj}}$ 的定义分别为

$$\mathcal{T}_{\text{loss}}=\{(t_a,t_c)\big|(t_a,t_c)\in\mathcal{T}\wedge \text{CH.Eval}(\text{ek}_{\text{CH}},t_a,t_c)=b^*\}$$

$$\mathcal{T}_{\text{inj}}=\{(t_a,t_c)\big|(t_a,t_c)\in\mathcal{T}\wedge \text{CH.Eval}(\text{ek}_{\text{CH}},t_a,t_c)\notin\{b^*,b^*-\text{Tr}(\boldsymbol{A})\}\}$$

2) $y\leftarrow \text{LF.Eval}(F_{\text{pk}},t,k)$，其中 $t=(t_a,t_c)$ 和 $k\in\{0,1\}^{l_m}$

(1) 对于 $i=1,\cdots,n$，计算 $x_i=H(k,i)$，令 $\boldsymbol{x}=(x_1,x_2,\cdots,x_n)$。

(2) 计算 $b=\text{CH.Eval}(\text{ek}_{\text{CH}},t_a,t_c)$ 和 $(y_1,y_2,\cdots,y_n)=\boldsymbol{x}[\boldsymbol{E}\otimes e(g,g)^{b\boldsymbol{I}}]$，其中，$\otimes$ 表示向量的 entry-wise 乘法。

(3) 输出 $y=\prod_{j=1}^{n}y_j$。

特别地，由于 $\boldsymbol{E}\otimes e(g,g)^{b\boldsymbol{I}}=[e(g,g)^{A_{i,j}+(b-b^*)I_{i,j}}]_{i,j\in[n]}$，则有

$$y=\prod_{j=1}^{n}\left(\prod_{j=1}^{n}e(g,g)^{x_i[A_{i,j}+(b-b^*)I_{i,j}]}\right)$$

此外，可以通过输入为 $\{0,1\}^*$、输出为 $\{0,1\}^{l_m}$ 的抗碰撞哈希哈数 $\mathcal{H}:\{0,1\}^*\to\{0,1\}^{l_m}$ 将 OT-LF 实例的输入空间扩展为任意长度的字符串 $\{0,1\}^*$。

3) $t_c\leftarrow \text{LF.Eval}(F_{\text{td}},t_a)$

对于 $F_{\text{td}}=(\text{td}_{\text{CH}},t_a^*,t_c^*)$ 和一个辅助标签 $t_a\in\{0,1\}^*$，输出相应的核心标签

$$t_c\leftarrow \text{CH.Equiv}(\text{td}_{\text{CH}},t_a^*,t_c^*,t_a)$$

**定理 3-2**　若 DBDH 假设是困难的，那么上述构造 LF = (LF.Gen,LF.Eval, LF.LTag) 是一个 $(\{0,1\}^{l_m},\log p)$-OT-LF。

**证明**　下面分别证明上述构造满足损耗性、不可区分性和躲闪性。

(1) 损耗性。由于 $(y_1,y_2,\cdots,y_n)=\boldsymbol{x}[\boldsymbol{E}\otimes e(g,g)^{b\boldsymbol{I}}]$，则有

$$(y_1,y_2,\cdots,y_n)=\boldsymbol{x}[\boldsymbol{E}\otimes e(g,g)^{b\boldsymbol{I}}]=\boldsymbol{x}e(g,g)^{\boldsymbol{A}+(b-b^*)\boldsymbol{I}}=e(g,g)^{\boldsymbol{x}[\boldsymbol{A}+(b-b^*)\boldsymbol{I}]}$$

那么对于 $i=1,\cdots,n$ 和 $j=1,\cdots,n$，有 $y_j=e(g,g)^{(b-b^*)x_j}\prod_{i=1}^{n}e(g,g)^{r_is_jx_i}$，其中 $r_i,s_j\in Z_p$。

若 $t\in\mathcal{T}_{\text{inj}}$，则 $b\notin\{b^*,b^*-\text{Tr}(\boldsymbol{A})\}$，因此矩阵 $\boldsymbol{B}=\boldsymbol{A}+(b-b^*)\boldsymbol{I}$ 是满秩的，所以 $\text{LF.Eval}(F_{\text{pk}},t,k)=e(g,g)^{\boldsymbol{xB}}$ 是一个单射函数。

若 $t\in\mathcal{T}_{\text{loss}}$，则 $b=b^*$，因此 $\boldsymbol{B}=\boldsymbol{A}+(b-b^*)\boldsymbol{I}$ 是秩为 1 的矩阵，所以 $\text{LF.Eval}(F_{\text{pk}},t,k)=e(g,g)^{\boldsymbol{xB}}$ 有 $p$ 个不同的值，也就是说 $l_{\text{LF}}=\log p$。

(2) 不可区分性。令 $\boldsymbol{E}^0=(e(g,g)^{r_is_j})_{i,j\in[n]}$，其中 $r_i,s_j\leftarrow_R Z_q$。除了 $E_{i,i}^1$ 的计算不相

同之外，其他计算 $\boldsymbol{E}^1$ 与 $\boldsymbol{E}^0$ 均相同，其中对于 $i=1,\cdots,n$ 和 $b\leftarrow_R Z_q$，有 $E_{i,i}^1=e(g,g)^{r_is_i}e(g,g)^b$，那么 $\boldsymbol{E}^1=(E_{i,j}^1)_{i,j\in[n]}$ 可以写成

$$\boldsymbol{E}^1=(E_{i,j}^1)_{i,j\in[n]}=\begin{cases}e(g,g)^{r_is_j}, & i\neq j;\quad i=1,\cdots,n;\ j=1,\cdots,n\\ e(g,g)^{r_is_i+b}, & i=j;\quad i=1,\cdots,n\end{cases}$$

除了 $E'_{i,i}$ 的计算不相同之外，其他计算 $\boldsymbol{E}'$ 与 $\boldsymbol{E}^0$ 均相同，其中对于 $i=1,\cdots,n$ 和 $b\leftarrow_R Z_q$，有 $E'_{i,i}=e(g,g)^b$，那么 $\boldsymbol{E}'=(E'_{i,j})_{i,j\in[n]}$ 可以写成

$$\boldsymbol{E}'=(E'_{i,j})_{i,j\in[n]}=\begin{cases}e(g,g)^{r_is_j}, & i\neq j;\quad i=1,\cdots,n;\quad j=1,\cdots,n\\ e(g,g)^b, & i=j;\quad i=1,\cdots,n\end{cases}$$

构造一个 PPT 区分者 $\mathcal{D}$，已知 $[\mathcal{G}(1^\kappa),\boldsymbol{E}^\eta]$ 的前提下，在 OT-LT 不可区分性攻击敌手 $\mathcal{A}$ 的协助下判断 $\eta=1$ 还是 $\eta=0$。敌手 $\mathcal{D}$ 通过与敌手 $\mathcal{A}$ 间的下述消息交互过程为 $\mathcal{A}$ 模拟了 OT-LF 的运行环境。

选取一个卡梅隆哈希函数 $\text{CH}=(\text{CH.Gen},\text{CH.Eval},\text{CH.Equiv})$，运行参数生成算法 $(\text{ek}_{\text{CH}},\text{td}_{\text{CH}})\leftarrow\text{CH.Gen}(1^\kappa)$，然后随机选取标签 $(t_a^*,t_c^*)\leftarrow_R\{0,1\}^*\times\mathcal{T}_c$ 并计算 $b^*=\text{CH.Eval}(\text{ek}_{\text{CH}},t_a^*,t_c^*)$，最后敌手 $\mathcal{D}$ 发送 $F_{\text{pk}}=(\text{ek}_{\text{CH}},\boldsymbol{E})$（其中 $\boldsymbol{E}=\boldsymbol{E}^\eta\otimes e(g,g)^{-b^*\boldsymbol{I}}$）给敌手 $\mathcal{A}$，并且秘密保存 $F_{\text{td}}=(\text{td}_{\text{CH}},t_a^*,t_c^*)$。

敌手 $\mathcal{D}$ 通过下述计算返回关于敌手 $\mathcal{A}$ 的询问应答 $t_c$。

$$t_c=\text{LF.LTag}(F_{\text{td}},t_a)=\text{CH.Equiv}(\text{ek}_{\text{CH}},t_a^*,t_c^*,t_a)$$

若敌手 $\mathcal{A}$ 输出 0，则意味着 $(t_a,t_c)$ 是损耗标签，相应的敌手 $\mathcal{D}$ 输出 0，表示 $\boldsymbol{E}^\eta=\boldsymbol{E}^0$；否则，敌手输出 1，表示 $\boldsymbol{E}^\eta=\boldsymbol{E}^1$。

若 $\boldsymbol{E}^\eta=\boldsymbol{E}^0$，则有

$$\boldsymbol{E}=\boldsymbol{E}^0\otimes e(g,g)^{-b^*\boldsymbol{I}}\text{ 和 }b^*=\text{CH.Eval}(\text{ek}_{\text{CH}},t_a^*,t_c^*)$$

那么 $(t_a,t_c)$ 是损耗标签；若 $\boldsymbol{E}^\eta=\boldsymbol{E}^1$，则有

$$\boldsymbol{E}=\boldsymbol{E}^1\otimes e(g,g)^{-b^*\boldsymbol{I}}=\boldsymbol{E}^0\otimes e(g,g)^{-(b^*-b)\boldsymbol{I}}\text{ 和 }b^*=\text{CH.Eval}(\text{ek}_{\text{CH}},t_a^*,t_c^*)\neq b^*-b$$

那么 $(t_a,t_c)$ 不是损耗标签，并且由卡梅隆哈希函数的性质可知 $t_c$ 是均匀分布。因此有

$$\text{Adv}_{\text{LF},\mathcal{A}}^{\text{IND}}\leqslant\left|\Pr(\mathcal{D}[\mathcal{G}(1^\kappa),\boldsymbol{E}^0]=1)-\Pr(\mathcal{D}[\mathcal{G}(1^\kappa),\boldsymbol{E}^1]=1)\right|$$

对于区分 $\boldsymbol{E}^1$ 与 $\boldsymbol{E}^0$ 的区分者 $\mathcal{D}$，定义相应的游戏 $\text{Game}_k$（其中 $k=1,\cdots,n$）：对于 $i=1,\cdots,n$ 和 $j=1,\cdots,n$，区分者 $\mathcal{D}$ 随机选取 $r_i,s_j,z_i\leftarrow_R Z_q$，设置矩阵 $\boldsymbol{E}^{(0,k)}$ 为 $\boldsymbol{E}^{(0,k)}=(E_{i,j}^{(0,k)})_{i,j\in[n]}$，则

$$\boldsymbol{E}^{(0,k)}=(E_{i,j}^{(0,k)})_{i,j\in[n]}=\begin{cases}e(g,g)^{r_is_j}, & i\neq j\\ e(g,g)^{z_i}, & 1\leqslant i=j\leqslant k\\ e(g,g)^{r_is_i}, & i=j>k\end{cases}$$

令事件 $\mathcal{E}_i$ 表示敌手 $\mathcal{D}$ 在游戏 $\text{Game}_k$ 中输出 1。若 $k=0$，则有 $\boldsymbol{E}^{(0,0)}=\boldsymbol{E}^0$；若 $k=\eta$，则有 $\boldsymbol{E}^{(0,\eta)}=\boldsymbol{E}'$。因此有

$$\Pr[\mathcal{E}_0]=\Pr(\mathcal{D}[\mathcal{G}(1^\kappa),\boldsymbol{E}^{(0,0)}]=1)=\Pr(\mathcal{D}[\mathcal{G}(1^\kappa),\boldsymbol{E}^0]=1)$$

$$\Pr[\mathcal{E}_\eta]=\Pr(\mathcal{D}[\mathcal{G}(1^\kappa),\boldsymbol{E}^{(0,\eta)}]=1)=\Pr(\mathcal{D}[\mathcal{G}(1^\kappa),\boldsymbol{E}']=1)$$

对于 $k=1,\cdots,n$，下面将基于经典的 DBDH 假设证明游戏 $\text{Game}_k$ 与游戏 $\text{Game}_{k-1}$ 是不可区分的。

令敌手 $\mathcal{B}$ 是 DBDH 困难问题的攻击者，它将从挑战者处获得挑战元组 $(g_a,g_b,g_c,T_\nu)$，其中 $a,b,c,\omega\leftarrow_R Z_p^*$，$T_\nu=e(g,g)^{abc}$ 或 $T_\nu=e(g,g)^{ab\omega}$。敌手 $\mathcal{B}$ 将为敌手 $\mathcal{D}$ 模拟游戏环境，并借助 $\mathcal{D}$ 的能力攻破 DBDH 困难性问题。

对于 $i=1,\cdots,n$ 和 $j=1,\cdots,n$ 且 $i,j\neq k$，随机选取 $r_i,s_j,z_i\leftarrow_R Z_p^*$，设置矩阵 $\tilde{\boldsymbol{E}}_{i,j}=(E_{i,j})_{i,j\in[n]}$，其中

$$E_{i,j}=\begin{cases} e(g,g)^{r_is_j}, & i\neq k,j\neq k,i\neq j\\ e(g^a,g^b)^{s_j}, & i=k,j\neq k\\ e(g,g^c)^{r_i}, & i\neq k,j=k\\ e(g,g)^{z_i}, & 1\leqslant i=j\leqslant k\\ T_\nu, & i=j=k\\ e(g,g^a)^{r_is_i}, & i=j>k \end{cases}$$

若 $(g_a,g_b,g_c,T_\nu)$ 是一个 DBDH 元组，即 $T_\nu=e(g,g)^{abc}$，则有 $\tilde{\boldsymbol{E}}_{i,j}=\boldsymbol{E}^{(0,k-1)}$；否则 $(g_a,g_b,g_c,T_\nu)$ 是一个非 DBDH 元组，即 $T_\nu=e(g,g)^{ab\omega}$，则有 $\tilde{\boldsymbol{E}}_{i,j}=\boldsymbol{E}^{(0,k)}$。因此有

$$\begin{aligned}\text{Adv}_{\mathcal{B}}^{\text{DBDH}}(\kappa)&\geqslant\left|\Pr(\mathcal{D}[\mathcal{G}(1^\kappa),\boldsymbol{E}^{(0,k-1)}]=1)-\Pr(\mathcal{D}[\mathcal{G}(1^\kappa),\boldsymbol{E}^{(0,k)}]=1)\right|\\&=\left|\Pr[\mathcal{E}_{k-1}]-\Pr[\mathcal{E}_k]\right|\end{aligned}$$

所以对于 $k=1,\cdots,\eta$，有 $\left|\Pr[\mathcal{E}_0]-\Pr[\mathcal{E}_\eta]\right|\leqslant\eta\text{Adv}_{\mathcal{B}}^{\text{DBDH}}(\kappa)$。因此有

$$\left|\Pr(\mathcal{D}[\mathcal{G}(1^\kappa),\boldsymbol{E}^0]=1)-\Pr(\mathcal{D}[\mathcal{G}(1^\kappa),\boldsymbol{E}']=1)\right|\leqslant\eta\text{Adv}_{\mathcal{B}}^{\text{DBDH}}(\kappa)$$

类似地，有

$$\left|\Pr(\mathcal{D}[\mathcal{G}(1^\kappa),\boldsymbol{E}']=1)-\Pr(\mathcal{D}[\mathcal{G}(1^\kappa),\boldsymbol{E}^1]=1)\right|\leqslant\eta\text{Adv}_{\mathcal{B}}^{\text{DBDH}}(\kappa)$$

由上述关系可知

$$\left|\Pr(\mathcal{D}[\mathcal{G}(1^\kappa),\boldsymbol{E}^0]=1)-\Pr(\mathcal{D}[\mathcal{G}(1^\kappa),\boldsymbol{E}^1]=1)\right|\leqslant 2\eta\text{Adv}_{\mathcal{B}}^{\text{DBDH}}(\kappa)$$

基于 DBDH 假设的困难性，可知 $\text{Adv}_{\mathcal{A}}^{\text{IND}}(\kappa)\leqslant 2\eta\text{Adv}_{\mathcal{B}}^{\text{DBDH}}(\kappa)\leqslant\text{negl}(\kappa)$。

(3) 躲闪性。令事件 $\text{Noninj}_i$ 表示在游戏 $\text{Game}_i$ 中敌手输出了新鲜的非单射标签 $(t_a,t_c)$；事件 $\text{Collision}_i$ 表示在游戏 $\text{Game}_i$ 中敌手输出的标签 $(t'_a,t'_c)$ 导致卡梅隆哈希函

数产生了碰撞，即有 $\mathrm{CH.Eval}(\mathrm{ek}_{\mathrm{CH}},t_a^*,t_c^*)=\mathrm{CH.Eval}(\mathrm{ek}_{\mathrm{CH}},t_a',t_c')$。

游戏 $\mathrm{Game}_1$：该游戏是 OT-LF 原始的模棱两可性游戏，挑战者 $\mathcal{C}$ 与敌手 $\mathcal{A}$ 间的消息交互过程如下所示。

$\mathcal{C}$ 运行 $(F_{\mathrm{pk}},F_{\mathrm{td}})\leftarrow \mathrm{LF.Gen}(1^\kappa)$，其中 $F_{\mathrm{pk}}=(\mathrm{ek}_{\mathrm{CH}},\boldsymbol{E})$ 和 $F_{\mathrm{td}}=(\mathrm{td}_{\mathrm{CH}},t_a^*,t_c^*)$，在秘密保存 $F_{\mathrm{td}}$ 的同时发送 $F_{\mathrm{pk}}$ 给敌手 $\mathcal{A}$。

$\mathcal{A}$ 以 $t_a$ 作为输入进行标签询问(仅对 $t_a$ 询问一次)，$\mathcal{C}$ 返回相应的应答

$$t_c=\mathrm{LF.LTag}(F_{\mathrm{td}},t_a)=\mathrm{CH.Equiv}(\mathrm{ek}_{\mathrm{CH}},t_a^*,t_c^*,t_a)$$

$\mathcal{A}$ 输出 $(t_a',t_c')$。

若 $(t_a',t_c')$ 是非单射标签，那么 $\mathrm{CH.Eval}(\mathrm{ek}_{\mathrm{CH}},t_a',t_c')=b^*$ 或 $\mathrm{CH.Eval}(\mathrm{ek}_{\mathrm{CH}},t_a',t_c')=b^*-\mathrm{Tr}(\boldsymbol{A})$，因此有

$$\mathrm{Adv}_{\mathrm{LF},\mathcal{A}}^{\mathrm{Eva}}=\Pr[\mathrm{Noninj}_1]\leqslant \Pr[\mathrm{Collision}_1]+\Pr[\mathrm{CH.Eval}(\mathrm{ek}_{\mathrm{CH}},t_a',t_c')=b^*-\mathrm{Tr}(\boldsymbol{A})]$$

下面将证明任意的敌手 $\mathcal{A}$ 在已知 $\mathrm{CH.Eval}(\mathrm{ek}_{\mathrm{CH}},t_a',t_c')=b^*-\mathrm{Tr}(\boldsymbol{A})$ 的情况下能够协助敌手 $\mathcal{B}$ 解决离散对数问题，即敌手 $\mathcal{B}$ 在已知 $(g,g^x)$ 的前提下，欲借助敌手 $\mathcal{A}$ 的能力输出相应的 $x$。敌手 $\mathcal{A}$ 和 $\mathcal{B}$ 间的消息交互过程如下所示。

选取一个卡梅隆哈希函数 $\mathrm{CH}=(\mathrm{CH.Gen},\mathrm{CH.Eval},\mathrm{CH.Equiv})$，运行参数生成算法 $(\mathrm{ek}_{\mathrm{CH}},\mathrm{td}_{\mathrm{CH}})\leftarrow \mathrm{CH.Gen}(1^\kappa)$，然后随机选取标签 $(t_a^*,t_c^*)\leftarrow_R \{0,1\}^*\times\mathcal{T}_c$ 并计算 $b^*=\mathrm{CH.Eval}(\mathrm{ek}_{\mathrm{CH}},t_a^*,t_c^*)$。对于 $i=2,\cdots,n$ 和 $j=1,\cdots,n$，随机选取 $r_i,s_j\leftarrow_R Z_p$，设置矩阵 $\boldsymbol{E}_{i,j}=(E_{i,j})_{i,j\in[n]}$，其中

$$E_{i,j}=\begin{cases} e(g,g^x)^{s_j}, & i=1,j=2,\cdots,n \\ e(g,g^x)^{s_1}e(g,g)^{-b^*}, & i=j=1 \\ e(g,g)^{r_is_j}, & i\neq j,i=2,\cdots,n,j=1,\cdots,n \\ e(g,g)^{r_is_j-b^*}, & i=j,i=2,\cdots,n \end{cases}$$

最后敌手 $\mathcal{B}$ 发送 $F_{\mathrm{pk}}=(\mathrm{ek}_{\mathrm{CH}},\boldsymbol{E})$ 给敌手 $\mathcal{A}$，并且秘密保存 $F_{\mathrm{td}}=(\mathrm{td}_{\mathrm{CH}},t_a^*,t_c^*)$。敌手隐含地设置 $r_1=x$。

$\mathcal{A}$ 以 $t_a$ 作为输入进行标签询问，$\mathcal{B}$ 返回相应的应答

$$t_c=\mathrm{LF.LTag}(F_{\mathrm{td}},t_a)=\mathrm{CH.Equiv}(\mathrm{ek}_{\mathrm{CH}},t_a^*,t_c^*,t_a)$$

$\mathcal{A}$ 输出 $(t_a',t_c')$。

敌手 $\mathcal{B}$ 计算 $b'=\mathrm{CH.Eval}(\mathrm{ek}_{\mathrm{CH}},t_a',t_c')$。由于 $\mathrm{CH.Eval}(\mathrm{ek}_{\mathrm{CH}},t_a',t_c')=b^*-\mathrm{Tr}(\boldsymbol{A})$，则 $b'\neq b^*$，那么 $\mathrm{Tr}(\boldsymbol{A})=b^*-b'=xs_1+\sum_{i=2}^n r_is_i$，也就是说 $x=\dfrac{b^*-b'-\sum_{i=2}^n r_is_i}{s_1}\bmod p$。

因此有 $\Pr[\mathrm{CH.Eval}(\mathrm{ek}_{\mathrm{CH}},t_a',t_c')=b^*-\mathrm{Tr}(\boldsymbol{A})]=\mathrm{Adv}_{\mathcal{B}}^{\mathrm{DBDH}}(\kappa)$。

游戏 $\mathrm{Game}_2$：该游戏与游戏 $\mathrm{Game}_1$ 相类似，除了敌手 $\mathcal{A}$ 对 $t_a$ 标签询问的应答，

在该游戏中挑战者 $\mathcal{C}$ 随机选取 $t_c \leftarrow_R \mathcal{R}_{\mathrm{CH}}$ 作为敌手 $\mathcal{A}$ 标签询问的应答。下面将敌手 $\mathcal{D}$ 攻击 OT-LT 不可区分性的困难性归约到区分事件 $\mathrm{Collision}_1$ 和 $\mathrm{Collision}_2$，即 $\mathrm{Adv}_{\mathrm{LF},\mathcal{D}}^{\mathrm{IND}}(\kappa)=|\Pr[\mathrm{Collision}_1]-\Pr[\mathrm{Collision}_2]|$。

敌手 $\mathcal{D}$ 是 OT-LF 不可区分性游戏中的区分者，它将从挑战者处获得 $F_{\mathrm{pk}}$，且能够选择 $t_a$ 进行一次谕言机询问并获得相应的应答 $t_c$，最后输出对 $(t_a,t_c)$ 是否是损耗标签的判断。敌手 $\mathcal{D}$ 与敌手 $\mathcal{A}$ 间的消息交互过程如下所述。

敌手 $\mathcal{D}$ 发送 $F_{\mathrm{pk}}$ 给敌手 $\mathcal{A}$。

当 $\mathcal{A}$ 提出对 $t_a$ 的询问时，$\mathcal{D}$ 将其转发给自己的谕言机，然后将谕言机返回的应答 $t_c$ 给 $\mathcal{A}$。

敌手 $\mathcal{A}$ 输出 $(t'_a,t'_c)$，$\mathcal{D}$ 测试等式 $\mathrm{CH.Eval}(\mathrm{ek}_{\mathrm{CH}},t_a,t_c)=\mathrm{CH.Eval}(\mathrm{ek}_{\mathrm{CH}},t'_a,t'_c)$ 是否成立，若成立则 $\mathcal{D}$ 输出 1，否则 $\mathcal{D}$ 输出 0。

若 $(t_a,t_c)$ 是损耗标签，那么敌手 $\mathcal{D}$ 模拟了 $\mathrm{Game}_1$；否则它模拟了游戏 $\mathrm{Game}_2$。注意在游戏 $\mathrm{Game}_2$ 中未涉及 $F_{\mathrm{td}}$，那么可以将事件 $\mathrm{Collision}_2$ 发生的概率直接归约到卡梅隆哈希函数的抗碰撞性，即 $\Pr[\mathrm{Collision}_2]=\mathrm{Adv}_{\mathrm{CH},\mathcal{B}}^{\mathrm{CR}}(\kappa)$。由卡梅隆哈希函数的抗碰撞性可知 $\Pr[\mathrm{Collision}_2]\leqslant \mathrm{negl}(\kappa)$。由 OT-LF 中损耗标签和随机标签的不区分性可知 $\Pr[\mathrm{Collision}_1]\leqslant \mathrm{negl}(\kappa)$。

综上所述，基于 DBDH 问题困难性，即可得到 $\mathrm{Adv}_{\mathrm{LF},\mathcal{A}}^{\mathrm{Eva}}(\kappa)\leqslant \mathrm{negl}(\kappa)$。

定理 3-2 证毕。

## 3.4 非交互式零知识论证

在 ASIACRYPT 2010 上，Dodis 等[5]详细介绍了 NIZK 论证的形式化定义和安全模型，本节将对 NIZK 的基本知识进行介绍。

令 $R$ 是下述语言 $L_R$ 上关于二元组 $(x,y)$ 的 NP 关系，其中 $L_R=\{y\,|\,\exists x, \mathrm{s.t.}\,(x,y)\in R\}$。关系 $R$ 上的 NIZK 论证包含三个算法：Setup、Prove 和 Verify，具体语法如下所示。

$(\mathrm{CRS},\mathrm{tk})\leftarrow \mathrm{Setup}(1^\kappa)$。初始化算法 Setup 以系统安全参数 $\kappa$ 为输入，输出公共参考串 CRS 和相应的陷门密钥 tk。

$\pi\leftarrow \mathrm{Prove}_{\mathrm{CRS}}(x,y)$。对满足 $R(x,y)=1$ 的二元组 $(x,y)$ 生成相应的论证 $\pi$。

$1/0\leftarrow \mathrm{Verify}_{\mathrm{CRS}}(\pi,y)$。若 $\pi$ 是相对应于 $y$ 的论证，则输出 1，否则输出 0。

特别地，当 CRS 能从上下文中获知时，为了简便，可将算法 $\mathrm{Prove}_{\mathrm{CRS}}$ 和 $\mathrm{Verify}_{\mathrm{CRS}}$ 中的下标 CRS 省略，直接写成 Prove 和 Verify。此时，可以将 NIZK 表示为 $\Pi=(\mathrm{Setup},\mathrm{Prove},\mathrm{Verify})$。

NIZK 需满足下面三个安全性质。

(1) 正确性。对于任意的 $(x,y)\in R$，可知 $\pi\leftarrow \mathrm{Prove}(x,y)$ 和 $\mathrm{Verify}(\pi,y)=1$，其中 $(\mathrm{CRS},\mathrm{tk})\leftarrow \mathrm{Setup}(1^\kappa)$。

(2) 可靠性。对于 $(\text{CRS},\text{tk}) \leftarrow \text{Setup}(1^\kappa)$ 和 $(y,\pi') \leftarrow \mathcal{A}(\text{CRS})$，有

$$\Pr[y \notin L_R \wedge \text{Verify}(\pi',y)=1] \leqslant \text{negl}(\kappa)$$

成立，其中 $\mathcal{A}$ 是一个 PPT 敌手。换句话讲，对于不属于语言 $L_R$ 上的元素 $y$，任意敌手 $\mathcal{A}$ 输出有效论据的概率是可忽略的。

(3) 零知识性。存在一个 PPT 模拟器 Sim，使得任意的 PPT 敌手 $\mathcal{A}$ 在下述游戏 $\text{Game}_{\text{Sim}}^{\text{ZK}}(\kappa)$ 中获胜的优势是可忽略的，即有

$$\left|\Pr[\mathcal{A}\text{ wins}]-\frac{1}{2}\right| \leqslant \text{negl}(\kappa)$$

成立。

游戏 $\text{Game}_{\text{Sim}}^{\text{ZK}}(\kappa)$ 中挑战者 $\mathcal{C}$ 与敌手 $\mathcal{A}$ 间的消息交互过程如下所示。

挑战者 $\mathcal{C}$ 输入安全参数 $\kappa$ 运行初始化算法 $(\text{CRS},\text{tk}) \leftarrow \text{Setup}(1^\kappa)$，并发送系统公开参数 $(\text{CRS},\text{tk})$ 给敌手 $\mathcal{A}$。

敌手 $\mathcal{A}$ 选择 $(x,y) \in R$，并将其发送给挑战者 $\mathcal{C}$。

挑战者 $\mathcal{C}$ 首先计算 $\pi_1 \leftarrow \text{Prove}(x,y)$ 和 $\pi_0 \leftarrow \text{Sim}(y,\text{tk})$，然后发送挑战论证 $\pi_v$ 给敌手 $\mathcal{A}$，其中 $v \leftarrow_R \{0,1\}$。

敌手 $\mathcal{A}$ 输出对 $v$ 的猜测 $v'$。若 $v'=v$，则称敌手 $\mathcal{A}$ 在该游戏中获胜。

在上述游戏中，对于任意的 $y \in L_R$，模拟器 Sim 可在陷门密钥 tk 的作用下输出一个模拟论证，即使敌手获知二元组 $(x,y)$ (其中 $x$ 是私有的证据，$y$ 是公开的状态信息)，零知识性依然保证了模拟论证与算法 Prove 生成的真实论证是不可区分的。

Dodis 等[5]还定义了新的密码原语——真实模拟可提取的 NIZK (true-simulation extractable NIZK，tsE-NIZK) 论证，除了满足上述三个安全性质，tsE-NIZK 论证中还存在一个 PPT 的提取器 Ext′ (初始化算法会输出相应的提取陷门 ek；特别地，此处的提取器与强随机性提取器是存在本质区别的，并非同一种，为了方便区分将其表示为 Ext′) 能从恶意证明者 $\mathcal{P}^*$ 输出的任意论证 $\pi$ 中提取出一个证据 $x'$，其中 $\mathcal{P}^*$ 能够看到之前关于真实状态的模拟论证。此外，Dodis 等将 tsE-NIZK 扩展到关于函数 $f$ 的可提取性，即 Ext′ 只需输出关于有效证据 $x'$ 的函数值 $f(x')$，而不再直接输出证据 $x'$ 本身。

令 $\mathcal{O}_{\text{tk}}^{\text{Sim}}(\cdot)$ 表示模拟谕言机，敌手提交二元组 $(x,y)$ 给模拟谕言机，$\mathcal{O}_{\text{tk}}^{\text{Sim}}(\cdot)$ 检测 $(x,y) \in R$ 是否成立，若成立，则忽略 $x$，并输出一个由模拟器 Sim 生成的模拟论证 $\text{Sim}(y,\text{tk})$，否则输出终止符号 $\perp$。

**定义 3-2** (真实模拟的 $f$-可提取性) 令 $f$ 是确定的高效可计算的函数，$\Pi = (\text{Setup},\text{Prove},\text{Verify})$ 是关系 $R$ 上的 NIZK 论证，当下述条件成立时，也称 $\Pi$ 是真实模拟 $f$-可提取的 (true-simulation $f$-extractable，$f$-tsE) NIZK 论证。

①初始化算法 Setup 除了输出公共参考串 CRS 和陷门密钥 tk，还输出一个供提

取器 $\mathrm{Ext}'$ 使用的提取陷门 ek，即 $(\mathrm{CRS},\mathrm{tk},\mathrm{ek}) \leftarrow \mathrm{Setup}(1^{\kappa})$。

②在下列游戏 $\mathrm{Game}_{\mathrm{Sim}}^{\mathrm{Ext}}(\kappa)$ 中，存在一个 PPT 算法 $\mathrm{Ext}'(y,\pi,\mathrm{ek})$ 使得任意的 PPT 敌手 $\mathcal{A}$ 获胜的优势是可忽略的，即有

$$\Pr[\mathcal{A}\ \mathrm{wins}] \leqslant \mathrm{negl}(\kappa)$$

成立，其中 $\mathrm{Ext}'(y,\pi,\mathrm{ek})$ 表示在提取陷门 ek 的作用下从 $y$ 的论证 $\pi$ 中提取出相应的证据信息。

游戏 $\mathrm{Game}_{\mathrm{Sim}}^{\mathrm{Ext}}(\kappa)$ 的消息交互过程如下所示。

密钥生成：挑战者 $\mathcal{C}$ 运行初始化算法

$$(\mathrm{CRS},\mathrm{tk},\mathrm{ek}) \leftarrow \mathrm{Setup}(1^{\kappa})$$

并将 CRS 发送给敌手 $\mathcal{A}$。

模拟询问：敌手 $\mathcal{A}^{\mathcal{O}_{\mathrm{tk}}^{\mathrm{Sim}}(\cdot)}$ 可适应性地询问模拟谕言机 $\mathcal{O}_{\mathrm{tk}}^{\mathrm{Sim}}(\cdot)$，即敌手 $\mathcal{A}$ 以二元组 $(x,y)$ 作为输入，能够从模拟谕言机 $\mathcal{O}_{\mathrm{tk}}^{\mathrm{Sim}}(\cdot)$ 处获得相应的模拟论证。

输出：敌手 $\mathcal{A}$ 输出 $(y',\pi')$。

提取：挑战者 $\mathcal{C}$ 运行 $z' \leftarrow \mathrm{Ext}'(y',\pi',\mathrm{ek})$。

若①状态信息 $y'$ 未在模拟询问中出现；② $\mathrm{Verify}(\pi',y')=1$；③对于满足条件 $f(x')=z'$ 的 $x'$，有 $R(x',y')=0$ 都成立，则称敌手 $\mathcal{A}$ 在上述游戏中获胜。

$f$-tsE NIZK 论证的真实模拟的 $f$-可提取性表明关系 $R$ 中的二元组 $(x,y)$ 所对应的论证 $\pi$，提取操作 $\mathrm{Ext}'(y,\pi,\mathrm{ek})$ 能以不可忽略的概率从 $\pi$ 中提取出相应的证据 $x$ 满足 $f(x)=\mathrm{Ext}'(y,\pi,\mathrm{ek})$。

若敌手 $\mathcal{A}$ 仅有一次访问模拟谕言机 $\mathcal{O}_{\mathrm{tk}}^{\mathrm{Sim}}(\cdot)$ 的机会，则称是一次性模拟可提取的；通过增强敌手 $\mathcal{A}$ 获胜的条件，可得到强模拟可提取的概念，其中敌手 $\mathcal{A}$ 输出一个新的状态、论证对而不再是单一的新状态，更详细地讲，条件①更改为 $(y',\pi')$ 是新的，并且 $y'$ 未在模拟询问中出现；否则论证 $\pi'$ 与敌手 $\mathcal{A}$ 从模拟谕言机 $\mathcal{O}_{\mathrm{tk}}^{\mathrm{Sim}}(\cdot)$ 获得的论证是不相同的。此外，Dodis 等[5]指出基于任意 CCA 安全的加密机制和标准的 NIZK 论证可以来构造 $f$-tsE NIZK 论证。

## 3.5　卡梅隆哈希函数

卡梅隆哈希函数是具有公私钥对 $(\mathrm{pk}_{\mathrm{CH}},\mathrm{td}_{\mathrm{CH}})$ 的特殊哈希函数，如果仅有计算公钥 $\mathrm{pk}_{\mathrm{CH}}$，则该函数具有抗碰撞性；但是如果有陷门私钥 $\mathrm{td}_{\mathrm{CH}}$，则可以找到碰撞。卡梅隆哈希函数由 3 个 PPT 算法组成，即 $\mathrm{CH}=(\mathrm{CH.Gen},\mathrm{CH.Eval},\mathrm{CH.Equiv})$[6]。

密钥生成算法 $(\mathrm{pk}_{\mathrm{CH}},\mathrm{td}_{\mathrm{CH}}) \leftarrow \mathrm{CH.Gen}(1^{\kappa})$ 输出卡梅隆哈希函数的公私钥对 $(\mathrm{pk}_{\mathrm{CH}},\mathrm{td}_{\mathrm{CH}})$。

函数计算算法 $y \leftarrow \mathrm{CH.Eval}(\mathrm{pk}_{\mathrm{CH}},r_{\mathrm{CH}},x)$ 在输入公钥 $\mathrm{pk}_{\mathrm{CH}}$ 及随机数 $r_{\mathrm{CH}} \leftarrow_R \mathcal{T}_{\mathrm{CH}}$ 的

前提下，将输入 $x$ 值映射到 $y$。如果随机数 $r_{\mathrm{CH}}$ 是 $\mathcal{T}_{\mathrm{CH}}$ 上的均匀随机分布，那么 $y$ 也是输出空间上的均匀随机分布。

随机化计算算法 $r'_{\mathrm{CH}}=\mathrm{CH.Equiv}(\mathrm{td}_{\mathrm{CH}},x,r_{\mathrm{CH}},x')$ 在输入陷门私钥 $\mathrm{td}_{\mathrm{CH}}$、$(x,r_{\mathrm{CH}})$ 和 $x'$ 后输出一个随机数 $r'_{\mathrm{CH}}$，且满足条件

$$\mathrm{CH.Eval}(\mathrm{pk}_{\mathrm{CH}},x,r_{\mathrm{CH}})=\mathrm{CH.Eval}(\mathrm{pk}_{\mathrm{CH}},x',r'_{\mathrm{CH}})$$

式中，$r'_{\mathrm{CH}}$ 是 $\mathcal{T}_{\mathrm{CH}}$ 上的均匀随机分布。

卡梅隆哈希函数在仅有公钥 $\mathrm{pk}_{\mathrm{CH}}$ 的情况下，具有抗碰撞性，即对于任何 PPT 敌手 $\mathcal{A}$，对于任意的 $(x,r_{\mathrm{CH}})$ 难以找到 $(x',r'_{\mathrm{CH}})\neq(x,r_{\mathrm{CH}})$，使得它们函数值相等，则下述关系成立。

$$\mathrm{Adv}_{\mathrm{CH},\mathcal{A}}^{\mathrm{CR}}(\kappa)=\Pr[\mathrm{CH.Eval}(\mathrm{pk}_{\mathrm{CH}},x,r_{\mathrm{CH}})=\mathrm{CH.Eval}\left(\mathrm{pk}_{\mathrm{CH}},x',r'_{\mathrm{CH}}\right)]\leqslant\mathrm{negl}(\kappa)$$

## 3.6 密钥衍射函数

对于任意的 PPT 敌手 $\mathcal{A}$，若其在下述游戏中获胜的优势是可忽略的，那么称函数 $\mathrm{KDF}:\{0,1\}^*\to\{0,1\}^{l_k}$ 是安全的密钥衍射函数。

挑战者 $\mathcal{C}$ 初始化系统环境，并发送相应的公开参数给敌手 $\mathcal{A}$。

敌手 $\mathcal{A}$ 选择随机的 $x\leftarrow_R\{0,1\}^*$ 发送给挑战者 $\mathcal{C}$。

挑战者 $\mathcal{C}$ 计算 $k_1=\mathrm{KDF}(x)$，并随机选取 $k_0\leftarrow_R\{0,1\}^{l_k}$ 和 $\beta\leftarrow_R\{0,1\}$，最后发送 $k_\beta$ 给敌手 $\mathcal{A}$。

敌手 $\mathcal{A}$ 输出对 $\beta$ 的猜测 $\beta'$，若 $\beta'=\beta$，则敌手 $\mathcal{A}$ 在该游戏中获胜。

令 $\mathrm{Adv}^{\mathrm{KDF}}(\kappa)=\left|\Pr[\beta'=\beta]-\dfrac{1}{2}\right|$ 表示敌手 $\mathcal{A}$ 在上述游戏中获胜的优势。对于安全的密钥衍射函数有 $\mathrm{Adv}^{\mathrm{KDF}}(\kappa)\leqslant\mathrm{negl}(\kappa)$ 成立。密钥衍射函数表明当其输入具有一定的随机性时，其输出对于任意敌手而言是均匀随机的；换句话说，当密钥衍射函数的输入具有一定的平均最小熵时，其输出是完全均匀随机的，相应的函数可作为一个强随机性提取器。

例如，对于任意的随机值 $T\leftarrow_R G$ 和 $k_1,k_2\leftarrow_R Z_q^*$，若任意 PPT 敌手 $\mathcal{A}$ 的优势

$$\mathrm{Adv}^H(\kappa)=\left|\Pr(\mathcal{A}[T,H(T)]=1)-\Pr[\mathcal{A}(T,k_1,k_2)=1]\right|$$

是可忽略的，那么函数 $H:G\to Z_q^*\times Z_q^*$ 是安全的密钥衍射函数。

## 3.7 消息验证码

密钥空间 $\mathcal{K}$ 和消息空间 $\mathcal{M}$ 上的消息验证码 $\mathrm{MAC}=(\mathrm{Tag},\mathrm{Ver})$ 包含以下两个算法。

(1) $\mathrm{Tag}(k,m)$：输入密钥空间中的对称密钥 $k \in \mathcal{K}$ 和消息空间中的消息 $m \in \mathcal{M}$，标签算法 $\mathrm{Tag}(\cdot)$ 输出一个认证标签 Tag。

(2) $\mathrm{Ver}(k,m,\mathrm{Tag})$：输入密钥空间中的对称密钥 $k \in \mathcal{K}$、消息空间中的消息 $m \in \mathcal{M}$ 和认证标签 Tag，验证算法 $\mathrm{Ver}(\cdot)$ 输出相应的验证结果 0 或 1，其中 1 表示 Tag 是关于消息 $m$ 的认证标签，否则输出 0。

消息验证码 $\mathrm{MAC} = (\mathrm{Tag}, \mathrm{Ver})$ 的正确性要求，对于密钥空间 $\mathcal{K}$ 上任意的对称密钥 $k \in \mathcal{K}$，有 $\mathrm{Ver}[k,m,\mathrm{Tag}(k,m)] = 1$ 成立。

消息验证码 $\mathrm{MAC} = (\mathrm{Tag}, \mathrm{Ver})$ 的安全性通过下述交互式实验 $\mathrm{Exp}_{\mathrm{MAC}}^{\text{suf-cmva}}(\kappa)$ 来描述。

从密钥空间 $\mathcal{K}$ 中随机选取对称密钥 $k \in \mathcal{K}$。

运行 $\mathcal{A}^{\mathrm{Tag}(k,\cdot),\mathrm{Ver}(k,\cdot,\cdot)}(\kappa)$，其中 $\mathrm{Tag}(k,\cdot)$ 是标签谕言机，敌手 $\mathcal{A}$ 能够从它获得相应消息的认证标签；$\mathrm{Ver}(k,\cdot,\cdot)$ 是验证谕言机，敌手 $\mathcal{A}$ 能从它获得消息及相应标签的验证结果。

敌手 $\mathcal{A}$ 输出一个挑战消息标签对 $(m^*,\mathrm{Tag}^*)$，并且 $(m^*,\mathrm{Tag}^*)$ 与之前标签谕言机 $\mathrm{Tag}(k,\cdot)$ 返回的所有值 $(m_i,\mathrm{Tag}_i)$ 均不相同。若有 $\mathrm{Ver}(k,m^*,\mathrm{Tag}^*)$=1 成立，则输出 1，否则输出 0。

特别地，由于 $(m^*,\mathrm{Tag}^*) \neq (m^*,\mathrm{Tag}')$，则元组 $(m^*,\mathrm{Tag}')$ 可以出现在标签谕言机 $\mathrm{Tag}(k,\cdot)$ 的返回值列表中，即敌手 $\mathcal{A}$ 可以对挑战消息 $m^*$ 进行标签生成询问。敌手 $\mathcal{A}$ 在上述交互式实验 $\mathrm{Exp}_{\mathrm{MAC}}^{\text{suf-cmva}}(\kappa)$ 中获胜的优势定义为

$$\mathrm{Adv}_{\mathrm{MAC}}^{\text{suf-cmva}}(\kappa) = \left|\Pr[\mathrm{Exp}_{\mathrm{MAC}}^{\text{suf-cmva}}(\kappa) = 1]\right|$$

消息验证码 $\mathrm{MAC} = (\mathrm{Tag}, \mathrm{Ver})$ 的强不可伪造性定义如下所示。

对于任意的 PPT 敌手 $\mathcal{A}$，若有 $\mathrm{Adv}_{\mathrm{MAC}}^{\text{suf-cmva}}(\kappa) \leqslant \mathrm{negl}(\kappa)$ 成立，那么该消息验证码 $\mathrm{MAC} = (\mathrm{Tag}, \mathrm{Ver})$ 在选择消息和选择验证询问攻击下是强不可伪造的。

## 3.8　本 章 小 结

本章对构造抗泄露公钥密码机制时所使用的底层密码工具进行了介绍，主要介绍了 HPS、OT-LF、NIZK 论证、KDF 和 MAC 等工具的形式化定义及相应的安全属性；并且介绍了部分基础工具的具体实例化构造。

## 参 考 文 献

[1] Waters B. Dual system encryption: Realizing fully secure IBE and HIBE under simple assumptions[C]//Proceedings of the 29th Annual International Cryptology Conference, Santa Barbara, 2009: 619-636.

[2] Lewko A B, Waters B. New techniques for dual system encryption and fully secure HIBE with short ciphertexts[C]//Proceedings of the 7th Theory of Cryptography Conference, Zurich, 2010: 455-479.

[3] 王志伟, 李道丰, 张伟, 等. 抗辅助输入 CCA 安全的 PKE 构造[J]. 计算机学报, 2016, 39(3): 562-570.

[4] Zhou Y W, Yang B, Mu Y. The generic construction of continuous leakage-resilient identity-based cryptosystems[J]. Theoretical Computer Science, 2019, 772: 1-45.

[5] Dodis Y, Haralambiev K, López-Alt A, et al. Efficient public-key cryptography in the presence of key leakage[C]//Proceedings of the 16th International Conference on the Theory and Application of Cryptology and Information Security, Singapore, 2010: 613-631.

[6] 李素娟, 张明武, 张福泰. 抗(持续)辅助输入CCA安全的PKE构造方案的分析及改进[J]. 计算机学报, 2018, 41(12):2823-2832.

# 第 4 章　公钥加密机制的泄露容忍性

Akavia 等[1]在 TCC（Theory of Cryptography，International Conference）2009 上提出第一个泄露容忍的 PKE 机制的具体构造。Naor 和 Segev 在现有工作[2,3]的基础上，讨论了 PKE 机制的抗泄露 CPA 安全性和抗泄露 CCA 安全性，指出基于哈希证明系统和强随机性提取器即可设计满足抗泄露 CPA 安全性的 PKE 机制，并基于经典的 Cramer-Shoup 密码系统[2]设计了相应的构造[4]。文献[5]提出一个改进的抗泄露 PKE 机制，在现有机制[4]的基础上，缩短了公钥和私钥的长度。虽然文献[4]中的构造在加密算法中建立了三个临时密钥，但是明文消息的隐藏操作却只使用了一个临时密钥（另外两个临时密钥负责密文有效性的验证），导致该构造的泄露率较低（整体的泄露量不能超过隐藏明文的临时密钥的长度，即该机制的私钥中泄露量最大不能超过私钥长度的 1/3，否则敌手有可能通过泄露信息恢复出用于隐藏加密消息的临时密钥）。分析可知，在上述构造[4,5]中系统设定的泄露参数 $\lambda$ 与明文消息的长度 $l_m$ 间需满足关系 $\lambda + l_m \leqslant \log q - \omega(\log \kappa)$，当泄露参数 $\lambda$ 接近 $\log q - \omega(\log \kappa)$ 时，明文消息的长度 $l_m$ 则趋近于 0，反之亦然。针对上述问题，文献[6]构造了一个更加高效的抗泄露 PKE 机制，在该机制中所有的临时密钥（加密算法建立了两个临时密钥）都参与明文消息的隐藏和密文有效性的验证；并且泄露参数是一个固定的值 $\lambda \leqslant \log q - \omega(\log \kappa)$，与明文消息的长度 $l_m$ 无关；然而，该机制无法确保密文中所有元素对敌手的随机性，因为密文中个别元素可表示成关于私钥的函数形式，使得任意敌手在泄露环境下可从相应的密文中获得私钥的泄露信息。此外，上述机制只能抵抗有界的泄露攻击，在连续泄露环境下依然无法保持其所声称的安全性。

针对现有抗泄露 PKE 机制所存在的不足，本章主要介绍以下内容。

(1) 设计性能更优的抗泄露 CCA 安全的 PKE 机制，其中密文的所有元素对于敌手而言是随机的，使得任意的 PPT 敌手均无法从相应的密文中获知私钥的附加信息；并且确保泄露参数是一个独立于待加密消息空间的固定值，使得该机制在获得更佳泄露容忍性的同时不缩短待加密消息的长度。

(2) 由于私钥更新操作的执行可将抗泄露 PKE 机制划分成多个时间周期，只要在每个时间周期内，私钥的泄露信息不超过系统设定的轮泄露参数 $\lambda$，那么该机制即具有抵抗连续泄露攻击的能力。为增强 PKE 机制在连续泄露环境下的安全性，构造抵抗连续泄露攻击的 CCA 安全的 PKE 机制，在保证公钥不变的前提下，对私钥进行定期更新，填补由于信息泄露所造成的私钥的熵损失，确保在泄露环境下使得私钥具有足够的随机性。此外，在抗连续泄露 CCA 安全的 PKE 机制的构造中，需继续保持密文元素的随机性和泄露参数的独立性特点。

## 4.1 公钥加密机制的定义及泄露容忍的安全模型

本节主要介绍 PKE 机制的形式化定义，并根据现有抗泄露 PKE 机制的研究成果[7-12]，详细介绍 PKE 机制的抗泄露安全模型。

### 4.1.1 公钥加密机制的定义

一个消息空间为 $\mathcal{M}$ 的 PKE 机制由 KeyGen 、 Enc 和 Dec 等三个算法组成(特别地，为方便对 PKE 机制进行形式化描述，具体方案构造时增加了附加的初始化算法 Setup 为 PKE 机制生成公开参数 Params )。

(1) 密钥生成。

密钥生成算法 KeyGen 的输入是安全参数 $\kappa$ ，输出公私钥对 (pk,sk)，其中 pk 是公钥，sk 是私钥。该算法可表示为 $(\mathrm{pk},\mathrm{sk}) \leftarrow \mathrm{KeyGen}(1^{\kappa})$ 。

(2) 加密。

加密算法 Enc 输入一个明文 $M \in \mathcal{M}$ 和公钥 pk，输出相应的密文 $C$ 。该算法可表示为 $C \leftarrow \mathrm{Enc}(\mathrm{pk}, M)$ 。

(3) 解密。

解密算法 Dec 输入密文 $C$ 和私钥 sk，输出相应的明文消息 $M$ 或无效符号 $\perp$ 。该算法可表示为 $M/\perp \leftarrow \mathrm{Dec}(\mathrm{sk}, C)$ 。

一般情况下，算法 KeyGen 和 Enc 是概率性算法，即随机数将参与上述算法的运行，如随机性加密算法 Enc 可保证相同的明文消息 $M \in \mathcal{M}$ ，多次运行算法 Enc 可产生不同的加密密文 $C = \mathrm{Enc}(\mathrm{pk}, M)$ 。

PKE 机制的正确性要求对于消息空间 $\mathcal{M}$ 中的任意消息 $M \in \mathcal{M}$ 和密钥生成算法输出的任意公私钥对 $(\mathrm{pk},\mathrm{sk}) \leftarrow \mathrm{KeyGen}(1^{\kappa})$ ，有下述关系成立：

$$M = \mathrm{Dec}[\mathrm{sk}, \mathrm{Enc}(\mathrm{pk}, M)]$$

### 4.1.2 PKE 机制的抗泄露 CPA 安全性

泄露容忍的 CPA 安全性要求即使任意的 PPT 敌手 $\mathcal{A}$ 获得了 PKE 机制私钥的部分泄露信息，该机制依然保持其原有的语义安全性，其中敌手 $\mathcal{A}$ 的泄露攻击通过赋予敌手访问泄露谕言机 $\mathcal{O}_{\mathrm{sk}}^{\kappa,\lambda}(\cdot)$ 的能力来模拟，假定敌手 $\mathcal{A}$ 能够适应性地询问泄露谕言机 $\mathcal{O}_{\mathrm{sk}}^{\kappa,\lambda}(\cdot)$ ，即敌手 $\mathcal{A}$ 通过提交任意高效可计算的泄露函数 $f_i:\{0,1\}^* \to \{0,1\}^{\lambda_i}$ 获得谕言机 $\mathcal{O}_{\mathrm{sk}}^{\kappa,\lambda}(\cdot)$ 返回的相应泄露信息 $f_i(\mathrm{sk})$ ，其中 sk 是私钥， $\lambda_i$ 表示在一次泄露询问中敌手所能获得的泄露量。

有界泄露模型要求在密码机制的整个生命周期内，所有泄露函数 $f_i(\cdot)$ 的输出长度总和不能超过系统预先设定的关于安全参数 $\kappa$ 的泄露界 $\lambda=\lambda(\kappa)$，即有

$$\sum_{i=1}^{t}\left|f_i(\mathrm{sk})\right|\leqslant\lambda(\kappa)$$

式中，$t$ 表示敌手提交的泄露询问的总次数。

设 $\Pi=(\mathrm{KeyGen},\mathrm{Enc},\mathrm{Dec})$ 是一个消息空间为 $\mathcal{M}$ 的 PKE 机制，$\mathcal{SK}$ 和 $\mathcal{PK}$ 分别表示由 $\mathrm{KeyGen}(1^\kappa)$ 生成的私钥集合(也称为私钥空间)和公钥集合(也称为公钥空间)。泄露谕言机 $\mathcal{O}_{\mathrm{sk}}^{\kappa,\lambda}(\cdot)$ 的输入为泄露函数 $f_i:\{0,1\}^*\to\{0,1\}^{\lambda_i}$，输出为 $f_i(\mathrm{sk})$。如果敌手 $\mathcal{A}$ 提交给泄露谕言机 $\mathcal{O}_{\mathrm{sk}}^{\kappa,\lambda}(\cdot)$ 的所有函数的输出长度总和至多为 $\lambda$ 的话，则称敌手 $\mathcal{A}$ 是 $\lambda$ 有限的私钥泄露敌手，其能够获得关于私钥 sk 的最大泄露长度是 $\lambda$。

在泄露容忍的 CPA 安全性游戏中挑战者 $\mathcal{C}$ 和敌手 $\mathcal{A}$ 间的消息交互过程如下所示。

(1) 初始化。

挑战者 $\mathcal{C}$ 输入安全参数 $\kappa$，运行密钥生成算法 $\mathrm{KeyGen}(1^\kappa)$，产生公钥 pk 和私钥 sk，秘密保存 sk 的同时将 pk 发送给敌手 $\mathcal{A}$。

(2) 阶段 1 (训练)。

该阶段敌手 $\mathcal{A}$ 可进行多项式有界次关于私钥 sk 的泄露询问，获得关于私钥 sk 的相关泄露信息 $f_i(\mathrm{sk})$。

泄露询问。敌手 $\mathcal{A}$ 以高效可计算的泄露函数 $f_i:\{0,1\}^*\to\{0,1\}^{\lambda_i}$ 作为输入，向挑战者 $\mathcal{C}$ 发出对私钥 sk 的泄露询问。挑战者 $\mathcal{C}$ 运行泄露谕言机 $\mathcal{O}_{\mathrm{sk}}^{\kappa,\lambda}(\cdot)$，产生关于私钥 sk 的泄露信息 $f_i(\mathrm{sk})$，并把 $f_i(\mathrm{sk})$ 发送给敌手 $\mathcal{A}$。虽然敌手可进行多项式有界次的泄露询问，但在整个询问过程中私钥 sk 的泄露总量不能超过系统设定的泄露界 $\lambda$，即有 $\sum_{i=1}^{t}\left|f_i(\mathrm{sk})\right|\leqslant\lambda(\kappa)$ 成立，其中 $t$ 表示敌手 $\mathcal{A}$ 提交的泄露询问的总次数。

(3) 挑战。

游戏执行过程中由敌手 $\mathcal{A}$ 决定训练阶段的结束时间。在挑战阶段，敌手 $\mathcal{A}$ 输出两个等长的明文消息 $M_0,M_1\in\mathcal{M}$（其中 $|M_0|=|M_1|$）。挑战者 $\mathcal{C}$ 选取随机值 $\beta\leftarrow_R\{0,1\}$，计算挑战密文 $C_\beta^*=\mathrm{Enc}(\mathrm{pk},M_\beta)$，并将 $C_\beta^*$ 发送给敌手 $\mathcal{A}$。

(4) 猜测。

敌手 $\mathcal{A}$ 输出对挑战者 $\mathcal{C}$ 选取随机数 $\beta$ 的猜测值 $\beta'\in\{0,1\}$，如果 $\beta'=\beta$，则敌手 $\mathcal{A}$ 攻击成功，即敌手 $\mathcal{A}$ 在该游戏中获胜。

敌手 $\mathcal{A}$ 在上述游戏中获胜的优势定义为关于安全参数 $\kappa$ 和泄露参数 $\lambda$ 的函数：

$$\mathrm{Adv}_{\mathrm{PKE},\mathcal{A}}^{\mathrm{LR\text{-}CPA}}(\kappa,\lambda)=\left|\Pr[\beta'=\beta]-\frac{1}{2}\right|$$

特别地，图 4-1 为 PKE 机制的抗泄露 CPA 安全性游戏中挑战者 $\mathcal{C}$ 与敌手 $\mathcal{A}$ 间的消息交互过程。

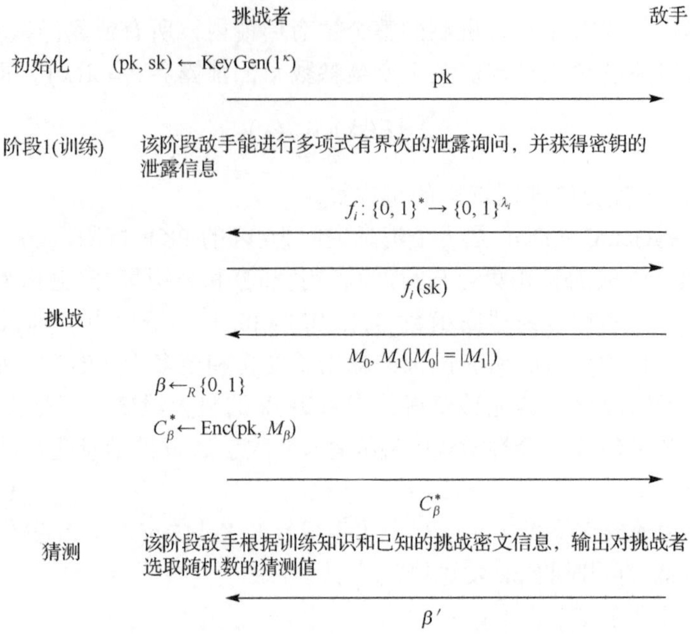


图 4-1　PKE 机制的抗泄露 CPA 安全性游戏

**定义 4-1**　(PKE 机制泄露容忍的 CPA 安全性)对任意$\lambda$有限的密钥泄露敌手$\mathcal{A}$，若其在上述游戏中获胜的优势$\mathrm{Adv}_{\mathrm{PKE},\mathcal{A}}^{\mathrm{LR\text{-}CPA}}(\kappa,\lambda)$是可忽略的，那么对于任意的泄露参数$\lambda$，相应的 PKE 机制$\Pi=(\mathrm{KeyGen},\mathrm{Enc},\mathrm{Dec})$具有泄露容忍的 CPA 安全性。

特别地，当$\lambda$=0 时，即泄露谕言机$\mathcal{O}_{\mathrm{sk}}^{\kappa,\lambda}(\cdot)$不揭露关于私钥 sk 的任何信息，此时定义 4-1 即为 PKE 机制原始的 CPA 安全性定义。该定义及下面的相关定义中，不允许敌手在获得挑战密文之后继续访问泄露谕言机$\mathcal{O}_{\mathrm{sk}}^{\kappa,\lambda}(\cdot)$，这个限制是非常有必要的，因为敌手可以将解密算法、挑战密文和两个挑战消息$M_0$、$M_1$编码到一个函数，使得敌手很容易猜测出随机值$\beta$，从而赢得游戏。除非特别说明，否则泄露信息均来自挑战阶段之前。

上述安全性游戏的形式化描述如下所示。

$\underline{\mathrm{Exp}_{\mathrm{PKE},\mathcal{A}}^{\mathrm{LR\text{-}CPA}}(\kappa,\lambda)}$:

$(\mathrm{sk},\mathrm{pk}) \leftarrow \mathrm{KeyGen}(1^\kappa)$;

$(M_0,M_1,\mathrm{state}) \leftarrow \mathcal{A}_1^{\mathcal{O}_{\mathrm{sk}}^{\lambda,\kappa}(\cdot)}(\mathrm{pk})$，其中$|M_0|=|M_1|$;

$C_\beta^* = \mathrm{Enc}(\mathrm{pk},M_\beta), \beta \leftarrow_R \{0,1\}$;

$\beta' \leftarrow \mathcal{A}_2(C_\beta^*,\mathrm{pk},\mathrm{state})$;

If $\beta'=\beta$, output 1; Otherwise output 0。

其中，state 表示相应的状态信息，包括敌手 $\mathcal{A}$ 掌握的所有信息及产生的所有随机数。$\mathcal{O}_{\text{sk}}^{\lambda,\kappa}(\cdot)$ 表示泄露谕言机，敌手 $\mathcal{A}$ 可借助泄露谕言机 $\mathcal{O}_{\text{sk}}^{\lambda,\kappa}(\cdot)$ 获得关于私钥 sk 的泄露信息；将敌手 $\mathcal{A}=(\mathcal{A}_1,\mathcal{A}_2)$ 划分为两个子敌手，分别具有不同的计算能力，$\mathcal{A}_1$ 是第一阶段的敌手，具有访问泄露谕言机 $\mathcal{O}_{\text{sk}}^{\lambda,\kappa}(\cdot)$ 的能力，并为第二阶段的敌手 $\mathcal{A}_2$ 输出辅助的状态信息 state；敌手 $\mathcal{A}_2$ 不能访问泄露谕言机 $\mathcal{O}_{\text{sk}}^{\lambda,\kappa}(\cdot)$，输出对挑战者 $\mathcal{C}$ 选取随机数 $\beta$ 的猜测值 $\beta'$，即敌手 $\mathcal{A}_2$ 在辅助信息 state 和挑战密文 $C_\beta^*$ 的帮助下输出对挑战者选取随机数 $\beta$ 的猜测值 $\beta'$；若 $\beta'=\beta$，则称敌手 $\mathcal{A}$ 在该游戏中获胜。

在交互式实验 $\text{Exp}_{\text{PKE},\mathcal{A}}^{\text{LR-CPA}}(\kappa,\lambda)$ 中，敌手 $\mathcal{A}$ 获胜的优势定义为

$$\text{Adv}_{\text{PKE},\mathcal{A}}^{\text{LR-CPA}}(\kappa,\lambda)=\left|\Pr[\text{Exp}_{\text{PKE},\mathcal{A}}^{\text{LR-CPA}}(\kappa,\lambda)=1]-\Pr[\text{Exp}_{\text{PKE},\mathcal{A}}^{\text{LR-CPA}}(\kappa,\lambda)=0]\right|$$

基于有界泄露容忍性与连续泄露容忍性间的转化方法，在定义 4-1 的基础上，可以得到抗连续泄露的 CPA 安全性定义。首先定义 PKE 机制密钥更新算法及更新私钥的性质。

随机化密钥更新算法 Update 的输入是当前有效的私钥 sk 及相应的参数 Params，输出一个新的私钥 sk′，满足条件 $\text{sk}'\neq\text{sk}$ 和 $|\text{sk}|=|\text{sk}'|$，并且对于任意敌手而言，sk′ 和 sk 是不可区分的；该算法可表示为 $\text{sk}'\leftarrow\text{Update}(\text{sk},\text{Params})$。

特别地，密钥更新算法的执行不影响 PKE 机制的安全性，并且相应的公开参数始终保持不变，对于任意的消息 $M\in\mathcal{M}$，有

$$M=\text{Dec}[\text{sk},\text{Enc}(\text{pk},M)]\ \text{和}\ M=\text{Dec}[\text{sk}',\text{Enc}(\text{pk},M)]$$

成立，其中 $(\text{pk},\text{sk})\leftarrow\text{KeyGen}(1^\kappa)$，$\text{sk}'\leftarrow\text{Update}(\text{sk},\text{Params})$。

**定义 4-2** (PKE 机制连续泄露容忍的 CPA 安全性）对于具有密钥更新功能的 PKE 机制，在每一轮的泄露攻击中，若任意 $\lambda$ 有限的密钥泄露敌手 $\mathcal{A}$（单轮泄露攻击中敌手 $\mathcal{A}$ 获得的最大泄露量为 $\lambda$）在上述游戏中获胜的优势 $\text{Adv}_{\text{PKE},\mathcal{A}}^{\text{LR-CPA}}(\kappa,\lambda)$ 是可忽略的，那么相应的 PKE 机制具有连续泄露容忍的 CPA 安全性。

**注解 4-1** 新的随机性通过密钥更新算法被添加到私钥中，产生了一个新的私钥，使得之前私钥的泄露信息对更新后的私钥是不起作用的，因此具有有界泄露容忍性的密码机制可基于密钥更新操作实现抵抗连续泄露攻击的目的。

### 4.1.3 PKE 机制的抗泄露 CCA 安全性

在泄露容忍的 CCA 安全性游戏中，除了执行关于私钥的泄露询问，敌手还可以适应性地询问解密谕言机 $\mathcal{O}^{\text{Dec}}(\cdot)$，它向解密谕言机输入密文，解密谕言机 $\mathcal{O}^{\text{Dec}}(\cdot)$ 为它输出相应的明文；此外，用 $\mathcal{O}_{\neq C^*}^{\text{Dec}}(\cdot)$ 表示除特定密文 $C^*$ 外解密谕言机可对其他任意密文进行解密操作，即在解密询问中敌手不能向解密谕言机 $\mathcal{O}_{\neq C^*}^{\text{Dec}}(\cdot)$ 提出关于特定密文 $C^*$ 的解密询问。

根据敌手获得挑战密文之后是否具有解密询问的能力，将泄露容忍的 CCA 安全性分为适应性先验的抗泄露 CCA 安全性(简称抗泄露 CCA1 安全性)和适应性后验的抗泄露 CCA 安全性(简称抗泄露 CCA2 安全性)两种情况，其中在 CCA1 的安全模型中敌手在挑战阶段之后不具备解密询问的能力，而在 CCA2 的安全模型中敌手可以在获得挑战密文之后进行解密询问；则敌手在收到挑战密文之后可对除挑战密文之外的其他任何密文进行解密询问。特别地，一般情况所讲的 CCA 安全性就是 CCA2 安全性，为了方便读者理解，本章对上述两种模型都进行介绍。

抗泄露 CCA1 安全性游戏包括挑战者 $\mathcal{C}$ 和敌手 $\mathcal{A}$ 两个参与者，在该游戏中敌手获得挑战密文之后不能执行解密询问。$\mathcal{C}$ 与 $\mathcal{A}$ 间具体的消息交互过程如下所示。

(1) 初始化。

挑战者 $\mathcal{C}$ 输入安全参数 $\kappa$，运行密钥生成算法 $\mathrm{KeyGen}(1^{\kappa})$，产生公钥 pk 和私钥 sk，秘密保存 sk 的同时将 pk 发送给敌手 $\mathcal{A}$。

(2) 阶段 1 (训练)。

该阶段敌手 $\mathcal{A}$ 可适应性地进行多项式有界次关于私钥 sk 的泄露询问和针对任意密文 $C$ 的解密询问。通过上述询问敌手 $\mathcal{A}$ 分别获得关于私钥 sk 的泄露信息 $f_i(\mathrm{sk})$ 和密文 $C$ 对应的解密结果 $M/\perp$。适应性询问意味着后续的询问消息的产生依赖于前期询问的应答结果，即敌手可根据先前的应答结果随意更改后续的询问消息。

①泄露询问。敌手 $\mathcal{A}$ 以高效可计算的泄露函数 $f_i:\{0,1\}^* \to \{0,1\}^{\lambda_i}$ 作为输入，向挑战者 $\mathcal{C}$ 发出对私钥 sk 的泄露询问。挑战者 $\mathcal{C}$ 运行泄露谕言机 $\mathcal{O}_{\mathrm{sk}}^{\lambda,\kappa}(\cdot)$，产生私钥 sk 的泄露信息 $f_i(\mathrm{sk})$，并把 $f_i(\mathrm{sk})$ 返回给敌手 $\mathcal{A}$。在整个泄露询问中关于私钥 sk 的泄露总量不能超过系统设定的泄露界 $\lambda$，即有 $\sum_{i=1}^{t}|f_i(\mathrm{sk})| \leqslant \lambda$ 成立，其中 $t$ 表示敌手 $\mathcal{A}$ 提交的泄露询问的总次数。

②解密询问。敌手 $\mathcal{A}$ 发送关于密文 $C$ 的解密询问。挑战者 $\mathcal{C}$ 运行解密算法 Dec，也就是说使用私钥 sk 解密询问密文 $C$，并将相应的解密结果 $M/\perp$ 发送给敌手 $\mathcal{A}$。

(3) 挑战。

在挑战阶段，敌手 $\mathcal{A}$ 输出两个等长的明文消息 $M_0, M_1 \in \mathcal{M}$ (其中 $|M_0|=|M_1|$)。挑战者 $\mathcal{C}$ 选取随机值 $\beta \leftarrow_R \{0,1\}$，计算挑战密文 $C_\beta^* = \mathrm{Enc}(\mathrm{pk}, M_\beta)$，并将 $C_\beta^*$ 发送给敌手 $\mathcal{A}$。

(4) 猜测。

敌手 $\mathcal{A}$ 输出对挑战者 $\mathcal{C}$ 选取随机数 $\beta$ 的猜测值 $\beta' \in \{0,1\}$，如果 $\beta'=\beta$，则敌手 $\mathcal{A}$ 攻击成功，即敌手 $\mathcal{A}$ 在该游戏中获胜。

敌手 $\mathcal{A}$ 在上述游戏中获胜的优势定义为关于安全参数 $\kappa$ 和泄露参数 $\lambda$ 的函数：

$$\mathrm{Adv}_{\mathrm{PKE},\mathcal{A}}^{\mathrm{LR\text{-}CCA1}}(\kappa,\lambda) = \left|\Pr[\beta'=\beta] - \frac{1}{2}\right|$$

特别地，图 4-2 为 PKE 机制抗泄露容忍的 CCA1 安全性游戏中挑战者 $\mathcal{C}$ 与敌手 $\mathcal{A}$ 间的消息交互过程。

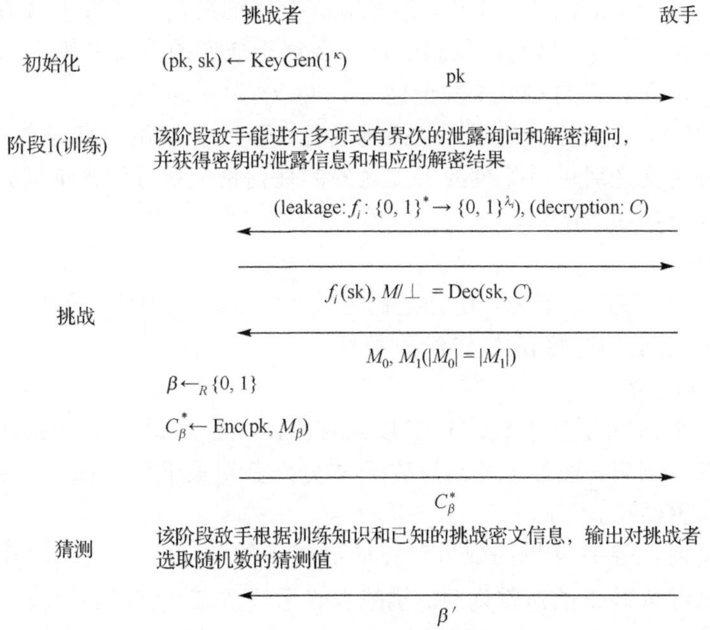


图 4-2　PKE 机制抗泄露容忍的 CCA1 安全性游戏中挑战者 $\mathcal{C}$ 与敌手 $\mathcal{A}$ 间的消息交互过程

**定义 4-3**　(PKE 机制泄露容忍的 CCA1 安全性) 对于 PKE 机制，若任意 $\lambda$ 有限的密钥泄露敌手 $\mathcal{A}$ 在上述游戏中获胜的优势 $\mathrm{Adv}_{\mathrm{PKE},\mathcal{A}}^{\mathrm{LR\text{-}CCA1}}(\kappa,\lambda)$ 是可忽略的，那么对于任意的泄露参数 $\lambda$，相应的 PKE 机制具有泄露容忍的 CCA1 安全性。

特别地，当 $\lambda=0$ 时，定义 4-3 为 PKE 机制原始的 CCA1 安全性定义。

上述安全性游戏的形式化描述如下所述。

$\underline{\mathrm{Exp}_{\mathrm{PKE},\mathcal{A}}^{\mathrm{LR\text{-}CCA1}}(\kappa,\lambda)}$:

$(\mathrm{sk},\mathrm{pk}) \leftarrow \mathrm{KeyGen}(1^{\kappa})$;

$(M_0,M_1,\mathrm{state}) \leftarrow \mathcal{A}_1^{\mathcal{O}_{\mathrm{sk}}^{\lambda,\kappa}(\cdot),\mathcal{O}^{\mathrm{Dec}}(\cdot)}(\mathrm{pk})$，其中 $|M_0|=|M_1|$;

$C_\beta^* \leftarrow \mathrm{Enc}(\mathrm{pk},M_\beta), \beta \leftarrow_R \{0,1\}$;

$\beta' \leftarrow \mathcal{A}_2(C_\beta^*,\mathrm{state})$;

If $\beta'=\beta$, output 1; Otherwise output 0。

在交互式实验 $\mathrm{Exp}_{\mathrm{PKE},\mathcal{A}}^{\mathrm{LR\text{-}CCA1}}(\kappa,\lambda)$ 中，敌手 $\mathcal{A}$ 获胜的优势为

$$\mathrm{Adv}_{\mathrm{PKE},\mathcal{A}}^{\mathrm{LR\text{-}CCA1}}(\kappa,\lambda)=\left|\Pr[\mathrm{Exp}_{\mathrm{PKE},\mathcal{A}}^{\mathrm{LR\text{-}CCA1}}(\kappa,\lambda)=1]-\Pr[\mathrm{Exp}_{\mathrm{PKE},\mathcal{A}}^{\mathrm{LR\text{-}CCA1}}(\kappa,\lambda)=0]\right|$$

类似地，可以得到下述抗连续泄露 CCA1 安全性的形式化定义。

**定义 4-4**　(PKE 机制连续泄露容忍的 CCA1 安全性)对于具有密钥更新功能的 PKE 机制，在每一轮的泄露攻击中，若任意 $\lambda$ 有限的密钥泄露敌手 $\mathcal{A}$ 在上述游戏中获胜的优势 $\mathrm{Adv}_{\mathrm{PKE},\mathcal{A}}^{\mathrm{LR\text{-}CCA1}}(\kappa,\lambda)$ 是可忽略的，那么对于任意的泄露参数 $\lambda$，相应的 PKE 机制具有连续泄露容忍的 CCA1 安全性。

抗泄露 CCA2 安全性游戏同样包括挑战者 $\mathcal{C}$ 和敌手 $\mathcal{A}$ 两个参与者，在该游戏中敌手获得挑战密文之后可对除挑战密文之外的任何密文执行解密询问。$\mathcal{C}$ 和 $\mathcal{A}$ 间具体的消息交互过程如下所示。

(1)初始化。

挑战者 $\mathcal{C}$ 输入安全参数 $\kappa$，运行密钥生成算法 $\mathrm{KeyGen}(1^{\kappa})$，产生公钥 pk 和私钥 sk，秘密保存 sk 的同时将 pk 发送给敌手 $\mathcal{A}$。

(2)阶段 1(训练)。

该阶段敌手 $\mathcal{A}$ 可适应性地进行多项式有界次关于私钥 sk 的泄露询问和针对任意密文 $C$ 的解密询问。通过上述询问敌手 $\mathcal{A}$ 分别获得关于私钥 sk 的泄露信息 $f_i(\mathrm{sk})$ 和密文 $C$ 的解密结果 $M/\perp$。

①泄露询问。敌手 $\mathcal{A}$ 以高效可计算的泄露函数 $f_i:\{0,1\}^* \to \{0,1\}^{\lambda_i}$ 作为输入，向挑战者 $\mathcal{C}$ 发出对私钥 sk 的泄露询问。挑战者 $\mathcal{C}$ 运行泄露谕言机 $\mathcal{O}_{\mathrm{sk}}^{\lambda,\kappa}(\cdot)$，产生私钥 sk 的泄露信息 $f_i(\mathrm{sk})$，并把 $f_i(\mathrm{sk})$ 发送给敌手 $\mathcal{A}$，这一过程可重复多项式有界次。在整个泄露询问中关于私钥 sk 的泄露总量不能超过系统设定的泄露界 $\lambda$，即有 $\sum_{i=1}^{t}|f_i(\mathrm{sk})| \leqslant \lambda$ 成立，其中 $t$ 表示敌手 $\mathcal{A}$ 提交的泄露询问的总次数。

②解密询问。敌手发送关于密文 $C$ 的解密询问。挑战者 $\mathcal{C}$ 运行解密算法 Dec，使用私钥 sk 解密密文 $C$，并将相应的解密结果 $M/\perp$ 发送给敌手 $\mathcal{A}$。

(3)挑战。

在挑战阶段，敌手 $\mathcal{A}$ 输出两个等长的明文消息 $M_0, M_1 \in \mathcal{M}$ (其中 $|M_0|=|M_1|$)。挑战者 $\mathcal{C}$ 选取随机值 $\beta \leftarrow_R \{0,1\}$，计算挑战密文 $C_{\beta}^* = \mathrm{Enc}(\mathrm{pk}, M_{\beta})$，并将 $C_{\beta}^*$ 发送给敌手 $\mathcal{A}$。

(4)阶段 2(训练)。

该阶段敌手 $\mathcal{A}$ 不能进行泄露询问，但可对除挑战密文 $C_{\beta}^*$ 之外的其他任意密文进行解密询问。

解密询问。敌手 $\mathcal{A}$ 发送关于任意密文 $C$ (其中 $C \neq C_{\beta}^*$)的解密询问。挑战者 $\mathcal{C}$ 运行解密算法 Dec，使用私钥 sk 解密密文 $C$，并将相应的解密结果 $M/\perp$ 返回给敌手 $\mathcal{A}$。

(5)猜测。

敌手 $\mathcal{A}$ 输出对挑战者 $\mathcal{C}$ 选取随机数 $\beta'$ 的猜测值 $\beta' \in \{0,1\}$，如果 $\beta' = \beta$，则敌手 $\mathcal{A}$ 攻击成功，即敌手 $\mathcal{A}$ 在该游戏中获胜。

敌手 $\mathcal{A}$ 在上述游戏中获胜的优势定义为关于安全参数 $\kappa$ 和泄露参数 $\lambda$ 的函数：

$$\mathrm{Adv}_{\mathrm{PKE},\mathcal{A}}^{\mathrm{LR\text{-}CCA2}}(\kappa,\lambda)=\left|\Pr[\beta'=\beta]-\frac{1}{2}\right|$$

特别地，图 4-3 为 PKE 机制的抗泄露容忍的 CCA2 安全性游戏中挑战者 $\mathcal{C}$ 与敌手 $\mathcal{A}$ 间的消息交互过程。

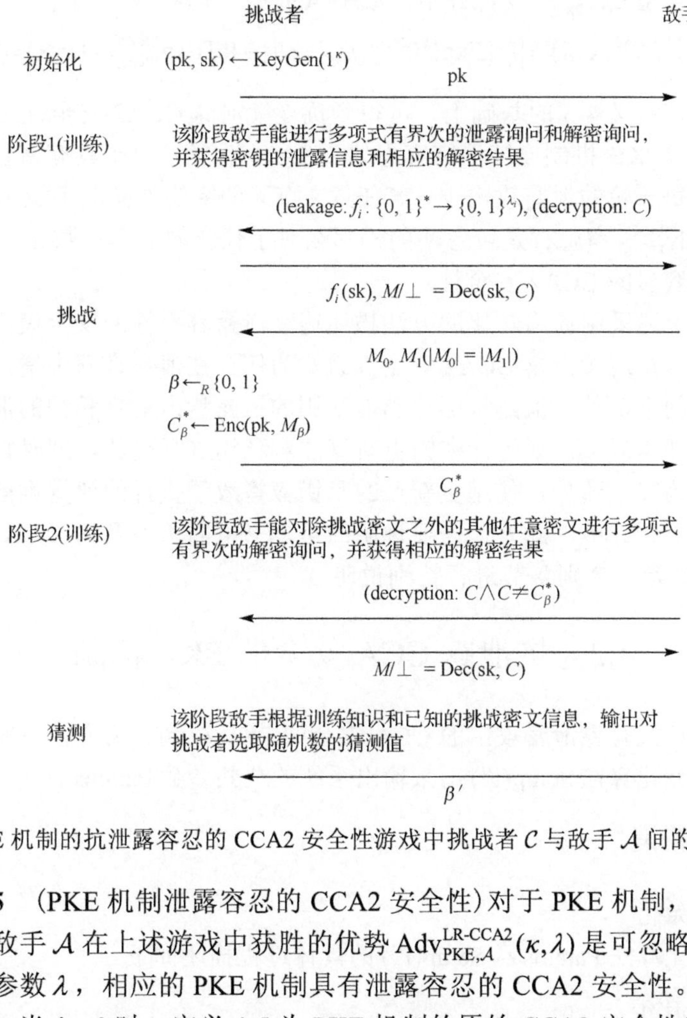


图 4-3　PKE 机制的抗泄露容忍的 CCA2 安全性游戏中挑战者 $\mathcal{C}$ 与敌手 $\mathcal{A}$ 间的消息交互过程

**定义 4-5**　(PKE 机制泄露容忍的 CCA2 安全性) 对于 PKE 机制，若任意 $\lambda$ 有限的密钥泄露敌手 $\mathcal{A}$ 在上述游戏中获胜的优势 $\mathrm{Adv}_{\mathrm{PKE},\mathcal{A}}^{\mathrm{LR\text{-}CCA2}}(\kappa,\lambda)$ 是可忽略的，那么对于任意的泄露参数 $\lambda$，相应的 PKE 机制具有泄露容忍的 CCA2 安全性。

特别地，当 $\lambda=0$ 时，定义 4-5 为 PKE 机制的原始 CCA2 安全性定义。

上述游戏的形式化描述如下所示。

$\underline{\mathrm{Exp}_{\mathrm{PKE},\mathcal{A}}^{\mathrm{LR\text{-}CCA2}}(\kappa,\lambda)}$:

$(\mathrm{sk},\mathrm{pk})\leftarrow\mathrm{KeyGen}(1^{\kappa});$

$(M_0, M_1, \text{state}) \leftarrow \mathcal{A}_1^{\mathcal{O}_{\text{sk}}^{\lambda,\kappa}(\cdot), \mathcal{O}^{\text{Dec}}(\cdot)}(\text{pk})$，其中$|M_0| = |M_1|$；

$C_\beta^* \leftarrow \text{Enc}(\text{pk}, M_\beta), \beta \leftarrow_R \{0,1\}$；

$\beta' \leftarrow \mathcal{A}_2^{\mathcal{O}_{\neq C_\beta^*}^{\text{Dec}}(\cdot)}(\text{pk}, C_\beta^*, \text{state})$；

If $\beta' = \beta$, output 1; Otherwise output 0。

在交互式实验 $\text{Exp}_{\text{PKE},\mathcal{A}}^{\text{LR-CCA2}}(\kappa, \lambda)$ 中，敌手 $\mathcal{A}$ 获胜的优势为

$$\text{Adv}_{\text{PKE},\mathcal{A}}^{\text{LR-CCA2}}(\kappa, \lambda) = \left|\Pr[\text{Exp}_{\text{PKE},\mathcal{A}}^{\text{LR-CCA2}}(\kappa, \lambda) = 1] - \Pr[\text{Exp}_{\text{PKE},\mathcal{A}}^{\text{LR-CCA2}}(\kappa, \lambda) = 0]\right|$$

类似地，在定义 4-5 的基础上，可得到抗连续泄露 CCA2 安全性定义。

**定义 4-6** (PKE 机制连续泄露容忍的 CCA2 安全性)对于具有密钥更新功能的 PKE 机制，在每一轮的泄露攻击中，若任意 $\lambda$ 有限的密钥泄露敌手 $\mathcal{A}$ 在上述游戏中获胜的优势 $\text{Adv}_{\text{PKE},\mathcal{A}}^{\text{LR-CCA2}}(\kappa, \lambda)$ 是可忽略的，那么对于任意的泄露参数 $\lambda$，相应的 PKE 机制具有泄露容忍的 CCA2 安全性。

特别地，上述采用通用转化的方法描述连续泄露容忍性的安全模型，也可以进行直接描述，以抗连续泄露 CCA2 安全性游戏为例，在泄露询问中增加下述判断条件：在泄露询问中，使用泄露量标记当前私钥的泄露量；一旦私钥的泄露总量超过了系统设定的泄露界 $\lambda$，则运行密钥更新算法对私钥进行更新，同时将泄露量进行初始化，设置为 0；随后，使用更新后的私钥应答敌手执行的泄露询问，并对私钥的泄露量进行重新计数。此外，需要说明的是本书下面所涉及的 CCA 安全性均指 CCA2 安全性，除非个别章节进行特别说明。

## 4.2　抗泄露 CCA 安全的 PKE 机制

下面介绍抵抗有界泄露攻击的 CCA 安全的 PKE 机制。为方便方案描述，为其增加了系统初始化算法 $\text{Setup}(1^\kappa)$ 用来输出系统的公共参数 Params 。

### 4.2.1　具体构造

1) 系统初始化

系统初始化算法 $\text{Params} \leftarrow \text{Setup}(1^\kappa)$ 的具体过程描述如下。

<u>$\text{Setup}(1^\kappa)$</u>:

计算$(q, G, g) \leftarrow \mathcal{G}(1^\kappa)$；

选取$g_1, g_2 \leftarrow_R G$；

选取$H_1: \{0,1\}^* \rightarrow Z_q^*$，$H_2: \{0,1\}^* \rightarrow \{0,1\}^{l_m}$；

输出$\text{Params} = \{q, G, g, g_1, g_2, H_1, H_2\}$。

其中，$\mathcal{G}(\kappa)$ 是群生成算法，$G$ 为阶为大素数 $q$ 的乘法循环群，$g$ 是循环群 $G$ 的一个生成元。$H_1$ 和 $H_2$ 分别是两个抗碰撞的单向哈希函数，$l_m$ 是待加密消息的长度。消息空间为 $\mathcal{M}=\{0,1\}^{l_m}$，密文空间为 $\mathcal{C}=G\times G\times\{0,1\}^{l_m}\times Z_q^*\times Z_q^*\times Z_q^*$。$g_1$ 和 $g_2$ 是群 $G$ 的两个随机元素。此外，系统公开参数 $\text{Params}=(q,G,g,g_1,g_2,H_1,H_2)$ 是下述算法的公共输入，为了简单起见，下述算法描述时将其省略。

**注解 4-2** 出于书写方便及格式统一的目的，将哈希函数的输入统一定义为任意长度的字符串 $\{0,1\}^*$。

2) 密钥生成

密钥生成算法 $(\text{sk},\text{pk})\leftarrow\text{KeyGen}(1^\kappa)$ 的具体过程描述如下。

$\underline{\text{KeyGen}(1^\kappa)}$:

选取 $x_1,x_2,y_1,y_2\leftarrow_R Z_q^*$;

计算

$$d=g_1^{x_1}g_2^{x_2},h=g_1^{y_1}g_2^{y_2}$$

输出 $\text{sk}=(x_1,x_2,y_1,y_2)$ 和 $\text{pk}=(d,h)$。

3) 加密算法

对于明文消息 $M\in\mathcal{M}$ 和公钥 $\text{pk}=(d,h)$，加密算法 $C\leftarrow\text{Enc}(\text{pk},M)$ 的具体过程描述如下。

$\underline{\text{Enc}(\text{pk},M)}$:

选取 $r\leftarrow_R Z_q^*,\eta\leftarrow_R Z_q^*$;

计算

$$U_1=g_1^r,U_2=g_2^r,e=H_2(d^r h^{r\eta})\oplus M$$

计算

$$\alpha=H_1(U_1,U_2,e,\eta),V=d^{r\alpha}h^r$$

计算

$$k_1=H_1(V,U_1,e),k_2=H_1(V,U_2,e),v_1=rk_1,v_2=rk_2$$

输出 $C=(U_1,U_2,e,v_1,v_2,\eta)$。

**注解 4-3** 加密算法中随机提取操作由通用哈希函数 $H_\eta(a,b)=ab^\eta$ 来实现（其中 $a=d^r,b=h^r,\eta\in Z_q^*$），此时该函数可视为一个平均情况的强随机性提取器。类似地，中间元素 $V=d^{r\alpha}h^r$ 同样是由通用哈希函数 $H_\alpha(b,a)=ba^\alpha$（其中 $\alpha\in Z_q^*$）生成的。其中哈希函数 $H_2$ 的作用是实现从通用哈希函数 $H_\eta(a,b)=ab^\eta$ 的值域到明文空间的映射。

**注解 4-4** 加密算法中使用随机数 $r\leftarrow_R Z_q^*$ 建立了两个临时密钥 $d^r$ 和 $h^r$，所有的临时密钥 $d^r$ 和 $h^r$ 都参与待加密消息的隐藏与密文合法性的验证，以确保该机制具有较高的相对泄露率，在该机制中，两个临时密钥都允许泄露，即相对泄露率为 1。相对泄露率侧面反映了抵抗泄露攻击的能力，相对泄露率越高说明允许产生泄露的私钥的长度越大(只有允许泄露的部分越多，理论上才能抵抗更多的泄露)，因此在抗泄露密码机制的设计中应尽可能地提高相对泄露率。下面简要介绍相对泄露率和泄露率的定义：

相对泄露率=允许产生泄露的私钥长度/私钥的实际长度

泄露率=私钥的实际泄露量/私钥的实际长度

4)解密算法

对于私钥 $\mathrm{sk}=(x_1,x_2,y_1,y_2)$ 和密文 $C=(U_1,U_2,e,v_1,v_2,\eta)$，解密算法 $M\leftarrow \mathrm{Dec}(\mathrm{sk},C)$ 的具体过程描述如下。

$\underline{\mathrm{Dec}(\mathrm{sk},C)}$:

计算

$$\alpha=H_1(U_1,U_2,e,\eta),V'=U_1^{\alpha x_1+y_1}U_2^{\alpha x_2+y_2}$$

计算

$$k_1'=H_1(V',U_1,e),\ k_2'=H_1(V',U_2,e)$$

如果 $g_1^{v_1}g_2^{v_2}\neq U_1^{k_1'}U_2^{k_2'}$，则输出 $\perp$；

否则输出 $M=H_2(U_1^{x_1+\eta y_1}U_2^{x_2+\eta y_2})\oplus e$。

### 4.2.2 正确性

上述 PKE 机制中，密文合法性验证过程和解密操作的正确性将从下述等式获得。

$$V'=U_1^{\alpha x_1+y_1}U_2^{\alpha x_2+y_2}=g_1^{r(\alpha x_1+y_1)}g_2^{r(\alpha x_2+y_2)}=(g_1^{\alpha x_1}g_2^{\alpha x_2})^r(g_1^{y_1}g_2^{y_2})^r=d^{r\alpha}h^r=V$$

$$g_1^{v_1}g_2^{v_2}=g_1^{rk_1}g_2^{rk_2}=U_1^{k_1'}U_2^{k_2'}$$

$$U_1^{x_1+\eta y_1}U_2^{x_2+\eta y_2}=g_1^{r(x_1+\eta y_1)}g_2^{r(x_2+\eta y_2)}=(g_1^{x_1}g_2^{x_2})^r(g_1^{y_1}g_2^{y_2})^{r\eta}=d^rh^{r\eta}$$

### 4.2.3 安全性证明

安全性证明过程中，将满足条件 $\log_{g_1}U_1\neq\log_{g_2}U_2$ 的密文 $C=(U_1,U_2,e,v_1,v_2,\eta)$ 称为无效密文，即使其可以通过解密算法的合法性验证。令 $C_\beta^*=(U_1^*,U_2^*,e^*,v_1^*,v_2^*,\eta^*)$ 表示挑战密文，并且将挑战密文 $C_\beta^*$ 生成过程的相关参数用相应的“*”进行标记。

**定理 4-1**　在有界泄露模型中，若 DDH 困难性假设成立，那么对于任意的泄露参数 $\lambda\leqslant\log q-\omega(\log\kappa)$，上述 PKE 机制具有泄露容忍的 CCA 安全性。

**证明**　假设存在 PPT 敌手 $\mathcal{A}$ 能以不可忽略的优势 $\mathrm{Adv}_{\mathrm{PKE},\mathcal{A}}^{\mathrm{LR\text{-}CCA}}(\lambda,\kappa)$ 攻破上述 PKE 机制泄露容忍的 CCA 安全性，那么我们就能构造一个模拟器 $\mathcal{S}$ 以显而易见的优势 $\mathrm{Adv}_{G,\mathcal{S}}^{\mathrm{DDH}}(\kappa)$ 攻破经典的 DDH 困难性假设，且上述优势满足关系：

$$\mathrm{Adv}_{G,\mathcal{S}}^{\mathrm{DDH}}(\kappa) \geq \mathrm{Adv}_{\mathrm{PKE},\mathcal{A}}^{\text{LR-CCA}}(\lambda,\kappa) - \frac{2^{\lambda} q_d}{q^2 - q_d + 1} - \frac{2^{\frac{\lambda}{2}} - 1}{\sqrt{q}}$$

式中，$\kappa$ 是安全参数；$\lambda$ 是系统设定的泄露参数；$q_d$ 是敌手提交的解密询问的总次数。

通过下述系列游戏完成对定理 4-1 的证明，其中每个游戏包括模拟器 $\mathcal{S}$ 和敌手 $\mathcal{A}$ 两个参与者。对于 $i = 0,1,\cdots,5$，定义事件 $\mathcal{E}_i$ 表示敌手 $\mathcal{A}$ 在游戏 $\mathrm{Game}_i$ 中输出了模拟器 $\mathcal{S}$ 选取随机数 $\beta$ 的正确猜测 $\beta'$，则敌手 $\mathcal{A}$ 在游戏 $\mathrm{Game}_i$ 中获胜的概率和优势分别表示为

$$\Pr[\mathcal{E}_i] = \Pr[\beta' = \beta \text{ in } \mathrm{Game}_i] \text{ 和 } \mathrm{Adv}_{\mathcal{A},\mathcal{S}}^{\mathrm{Game}_i}(\lambda,\kappa) = \left|\Pr[\mathcal{E}_i] - \frac{1}{2}\right|$$

游戏 $\mathrm{Game}_0$：该游戏是 PKE 机制原始的抗泄露 CCA 安全性游戏。模拟器 $\mathcal{S}$ 运行密钥生成算法 KeyGen 获得相应的公钥 pk 和私钥 sk，并发送系统公开参数 Params 和公钥 pk 给敌手 $\mathcal{A}$，即运行算法 $\mathrm{Params} \leftarrow \mathrm{Setup}(1^{\kappa})$ 和 $(\mathrm{pk},\mathrm{sk}) \leftarrow \mathrm{KeyGen}(1^{\kappa})$。特别地，在该游戏中模拟器 $\mathcal{S}$ 已掌握了私钥 sk。

敌手 $\mathcal{A}$ 发送高效可计算的泄露函数 $f_i:\{0,1\}^* \to \{0,1\}^{\lambda_i}$ 给模拟器 $\mathcal{S}$，提出针对私钥 sk 的泄露询问，模拟器 $\mathcal{S}$ 借助泄露谕言机 $\mathcal{O}_{\mathrm{sk}}^{\lambda,\kappa}(\cdot)$ 返回相应的泄露信息 $f_i(\mathrm{sk})$ 给敌手 $\mathcal{A}$，但是关于私钥 sk 的所有泄露 $f_i(\mathrm{sk})$ 的总长度不能超过系统设定的泄露界 $\lambda$。对于敌手 $\mathcal{A}$ 提交的关于密文 $C$ 的解密询问，模拟器 $\mathcal{S}$ 借助解密谕言机 $\mathcal{O}^{\mathrm{Dec}}(\cdot)$ 返回相应的明文 $M \leftarrow \mathcal{O}^{\mathrm{Dec}}(\mathrm{sk},C)$ 给敌手 $\mathcal{A}$。

在挑战阶段，敌手 $\mathcal{A}$ 提交两个等长的明文消息 $M_0,M_1 \in \mathcal{M}$ 给模拟器 $\mathcal{S}$，模拟器 $\mathcal{S}$ 首先选取随机数 $\beta \leftarrow_R \{0,1\}$，然后运行加密算法 Enc 生成关于明文消息 $M_\beta$ 的挑战密文 $C_\beta^* = (U_1^*,U_2^*,e^*,v_1^*,v_2^*,\eta^*)$，并将生成的 $C_\beta^*$ 返回给敌手 $\mathcal{A}$，其中 $C_\beta^* \leftarrow \mathrm{Enc}(\mathrm{pk},M_\beta)$。

收到挑战密文 $C_\beta^*$ 之后，敌手 $\mathcal{A}$ 可对除挑战密文 $C_\beta^*$ 之外的其他任意密文 $C(C \neq C_\beta^*)$ 进行多项式有界次的解密询问，但是该阶段禁止敌手 $\mathcal{A}$ 进行泄露询问。

游戏的最后，敌手 $\mathcal{A}$ 输出对模拟器 $\mathcal{S}$ 选取随机数 $\beta$ 的猜测值 $\beta' \in \{0,1\}$。若 $\beta = \beta'$，则敌手 $\mathcal{A}$ 在该游戏中获胜。

由于游戏 $\mathrm{Game}_0$ 是 PKE 机制原始的抗泄露 CCA 安全性游戏，因此有

$$\mathrm{Adv}_{\mathrm{PKE}_1,\mathcal{A}}^{\text{LR-CCA}}(\lambda,\kappa) = \left|\Pr[\mathcal{E}_0] - \frac{1}{2}\right|$$

游戏 $\mathrm{Game}_1$：该游戏除了挑战密文 $C_\beta^* = (U_1^*,U_2^*,e^*,v_1^*,v_2^*,\eta^*)$ 的生成过程，其余操作均与游戏 $\mathrm{Game}_0$ 相类似。在游戏 $\mathrm{Game}_1$ 中，模拟器 $\mathcal{S}$ 使用私钥 $\mathrm{sk} = (x_1,x_2,y_1,y_2)$ 和随机数 $r \leftarrow_R Z_q^*$ 依据加密算法的运算过程生成相应的挑战密文 $C_\beta^* = (U_1^*,U_2^*,e^*,v_1^*,v_2^*,\eta^*)$，具体过程如下所示。

(1) 选取 $r \leftarrow_R Z_q^*$、$\eta^* \leftarrow_R Z_q^*$ 和 $\beta \leftarrow_R \{0,1\}$。

(2) 计算

$$U_1^* = g_1^r, U_2^* = g_2^r, e^* = H_2[(U_1^*)^{x_1+\eta^* y_1}(U_2^*)^{x_2+\eta^* y_2}] \oplus M_\beta$$

(3) 计算

$$V^* = (U_1^*)^{\alpha^* x_1 + y_1}(U_2^*)^{\alpha^* x_2 + y_2}$$

其中，$\alpha^* = H_1(U_1^*, U_2^*, e^*, \eta^*)$。

(4) 计算

$$k_1^* = H_1(V^*, U_1^*, e^*), k_2^* = H_1(V^*, U_2^*, e^*), v_1^* = rk_1^*, v_2^* = rk_2^*$$

游戏 $\text{Game}_0$ 和游戏 $\text{Game}_1$ 的唯一区别是挑战密文的生成阶段，在游戏 $\text{Game}_0$ 中，挑战密文 $C_\beta^*$ 是模拟器 $\mathcal{S}$ 通过调用加密算法 Enc 生成的；在游戏 $\text{Game}_1$ 中，挑战密文 $C_\beta^*$ 是模拟器 $\mathcal{S}$ 使用私钥 $\text{sk} = (x_1, x_2, y_1, y_2)$ 和随机数 $r \leftarrow_R Z_q^*$ 根据加密算法通过自己相应的计算而生成的，上述区别只是概念上的区别。因此，游戏 $\text{Game}_0$ 和游戏 $\text{Game}_1$ 是计算不可区分的，即有

$$\left|\Pr[\mathcal{E}_1] - \Pr[\mathcal{E}_0]\right| \leqslant \text{negl}(\kappa)$$

游戏 $\text{Game}_2$：该游戏除了挑战密文 $C_\beta^* = (U_1^*, U_2^*, e^*, v_1^*, v_2^*, \eta^*)$ 的生成过程，其余操作均与游戏 $\text{Game}_1$ 相类似。在游戏 $\text{Game}_2$ 中，模拟器 $\mathcal{S}$ 使用私钥 $\text{sk} = (x_1, x_2, y_1, y_2)$ 和两个随机数 $r_1, r_2 \leftarrow_R Z_q^*$ 根据加密算法的运算过程生成挑战密文 $C_\beta^* = (U_1^*, U_2^*, e^*, v_1^*, v_2^*, \eta^*)$，具体过程如下所示。

(1) 选取 $r_1 \leftarrow_R Z_q^*$、$r_2 \leftarrow_R Z_q^*$、$\eta^* \leftarrow_R Z_q^*$ 和 $\beta \leftarrow_R \{0,1\}$。

(2) 计算

$$U_1^* = g_1^{r_1}, U_2^* = g_2^{r_2}, e^* = H_2[(U_1^*)^{x_1+\eta^* y_1}(U_2^*)^{x_2+\eta^* y_2}] \oplus M_\beta$$

(3) 计算

$$V^* = (U_1^*)^{\alpha^* x_1 + y_1}(U_2^*)^{\alpha^* x_2 + y_2}$$

其中，$\alpha^* = H_1(U_1^*, U_2^*, e^*, \eta^*)$。

(4) 计算

$$k_1^* = H_1(V^*, U_1^*, e^*), k_2^* = H_1(V^*, U_2^*, e^*), v_1^* = rk_1^*, v_2^* = rk_2^*$$

游戏 $\text{Game}_1$ 和游戏 $\text{Game}_2$ 的唯一区别是挑战密文 $C_\beta^*$ 的生成阶段，在游戏 $\text{Game}_1$ 中，模拟器 $\mathcal{S}$ 生成了一个 DH 元组 $(g_1, g_2, U_1^* = g_1^r, U_2^* = g_2^r)$；在游戏 $\text{Game}_2$ 中，模拟器 $\mathcal{S}$ 生成了一个非 DH 元组 $(g_1, g_2, U_1^* = g_1^{r_1}, U_2^* = g_2^{r_2})$。因此，可借助游戏 $\text{Game}_1$ 和游戏 $\text{Game}_2$ 之间的区别去区分一个随机元组是 DH 元组还是非 DH 元组。因此，有

$$\left|\Pr[\mathcal{E}_2] - \Pr[\mathcal{E}_1]\right| \leqslant \text{Adv}_G^{\text{DDH}}(\kappa)$$

游戏 $\text{Game}_3$：该游戏与游戏 $\text{Game}_2$ 相类似，但是在游戏 $\text{Game}_3$ 中，模拟器 $\mathcal{S}$ 在解密询问中使用了一个特殊的拒绝规则，即当解密询问的密文 $C=(U_1,U_2,e,v_1,v_2,\eta)$ 满足关系 $C\neq C_\beta^*$ 和 $H_1(U_1^*,U_2^*,e^*,\eta^*)=H_1(U_1,U_2,e,\eta)$ 时，模拟器 $\mathcal{S}$ 将拒绝回答该解密询问，其中 $C_\beta^*=(U_1^*,U_2^*,e^*,v_1^*,v_2^*,\eta^*)$ 是挑战密文。

令事件 $\mathcal{F}_1$ 表示在游戏 $\text{Game}_3$ 中敌手 $\mathcal{A}$ 提交了一个关于密文 $C=(U_1,U_2,e,v_1,v_2,\eta)$ 的解密询问，且该密文满足关系 $C\neq C_\beta^*$ 和 $H_1(U_1^*,U_2^*,e^*,\eta^*)=H_1(U_1,U_2,e,\eta)$，这意味着哈希函数 $H_1$ 产生了碰撞。

游戏 $\text{Game}_2$ 和游戏 $\text{Game}_3$ 的唯一区别是解密询问的应答阶段，在游戏 $\text{Game}_2$ 中，即使事件 $\mathcal{F}_1$ 发生，模拟器 $\mathcal{S}$ 也会回答相应的解密询问；在游戏 $\text{Game}_3$ 中，事件 $\mathcal{F}_1$ 发生时，模拟器 $\mathcal{S}$ 将拒绝相应的解密询问。因此，只要事件 $\mathcal{F}_1$ 不发生，游戏 $\text{Game}_2$ 和游戏 $\text{Game}_3$ 就是不可区分的，即有

$$\Pr[\mathcal{E}_3\wedge\overline{\mathcal{F}_1}]=\Pr[\mathcal{E}_2\wedge\overline{\mathcal{F}_1}]$$

根据引理 2-5 可知

$$\left|\Pr[\mathcal{E}_3]-\Pr[\mathcal{E}_2]\right|\leqslant\Pr[\mathcal{F}_1]$$

由于 $H_1$ 是抗碰撞的单向哈希函数，由其安全性可知 $\Pr[\mathcal{F}_1]\leqslant\text{negl}(\kappa)$，因此有

$$\left|\Pr[\mathcal{E}_3]-\Pr[\mathcal{E}_2]\right|\leqslant\text{negl}(\kappa)$$

游戏 $\text{Game}_4$：该游戏与游戏 $\text{Game}_3$ 相类似，但在游戏 $\text{Game}_4$ 中，模拟器 $\mathcal{S}$ 在解密询问中使用了一个特殊的拒绝规则，即当解密询问的密文 $C'=(U_1',U_2',e',v_1',v_2',\eta')$ 满足关系 $\log_{g_1}U_1'\neq\log_{g_2}U_2'$ 时，$\mathcal{S}$ 将拒绝回答该解密询问，此时，称密文 $C'=(U_1',U_2',e',v_1',v_2',\eta')$ 是一个无效密文。

令事件 $\mathcal{F}_2$ 表示在游戏中敌手 $\mathcal{A}$ 提交了关于无效密文 $C'=(U_1',U_2',e',v_1',v_2',\eta')$ 的解密询问，且其能通过解密算法的相应合法性验证，其中 $\log_{g_1}U_1'\neq\log_{g_2}U_2'$。

游戏 $\text{Game}_3$ 和游戏 $\text{Game}_4$ 的唯一区别是解密询问的应答阶段，在游戏 $\text{Game}_3$ 中，即使事件 $\mathcal{F}_2$ 发生，模拟器 $\mathcal{S}$ 也会回答相应的解密询问；在游戏 $\text{Game}_4$ 中，当事件 $\mathcal{F}_2$ 发生时，模拟器 $\mathcal{S}$ 将拒绝相应的解密询问。因此，只要事件 $\mathcal{F}_2$ 不发生，游戏 $\text{Game}_3$ 和游戏 $\text{Game}_4$ 就是计算不可区分的，即有

$$\Pr[\mathcal{E}_4\wedge\overline{\mathcal{F}_2}]=\Pr[\mathcal{E}_3\wedge\overline{\mathcal{F}_2}]$$

根据引理 2-5 可知

$$\left|\Pr[\mathcal{E}_4]-\Pr[\mathcal{E}_3]\right|\leqslant\Pr[\mathcal{F}_2]$$

**断言 4-1**　$\Pr[\mathcal{F}_2]\leqslant\dfrac{2^\lambda q_d}{q^2-q_d+1}$。

**证明**　在提交第一个无效密文 $C'=(U_1',U_2',e',v_1',v_2',\eta')$ 之前，对任意有效密文的解

密询问中，敌手 $\mathcal{A}$ 无法获知关于私钥 $\mathrm{sk}=(x_1,x_2,y_1,y_2)$ 的任何信息，即对于有效密文的解密询问，谕言机 $\mathcal{O}^{\mathrm{Dec}}(\cdot)$ 不泄露私钥 $\mathrm{sk}=(x_1,x_2,y_1,y_2)$ 的任何信息。此时，敌手 $\mathcal{A}$ 的视图包括系统公开参数 Params ，公钥 $\mathrm{pk}=(d,h)$ ，挑战明文 $M_0,M_1\in\mathcal{M}$ ，挑战密文 $C_\beta^*=(U_1^*,U_2^*,e^*,v_1^*,v_2^*,\eta^*)$ 及关于私钥 sk 的 $\lambda$ 比特的泄露信息 Leak ，其中 $|\mathrm{Leak}|=\lambda$ 。

令 $\varphi=\log_{g_1} g_2$ 。为了方便证明，假设敌手 $\mathcal{A}$ 能够解决 DL 困难性问题，即敌手 $\mathcal{A}$ 已知 $g_1$ 和 $g_2$ 时，能够获知 $\varphi$；此外，还假设敌手 $\mathcal{A}$ 能够获知加密运算过程的中间值 $V$ 。特别地，上述假设对敌手 $\mathcal{A}$ 的攻击能力进行了增强(事实上 $\mathcal{A}$ 不具备上述能力)。

对于敌手 $\mathcal{A}$ 而言，视图包括了公开参数、公钥、挑战消息和挑战密文，其中公开参数和挑战消息与私钥是线性无关的。

敌手 $\mathcal{A}$ 从公钥 $\mathrm{pk}=(d,h)$ 和挑战密文 $C_\beta^*=(U_1^*,U_2^*,e^*,v_1^*,v_2^*,\eta^*)$ 中获知的关于私钥 $\mathrm{sk}=(x_1,x_2,y_1,y_2)$ 的相关信息可通过下述等式来表述，其中元素 $V^*$ 是加密算法中挑战密文 $C_\beta^*$ 对应的中间元素。

$$\log_{g_1}(d)=x_1+\varphi x_2$$
$$\log_{g_1}(h)=y_1+\varphi y_2$$
$$\log_{g_1}(V^*)=\alpha^* r_1^* x_1+\alpha^*\varphi r_2^* x_2+r_1^* y_1+\varphi r_2^* y_2$$

式中， $V^*=U_1^{\alpha x_1+y_1}U_2^{\alpha x_2+y_2}$ 、 $U_1^*=g_1^{r_1^*}$ 、 $U_1^*=g_1^{r_2^*}$ 和 $r_1^*\neq r_2^*$ 。

在泄露环境下，对于敌手而言，PKE 机制的密文中所有元素都是随机的，因此任意的 PPT 敌手无法从相应的密文中获知关于私钥 $\mathrm{sk}=(x_1,x_2,y_1,y_2)$ 的泄露信息。

已知 $x_1,x_2,y_1,y_2\leftarrow_R Z_q^*$，根据定理 2-1，可知

$$\begin{aligned}
&\tilde{H}_\infty(x_1,x_2,y_1,y_2\mid \mathrm{Params},\mathrm{pk},C_\beta^*,\mathrm{Leak})\\
&=\tilde{H}_\infty(x_1,x_2,y_1,y_2\mid d,h,\mathrm{Leak})\\
&=\tilde{H}_\infty(x_1,x_2,y_1,y_2\mid d,h)-\lambda\\
&\geqslant 2\log q-\lambda
\end{aligned}$$

由平均最小熵的定义可知，在泄露环境下敌手 $\mathcal{A}$ 猜中私钥 $\mathrm{sk}=(x_1,x_2,y_1,y_2)$ 的最大概率为

$$2^{-\tilde{H}_\infty(x_1,x_2,y_1,y_2\mid \mathrm{Params},\mathrm{pk},C_\beta^*,\mathrm{Leak})}\leqslant\frac{2^\lambda}{q^2}$$

令密文 $C'=(U_1',U_2',e',v_1',v_2',\eta')$ 是敌手 $\mathcal{A}$ 在解密询问中提交的第一个无效密文，其中 $U_1'=g_1^{r_1'}$ 、 $U_2'=g_2^{r_2'}$ 、 $r_1'\neq r_2'$ 、 $V'=(U_1')^{\alpha' x_1+y_1}(U_2')^{\alpha' x_2+y_2}$ 、 $v_1'=r_1'H_1(V',U_1',e')$ 和 $v_2'=r_2'H_1(V',U_2')$ 。特别地，上述 PKE 机制中任意一个无效密文 $C'=(U_1',U_2',e',v_1',v_2',\eta')$ 都对应了一个中间元素 $V'=(U_1')^{\alpha' x_1+y_1}(U_2')^{\alpha' x_2+y_2}$ 。

下面将分类讨论。

(1) 若 $C'=C_\beta^*$，则模拟器 $\mathcal{S}$ 在游戏 $\text{Game}_0$ 中已拒绝关于无效密文 $C'=(U_1',U_2',e',v_1',v_2',\eta')$ 的解密询问。

(2) 若 $C'\neq C_\beta^*$ 且 $\alpha'=\alpha^*$，则模拟器 $\mathcal{S}$ 在游戏 $\text{Game}_3$ 中已拒绝关于无效密文 $C'=(U_1',U_2',e',v_1',v_2',\eta')$ 的解密询问。

(3) 若 $C'\neq C_\beta^*$ 且 $\alpha'\neq\alpha^*$，则模拟器 $\mathcal{S}$ 接收关于无效密文 $C'=(U_1',U_2',e',v_1',v_2',\eta')$ 的解密询问，则有下述线性等式成立。

$$\begin{aligned}
&\log_{g_1}(d)=x_1+\varphi x_2\\
&\log_{g_1}(h)=y_1+\varphi y_2\\
&\log_{g_1}(V^*)=\alpha^* r_1^* x_1+\alpha^*\varphi r_2^* x_2+r_1^* y_1+\varphi r_2^* y_2\\
&\log_{g_1}(V')=\alpha' r_1' x_1+\alpha'\varphi r_2' x_2+r_1' y_1+\varphi r_2' y_2
\end{aligned}$$

上述线性等式等价于

$$\begin{pmatrix} 1 & \varphi & 0 & 0\\ 0 & 0 & 1 & \varphi\\ r_1^* & \varphi r_2^* & \alpha^* r_1^* & \alpha^*\varphi r_2^*\\ r_1' & \varphi r_2' & \alpha' r_1' & \alpha'\varphi r_2' \end{pmatrix}\begin{pmatrix} y_1\\ y_2\\ x_1\\ x_2\end{pmatrix}=\begin{pmatrix}\log_{g_1}(h)\\ \log_{g_1}(d)\\ \log_{g_1}(V^*)\\ \log_{g_1}(V')\end{pmatrix}$$

式中，$\alpha^*=H_1(U_1^*,U_2^*,e^*,\eta^*)$、$\alpha'=H_1(U_1',U_2',e',\eta')$ 和 $\alpha'\neq\alpha^*$。

令上述关系式的系数矩阵为 $\boldsymbol{A}=\begin{pmatrix} 1 & \varphi & 0 & 0\\ 0 & 0 & 1 & \varphi\\ r_1^* & \varphi r_2^* & \alpha^* r_1^* & \alpha^*\varphi r_2^*\\ r_1' & \varphi r_2' & \alpha' r_1' & \alpha'\varphi r_2' \end{pmatrix}$，则该系数矩阵的行列式为 $\det(\boldsymbol{A})=\varphi^2(r_1^*-r_2^*)(r_1'-r_2')(\alpha^*-\alpha')$。由 $r_1'\neq r_2'$、$r_1^*\neq r_2^*$ 和 $\alpha'\neq\alpha^*$，可知 $\det(\boldsymbol{A})\neq 0$。这意味着任意一个无效密文 $C'=(U_1',U_2',e',v_1',v_2',\eta')$ 均对应一个均匀随机的元组 $(x_1,x_2,y_1,y_2)\in(Z_q^*)^4$。也就是说，即使赋予敌手 $\mathcal{A}$ 能够解决 DL 困难性问题，并且具有获知中间参数 $V$ 的能力，无效密文的解密询问对敌手 $\mathcal{A}$ 也没有任何帮助，因此无效密文的解密询问仅能协助敌手 $\mathcal{A}$ 从私钥空间 $(Z_q^*)^4$ 中排除一个非有效组合 $(x_1,x_2,y_1,y_2)$，提高敌手 $\mathcal{A}$ 正确猜测有效私钥 $\text{sk}=(x_1,x_2,y_1,y_2)$ 的概率。只有当敌手 $\mathcal{A}$ 输出的无效密文 $C'$ 对应的元组 $(x_1,x_2,y_1,y_2)$ 是有效的私钥组合时，相应的解密询问在 $\text{Game}_3$ 中才会被模拟器 $\mathcal{S}$ 应答，但在 $\text{Game}_4$ 中却被模拟器 $\mathcal{S}$ 拒绝。因此，在真实环境中，由于敌手 $\mathcal{A}$ 不具备解决 DL 困难问题的能力，并且也无法获知中间参数 $V$，无效密文的解密询问对 $\mathcal{A}$ 更没有帮助。

由于敌手 $\mathcal{A}$ 正确猜测私钥 $\text{sk}=(x_1,x_2,y_1,y_2)$ 的概率至多是 $\frac{2^\lambda}{q^2}$，因此在解密询问

中，解密谕言机 $\mathcal{O}^{\mathrm{Dec}}(\cdot)$ 接收第一个无效密文的概率至多是 $\frac{2^\lambda}{q^2}$（该无效密文对应了一个均匀随机的元组 $(x_1,x_2,y_1,y_2)$）。若第一个无效密文被解密谕言机 $\mathcal{O}^{\mathrm{Dec}}(\cdot)$ 拒绝，则敌手可从私钥空间中排除不符合要求的组合，使得第二个无效密文被解密谕言机 $\mathcal{O}^{\mathrm{Dec}}(\cdot)$ 接收的概率上升到 $\frac{2^\lambda}{q^2-1}$（敌手猜中正确私钥的概率）；随着更多的无效密文被解密谕言机 $\mathcal{O}^{\mathrm{Dec}}(\cdot)$ 所拒绝，敌手能从相应的解密询问中排除私钥空间中更多的无效组合；则第 $i$ 个无效密文被解密谕言机 $\mathcal{O}^{\mathrm{Dec}}(\cdot)$ 接收的概率上升到 $\frac{2^\lambda}{q^2-i+1}$。因此，解密谕言机 $\mathcal{O}^{\mathrm{Dec}}(\cdot)$ 接收一个无效密文的最大概率为 $\frac{2^\lambda}{q^2-q_d+1}$，其中 $q_d$ 是敌手 $\mathcal{A}$ 进行解密询问的最大次数。

综合考虑敌手 $\mathcal{A}$ 进行的 $q_d$ 次解密询问，可知

$$\Pr[\mathcal{F}_2]=\frac{2^\lambda}{q^2}+\frac{2^\lambda}{q^2-1}+\cdots+\frac{2^\lambda}{q^2-q_d+1}\leqslant\frac{2^\lambda q_d}{q^2-q_d+1}$$

断言 4-1 证毕。

根据断言 4-1，可知

$$\left|\Pr[\mathcal{E}_4]-\Pr[\mathcal{E}_3]\right|\leqslant\Pr[\mathcal{F}_2]\leqslant\frac{2^\lambda q_d}{q^2-q_d+1}$$

游戏 $\mathrm{Game}_5$：该游戏与游戏 $\mathrm{Game}_4$ 相类似，但是在游戏 $\mathrm{Game}_5$ 中，模拟器 $\mathcal{S}$ 产生了一个随机消息的加密密文，即挑战密文 $C_\beta^*=(U_1^*,U_2^*,e^*,v_1^*,v_2^*,\eta^*)$ 中的元素 $e^*$ 是消息空间 $\mathcal{M}$ 上的一个随机元素，不包含模拟器 $\mathcal{S}$ 选取随机数 $\beta$ 的任何信息，挑战密文 $C_\beta^*$ 的具体生成过程如下所示。

(1) 选取 $r_1\leftarrow_R Z_q^*$、$r_2\leftarrow_R Z_q^*$、$\eta^*\leftarrow_R Z_q^*$、$\beta\leftarrow_R\{0,1\}$ 和 $U_G\leftarrow_R G_T$。

(2) 计算

$$U_1^*=g_1^{r_1},U_2^*=g_2^{r_2},e^*=H_2(U_G)\oplus M_\beta$$

(3) 计算

$$V^*=(U_1^*)^{\alpha^*x_1+y_1}(U_2^*)^{\alpha^*x_2+y_2}$$

其中，$\alpha^*=H_1(U_1^*,U_2^*,e^*,\eta^*)$。

(4) 计算

$$k_1^*=H_1(V^*,U_1^*,e^*),k_2^*=H_1(V^*,U_2^*),v_1^*=rk_1^*,v_2^*=rk_2^*$$

在游戏 $\mathrm{Game}_4$ 中，挑战密文 $C_\beta^*$ 包含了模拟器 $\mathcal{S}$ 选取的随机数 $\beta$ 的相关信息；但是在游戏 $\mathrm{Game}_5$ 中，挑战密文 $C_\beta^*$ 不包含模拟器 $\mathcal{S}$ 选取随机数 $\beta$ 的相关信息（因为在

该游戏 $C_\beta^*$ 是任意随机消息的加密密文)，因此在游戏 $\text{Game}_5$ 中，敌手 $\mathcal{A}$ 获胜的优势为 0，即有 $\Pr[\mathcal{E}_5]=\frac{1}{2}$。

在上述 PKE 机制中，通用哈希函数 $H_\eta(a,b)=ab^\eta$ 被视为一个平均情况的强随机性提取器，那么根据引理 2-3 可知

$$\text{SD}(e_4^*,e_5^*)\leqslant\frac{1}{2}\sqrt{q\frac{2^\lambda}{q^2}}=\frac{2^{\frac{\lambda}{2}}-1}{\sqrt{q}}$$

式中，$e_4^*$ 和 $e_5^*$ 分别是游戏 $\text{Game}_4$ 与游戏 $\text{Game}_5$ 中挑战密文 $C_\beta^*=(U_1^*,U_2^*,e^*,v_1^*,v_2^*,\eta^*)$ 中的元素 $e^*$。

根据上述讨论，可知

$$\left|\Pr[\mathcal{E}_5]-\Pr[\mathcal{E}_4]\right|\leqslant\frac{2^{\frac{\lambda}{2}}-1}{\sqrt{q}}$$

由上述分析可知

$$\left|\Pr[\mathcal{E}_5]-\Pr[\mathcal{E}_0]\right|\leqslant\text{Adv}_G^{\text{DDH}}(\kappa)+\frac{2^\lambda q_d}{q^2-q_d+1}+\frac{2^{\frac{\lambda}{2}-1}}{\sqrt{q}}$$

由于 $\text{Game}_0$ 是 PKE 机制的原始抗泄露 CCA 安全性游戏，因此有

$$\text{Adv}_{\text{PKE},\mathcal{A}}^{\text{LR-CCA}}(\lambda,\kappa)\leqslant\text{Adv}_G^{\text{DDH}}(\kappa)+\frac{2^\lambda q_d}{q^2-q_d+1}+\frac{2^{\frac{\lambda}{2}-1}}{\sqrt{q}}$$

则有 $\text{Adv}_G^{\text{DDH}}(\kappa)\geqslant\text{Adv}_{\text{PKE},\mathcal{A}}^{\text{LR-CCA}}(\lambda,\kappa)-\frac{2^\lambda q_d}{q^2-q_d+1}-\frac{2^{\frac{\lambda}{2}-1}}{\sqrt{q}}$。由上述分析可知，若敌手 $\mathcal{A}$ 能以不可忽略的优势 $\text{Adv}_{\text{PKE},\mathcal{A}}^{\text{LR-CCA}}(\lambda,\kappa)$ 攻破我们构造的 CCA 安全性，那么模拟器 $\mathcal{S}$ 能以显而易见的优势 $\text{Adv}_{G,\mathcal{S}}^{\text{DDH}}(\kappa)$ 攻破 DDH 困难性假设。

在已知公钥 $\text{pk}=(d,h)$、挑战密文 $C_\beta^*$ 和关于私钥 $\text{sk}=(x_1,x_2,y_1,y_2)$ 的 $\lambda$ 比特的泄露信息的前提下，变量 $(U_1^*)^{x_1+\eta^* y_1}(U_2^*)^{x_2+\eta^* y_2}$ 的平均最小熵至少是 $2\log q-\lambda$。因此，通用哈希函数 $H_\eta(a,b)=ab^\eta$ 是一个平均情况的 $(2\log q-\lambda,\epsilon)$-强随机性提取器，其中 $\epsilon=\frac{2^{\frac{\lambda}{2}}-1}{\sqrt{q}}$。根据引理 2-4 可知

$$\log q\leqslant 2\log q-\lambda-2\log\left(\frac{1}{\epsilon}\right)$$

由于 $\epsilon$ 在安全参数 $\kappa$ 范围内是可忽略的，$2\log\left(\frac{1}{\epsilon}\right)=\omega(\log\kappa)$，因此泄露参数为

$\lambda \leqslant \log q - \omega(\log \kappa)$。此外，$\omega(\log \kappa)$ 表示相应的算法在计算中产生的额外泄露。

综上所述，对于任意的泄露参数 $\lambda \leqslant \log q - \omega(\log \kappa)$，上述构造是一个抵抗有界泄露攻击的 CCA 安全的 PKE 机制。

定理 4-1 证毕。

**注解 4-5**　在定理 4-1 的证明中，在对敌手攻击能力进行增强的情况下(假设敌手能够获得加密算法的中间参数 $V$，并且也能够解决 DL 困难性问题)，敌手依然无法攻破 PKE 机制的抗泄露 CCA 安全性，那么在正常的攻击能力范围内，敌手更无法攻击上述 PKE 机制的安全性。

## 4.3　抗连续泄露 CCA 安全的 PKE 机制

传统有界泄露模型中的 PKE 机制仅能抵抗有界的泄露攻击，即在机制运行的整个生命周期内，私钥泄露信息的总量不能超过系统设定的泄露参数，而在现实环境中，任何敌手可通过持续的泄露攻击攻破相应密码机制的安全性，因此，在有界泄露环境下研究的抗泄露 PKE 机制已无法满足现实应用环境的实际需求，在连续泄露环境下，具有有界泄露容忍性的 PKE 机制可能无法保持其所声称的安全性。

根据有界泄露容忍性与连续泄露容忍性间的通用转化关系，在保持公钥不变的前提下，通过执行附加的密钥更新算法能够定期为私钥注入新的随机性，弥补由信息泄露所造成的私钥的熵损失，使得更新后的私钥依然拥有足够的平均最小熵，即使敌手获知相应的泄露信息，更新后的私钥依然保持相应的随机性。由此可见，通过执行额外的密钥更新操作，能使一个具有有界泄露容忍性的 PKE 机制获得抵抗连续泄露攻击的能力。换句话说，抵抗连续泄露攻击的 PKE 机制可通过对有界泄露容忍的 PKE 机制增加额外的密钥更新算法而获得。针对 PKE 机制而言，无论私钥被密钥更新算法更新多少次，公钥始终是保持不变的。

本节将以 4.2 节泄露容忍的 CCA 安全的 PKE 机制为基础，通过设计相应的密钥更新算法，在连续泄露模型下提出一个抵抗连续泄露攻击的 PKE 机制。

### 4.3.1　具体构造

1) 系统初始化

系统初始化算法 $\text{Params} \leftarrow \text{Setup}(1^\kappa)$ 的具体过程描述如下。

$\underline{\text{Setup}(1^\kappa)}$:

运行 $(q, G, g) \leftarrow \mathcal{G}(1^\kappa)$;

选取 $H_1: \{0,1\}^* \to Z_q^*$, $H_2: \{0,1\}^* \to \{0,1\}^{l_m}$;

输出 $\text{Params} = \{q, G, g, H_1, H_2\}$。

2) 密钥生成

密钥生成算法 $(\mathrm{pk},\mathrm{sk}) \leftarrow \mathrm{KeyGen}(1^{\kappa})$ 的具体过程描述如下。

KeyGen$(1^{\kappa})$:

选取$x_1, x_2, y_1, y_2 \leftarrow_R Z_q^*$，令$\boldsymbol{T}_{2\times2} = \begin{pmatrix} x_1 & x_2 \\ y_1 & y_2 \end{pmatrix}$;

计算

$$d = g_1^{x_1} g_2^{x_2}, h = g_1^{y_1} g_2^{y_2}$$

选取一个可逆矩阵$\boldsymbol{L}_{2\times2}$满足$\boldsymbol{L}_{2\times2} \cdot \boldsymbol{L}_{2\times2}^{-1} = \boldsymbol{I}_{2\times2}$，其中$\boldsymbol{I}_{2\times2}$是一个单位矩阵；

计算$\boldsymbol{R}_{2\times2} = \boldsymbol{L}_{2\times2}^{-1} \cdot \boldsymbol{T}_{2\times2}$，则有$\boldsymbol{L}_{2\times2} \cdot \boldsymbol{R}_{2\times2} = \boldsymbol{T}_{2\times2}$;

输出$\mathrm{sk} = (\boldsymbol{L}_{2\times2}, \boldsymbol{R}_{2\times2})$和$\mathrm{pk} = (d, h)$，其中

$$\boldsymbol{L}_{2\times2} = \begin{pmatrix} L_{11} & L_{12} \\ L_{21} & L_{22} \end{pmatrix} \text{和} \boldsymbol{R}_{2\times2} = \begin{pmatrix} R_{11} & R_{12} \\ R_{21} & R_{22} \end{pmatrix}$$

**注解 4-6**　随机数 $x_1$、$x_2$、$y_1$ 和 $y_2$ 是长期的真实秘密信息，私钥 $\mathrm{sk} = (\boldsymbol{L}_{2\times2}, \boldsymbol{R}_{2\times2})$ 实际是真实秘密信息 $(x_1, x_2, y_1, y_2)$ 的替代；私钥对底层的长期真实秘密的长度进行了扩充，使得大量私钥的信息泄露仅会泄露少量的真实秘密信息。

3) 密钥更新

对于私钥 $\mathrm{sk} = (\boldsymbol{L}_{2\times2}, \boldsymbol{R}_{2\times2})$，密钥更新算法 $\mathrm{sk}' \leftarrow \mathrm{Update}(\mathrm{sk})$ 的具体过程描述如下。

Update(sk):

选取一个可逆矩阵$\boldsymbol{A}_{2\times2}$，则存在逆矩阵$\boldsymbol{A}_{2\times2}^{-1}$满足$\boldsymbol{A}_{2\times2} \cdot \boldsymbol{A}_{2\times2}^{-1} = \boldsymbol{I}_2$;

计算

$$\boldsymbol{L}'_{2\times2} = \boldsymbol{L}_{2\times2} \cdot \boldsymbol{A}_{2\times2} \text{和} \boldsymbol{R}'_{2\times2} = \boldsymbol{A}_{2\times2}^{-1} \cdot \boldsymbol{R}_{2\times2}$$

输出$\mathrm{sk}' = (\boldsymbol{L}'_{2\times2}, \boldsymbol{R}'_{2\times2})$满足

$$\mathrm{sk}' \neq \mathrm{sk}、|\mathrm{sk}'| = |\mathrm{sk}| \text{和} \boldsymbol{L}'_{2\times2} \cdot \boldsymbol{R}'_{2\times2} = \boldsymbol{L}_{2\times2} \cdot \boldsymbol{R}_{2\times2}$$

**注解 4-7**　从敌手的角度出发，更新后的私钥 $\mathrm{sk}' = (\boldsymbol{L}'_{2\times2}, \boldsymbol{R}'_{2\times2})$ 是一个全新的私钥，因此关于之前私钥 $\mathrm{sk} = (\boldsymbol{L}_{2\times2}, \boldsymbol{R}_{2\times2})$ 的泄露信息对其是无用的。下述等式保证了更新算法的正确性，即使密钥更新算法被执行多次，更新后的私钥 sk′ 与原始私钥 sk 对应的真实秘密信息是不变的。

$$\boldsymbol{L}'_{2\times2} \cdot \boldsymbol{R}'_{2\times2} = (\boldsymbol{L}_{2\times2} \cdot \boldsymbol{A}_{2\times2}) \cdot (\boldsymbol{A}_{2\times2}^{-1} \cdot \boldsymbol{R}_{2\times2}) = \boldsymbol{L}_{2\times2} \cdot (\boldsymbol{A}_{2\times2} \cdot \boldsymbol{A}_{2\times2}^{-1}) \cdot \boldsymbol{R}_{2\times2} = \boldsymbol{L}_{2\times2} \cdot \boldsymbol{R}_{2\times2}$$

也就是说，对于任意的原始私钥 $\mathrm{sk} = (\boldsymbol{L}_{2\times2}, \boldsymbol{R}_{2\times2})$（其中 $\boldsymbol{L}_{2\times2} = \begin{pmatrix} L_{11} & L_{12} \\ L_{21} & L_{22} \end{pmatrix}$ 和 $\boldsymbol{R}_{2\times2} = \begin{pmatrix} R_{11} & R_{12} \\ R_{21} & R_{22} \end{pmatrix}$）和更新的私钥$\mathrm{sk}' = (\boldsymbol{L}'_{2\times2}, \boldsymbol{R}'_{2\times2})$（其中$\boldsymbol{L}'_{2\times2} = \begin{pmatrix} L'_{11} & L'_{12} \\ L'_{21} & L'_{22} \end{pmatrix}$和$\boldsymbol{R}'_{2\times2} = \begin{pmatrix} R'_{11} & R'_{12} \\ R'_{21} & R'_{22} \end{pmatrix}$），

有下述等式成立：

$$x_1 = L'_{11} \cdot R'_{11} + L'_{12} \cdot R'_{21} = L_{11} \cdot R_{11} + L_{12} \cdot R_{21}$$
$$x_2 = L'_{11} \cdot R'_{12} + L'_{12} \cdot R'_{22} = L_{11} \cdot R_{12} + L_{12} \cdot R_{22}$$
$$y_1 = L'_{21} \cdot R'_{11} + L'_{22} \cdot R'_{21} = L_{21} \cdot R_{11} + L_{22} \cdot R_{21}$$
$$y_2 = L'_{21} \cdot R'_{12} + L'_{22} \cdot R'_{22} = L_{21} \cdot R_{12} + L_{22} \cdot R_{22}$$

综上所述，密钥更新算法的执行中，私钥对应的长期真实秘密信息是不随更新算法的执行而改变的。由于公钥是由长期秘密信息生成的，因此长期秘密信息的不变性保证了相应公钥的不变性，确保了 PKE 机制的正确性。

**注解 4-8**　对于任意的敌手而言，更新的私钥与原始私钥保持了相同的长度，并且新随机数的作用，使得更新后的私钥与原始私钥是不可区分的。

**注解 4-9**　在具有密钥更新功能的 PKE 机制中，实质上存在私钥空间到公钥(确定的值)的多对一映射关系，私钥空间中的每个元素都是一个全新的私钥，密钥更新算法实际上完成了私钥空间中各元素间的转移，图 4-4 为密钥更新算法的原理。

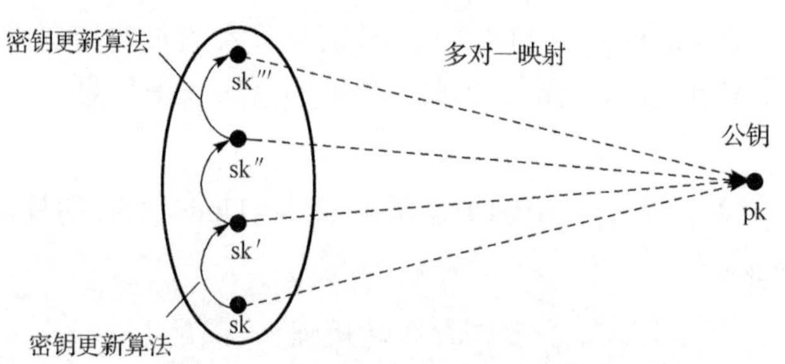


图 4-4　密钥更新算法的原理

4) 加密算法

对于公钥 $\text{pk}=(d,h)$ 和明文 $M \in \mathcal{M}$，加密算法 $C \leftarrow \text{Enc}(\text{pk}, M)$ 的具体过程描述如下。

$\underline{\text{Enc}(\text{pk}, M)}$:

选取 $r \leftarrow_R Z_q^*, \eta \leftarrow_R Z_q^*$;

计算

$$U_1 = g_1^r, U_2 = g_2^r, e = H_2(d^r h^{r\eta}) \oplus M$$

计算

$$\alpha = H_1(U_1, U_2, e, \eta), V = d^{r\alpha} h^r$$

计算

$$k_1 = H_1(V, U_1, e), k_2 = H_1(V, U_2, e), v_1 = rk_1, v_2 = rk_2$$

输出 $C = (U_1, U_2, e, v_1, v_2, \eta)$。

5)解密算法

对于私钥 $\mathrm{sk}=(\boldsymbol{L}_{2\times2},\boldsymbol{R}_{2\times2})$ 和密文 $C=(U_1,U_2,e,v_1,v_2,\eta)$，解密算法 $M\leftarrow \mathrm{Dec}(\mathrm{sk},C)$ 的具体过程描述如下。

$\underline{\mathrm{Dec}(\mathrm{sk},C)}$:

计算

$$\alpha=H_1(U_1,U_2,e,\eta)$$

$$V'=U_1^{\alpha(L_{11}\cdot R_{11}+L_{12}\cdot R_{21})+(L_{21}\cdot R_{11}+L_{22}\cdot R_{21})}U_2^{\alpha(L_{11}\cdot R_{12}+L_{12}\cdot R_{22})+(L_{21}\cdot R_{12}+L_{22}\cdot R_{22})}$$

计算

$$k_1'=H_1(V',U_1,e),k_2'=H_1(V',U_2,e)$$

如果 $g_1^{v_1}g_2^{v_2}\neq U_1^{k_1'}U_2^{k_2'}$，则输出⊥。

否则计算

$$W=U_1^{\alpha(L_{11}\cdot R_{11}+L_{12}\cdot R_{21})+\eta(L_{21}\cdot R_{11}+L_{22}\cdot R_{21})}U_2^{\alpha(L_{11}\cdot R_{12}+L_{12}\cdot R_{22})+\eta(L_{21}\cdot R_{12}+L_{22}\cdot R_{22})}$$

输出 $M=H_2(W)\oplus e$。

### 4.3.2 正确性

上述 PKE 机制中，密文合法性验证和解密操作的正确性将从下述等式获得。

$$\begin{aligned}V'&=U_1^{\alpha(L_{11}\cdot R_{11}+L_{12}\cdot R_{21})+(L_{21}\cdot R_{11}+L_{22}\cdot R_{21})}U_2^{\alpha(L_{11}\cdot R_{12}+L_{12}\cdot R_{22})+(L_{21}\cdot R_{12}+L_{22}\cdot R_{22})}\\&=g_1^{r(\alpha x_1+y_1)}g_2^{r(\alpha x_2+y_2)}\\&=(g_1^{x_1}g_2^{x_2})^{r\alpha}(g_1^{y_1}g_2^{y_2})^{r}\\&=d^{r\alpha}h^{r}=V\end{aligned}$$

$$g_1^{v_1}g_2^{v_2}=g_1^{rk_1H_1(e)}g_2^{rk_2}=U_1^{k_1'H_1(e)}U_2^{k_2'}$$

$$\begin{aligned}W&=U_1^{\alpha(L_{11}\cdot R_{11}+L_{12}\cdot R_{21})+\eta(L_{21}\cdot R_{11}+L_{22}\cdot R_{21})}U_2^{\alpha(L_{11}\cdot R_{12}+L_{12}\cdot R_{22})+\eta(L_{21}\cdot R_{12}+L_{22}\cdot R_{22})}\\&=g_1^{r(x_1+\eta y_1)}g_2^{r(x_2+\eta y_2)}\\&=(g_1^{x_1}g_2^{x_2})^{r}(g_1^{y_1}g_2^{y_2})^{r\eta}\\&=d^{r}h^{r\eta}\end{aligned}$$

### 4.3.3 安全性分析

传统泄露容忍的 PKE 机制仅具有有界的泄露容忍性，其所声称的抗泄露安全性在连续泄露环境下可能无法保持，然而上述 PKE 机制具有抵抗连续泄露攻击的能力，能在连续泄露环境下保持其所声称的安全性。该机制是在 4.2 节 PKE 机制(简称为基础 PKE 机制)的基础上构造的，其安全性将归约到底层基础 PKE 机制的安全性，进而将安全性可归约到 DDH 假设的困难性。

**定理 4-2** 在连续泄露模型中，若 DDH 困难性假设成立，那么上述构造是抵抗连续泄露攻击的 CCA 安全的 PKE 机制。

**证明** 虽然连续泄露容忍的 PKE 机制的定义是复杂的，但是它的优势是可以将连续泄露攻击的问题转换为简单有界的单轮泄露攻击。由于本节的新构造是对基础 PKE 机制的改进，那么对于任意的 PPT 敌手而言，对新构造进行的每一轮泄露攻击等价于对基础 PKE 机制的泄露攻击，因此通过上述结论能够把新构造的安全性归约到底层基础 PKE 机制的安全性，进一步把新构造的安全性归约到区分 DH 元组和非 DH 元组的困难性。由于基础 PKE 机制的安全性已在定理 4-1 中给出了详细的证明，本节将不再赘述该部分的证明过程。

综上所述，新构造是对基础 PKE 机制的改进，并且更新的私钥与原始私钥在保持长度不变的前提下，使得任意敌手都无法区分它们，因此新构造的安全性可由底层基础 PKE 机制的安全性获得。

定理 4-2 证毕。

本节 PKE 机制的新构造具有抵抗连续泄露攻击的能力，能够更好地抵抗泄露攻击；即使在连续泄露环境下，新构造依然保持其所声称的安全性，在该构造中对真实秘密信息进行了扩充，使得私钥的长度是真实秘密信息的 2 倍，因此能够允许敌手获知更多的泄露信息；新构造扩张了真实秘密信息的长度，使得其在每一轮的泄露攻击中具有更强的抗泄露攻击能力。

## 4.4 高效的抗连续泄露 CCA 安全的 PKE 机制

在保持公钥不变的前提下，4.3 节基于矩阵运算设计了 PKE 机制的密钥更新算法。矩阵运算一定程度上增加了计算的复杂性，使得计算效率较低，本节将介绍高效抵抗连续泄露攻击的 CCA 安全的 PKE 机制。

### 4.4.1 具体构造

1) 系统初始化

系统初始化算法 $\text{Params} \leftarrow \text{Setup}(1^{\kappa})$ 的具体过程描述如下。

<u>$\text{Setup}(1^{\kappa})$</u>:

运行$(q, G, g_1) \leftarrow \mathcal{G}(\kappa)$;

选取$H:\{0,1\}^* \rightarrow Z_q^*$;

输出$\text{Params} = \{q, G, g_1, H\}$。

2) 密钥生成

密钥生成算法 $(\text{sk}, \text{pk}, \text{tk}) \leftarrow \text{KeyGen}(1^{\kappa})$ 的具体过程描述如下。

KeyGen($1^\kappa$):

选取$\varphi \leftarrow_R Z_q^*$，计算$g_2 = g_1^\varphi$；

选取$x, y, m, n \leftarrow_R Z_q^*$，计算

$$d = g_1^x g_2^y, h = g_1^m g_2^n$$

选取$a_0, b_0 \leftarrow_R Z_q^*$，计算

$$x_0 = x + \varphi a_0, y_0 = y - a_0, m_0 = m + \varphi b_0, n_0 = n - b_0$$

输出$\text{tk} = \varphi$、$\text{sk} = (x_0, y_0, m_0, n_0)$和$\text{pk} = (g_2, d, h)$。

其中，随机数 $x$、$y$、$m$ 和 $n$ 是长期的真实秘密信息，私钥 $\text{sk} = (x_0, y_0, m_0, n_0)$ 实际上是真实秘密信息经随机化处理后的替代信息。在泄露环境下，密钥更新算法将为私钥定期注入新的随机性，使得更新后的私钥 $\text{sk}_j = (x_j, y_j, m_j, n_j)$ 对于任意敌手而言是一个随机值，那么关于之前私钥 $\text{sk}_{j-1} = (x_{j-1}, y_{j-1}, m_{j-1}, n_{j-1})$ 的泄露信息对新的私钥 $\text{sk}_j$ 是不起作用的。

**注解 4-10**　其中 tk 是密钥更新陷门(可认为是更新密钥)，将在密钥更新算法中使用。实际上更新陷门 tk 不参与加密和解密算法的运算，因此关于 tk 的泄露信息并不影响 PKE 机制的安全性，因此后续讨论中并不考虑更新陷门 tk 的泄露。

3) 密钥更新

对于私钥 $\text{sk}_{j-1} = (x_{j-1}, y_{j-1}, m_{j-1}, n_{j-1})$ 和更新陷门 $\text{tk} = \varphi$，密钥更新算法 $\text{sk}_j \leftarrow \text{Update}(\text{tk}, \text{sk}_{j-1})$ 的具体过程描述如下。

Update(tk, $\text{sk}_{j-1}$):

选取$a_j, b_j \leftarrow_R Z_q^*$；

计算

$$x_j = x_{j-1} + \varphi a_j, y_j = y_{j-1} - a_j, m_j = m_{j-1} + \varphi b_j, n_j = n_{j-1} - b_j$$

对于任意的更新索引$j = 1, 2, \cdots$，有

$$x_j = x + \varphi \sum_{i=0}^{j} a_i, y_j = y - \sum_{i=0}^{j} a_i, m_j = m + \varphi \sum_{i=0}^{j} b_i, n_j = n - \sum_{i=0}^{j} b_i$$

输出$\text{sk}_j = (x_j, y_j, m_j, n_j)$满足$\text{sk}_j \neq \text{sk}_{j-1}$和$|\text{sk}_j| = |\text{sk}_{j-1}|$。

4) 加密算法

对于公钥 $\text{pk} = (g_2, d, h)$ 和明文 $M \in \mathcal{M} = G$，加密算法 $C \leftarrow \text{Enc}(\text{pk}, M)$ 的具体过程描述如下。

Enc(pk, $M$):

选取$r \leftarrow_R Z_q^*, \eta \leftarrow_R Z_q^*$；

计算

$$U_1 = g_1^r, U_2 = g_2^r, e = d^{-rS} h^{-r} M$$

计算

$$t = H(U_1, U_2, e, \eta), V = d^r h^{rt}$$

计算

$$v_1 = rH(V, U_1, e), v_2 = rH(V, U_2, e)$$

输出 $C = (U_1, U_2, e, v_1, v_2, \eta)$。

**注解 4-11** 在每一次加密算法执行之前，私钥均被密钥更新算法进行了重复随机化，使得任意的敌手无法获得足够的信息去恢复真实秘密信息。

**注解 4-12** 使用负整数 $-r$（即 $e = d^{-rS} h^{-r} M$）的目的是避免解密算法进行求逆运算。

5) 解密算法

对于私钥 $\mathrm{sk}_j = (x_j, y_j, m_j, n_j)$ 和密文 $C = (U_1, U_2, e, v_1, v_2, \eta)$，解密算法 $M = \mathrm{Dec}(\mathrm{sk}_j, C)$ 的具体描述如下。

$\underline{\mathrm{Dec}(\mathrm{sk}_j, C)}$:

计算

$$t = H(U_1, U_2, e, \eta) \text{和} V' = U_1^{x_j + tm_j} U_2^{y_j + tn_j}$$

如果 $g_1^{v_1} g_2^{v_2} \neq U_1^{H(V', U_1, e)} U_2^{H(V', U_2, e)}$，输出 $\perp$；

否则输出 $M = (U_1^{\eta x_j + m_j} U_2^{\eta y_j + n_j}) e$；

运行 $\mathrm{sk}_{j+1} \leftarrow \mathrm{Update}(\mathrm{tk}, \mathrm{sk}_j)$ 满足 $\mathrm{sk}_{j+1} \neq \mathrm{sk}_j$ 和 $|\mathrm{sk}_{j+1}| = |\mathrm{sk}_j|$。

### 4.4.2 正确性

上述 PKE 机制中，密文合法性验证和解密操作的正确性将从下述等式获得。

$$U_1^{\eta x_j + m_j} U_2^{\eta y_j + n_j} = (g_1^{x_j} g_2^{y_j})^{r\eta} (g_1^{m_j} g_2^{n_j})^r = (g_1^x g_2^y)^{r\eta} (g_1^m g_2^n)^r = d^{r\eta} h^r$$

$$U_1^{x_j + tm_j} U_2^{y_j + tn_j} = (g_1^{x_j} g_2^{y_j})^r (g_1^{m_j} g_2^{n_j})^{rt} = (g_1^x g_2^y)^r (g_1^m g_2^n)^{rt} = d^r h^{rt}$$

式中

$$g_1^{x_j} g_2^{y_j} = g_1^{x + \varphi \sum_{i=0}^{j} a_i} g_2^{y - \sum_{i=0}^{j} a_i} = g_1^x g_2^y g_1^{\varphi \sum_{i=0}^{j} a_i} g_1^{-\varphi \sum_{i=0}^{j} a_i} = g_1^x g_2^y$$

$$g_1^{m_j} g_2^{n_j} = g_1^{m + \varphi \sum_{i=0}^{j} b_i} g_2^{n - \sum_{i=0}^{j} b_i} = g_1^m g_2^n g_1^{\varphi \sum_{i=0}^{j} b_i} g_1^{-\varphi \sum_{i=0}^{j} b_i} = g_1^m g_2^n$$

### 4.4.3 安全性证明

**定理 4-3** 在每一轮泄露攻击中，对于任意的泄露参数 $\lambda \leqslant \log q - \omega(\log \kappa)$，若存

在一个 PPT 敌手 $\mathcal{A}$ 能以不可忽略的优势 $\mathrm{Adv}_{\mathrm{PKE},\mathcal{A}}^{\text{LR-CCA}}(\lambda,\kappa)$ 攻破具有密钥更新功能的 PKE 机制的抗泄露 CCA 安全性，那么，我们能够构造一个模拟器 $\mathcal{S}$ 以显而易见的优势 $\mathrm{Adv}_{G,\mathcal{S}}^{\mathrm{DDH}}(\kappa)$ 攻破经典的 DDH 困难性假设，并且与优势 $\mathrm{Adv}_{\mathrm{PKE},\mathcal{A}}^{\text{LR-CCA}}(\lambda,\kappa)$ 间满足下述关系：

$$\mathrm{Adv}_{G,\mathcal{S}}^{\mathrm{DDH}}(\kappa) \geqslant \mathrm{Adv}_{\mathrm{PKE},\mathcal{A}}^{\text{LR-CCA}}(\lambda,\kappa) - \frac{2^{\lambda} q_d}{q^2 - q_d + 1} - \frac{2^{\frac{\lambda}{2}} - 1}{\sqrt{q}}$$

式中，$\kappa$ 是安全参数；$\lambda$ 是系统设定的轮泄露参数，即密钥更新算法两次执行间隔内所允许的最大泄露量；$q_d$ 是敌手进行的解密询问的最大次数。

**证明**　通过下述系列游戏完成定理 4-3 的证明，其中每个游戏包括模拟器 $\mathcal{S}$ 和敌手 $\mathcal{A}$ 两个参与者。对于索引 $i=0,1,\cdots,5$，定义事件 $\mathcal{E}_i$ 表示敌手 $\mathcal{A}$ 在游戏 $\mathrm{Game}_i$ 中输出了对模拟器 $\mathcal{S}$ 选取随机数 $\beta$ 的正确猜测 $\beta'$，则敌手 $\mathcal{A}$ 在游戏 $\mathrm{Game}_i$ 中获胜的概率和优势分别定义为

$$\Pr[\mathcal{E}_i] = \Pr[\beta' = \beta \text{ in } \mathrm{Game}_i] \text{ 和 } \mathrm{Adv}_{\mathcal{A},\mathcal{S}}^{\mathrm{Game}_i}(\lambda,\kappa) = \left|\Pr[\mathcal{E}_i] - \frac{1}{2}\right|$$

游戏 $\mathrm{Game}_0$：该游戏是 PKE 机制原始的抗泄露 CCA 安全性游戏。为了方便书写，忽略密钥的更新索引，将私钥统一书写为原始形式 $\mathrm{sk}=(x,y,m,n)$。

模拟器 $\mathcal{S}$ 运行初始化算法 Setup 和密钥生成算法 KeyGen 获得相应的公钥 pk 和私钥 sk，并发送系统公开参数 Params 和公钥 pk 给敌手 $\mathcal{A}$，即运行 $\mathrm{Params} \leftarrow \mathrm{Setup}(1^{\kappa})$ 和 $(\mathrm{pk},\mathrm{sk}) \leftarrow \mathrm{KeyGen}(1^{\kappa})$。特别地，在该游戏中模拟器 $\mathcal{S}$ 掌握私钥 sk。

敌手 $\mathcal{A}$ 发送高效可计算的泄露函数 $f_i:\{0,1\}^* \to \{0,1\}^{\lambda_i}$ 给模拟器 $\mathcal{S}$，提出针对私钥 sk 的泄露询问，模拟器 $\mathcal{S}$ 借助泄露谕言机 $\mathcal{O}_{\mathrm{sk}}^{\lambda,\kappa}(\cdot)$ 返回相应的泄露信息 $f_i(\mathrm{sk})$ 给敌手 $\mathcal{A}$，并且关于私钥的所有泄露信息 $f_i(\mathrm{sk})$ 的总长度不能超过系统设定的泄露界 $\lambda$。对于敌手 $\mathcal{A}$ 提交的关于密文 $C$ 的解密询问，模拟器 $\mathcal{S}$ 借助解密谕言机 $\mathcal{O}^{\mathrm{Dec}}(\cdot)$ 返回相应的明文 $M \leftarrow \mathcal{O}^{\mathrm{Dec}}(\mathrm{sk},C)$ 给敌手 $\mathcal{A}$。

在挑战阶段，敌手 $\mathcal{A}$ 提交两个等长的明文消息 $M_0,M_1 \in \mathcal{M}$ 给模拟器 $\mathcal{S}$，模拟器 $\mathcal{S}$ 首先选取随机数 $\beta \leftarrow_R \{0,1\}$，然后运行加密算法 Enc 生成关于消息 $M_\beta$ 的挑战密文 $C_\beta^* = (U_1^*,U_2^*,e^*,v_1^*,v_2^*,\eta^*)$，并将 $C_\beta^*$ 返回给敌手 $\mathcal{A}$，即 $C_\beta^* \leftarrow \mathrm{Enc}(\mathrm{pk},M_\beta)$。

收到挑战密文 $C_\beta^*$ 之后，敌手 $\mathcal{A}$ 能够对除挑战密文 $C_\beta^*$ 之外的其他任意密文 $C$ 进行多项式有界次的解密询问，但是该阶段禁止敌手 $\mathcal{A}$ 进行泄露询问。

最后，敌手 $\mathcal{A}$ 输出对模拟器 $\mathcal{S}$ 选取随机数 $\beta$ 的猜测 $\beta' \in \{0,1\}$。若 $\beta=\beta'$，则称敌手 $\mathcal{A}$ 在该游戏中获胜。

由于游戏 $\mathrm{Game}_0$ 是 PKE 机制原始泄露容忍的 CCA 安全性游戏，则有

$$\mathrm{Adv}_{\mathrm{PKE},\mathcal{A}}^{\text{LR-CCA}}(\lambda,\kappa) = \mathrm{Adv}_{\mathcal{A},\mathcal{S}}^{\mathrm{Game}_0}(\lambda,\kappa) = \left|\Pr[\mathcal{E}_0] - \frac{1}{2}\right|$$

游戏 $\text{Game}_1$：该游戏除了挑战密文 $C_\beta^* = (U_1^*, U_2^*, e^*, v_1^*, v_2^*, \eta^*)$ 的生成过程，其余操作均与游戏 $\text{Game}_0$ 相类似。在游戏 $\text{Game}_1$ 中，模拟器 $\mathcal{S}$ 使用私钥 $\text{sk} = (x, y, m, n)$ 和随机数 $r \leftarrow_R Z_q^*$，依据加密算法的具体运算过程生成相应的挑战密文 $C_\beta^* = (U_1^*, U_2^*, e^*, v_1^*, v_2^*, \eta^*)$，具体过程如下所示。

(1) 选取 $r \leftarrow_R Z_q^*$、$\eta^* \leftarrow_R Z_q^*$ 和 $\beta \leftarrow_R \{0,1\}$。

(2) 计算

$$U_1^* = g_1^r, U_2^* = g_2^r, e^* = (U_1^*)^{\eta^* x+m} (U_2^*)^{\eta^* y+n} M_\beta$$

(3) 计算

$$V^* = (U_1^*)^{x+t^* m} (U_2^*)^{y+t^* n}$$

其中，$t^* = H(U_1^*, U_2^*, e^*, \eta^*)$。

(4) 计算

$$v_1^* = rH(V^*, U_1^*, e^*), v_2^* = rH(V^*, U_2^*, e^*)$$

游戏 $\text{Game}_0$ 和游戏 $\text{Game}_1$ 的唯一区别是挑战密文 $C_\beta^*$ 的生成阶段，在游戏 $\text{Game}_0$ 中，挑战密文 $C_\beta^*$ 是模拟器 $\mathcal{S}$ 通过调用加密算法 Enc 生成的；在游戏 $\text{Game}_1$ 中，挑战密文 $C_\beta^*$ 是模拟器 $\mathcal{S}$ 使用私钥 $\text{sk} = (x, y, m, n)$ 及随机数 $r \leftarrow_R Z_q^*$ 通过自己相应的计算而生成的，上述区别只是概念上的区别。因此，游戏 $\text{Game}_0$ 和游戏 $\text{Game}_1$ 是不可区分的，即有

$$\left|\Pr[\mathcal{E}_1] - \Pr[\mathcal{E}_0]\right| \leqslant \text{negl}(\kappa)$$

游戏 $\text{Game}_2$：该游戏除了挑战密文 $C_\beta^* = (U_1^*, U_2^*, e^*, v_1^*, v_2^*, \eta^*)$ 的生成过程，其余操作均与游戏 $\text{Game}_1$ 相类似。该游戏中，模拟器 $\mathcal{S}$ 使用私钥 $\text{sk} = (x, y, m, n)$ 和两个不同的随机数 $r_1, r_2 \leftarrow_R Z_q^*$，依据加密算法计算生成相应的挑战密文 $C_\beta^* = (U_1^*, U_2^*, e^*, v_1^*, v_2^*, \eta^*)$，具体过程如下所示。

(1) 选取 $r_1 \leftarrow_R Z_q^*$、$r_2 \leftarrow_R Z_q^*$、$\eta^* \leftarrow_R Z_q^*$ 和 $\beta \leftarrow_R \{0,1\}$。

(2) 计算

$$U_1^* = g_1^{r_1}, U_2^* = g_2^{r_2}, e^* = (U_1^*)^{\eta^* x+m} (U_2^*)^{\eta^* y+n} M_\beta$$

(3) 计算

$$V^* = (U_1^*)^{x+t^* m} (U_2^*)^{y+t^* n}$$

其中，$t^* = H(U_1^*, U_2^*, e^*, \eta^*)$。

(4) 计算

$$v_1^* = rH(V^*, U_1^*, e^*), v_2^* = rH(V^*, U_2^*, e^*)$$

游戏 $\text{Game}_1$ 和游戏 $\text{Game}_2$ 的唯一区别是挑战密文 $C_\beta^* = (U_1^*, U_2^*, e^*, v_1^*, v_2^*, \eta^*)$ 的生成阶段，在游戏 $\text{Game}_1$ 中，模拟器 $\mathcal{S}$ 生成了一个 DH 元组 $(g_1, g_2, U_1^* = g_1^r, U_2^* = g_2^r)$；在游戏 $\text{Game}_2$ 中，模拟器 $\mathcal{S}$ 生成了一个非 DH 元组 $(g_1, g_2, U_1^* = g_1^{r_1}, U_2^* = g_2^{r_2})$。因此，

可借助游戏 $\text{Game}_1$ 和游戏 $\text{Game}_2$ 之间的区别去区分一个随机元组是 DH 元组还是非 DH 元组，即有

$$\left|\Pr[\mathcal{E}_2]-\Pr[\mathcal{E}_1]\right| \leqslant \text{Adv}_G^{\text{DDH}}(\kappa)$$

游戏 $\text{Game}_3$：该游戏与游戏 $\text{Game}_2$ 相类似，但是在该游戏中，模拟器 $\mathcal{S}$ 在解密询问中使用了一个特殊的拒绝规则，即当解密询问的密文 $C=(U_1,U_2,e,v_1,v_2,\eta)$ 满足关系 $C\neq C_\beta^*$ 和 $H(U_1^*,U_2^*,e^*,\eta^*)=H(U_1,U_2,e,\eta)$ 时，模拟器 $\mathcal{S}$ 将拒绝回答该解密询问，其中 $C_\beta^*=(U_1^*,U_2^*,e^*,v_1^*,v_2^*,\eta^*)$ 是挑战密文。

令事件 $\mathcal{F}_1$ 表示在游戏 $\text{Game}_3$ 中敌手 $\mathcal{A}$ 提交了一个关于密文 $C=(U_1,U_2,e,v_1,v_2,\eta)$ 的解密询问，且该密文满足关系 $C\neq C_\beta^*$ 和 $H(U_1^*,U_2^*,e^*,\eta^*)=H(U_1,U_2,e,\eta)$，这意味着哈希函数 $H$ 产生了碰撞。

游戏 $\text{Game}_2$ 和游戏 $\text{Game}_3$ 的唯一区别是解密询问的应答阶段，在游戏 $\text{Game}_2$ 中，即使事件 $\mathcal{F}_1$ 发生，模拟器 $\mathcal{S}$ 也会回答相应的解密询问；在游戏 $\text{Game}_3$ 中，事件 $\mathcal{F}_1$ 发生时，模拟器 $\mathcal{S}$ 将拒绝相应的解密询问。因此，只要事件 $\mathcal{F}_1$ 不发生时，游戏 $\text{Game}_2$ 和游戏 $\text{Game}_3$ 是计算不可区分的，即有

$$\Pr[\mathcal{E}_3\wedge\overline{\mathcal{F}_1}]=\Pr[\mathcal{E}_2\wedge\overline{\mathcal{F}_1}]$$

根据引理 2-5 可知

$$\left|\Pr[\mathcal{E}_3]-\Pr[\mathcal{E}_2]\right|\leqslant\Pr[\mathcal{F}_1]$$

由于 $H$ 是抗碰撞的哈希函数，则有 $\Pr\left[\mathcal{F}_1\right]\leqslant\text{negl}\left(\kappa\right)$，因此

$$\left|\Pr[\mathcal{E}_3]-\Pr[\mathcal{E}_2]\right|\leqslant\text{negl}(\kappa)$$

游戏 $\text{Game}_4$：该游戏与游戏 $\text{Game}_3$ 相类似，但是在该游戏中，模拟器 $\mathcal{S}$ 在解密询问中使用了一个特殊的拒绝规则，即当解密询问的密文 $C'=(U_1',U_2',e',v_1',v_2',\eta')$ 满足关系 $\log_{g_1}U_1'\neq\log_{g_2}U_2'$ 时（定义密文 $C'=(U_1',U_2',e',v_1',v_2',\eta')$ 是一个无效密文），那么模拟器 $\mathcal{S}$ 将拒绝回答该解密询问，即使该密文能够通过解密算法的合法性检测。

令事件 $\mathcal{F}_2$ 表示在游戏 $\text{Game}_4$ 中敌手 $\mathcal{A}$ 提交了一个关于密文 $C'=(U_1',U_2',e',v_1',v_2',\eta')$ 的解密询问，其中 $\log_{g_1}U_1'\neq\log_{g_2}U_2'$。

游戏 $\text{Game}_3$ 和游戏 $\text{Game}_4$ 的唯一区别是解密询问的应答阶段，在游戏 $\text{Game}_3$ 中，即使事件 $\mathcal{F}_2$ 发生，模拟器 $\mathcal{S}$ 也会回答相应的解密询问；在游戏 $\text{Game}_4$ 中，事件 $\mathcal{F}_2$ 发生时，模拟器 $\mathcal{S}$ 将拒绝相应的解密询问。因此，只要事件 $\mathcal{F}_2$ 不发生，游戏 $\text{Game}_3$ 和游戏 $\text{Game}_4$ 是计算不可区分的，即有

$$\Pr[\mathcal{E}_4\wedge\overline{\mathcal{F}_2}]=\Pr[\mathcal{E}_3\wedge\overline{\mathcal{F}_2}]$$

根据引理 2-5 可知

$$\left|\Pr[\mathcal{E}_4]-\Pr[\mathcal{E}_3]\right|\leqslant\Pr[\mathcal{F}_2]$$

**断言 4-2**　$\Pr[\mathcal{F}_2] \leqslant \dfrac{2^{\lambda} q_d}{q^2 - q_d + 1}$

**证明**　在提交第一个无效密文之前，在任意有效密文的解密询问中，敌手 $\mathcal{A}$ 无法获知关于私钥 $\mathrm{sk}=(x,y,m,n)$ 的任何信息，即对有效密文的解密询问中谕言机 $\mathcal{O}^{\mathrm{Dec}}(\cdot)$ 不泄露私钥的任何信息。此时，敌手 $\mathcal{A}$ 的视图包括公开参数 Params 、公钥 $\mathrm{pk}=(g_2,d,h)$ 、挑战明文 $M_0,M_1 \in \mathcal{M}$ 、挑战密文 $C_\beta^*=(U_1^*,U_2^*,e^*,v_1^*,v_2^*,\eta^*)$ 和关于私钥 $\mathrm{sk}=(x,y,m,n)$ 的 $\lambda$ 比特的泄露信息 Leak ，即 $|\mathrm{Leak}|=\lambda$ 。

与定理 4-1 相类似，增强敌手 $\mathcal{A}$ 的攻击能力，那么敌手 $\mathcal{A}$ 从公钥 $\mathrm{pk}=\left(g_2,d,h\right)$ 和密文 $C_\beta^*=(U_1^*,U_2^*,e^*,v_1^*,v_2^*,\eta^*)$ 中获知的关于私钥 $\mathrm{sk}=(x,y,m,n)$ 的相关信息，可表示为下述等式。

$$
\begin{aligned}
&\log_{g_1}(d)=x+\varphi y\\
&\log_{g_1}(h)=m+\varphi n\\
&\log_{g_1}(V^*)-\phi=r_1^* x+\varphi r_2^* y+r_1^* t^* m+\varphi r_2^* t^* n
\end{aligned}
$$

式中，$\phi=r_1^*\varphi\sum_{i=0}^{j}a_i+r_1^*\varphi t^*\sum_{i=0}^{j}b_i-r_2^*\varphi\sum_{i=0}^{j}a_i-r_2^*\varphi t^*\sum_{i=0}^{j}b_i$ 。

在泄露环境下，对于任意的 PPT 敌手而言，上述 PKE 机制密文中所有元素都是随机的，因此敌手无法从相应的密文中获知关于私钥 $\mathrm{sk}=(x,y,m,n)$ 的泄露信息。

已知 $x,y,m,n \leftarrow Z_q^*$ ，根据定理 2-1，可知

$$
\begin{aligned}
&\tilde{H}_\infty(x,y,m,n \mid \mathrm{Params},\mathrm{pk},C_\beta^*,\mathrm{Leak})\\
&=\tilde{H}_\infty(x,y,m,n \mid d,h,\mathrm{Leak})\\
&=\tilde{H}_\infty(x,y,m,n \mid d,h)-\lambda\\
&\geqslant 2\log q-\lambda
\end{aligned}
$$

由平均最小熵的定义可知敌手 $\mathcal{A}$ 猜中私钥 $\mathrm{sk}=(x,y,m,n)$ 的最大概率为

$$
2^{-\tilde{H}_\infty(x,y,m,n \mid \mathrm{Params},\mathrm{pk},C_\beta^*,\mathrm{Leak})} \leqslant \frac{2^{\lambda}}{q^2}
$$

令密文 $C'=(U_1',U_2',e',v_1',v_2',\eta')$ 是敌手 $\mathcal{A}$ 在解密询问中提交的第一个无效密文，其中 $U_1'=g_1^{r_1'}$ 、 $U_2'=g_2^{r_2'}$ 、 $r_1' \neq r_2'$ 、 $V'=(U_1')^{t'x+m}(U_2')^{t'y+n}$ 、 $v_1'=r_1'H(V',U_1',e')$ 和 $v_2'=r_2'H(V',U_2',e')$ 。特别地，任意一个无效密文 $C'=(U_1',U_2',e',v_1',v_2',\eta')$ 暗含了一个中间元素 $V'=(U_1')^{t'x+m}(U_2')^{t'y+n}$ 。

下面将分类进行讨论。

(1) 若 $C'=C_\beta^*$ ，则模拟器 $\mathcal{S}$ 在游戏 $\mathrm{Game}_0$ 中已拒绝关于无效密文 $C'=(U_1',U_2',e',v_1',v_2',\eta')$ 的解密询问。

(2) 若 $C' \neq C_\beta^*$ 且 $t'=t^*$，则模拟器 $\mathcal{S}$ 在游戏 $\text{Game}_3$ 中已拒绝关于无效密文 $C' = (U_1', U_2', e', v_1', v_2', \eta')$ 的解密询问。

(3) 若 $C' \neq C_\beta^*$ 且 $t' \neq t^*$，则模拟器 $\mathcal{S}$ 接收关于无效密文 $C' = (U_1', U_2', e', v_1', v_2', \eta')$ 的解密询问，则有下述线性等式成立。

$$\begin{aligned}
&\log_{g_1}(d) = x + \varphi y \\
&\log_{g_1}(h) = m + \varphi n \\
&\log_{g_1}(V^*) - \phi = r_1^* x + \varphi r_2^* y + r_1^* t^* m + \varphi r_2^* t^* n \\
&\log_{g_1}(V') - \tau = r_1' x + \varphi r_2' y + r_1' t' m + \varphi r_2' t' n
\end{aligned}$$

式中，$\tau = r_1'\varphi \sum_{i=0}^{j} a_i + r_1'\varphi t' \sum_{i=0}^{j} b_i - r_2'\beta \sum_{i=0}^{j} a_i - r_2'\varphi t' \sum_{i=0}^{j} b_i$。

上述线性等式等价于

$$\begin{pmatrix} 1 & \varphi & 0 & 0 \\ 0 & 0 & 1 & \varphi \\ r_1^* & \varphi r_2^* & r_1^* t & \varphi r_2^* t^* \\ r_1' & \varphi r_2' & r_1' t' & \varphi r_2' t' \end{pmatrix} \begin{pmatrix} x \\ y \\ m \\ n \end{pmatrix} = \begin{pmatrix} \log_{g_1}(h) \\ \log_{g_1}(d) \\ \log_{g_1}(V^*) - \phi \\ \log_{g_1}(V') - \tau \end{pmatrix}$$

式中，$t^* = H(U_1^*, U_1^*, e^*, \eta^*)$、$t' = H(U_1', U_2', e', \eta')$ 和 $t^* \neq t'$。

令上述关系式中的系数矩阵为 $\boldsymbol{A} = \begin{pmatrix} 1 & \varphi & 0 & 0 \\ 0 & 0 & 1 & \varphi \\ r_1^* & \varphi r_2^* & r_1^* t & \varphi r_2^* t^* \\ r_1' & \varphi r_2' & r_1' t' & \varphi r_2' t' \end{pmatrix}$，则系数矩阵的行列式为 $\det(\boldsymbol{A}) = \varphi^2 (r_1^* - r_2^*)(r_1' - r_2')(t^* - t')$。由于 $r_1' \neq r_2'$、$r_1^* \neq r_2^*$ 和 $t' \neq t^*$，可知 $\det(\boldsymbol{A}) \neq 0$。这意味着任意一个无效密文 $C' = (U_1', U_2', e', v_1', v_2', \eta')$ 对应一个均匀随机的元组 $(x, y, m, n) \in (Z_q^*)^4$。

由于敌手 $\mathcal{A}$ 猜测私钥 $\text{sk} = (x, y, m, n)$ 正确的概率是 $\frac{2^\lambda}{q^2}$，则解密谕言机 $\mathcal{O}^{\text{Dec}}(\cdot)$ 接收第一个无效密文的概率是 $\frac{2^\lambda}{q^2}$。若第一个无效密文被解密谕言机拒绝，则敌手能从私钥空间 $(Z_q^*)^4$ 中排除相应的无效组合，使得第二个无效密文被解密谕言机接收的概率至多是 $\frac{2^\lambda}{q^2 - 1}$；随着更多的无效密文被解密谕言机所拒绝，使得第 $i$ 个无效密文被解密谕言机接收的概率至多是 $\frac{2^\lambda}{q^2 - i + 1}$。因此，解密谕言机接收一个无效密文的最

大概率为 $\frac{2^{\lambda}}{q^2-q_d+1}$，其中 $q_d$ 是敌手 $\mathcal{A}$ 进行解密询问的最大次数。

综合考虑敌手 $\mathcal{A}$ 进行的 $q_d$ 次解密询问，可知

$$\Pr[\mathcal{F}_2] \leqslant \frac{2^{\lambda} q_d}{q^2-q_d+1}$$

断言 4-2 证毕。

根据断言 4-2，可知

$$\left|\Pr[\mathcal{E}_4]-\Pr[\mathcal{E}_3]\right| \leqslant \Pr[\mathcal{F}_2] \leqslant \frac{2^{\lambda} q_d}{q^2-q_d+1}$$

游戏 $\text{Game}_5$：该游戏与游戏 $\text{Game}_4$ 相类似，但是在该游戏中，模拟器 $\mathcal{S}$ 产生了一个随机消息的加密密文，挑战密文 $C_{\beta}^*=(U_1^*,U_2^*,e^*,v_1^*,v_2^*,\eta^*)$ 中的元素 $e^*$ 是消息空间上的一个随机元素，不包含模拟器 $\mathcal{S}$ 选取的随机数 $\beta$ 的任何信息，挑战密文 $C_{\beta}^*$ 的具体生成过程如下所示。

(1) 选取 $r_1 \leftarrow_R Z_q^*$、$r_2 \leftarrow_R Z_q^*$、$\eta^* \leftarrow_R Z_q^*$、$\beta \leftarrow_R \{0,1\}$ 和 $U_G \leftarrow_R G_T$。

(2) 计算

$$U_1^*=g_1^{r_1},U_2^*=g_2^{r_2},e^*=U_G M_{\beta}$$

(3) 计算

$$V^*=(U_1^*)^{x+t^*m}(U_2^*)^{y+t^*n}$$

其中，$t^*=H(U_1^*,U_2^*,e^*,\eta^*)$。

(4) 计算

$$v_1^*=rH(V^*,U_1^*,e^*),v_2^*=rH(V^*,U_2^*,e^*)$$

在游戏 $\text{Game}_4$ 中，挑战密文 $C_{\beta}^*$ 包含了模拟器 $\mathcal{S}$ 选取的随机数 $\beta$ 的相关信息；但是在游戏 $\text{Game}_5$ 中，挑战密文 $C_{\beta}^*$ 不包含模拟器 $\mathcal{S}$ 选取随机数 $\beta$ 的相关信息，因此在游戏 $\text{Game}_5$ 中，敌手 $\mathcal{A}$ 获胜的优势为 0，即有 $\Pr[\mathcal{E}_5]=\frac{1}{2}$。

在上述 PKE 机制中，通用哈希函数 $H_{\eta}(ab)=ab^{\eta}$ 被视为一个平均情况的强提取器，那么根据引理 2-3 可知

$$\text{SD}(e_4^*,e_5^*) \leqslant \frac{1}{2}\sqrt{q\frac{2^{\lambda}}{q^2}}=\frac{2^{\frac{\lambda}{2}}-1}{\sqrt{q}}$$

式中，$e_4^*$ 和 $e_5^*$ 分别表示游戏 $\text{Game}_4$ 与游戏 $\text{Game}_5$ 中挑战密文 $C_{\beta}^*=(U_1^*,U_2^*,e^*,v_1^*,v_2^*,\eta^*)$ 中的元素 $e^*$。

根据上述讨论可知

$$\left|\Pr[\mathcal{E}_5]-\Pr[\mathcal{E}_4]\right|\leqslant\frac{2^{\frac{\lambda}{2}}-1}{\sqrt{q}}$$

由上述分析可知

$$\left|\Pr[\mathcal{E}_5]-\Pr[\mathcal{E}_0]\right|\leqslant \mathrm{Adv}_{G}^{\mathrm{DDH}}(\kappa)+\frac{2^{\lambda}q_d}{q^2-q_d+1}+\frac{2^{\frac{\lambda}{2}}-1}{\sqrt{q}}$$

因此，有

$$\begin{aligned}\mathrm{Adv}_{\mathrm{PKE},\mathcal{A}}^{\mathrm{LR\text{-}CCA}}(\lambda,\kappa)&=\left|\Pr[\mathcal{E}_0]-\frac{1}{2}\right|=\left|\Pr[\mathcal{E}_1]-\frac{1}{2}\right|\\&\leqslant \Pr[\mathcal{E}_2]+\mathrm{Adv}_{G}^{\mathrm{DDH}}(\kappa)-\frac{1}{2}\\&=\Pr[\mathcal{E}_3]+\mathrm{Adv}_{G}^{\mathrm{DDH}}(\kappa)-\frac{1}{2}\\&\leqslant \Pr[\mathcal{E}_4]+\mathrm{Adv}_{G}^{\mathrm{DDH}}(\kappa)+\frac{2^{\lambda}q_d}{q^2-q_d+1}-\frac{1}{2}\\&\leqslant \Pr[\mathcal{E}_5]+\mathrm{Adv}_{G}^{\mathrm{DDH}}(\kappa)+\frac{2^{\lambda}q_d}{q^2-q_d+1}+\frac{2^{\frac{\lambda}{2}}-1}{\sqrt{q}}-\frac{1}{2}\end{aligned}$$

则 $\mathrm{Adv}_{G,\mathcal{S}}^{\mathrm{DDH}}(\kappa)\geqslant \mathrm{Adv}_{\mathrm{PKE},\mathcal{A}}^{\mathrm{LR\text{-}CCA}}(\lambda,\kappa)\ -\frac{2^{\lambda}q_d}{q^2-q_d+1}-\frac{2^{\frac{\lambda}{2}}-1}{\sqrt{q}}$。

已知公钥 $\mathrm{pk}=(g_2,d,h)$、挑战密文 $C_{\beta}^{*}$ 和关于私钥 $\mathrm{sk}=(x,y,m,n)$ 的 $\lambda$ 比特的泄露信息的前提下，变量 $(U_1^*)^{x+\eta^* m}(U_2^*)^{y+\eta^* n}$ 的剩余平均最小熵至少是 $2\log q-\lambda$。因此，通用哈希函数 $H_{\eta}(ab)=ab^{\eta}$ 是一个平均情况的 $(2\log q-\lambda,\epsilon)$-强提取器，其中 $\epsilon=\frac{2^{\frac{\lambda}{2}-1}}{\sqrt{q}}$。根据引理 2-4 可知

$$\log q\leqslant 2\log q-\lambda-2\log\left(\frac{1}{\epsilon}\right)$$

因此上述 PKE 机制的泄露参数为 $\lambda\leqslant\log q-\omega(\log\kappa)$。

综上所述，对于任意的泄露参数 $\lambda\leqslant\log q-\omega(\log\kappa)$，上述构造是一个具有连续泄露容忍性的 CCA 安全的 PKE 机制。

定理 4-3 证毕。

## 4.5 本章小结

在现有泄露容忍的 PKE 机制中，部分机制要求泄露参数 $\lambda$ 和待加密消息的长度 $l_m$ 间需满足一定的关系，即 $\lambda+l_m \leqslant \log q-\omega(\log \kappa)$；导致上述机制只能通过减小明文的长度来抵抗更多的泄露；此外，部分机制在泄露环境下无法确保密文中的所有元素对于敌手而言是完全随机的，导致任意的 PPT 敌手可以从密文中获知相应私钥的附加信息；并且部分具有抵抗连续泄露攻击的 PKE 机制的密钥更新效率较低。针对上述问题，本章主要对 PKE 机制的抗(连续)泄露性进行研究，介绍了上述问题的解决方案，主要工作包括下述几方面。

(1)提出了性能更优的抵抗泄露攻击的 PKE 机制，该机制能够确保密文中的所有元素对于任意的 PPT 敌手而言都是随机的，使得任意的 PPT 敌手都无法从密文中获知相应私钥的泄露信息；并且泄露参数是一个独立于待加密消息空间的固定值。

(2)为满足现实应用环境对 PKE 机制抵抗连续泄露攻击的需求，在保证公钥不变的前提下，完成了对私钥的更新，实现了抵抗连续泄露攻击的目的，提出了具有连续泄露容忍性的 PKE 机制，该机制依然具有密文的随机性和泄露参数的独立性等优势。

(3)为实现密钥更新算法的高效性，提出了计算效率更高的抵抗连续泄露攻击的 PKE 机制，进一步增强了 PKE 机制的实用性。

### 参考文献

[1] Akavia A, Goldwasser S, Vaikuntanathan V. Simultaneous hardcore bits and cryptography against memory attacks[C]//Proceedings of the 6th Theory of Cryptography Conference, San Francisco, 2009: 474-495.

[2] Cramer R, Shoup V. Universal Hash proofs and a paradigm for adaptive chosen ciphertext secure public-key encryption[C]//Proceedings of the International Conference on the Theory and Applications of Cryptographic Techniques, Amsterdam, 2002: 45-64.

[3] Cramer R, Shoup V. Design and analysis of practical public-key encryption schemes secure against adaptive chosen ciphertext attack[J]. SIAM Journal on Computing, 2003, 33(1): 167-226.

[4] Naor M, Segev G. Public-key cryptosystems resilient to key leakage[C]//Proceedings of the 29th Annual International Cryptology Conference, Santa Barbara, 2009: 18-35.

[5] Li S J, Zhang F T, Sun Y X, et al. Efficient leakage-resilient public key encryption from DDH assumption[J]. Cluster Computing, 2013, 16(4): 797-806.

[6] Liu S L, Weng J, Zhao Y L. Efficient public key cryptosystem resilient to key leakage chosen

ciphertext attacks[C]//Proceedings of the Cryptographers' Track at the RSA Conference, San Francisco, 2013: 84-100.

[7] Dodis Y, Haralambiev K, López-Alt A, et al. Cryptography against continuous memory attacks[C]//Proceedings of the 51th Annual IEEE Symposium on Foundations of Computer Science, Las Vegas, 2010: 511-520.

[8] Qin B D, Liu S L. Leakage-resilient chosen-ciphertext secure public-key encryption from Hash proof system and one-time lossy filter[C]//Proceedings of the 19th International Conference on the Theory and Application of Cryptology and Information Security, Bengaluru, 2013: 381-400.

[9] Qin B D, Liu S L. Leakage-flexible CCA-secure public-key encryption: Simple construction and free of pairing[C]//Proceedings of the 17th International Conference on Practice and Theory in Public-Key Cryptography, Buenos Aires, 2014: 19-36.

[10] Alwen J, Dodis Y, Naor M, et al. Public-key encryption in the bounded-retrieval model[C]//Proceedings of the 29th Annual International Conference on the Theory and Applications of Cryptographic Techniques, Monaco, 2010: 113-134.

[11] Zhou Y W, Yang B. Continuous leakage-resilient public-key encryption scheme with CCA security[J]. The Computer Journal, 2017, 60(8): 1161-1172.

[12] Zhou Y W, Yang B, Zhang W Z, et al. CCA2 secure public-key encryption scheme tolerating continual leakage attacks[J]. Security and Communication Networks, 2016, 9(17): 4505- 4519.

# 第 5 章　基于身份加密机制的泄露容忍性

由于基于身份的密码体制避免了公钥基础设施(public key infrastructure，PKI)中证书从生成、签发、存储、维护、更新、撤销这一系列复杂的管理过程，具有更强的实用性。自 Shamir[1]提出基于身份的密码体制的概念以来，多个设计思路经典且实用的 IBE 机制[2-6]相继被提出。

Alwen 等[7]将 HPS 的概念扩展到基于身份的环境，提出了一个称为基于身份的哈希证明系统(IB-HPS)的新密码学原语，并基于该原语提出了构造 CPA 安全的抗泄露 IBE 机制的通用方法；文献[8]利用强随机性提取器处理泄露信息的方式构造了一个抗泄露攻击的 IBE 机制；然而上述机制[7,8]仅能达到泄露容忍的 CPA 安全性，为了进一步提高抗泄露 IBE 机制的安全性，文献[9]基于 Gentry[6]提出的经典 IBE 机制，设计了一个 CCA 安全的抗泄露 IBE 机制。分析可知，上述构造[8,9]的泄露参数$\lambda$和待加密消息长度$l_m$间满足关系$\lambda+l_m \leqslant \log q-\omega(\log\kappa)$，当秘密信息的泄露量$\lambda$接近$\log q-\omega(\log\kappa)$时，明文消息的长度$l_m$趋近于 0，反之亦然。为了解决上述不足，文献[10]基于文献[11]的方法设计了一个新的抗泄露 IBE 机制，该机制的泄露参数$\lambda$与待加密消息的长度$l_m$无关，是一个固定的常数，即$\lambda \leqslant \log q-\omega(\log\kappa)$。然而，在现有抗泄露 IBE 机制的相关构造中，要么仅考虑有界的泄露容忍性，无法在连续泄露环境下保持其原有的安全性；要么泄露参数受待加密消息长度的影响，导致抗泄露的性能不佳。

针对现有抗泄露 IBE 机制的研究中所存在的不足，本章主要介绍下述内容。

(1) 设计泄露容忍的 IBE 机制，并在随机谕言机模型下，基于 DBDH 困难性假设对相应方案的 CCA 安全性进行证明；此外，确保泄露参数是一个独立于待加密消息空间的固定值，消除泄露参数与待加密消息长度间此消彼长的制约关系。

(2) 构造抵抗连续泄露攻击的 CCA 安全的 IBE 机制，在保证公开参数不变的前提下，对用户的密钥进行定期更新，填补由信息泄露所造成的密钥的熵损失，在泄露环境下使得密钥具有足够的平均最小熵，即使在每一轮的泄露攻击中，敌手通过泄露攻击获得了一定数量的泄露信息，密钥依然保持其原始的随机性；确保密文中的所有元素对敌手的随机性，使得任意敌手均无法从相应的密文中获知密钥的附加信息。在形式化证明过程中，无法生成挑战身份的密钥导致模拟器出现终止，造成该机制的安全性归约过程出现损耗，未实现安全性证明过程的紧归约性质。

(3) 由于紧归约是密码学安全性证明的一个重要性质，本章设计具有紧归约特点的抗泄露 IBE 机制，并在标准模型下基于非静态的安全性假设($q$-ABDHE 假设)对该构造的 CCA 安全性进行了证明。在安全性证明过程中，挑战者能够生成所有身份对应的密钥，确保挑战者能够返回敌手提出的所有密钥生成询问的正确应答，使得证明过程不会产生终止。

(4) 设计性能更优的抵抗连续泄露攻击的 CCA 安全的 IBE 机制，由于在实际应用中敌手的连续泄露攻击会造成系统主密钥的泄露，因此在抵抗用户密钥连续泄露攻击的同时，应提升系统主密钥的抗泄露攻击能力，针对上述需求提出抵抗多密钥(系统主密钥和用户密钥)连续泄露的 IBE 机制，增强抗泄露 IBE 机制的实用性。

## 5.1 基于身份密码体制

1984 年，Shamir[1]提出了一种基于身份加密方案的思想，并征询具体的实现方案，方案中不使用任何证书，直接将用户的唯一公开信息作为公钥，以此来简化 PKI 中基于证书的复杂管理方式；也就是说，在基于身份的加密机制中，可将用户的电话号码、身份证号、邮箱地址等用户的唯一信息作为公钥使用。

例如，用户 Alice 期望与用户 Bob 间以加密的形式进行电子邮件的交流，且 Bob 的邮件地址是Bob@daxue.edu.cn，Alice 只要将“Bob@daxue.edu.cn”作为 Bob 的公钥来加密邮件即可。当 Bob 收到加密的邮件后，向服务器证明自己，并从服务器获得解密用的密钥，再解密就可以阅读邮件，该过程如图 5-1 所示。

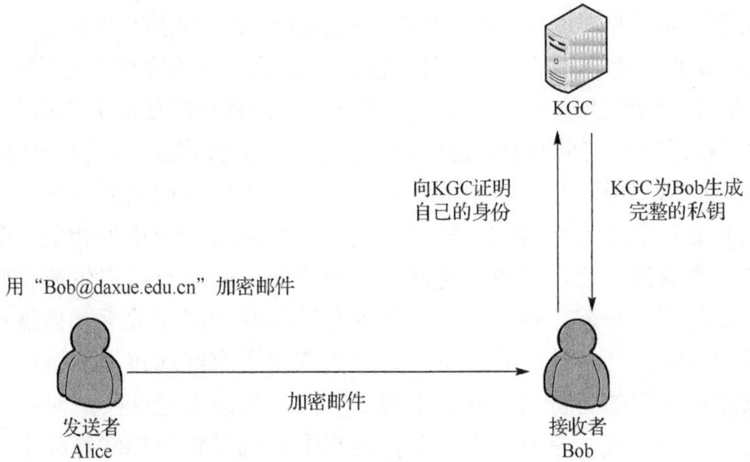


图 5-1 基于身份的加密方案

如图 5-1 所示，在 IBE 机制中，存在一个称为密钥生成中心(key generation center, KGC)的可信第三方为所有用户产生其身份所对应的密钥，即使 Bob 还未建立他的公钥证书，Alice 也可以向他发送加密的邮件。

自 Shamir[1]提出基于身份密码体制的新思想以后，由于没有找到有效的实现工具，其实例化一直是密码学领域的公开问题。直到 2001 年，Boneh 和 Franklin[2]获得了数学上的突破，提出了第一个实用的 IBE 方案，并在随机谕言机模型中对该构造的安全性进行了形式化证明。随后，多个标准模型下的 IBE 机制[3-6]相继被提出，分析现有标准模型下 IBE 机制的构造方法，其安全性证明模型通常分为选择身份安全性和适应性安全性两种，详细介绍如下所示。

1) 选择身份安全性

在选择身份的安全模型中，敌手在挑战者建立系统之前需将自己选定的挑战身份发送给挑战者，此时，挑战身份对挑战者而言是已知的参数，则挑战者将根据挑战身份有针对性地建立相应的 IBE 系统。在 IBE 机制中，选择身份的安全性是较弱的一种安全性定义；然而，在该模型中，由于挑战者提前掌握了挑战身份，因此能对身份空间中的所有身份生成相应的密钥。Boneh 和 Boyen[3]提出了选择身份安全的高效 IBE 机制和 HIBE 机制，并在标准模型下基于 DBDH 困难性假设给出了相应构造 CPA 安全性的形式化证明。

在选择身份模型中，由于在系统建立之前要求敌手提交相应的挑战身份，一定程度上限制了敌手的能力，因此该模型是一个相对较弱的安全模型。

2) 适应性安全性

在适应性安全模型中，敌手在结束训练阶段之后，根据训练结果在挑战阶段才提交挑战身份给挑战者，挑战身份的选取是根据之前的训练结果选择的，并且训练阶段的结束时间是由敌手决定的；对挑战者而言，敌手选择的挑战身份是不可控的，具有一定的随机性。因此挑战者建立 IBE 系统环境的困难程度要高于选择身份的系统建立模式。现有在适应性安全模型下设计 IBE 机制的相关技术通常可以分为以下两类。

(1) 身份空间划分技术。初始化时，挑战者将基于困难问题的公开元组和挑战元组建立相应 IBE 机制的系统环境，挑战者无法掌握挑战元组中的相关信息，相应的困难问题嵌入游戏模拟后，导致其无法为身份空间中的所有用户生成相应的私钥。挑战者为了规避这一缺陷，利用 IBE 机制安全性游戏中限制敌手对挑战身份进行密钥生成询问的事实，巧妙地将身份空间划分为询问子空间和挑战子空间两部分，其中能够生成完整密钥的身份信息属于询问子空间，挑战者无法生成对应密钥的所有身份信息均归属于挑战子空间，在安全性游戏中挑战者将拒绝回答敌手针对挑战子空间中身份提出的密钥生成询问；此外，在挑战阶段敌手提交的挑战身份必须属于挑战子空间，否则安全性游戏将结束。由图 5-2 可知，身份空间划分技术优劣性的衡量标准是划分结果中挑战子空间的大小，即挑战子空间越小，相应 IBE 机制的安全性证明过程效果越佳。因为挑战子空间越小，询问身份以大概率落在询问子空间中，那么在询问阶段模拟器终止的可能性越小。

Boneh 和 Boyen[4]通过矩阵标注的方法对身份空间进行了划分，将用户的身份信息转换成一个矩阵，根据矩阵元素特征将身份空间划分为两个子空间；该方法虽实现了身份空间的有效划分，但是效率较低。为了提高身份划分的实施效率，Waters[5]首先将身份与数值建立联系，然后通过高效的模运算实现了身份空间的划分。该技术通过将身份空间映射到数值空间(该映射是一对一的)，再将数值空间根据模运算后的数值划分成两个集合分别对应身份空间的挑战子空间和询问子空间。由于 Waters 的身份划分方法效率高，因此被广泛地用于各种 IBE 机制的设计中。

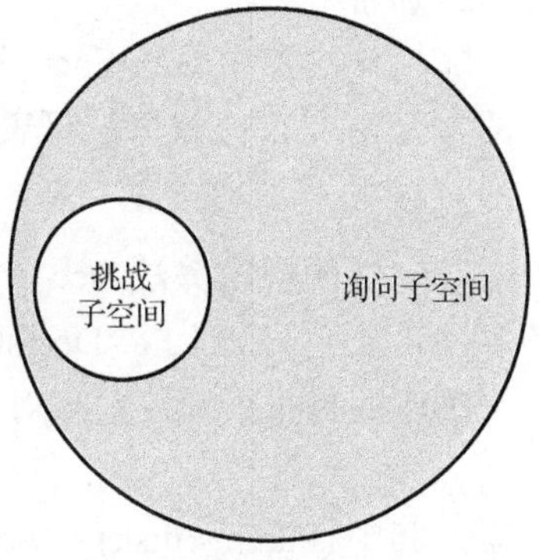

图 5-2　身份空间划分技术

(2)全身份空间技术。身份分离技术中限制敌手不能对挑战空间中的身份进行密钥生成询问，一旦询问则安全游戏将终止，因此该技术对证明的归约过程存在成功的概率，导致归约过程不具备紧的要求。为实现证明过程对紧归约程度的要求，整个身份空间既是询问集合又是挑战集合，这就要求挑战者对身份空间中的任意身份都具备生成相应密钥的能力。Gentry[6]基于非静态的困难性假设($q$-ABDHE)实现了全身份空间技术，实现了安全性证明过程的紧归约性质。

# 5.2　基于身份加密机制的定义及泄露容忍的安全模型

在现有 IBE 机制[2-6]的基础上，本节介绍 IBE 机制的形式化定义，并根据现有抗泄露 IBE 机制的研究成果[7-16]，详细介绍 IBE 机制的抗泄露安全模型。

## 5.2.1　IBE 机制的定义

一个 IBE 机制由 Setup、KeyGen、Enc 和 Dec 等算法组成。

1) 初始化

随机化的初始化算法 Setup，其输入是安全参数 $\kappa$，输出是相应的系统参数 Params（为公开的全程参数）和主密钥 msk；该算法可表示为 $(\text{Params}, \text{msk}) \leftarrow \text{Setup}(1^{\kappa})$。

系统参数 Params 中定义了相应 IBE 机制的身份空间 $\mathcal{ID}$，密钥空间 $\mathcal{SK}$，消息空间 $\mathcal{M}$ 等；此外，Params 是下述算法的公共输入，为了方便起见在下述算法描述时将其省略。

2) 密钥产生

随机化的密钥生成算法 KeyGen，输入是用户身份 $\text{id} \in \mathcal{ID}$ 及主密钥 msk，输出身份 id 所对应的密钥 $\text{sk}_{\text{id}}$；该算法可表示为 $\text{sk}_{\text{id}} \leftarrow \text{KeyGen}(\text{id}, \text{msk})$。

3) 加密

随机化的加密算法 Enc，输入是明文消息 $M \in \mathcal{M}$ 及接收者身份 $\text{id} \in \mathcal{ID}$，输出相应的加密密文 $C$；该算法可表示为 $C \leftarrow \text{Enc}(\text{id}, M)$。

4) 解密

确定性的解密算法 Dec，输入密钥 $\text{sk}_{\text{id}}$ 及密文 $C$，输出相应的解密结果 $M/\perp$；该算法可表示为 $M/\perp \leftarrow \text{Dec}(\text{sk}_{\text{id}}, C)$。

IBE 机制的正确性要求对于任意的消息 $M \in \mathcal{M}$ 和用户身份 $\text{id} \in \mathcal{ID}$，有等式

$$M = \text{Dec}[\text{sk}_{\text{id}}, \text{Enc}(\text{id}, M)]$$

成立，其中 $(\text{Params}, \text{msk}) \leftarrow \text{Setup}(1^{\kappa})$ 和 $\text{sk}_{\text{id}} \leftarrow \text{KeyGen}(\text{id}, \text{msk})$。

### 5.2.2 IBE 机制的抗泄露 CPA 安全性

在有泄露的环境下，要定义 IBE 机制的语义安全性，应允许敌手根据自己选择的身份进行密钥生成询问，即敌手可对自己选择的任意身份 $\text{id} \in \mathcal{ID}$ 询问对应的密钥 $\text{sk}_{\text{id}}$（但敌手不能询问挑战身份的密钥）；除此之外，还需赋予敌手执行多项式有界次泄露询问的能力，唯一的限制是相同身份 id 对应密钥 $\text{sk}_{\text{id}}$ 的泄露信息 $f_i(\text{sk}_{\text{id}})$ 不能超过系统设定的泄露界 $\lambda$。相较于 PKE 机制而言，在 IBE 机制的抗泄露性研究中对模拟者的要求更高，因为需回答敌手对任意身份（包括挑战身份）的泄露询问，因此模拟者必须具有生成所有身份完整私钥的能力；否则，对于部分身份的密钥泄露询问只能通过猜测输出相应的应答，将造成安全性证明过程的归约损耗，即无法实现紧的安全性证明，例如，基于 Waters[5]的技术所构造的抗泄露 IBE 机制，挑战者只能通过猜测的方式应答关于挑战子空间中身份的泄露询问。

IBE 机制泄露容忍的 CPA 安全性游戏包含挑战者 $\mathcal{C}$ 和敌手 $\mathcal{A}$ 两个参与者，具体的消息交互过程如下所示。

1) 初始化

挑战者 $\mathcal{C}$ 输入安全参数 $\kappa$，运行初始化算法 $(\text{Params}, \text{msk}) \leftarrow \text{Setup}(1^{\kappa})$，产生公开的系统参数 Params 和保密的主密钥 msk，并将 Params 发送给敌手 $\mathcal{A}$。

2) 阶段 1（训练）

在该阶段，敌手 $\mathcal{A}$ 可适应性地进行多项式有界次的密钥生成询问和泄露询问。

(1) 密钥生成询问。敌手 $\mathcal{A}$ 进行对身份 $\text{id} \in \mathcal{ID}$ 的密钥生成询问。挑战者 $\mathcal{C}$ 运行密钥生成算法 $\text{sk}_{\text{id}} \leftarrow \text{KeyGen}(\text{id}, \text{msk})$，产生与身份 id 相对应的密钥 $\text{sk}_{\text{id}}$，并把它发送给敌手 $\mathcal{A}$。

(2) 泄露询问。敌手 $\mathcal{A}$ 以高效可计算的泄露函数 $f_i : \{0,1\}^* \to \{0,1\}^{\lambda_i}$ 作为输入，向挑战者 $\mathcal{C}$ 发出关于身份 id 的泄露询问。挑战者 $\mathcal{C}$ 首先运行算法 $\text{sk}_{\text{id}} \leftarrow \text{KeyGen}(\text{id}, \text{msk})$ 生成身份 id 所对应的密钥 $\text{sk}_{\text{id}}$，然后通过泄露谕言机 $\mathcal{O}_{\text{sk}_{\text{id}}}^{\lambda,\kappa}(\cdot)$ 产生密钥 $\text{sk}_{\text{id}}$ 的泄露信息

$f_i(\mathrm{sk_{id}})$，并把 $f_i(\mathrm{sk_{id}})$ 发送给敌手 $\mathcal{A}$。虽然敌手可进行多项式有界次的泄露询问，但是在整个询问过程中关于同一身份密钥的泄露总量不能超过系统设定的泄露界 $\lambda$，即有 $\sum_{i=1}^{t}|f_i(\mathrm{sk_{id}})| \leqslant \lambda$ 成立，其中 $t$ 表示泄露询问的总次数。

3) 挑战

敌手 $\mathcal{A}$ 输出两个等长的明文 $M_0, M_1 \in \mathcal{M}$ 和一个挑战身份 $\mathrm{id}^* \in \mathcal{ID}$，其中 $\mathrm{id}^*$ 不能在阶段 1 的任何密钥生成询问中出现，并且关于密钥 $\mathrm{sk_{id^*}}$ 的泄露信息不能超过系统设定的泄露界 $\lambda$。挑战者 $\mathcal{C}$ 选取随机值 $\beta \leftarrow_R \{0,1\}$，计算挑战密文 $C_\beta^* = \mathrm{Enc}(\mathrm{id}^*, M_\beta)$，并将 $C_\beta^*$ 发送给敌手 $\mathcal{A}$。

4) 阶段 2(训练)

该阶段，敌手 $\mathcal{A}$ 能对除挑战身份 $\mathrm{id}^*$ 之外的任意身份 $\mathrm{id} \in \mathcal{ID}$ (其中 $\mathrm{id} \neq \mathrm{id}^*$) 进行密钥生成询问，挑战者 $\mathcal{C}$ 以阶段 1 中的方式进行回应，这一过程可重复多项式有界次。特别地，在该阶段敌手 $\mathcal{A}$ 不能进行关于任何身份的密钥泄露询问。

5) 猜测

敌手 $\mathcal{A}$ 输出对挑战者 $\mathcal{C}$ 选取随机数 $\beta$ 的猜测 $\beta' \in \{0,1\}$，如果 $\beta' = \beta$，则敌手 $\mathcal{A}$ 攻击成功，即敌手 $\mathcal{A}$ 在该游戏中获胜。

敌手 $\mathcal{A}$ 在上述游戏中获胜的优势定义为关于安全参数 $\kappa$ 和泄露参数 $\lambda$ 的函数：

$$\mathrm{Adv}_{\mathrm{IBE},\mathcal{A}}^{\text{LR-CPA}}(\kappa,\lambda) = \left|\Pr[\beta' = \beta] - \frac{1}{2}\right|$$

特别地，图 5-3 为 IBE 机制抗泄露 CPA 安全性游戏中挑战者 $\mathcal{C}$ 与敌手 $\mathcal{A}$ 间的消息交互过程。

**定义 5-1**　(IBE 机制泄露容忍的 CPA 安全性) 对任意 $\lambda$ 有限的密钥泄露敌手 $\mathcal{A}$，若其在上述游戏中获胜的优势 $\mathrm{Adv}_{\mathrm{IBE},\mathcal{A}}^{\text{LR-CPA}}(\kappa,\lambda)$ 是可忽略的，那么对于任意的泄露参数 $\lambda$，相应的 IBE 机制具有泄露容忍的 CPA 安全性。

**注解 5-1**　当 $\lambda = 0$ 时，即泄露谕言机 $\mathcal{O}_{\mathrm{sk_{id}}}^{\lambda,\kappa}(\cdot)$ 未揭露任何身份对应密钥的相关信息，此时定义 5-1 即为 IBE 机制原始的 CPA 安全性定义。

上述安全性游戏的形式化描述如下。

$\underline{\mathrm{Exp}_{\mathrm{IBE},\mathcal{A}}^{\text{LR-CPA}}(\kappa,\lambda):}$

$(\mathrm{Params}, \mathrm{msk}) \leftarrow \mathrm{Setup}(1^\kappa);$

$(M_0, M_1, \mathrm{id}^*, \mathrm{state}) \leftarrow \mathcal{A}_1^{\mathcal{O}^{\mathrm{KeyGen}}(\cdot), \mathcal{O}_{\mathrm{sk_{id}}}^{\lambda,\kappa}(\cdot)}(\mathrm{Params}), \text{where } |M_0| = |M_1|;$

$C_\beta^* = \mathrm{Enc}(\mathrm{id}^*, M_\beta), \beta \leftarrow_R \{0,1\};$

$\beta' \leftarrow \mathcal{A}_2^{\mathcal{O}_{\neq \mathrm{id}^*}^{\mathrm{KeyGen}}(\cdot)}(\mathrm{Params}, \mathrm{id}^*, C_\beta^*, \mathrm{state});$

$\text{If } \beta' = \beta, \text{output 1; Otherwise output 0.}$

其中，$\mathcal{O}_{\mathrm{sk_{id}}}^{\lambda,\kappa}(\cdot)$是泄露谕言机，敌手$\mathcal{A}$可获得关于任何身份$\mathrm{id}\in\mathcal{ID}$对应密钥$\mathrm{sk_{id}}$的泄露信息，且同一密钥$\mathrm{sk_{id}}$的最大泄露量是$\lambda$比特；$\mathcal{O}^{\mathrm{KeyGen}}(\cdot)$表示敌手$\mathcal{A}$向挑战者$\mathcal{C}$做任意身份的密钥生成询问；$\mathcal{O}_{\neq\mathrm{id}^*}^{\mathrm{KeyGen}}(\cdot)$表示敌手$\mathcal{A}$向挑战者$\mathcal{C}$做除挑战身份$\mathrm{id}^*$之外的任意身份的密钥生成询问。

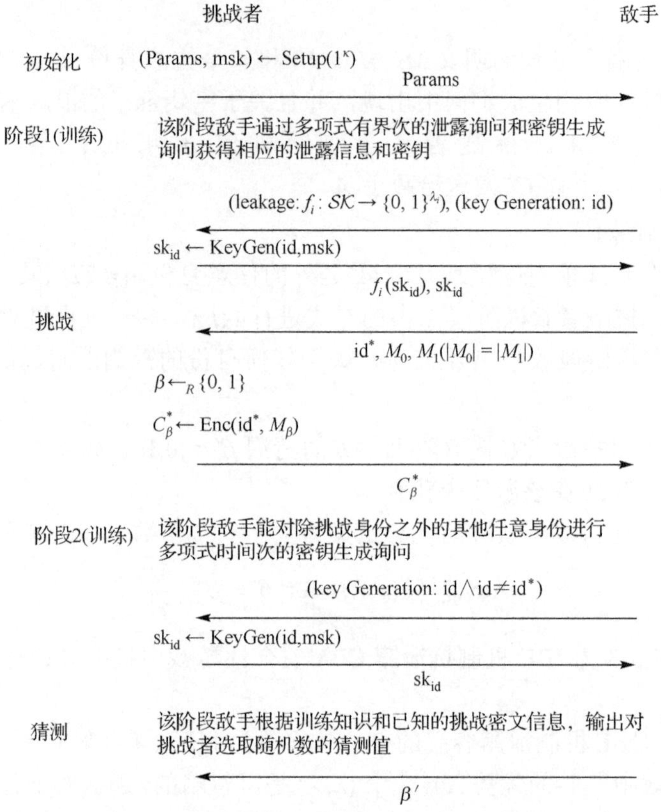


图 5-3　IBE 机制泄露容忍的 CPA 安全性游戏

在交互式实验$\mathrm{Exp}_{\mathrm{IBE},\mathcal{A}}^{\mathrm{LR\text{-}CPA}}(\kappa,\lambda)$中，敌手$\mathcal{A}$的优势定义为

$$\mathrm{Adv}_{\mathrm{IBE},\mathcal{A}}^{\mathrm{LR\text{-}CPA}}(\kappa,\lambda)=\left|\Pr[\mathrm{Exp}_{\mathrm{IBE},\mathcal{A}}^{\mathrm{LR\text{-}CPA}}(\kappa,\lambda)=1]-\Pr[\mathrm{Exp}_{\mathrm{IBE},\mathcal{A}}^{\mathrm{LR\text{-}CPA}}(\kappa,\lambda)=0]\right|$$

相较于 PKE 机制的安全模型，在 IBE 机制中敌手能够对其选择的任意身份进行密钥生成询问，通过该询问获知相应身份所对应的密钥，因此 IBE 机制中需要模拟器具有生成用户完整密钥的能力。

类似地，在定义 5-1 的基础上，可得到 IBE 机制的连续泄露容忍的 CPA 安全性定义。首先定义 IBE 机制的密钥更新算法及更新密钥的性质。

随机化的密钥更新算法Update，输入当前有效的密钥$\mathrm{sk_{id}}$、系统公开参数Params及相应的辅助参数tk，输出身份id的一个新密钥$\mathrm{sk}'_{\mathrm{id}}$，满足条件$\mathrm{sk}'_{\mathrm{id}}\neq\mathrm{sk_{id}}$和$|\mathrm{sk_{id}}|=|\mathrm{sk}'_{\mathrm{id}}|$，

且对于任意的 PPT 敌手而言，原始密钥 $\mathrm{sk_{id}}$ 和更新后的密钥 $\mathrm{sk'_{id}}$ 是不可区分的；该算法可表示为 $\mathrm{sk'_{id}} \leftarrow \mathrm{Update}(\mathrm{sk_{id}}, \mathrm{Params}, \mathrm{tk})$，其中辅助参数 tk 并不是必需的输入，根据具体构造来决定。

特别地，密钥更新算法的执行不影响 IBE 机制的安全性，即对于任意的消息 $M \in \mathcal{M}$ 和用户身份 $\mathrm{id} \in \mathcal{ID}$ 而言，有等式

$$M = \mathrm{Dec}[\mathrm{sk'_{id}}, \mathrm{Enc}(\mathrm{id}, M)]$$

成立，其中 $\mathrm{sk_{id}} \leftarrow \mathrm{KeyGen}(\mathrm{id}, \mathrm{msk})$ 和 $\mathrm{sk'_{id}} \leftarrow \mathrm{Update}(\mathrm{sk_{id}}, \mathrm{Params}, \mathrm{tk})$。

**定义 5-2** （IBE 机制连续泄露容忍的 CPA 安全性）对于具有密钥更新功能的 IBE 机制，在每一轮的泄露攻击中，对于任意 $\lambda$ 有限的密钥泄露敌手 $\mathcal{A}$（单轮泄露攻击中敌手获得的最大泄露量为 $\lambda$），若其在上述游戏中获胜的优势 $\mathrm{Adv}_{\mathrm{IBE},\mathcal{A}}^{\mathrm{LR\text{-}CPA}}(\kappa, \lambda)$ 是可忽略的，那么相应的 IBE 机制具有连续泄露容忍的 CPA 安全性，且泄露参数为 $\lambda$。

### 5.2.3 IBE 机制泄露容忍的 CCA 安全性

在 IBE 机制中需加强标准 CCA 安全的概念，因为在 IBE 机制中，敌手攻击挑战身份 $\mathrm{id}^*$（即获取与之对应的密钥）时，他可能已有所选用户 id 的密钥（多项式有界个），因此 IBE 机制的选择密文安全的定义就应允许敌手获取与其所选身份 id（除了挑战身份 $\mathrm{id}^*$）相对应的密钥 $\mathrm{sk_{id}}$，我们把这一要求看作对密钥产生算法的询问。

IBE 机制的抗泄露 CCA 安全性游戏包含挑战者 $\mathcal{C}$ 和敌手 $\mathcal{A}$ 两个参与者，具体的消息交互过程如下所示。

1）初始化

挑战者 $\mathcal{C}$ 输入安全参数 $\kappa$，运行系统初始化算法 $(\mathrm{Params}, \mathrm{msk}) \leftarrow \mathrm{Setup}(1^\kappa)$，产生公开的系统参数 Params 和保密的主密钥 msk，并将 Params 发送给敌手 $\mathcal{A}$。

2）阶段 1（训练）

在该阶段，敌手 $\mathcal{A}$ 可适应性地进行多项式有界次的密钥生成询问、解密询问和泄露询问。

(1) 密钥生成询问。敌手 $\mathcal{A}$ 发出对任意身份 $\mathrm{id} \in \mathcal{ID}$ 的密钥生成询问。挑战者 $\mathcal{C}$ 运行密钥生成算法 $\mathrm{sk_{id}} \leftarrow \mathrm{KeyGen}(\mathrm{id}, \mathrm{msk})$，产生与身份 id 相对应的密钥 $\mathrm{sk_{id}}$，并把它发送给敌手 $\mathcal{A}$。

(2) 解密询问。对于任意身份密文对 $(\mathrm{id}, C)$ 的解密询问，挑战者 $\mathcal{C}$ 运行密钥生成算法 $\mathrm{sk_{id}} \leftarrow \mathrm{KeyGen}(\mathrm{id}, \mathrm{msk})$，产生与该身份 id 相对应的密钥 $\mathrm{sk_{id}}$，再运行解密算法 $M/\perp \leftarrow \mathrm{Dec}(\mathrm{sk_{id}}, C)$，将相应的解密结果 $M/\perp$ 发送给敌手 $\mathcal{A}$。

(3) 泄露询问。敌手 $\mathcal{A}$ 以高效可计算的泄露函数 $f_i : \{0,1\}^* \to \{0,1\}^{\lambda_i}$ 作为输入，向挑战者 $\mathcal{C}$ 发出关于身份 $\mathrm{id} \in \mathcal{ID}$ 的泄露询问。$\mathcal{C}$ 首先运行算法 $\mathrm{sk_{id}} \leftarrow \mathrm{KeyGen}(\mathrm{id}, \mathrm{msk})$ 生成身份 id 所对应的密钥 $\mathrm{sk_{id}}$，然后借助泄露谕言机 $\mathcal{O}_{\mathrm{sk_{id}}}^{\lambda,\kappa}(\cdot)$ 产生 $\mathrm{sk_{id}}$ 的泄露信息

$f_i(\mathrm{sk_{id}})$，并把 $f_i(\mathrm{sk_{id}})$ 发送给敌手 $\mathcal{A}$ 。虽然敌手可进行多项式有界次的泄露询问，但在整个询问过程中同一身份对应密钥的泄露总量不能超过系统设定的泄露界 $\lambda$，即有 $\sum_{i=1}^{t}|f_i(\mathrm{sk_{id}})| \leqslant \lambda$ 成立，其中 $t$ 表示泄露询问的总次数。

3) 挑战

敌手 $\mathcal{A}$ 输出两个等长的明文 $M_0, M_1 \in \mathcal{M}$ 和一个挑战身份 $\mathrm{id}^* \in \mathcal{ID}$，其中 $\mathrm{id}^*$ 不能在阶段 1 的任何密钥生成询问中出现，并且关于挑战身份 $\mathrm{id}^*$ 对应密钥 $\mathrm{sk_{id^*}}$ 的泄露量不能超过系统设定的泄露界 $\lambda$ 。挑战者 $\mathcal{C}$ 选取随机值 $\beta \leftarrow_R \{0,1\}$，计算挑战密文 $C_\beta^* = \mathrm{Enc}(\mathrm{id}^*, M_\beta)$，并将 $C_\beta^*$ 发送给敌手 $\mathcal{A}$ 。

4) 阶段 2(训练)

该阶段敌手 $\mathcal{A}$ 可进行多项式有界次的密钥生成询问和解密询问。特别地，在该阶段敌手 $\mathcal{A}$ 不能进行关于任何身份的密钥泄露询问。

(1) 密钥生成询问。敌手 $\mathcal{A}$ 能够对除了挑战身份 $\mathrm{id}^*$ 之外的任何身份 $\mathrm{id}(\mathrm{id} \neq \mathrm{id}^*)$ 进行密钥生成询问。挑战者 $\mathcal{C}$ 按阶段 1 中的方式进行回应。

(2) 解密询问。敌手 $\mathcal{A}$ 能够对除了挑战身份和挑战密文对 $(\mathrm{id}^*, C^*)$ 之外的任意身份密文对 $(\mathrm{id}, C)$ 进行解密询问，其中 $(\mathrm{id}, C) \neq (\mathrm{id}^*, C^*)$ 。挑战者 $\mathcal{C}$ 以阶段 1 中的方式进行回应。

5) 猜测

敌手 $\mathcal{A}$ 输出对挑战者 $\mathcal{C}$ 选取随机数 $\beta$ 的猜测值 $\beta' \in \{0,1\}$，如果 $\beta' = \beta$，则敌手 $\mathcal{A}$ 攻击成功，即敌手 $\mathcal{A}$ 在该游戏中获胜。

敌手 $\mathcal{A}$ 获胜的优势定义为安全参数 $\kappa$ 和泄露参数 $\lambda$ 的函数：

$$\mathrm{Adv}_{\mathrm{IBE},\mathcal{A}}^{\mathrm{LR\text{-}CCA}}(\kappa, \lambda) = \left|\Pr[\beta' = \beta] - \frac{1}{2}\right|$$

特别地，图 5-4 为 IBE 机制的抗泄露容忍的 CCA 安全性游戏中挑战者 $\mathcal{C}$ 与敌手 $\mathcal{A}$ 间的消息交互过程。

**定义 5-3** (IBE 机制泄露容忍的 CCA 安全性) 对任意 $\lambda$ 有限的密钥泄露敌手 $\mathcal{A}$，若其在上述游戏中获胜的优势 $\mathrm{Adv}_{\mathrm{IBE},\mathcal{A}}^{\mathrm{LR\text{-}CCA}}(\kappa, \lambda)$ 是可忽略的，那么对于任意的泄露参数 $\lambda$，相应的 IBE 机制具有泄露容忍的 CCA 安全性。

**注解 5-2** 当 $\lambda$=0 时，定义 5-3 是 IBE 机制原始的 CCA 安全性定义。

上述安全性游戏的形式化描述如下所示。

$\underline{\mathrm{Exp}_{\mathrm{IBE},\mathcal{A}}^{\mathrm{LR\text{-}CCA}}(\kappa, \lambda):}$

$(\mathrm{Params}, \mathrm{msk}) \leftarrow \mathrm{Setup}(1^\kappa);$

$(M_0, M_1, \mathrm{id}^*, \mathrm{state}) \leftarrow \mathcal{A}^{\mathcal{O}^{\mathrm{KeyGen}}(\cdot), \mathcal{O}_{\mathrm{sk_{id}}}^{\lambda,\kappa}(\cdot), \mathcal{O}^{\mathrm{Dec}}(\cdot)}(\mathrm{Params}), \text{where } |M_0| = |M_1|;$

$$C_\beta^* = \mathrm{Enc}\left(\mathrm{id}^*, M_\beta\right), \beta \leftarrow_R \{0,1\};$$

$$\beta' \leftarrow \mathcal{A}^{\mathcal{O}_{\neq \mathrm{id}^*}^{\mathrm{KeyGen}}(\cdot), \mathcal{O}_{\neq(\mathrm{id}^*, C_\beta^*)}^{\mathrm{Dec}}(\cdot)}(\mathrm{Params}, \mathrm{id}^*, C_\beta^*, \mathrm{state});$$

If $\beta' = \beta$, output 1; Otherwise output 0。

其中，$\mathcal{O}^{\mathrm{Dec}}(\cdot)$ 表示敌手 $\mathcal{A}$ 向挑战者 $\mathcal{C}$ 做关于任意身份密文对 $(\mathrm{id}, C)$ 的解密询问；挑战者先执行相应身份 id 的密钥生成算法 $\mathrm{sk_{id}} \leftarrow \mathrm{KeyGen(id, msk)}$ 获得相应的密钥 $\mathrm{sk_{id}}$，再运行解密算法 $M/\perp \leftarrow \mathrm{Dec}(\mathrm{sk_{id}}, C)$ 对询问密文 $C$ 进行解密，并返回相应的解密结果 $M/\perp$ 给敌手 $\mathcal{A}$；$\mathcal{O}_{\neq(\mathrm{id}^*, C_\beta^*)}^{\mathrm{Dec}}(\cdot)$ 表示敌手 $\mathcal{A}$ 向挑战者 $\mathcal{C}$ 执行除 $(\mathrm{id}^*, C_\beta^*)$ 以外的关于其他任意身份密文对 $(\mathrm{id}, C) \neq (\mathrm{id}^*, C_\beta^*)$ 的解密询问，并获得相应的解密结果 $M/\perp$。

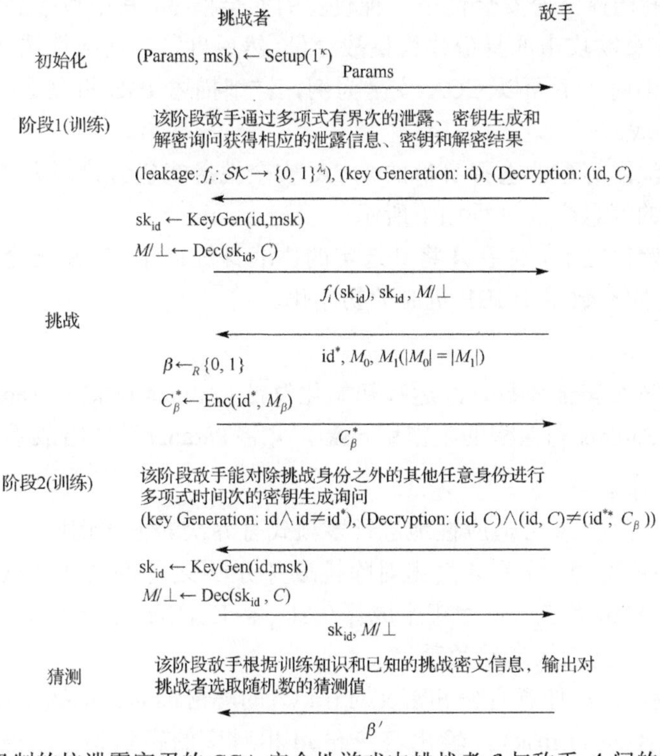


图 5-4　IBE 机制的抗泄露容忍的 CCA 安全性游戏中挑战者 $\mathcal{C}$ 与敌手 $\mathcal{A}$ 间的消息交互过程

在交互式实验 $\mathrm{Exp}_{\mathrm{IBE},\mathcal{A}}^{\mathrm{LR\text{-}CCA}}(\kappa,\lambda)$ 中，敌手 $\mathcal{A}$ 的优势定义为安全参数 $\kappa$ 和泄露参数 $\lambda$ 的函数

$$\mathrm{Adv}_{\mathrm{IBE},\mathcal{A}}^{\mathrm{LR\text{-}CCA}}(\kappa,\lambda) = \left|\Pr[\mathrm{Exp}_{\mathrm{IBE},\mathcal{A}}^{\mathrm{LR\text{-}CCA}}(\kappa,\lambda)=1] - \Pr[\mathrm{Exp}_{\mathrm{IBE},\mathcal{A}}^{\mathrm{LR\text{-}CCA}}(\kappa,\lambda)=0]\right|$$

类似地，在定义 5-3 的基础上，可得到 IBE 机制连续泄露容忍的 CCA 安全性定义。

**定义 5-4**　(IBE 机制连续泄露容忍的 CCA 安全性) 对于具有密钥更新功能的 IBE 机制，在每一轮的泄露攻击中，若任意 $\lambda$ 有限的密钥泄露敌手 $\mathcal{A}$ 在上述游戏中

获胜的优势 $\mathrm{Adv}_{\mathrm{IBE},\mathcal{A}}^{\mathrm{LR\text{-}CCA}}(\kappa,\lambda)$ 是可忽略的，那么相应的 IBE 机制具有连续泄露容忍的 CCA 安全性，且泄露参数为 $\lambda$。

### 5.2.4 IBE 机制选定身份的安全性

IBE 机制的上述安全模型中，敌手能发起适应性选择密文询问和适应性选择身份询问，询问结束后，敌手适应性选择一个希望攻击的身份作为抗战身份，并以这个身份联合两个等长的明文消息去挑战方案的语义安全性。然而，在 IBE 机制的实际构造中，多数方案无法在上述适应性安全模型下得到相应的证明，针对该问题 IBE 机制选择身份的安全模型被提出。

IBE 机制的选择身份安全性是一种较弱的安全模型，其中敌手必须事先选取(非适应性地)一个意欲攻击的身份作为挑战身份，然后再发起适应性选择密文询问和适应性选择身份询问。下面以 CCA 安全为例，详细描述 IBE 机制选择身份的抗泄露 CCA 安全性游戏。

IBE 机制泄露容忍的选择身份的 CCA 安全性游戏包含挑战者 $\mathcal{C}$ 和敌手 $\mathcal{A}$ 两个参与者，具体的消息交互过程如下所示。

在进行初始化之前，敌手 $\mathcal{A}$ 将其选定的挑战身份 $\mathrm{id}^* \in \mathcal{ID}$ 发送给挑战者 $\mathcal{C}$，则 $\mathcal{C}$ 可将 $\mathrm{id}^*$ 作为已知参数用于 IBE 机制的初始化。

1) 初始化

挑战者 $\mathcal{C}$ 输入安全参数 $\kappa$，运行初始化算法 $(\mathrm{Params},\mathrm{msk}) \leftarrow \mathrm{Setup}(1^\kappa)$，产生公开的系统参数 Params 和保密的主密钥 msk，并将 Params 发送给敌手 $\mathcal{A}$。

2) 阶段 1(训练)

在该阶段，敌手 $\mathcal{A}$ 可适应性地进行多项式有界次的下述询问。

(1) 密钥生成询问。敌手 $\mathcal{A}$ 发出对除挑战身份 $\mathrm{id}^*$ 之外的其他任意身份 $\mathrm{id} \in \mathcal{ID}$ 的密钥生成询问。挑战者 $\mathcal{C}$ 运行密钥生成算法 $\mathrm{sk}_{\mathrm{id}} \leftarrow \mathrm{KeyGen}(\mathrm{id},\mathrm{msk})$，产生与身份 id 对应的密钥 $\mathrm{sk}_{\mathrm{id}}$，并把它发送给敌手 $\mathcal{A}$。

(2) 解密询问。对任意身份和密文对 $(\mathrm{id},C)$ 的解密询问。挑战者 $\mathcal{C}$ 运行密钥生成算法 $\mathrm{sk}_{\mathrm{id}} \leftarrow \mathrm{KeyGen}(\mathrm{id},\mathrm{msk})$，输出与身份 id 相对应的密钥 $\mathrm{sk}_{\mathrm{id}}$，再运行解密算法 $M/\perp \leftarrow \mathrm{Dec}(\mathrm{sk}_{\mathrm{id}},C)$，并将相应的解密结果 $M/\perp$ 发送给敌手 $\mathcal{A}$。

(3) 泄露询问。敌手 $\mathcal{A}$ 以高效可计算的函数 $f_i:\{0,1\}^* \rightarrow \{0,1\}^{\lambda_i}$ 作为输入，向挑战者 $\mathcal{C}$ 发出关于身份 $\mathrm{id} \in \mathcal{ID}$ 的泄露询问。$\mathcal{C}$ 首先运行算法 $\mathrm{sk}_{\mathrm{id}} \leftarrow \mathrm{KeyGen}(\mathrm{id},\mathrm{msk})$ 生成身份 id 对应的密钥 $\mathrm{sk}_{\mathrm{id}}$，然后借助泄露谕言机 $\mathcal{O}_{\mathrm{sk}_{\mathrm{id}}}^{\lambda,\kappa}(\cdot)$ 产生 $\mathrm{sk}_{\mathrm{id}}$ 的泄露信息 $f_i(\mathrm{sk}_{\mathrm{id}})$，并把 $f_i(\mathrm{sk}_{\mathrm{id}})$ 发送给敌手 $\mathcal{A}$。虽然敌手可进行多项式有界次的泄露询问，但在整个询问过程中同一身份对应密钥的泄露总量不能超过系统设定的泄露界 $\lambda$，那么挑战身份 $\mathrm{id}^*$ 对应密钥 $\mathrm{sk}_{\mathrm{id}^*}$ 的泄露信息未超过系统设定的泄露界 $\lambda$。

3) 挑战

敌手 $\mathcal{A}$ 输出两个等长的明文 $M_0, M_1 \in \mathcal{M}$。挑战者 $\mathcal{C}$ 选取随机值 $\beta \leftarrow_R \{0,1\}$，计算挑战密文 $C_\beta^* = \text{Enc}(\text{id}^*, M_\beta)$，并将 $C_\beta^*$ 发送给敌手 $\mathcal{A}$。

4) 阶段 2(训练)

该阶段敌手 $\mathcal{A}$ 可进行多项式有界次的密钥生成询问和解密询问。特别地，在该阶段敌手 $\mathcal{A}$ 不能进行关于任何身份密钥的泄露询问。

(1) 密钥生成询问。敌手 $\mathcal{A}$ 能够对除了挑战身份 $\text{id}^*$ 的任何身份 $\text{id}(\text{id} \neq \text{id}^*)$ 进行密钥生成询问。挑战者 $\mathcal{C}$ 按阶段 1 中的方式进行回应。

(2) 解密询问。敌手 $\mathcal{A}$ 能够对除了挑战身份和挑战密文的任意身份密文对 $(\text{id}, C)$ 进行解密询问，其中 $(\text{id}, C) \neq (\text{id}^*, C^*)$，挑战者 $\mathcal{C}$ 以阶段 1 中的方式进行应答。

5) 猜测

敌手 $\mathcal{A}$ 输出对挑战者 $\mathcal{C}$ 选取随机数 $\beta$ 的猜测值 $\beta' \in \{0,1\}$，如果 $\beta' = \beta$，则敌手 $\mathcal{A}$ 攻击成功，即敌手 $\mathcal{A}$ 在该游戏中获胜。

敌手 $\mathcal{A}$ 获胜的优势定义为安全参数 $\kappa$ 和泄露参数 $\lambda$ 的函数：

$$\text{Adv}_{\text{IBE},\mathcal{A}}^{\text{LR-SID-CCA}}(\kappa, \lambda) = \left| \Pr[\beta' = \beta] - \frac{1}{2} \right|$$

图 5-5 为 IBE 机制泄露容忍的选择身份的 CCA 安全性游戏。

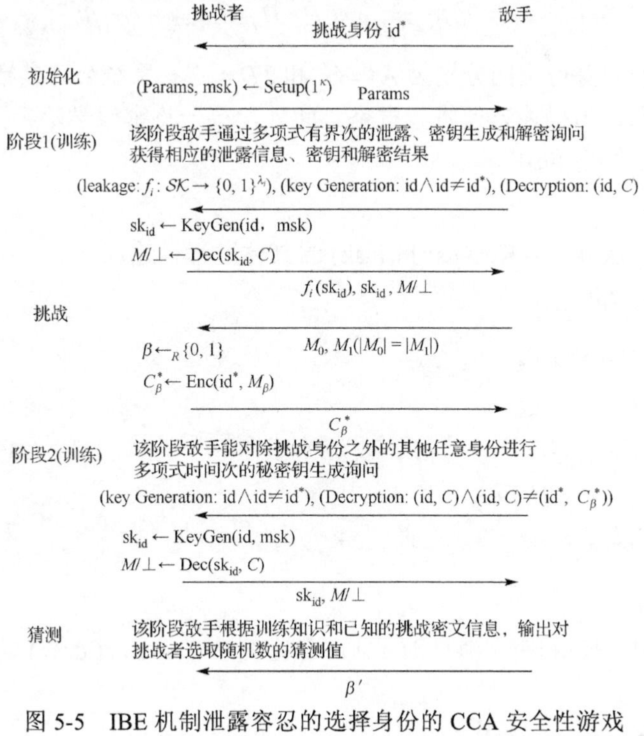


图 5-5　IBE 机制泄露容忍的选择身份的 CCA 安全性游戏

**定义 5-5**　(IBE 机制选择身份的泄露容忍的 CCA 安全性) 对任意 $\lambda$ 有限的密钥泄露敌手 $\mathcal{A}$，若其在上述游戏中获胜的优势 $\mathrm{Adv}_{\mathrm{IBE},\mathcal{A}}^{\mathrm{LR\text{-}SID\text{-}CCA}}(\kappa,\lambda)$ 是可忽略的，那么相应的 IBE 机制具有泄露容忍的选择身份的 CCA 安全性，且泄露参数为 $\lambda$。

## 5.3　抗泄露 CCA 安全的 IBE 机制

本节将介绍抵抗有界泄露攻击的 CCA 安全的 IBE 机制的构造及安全性证明。

### 5.3.1　具体构造

1) 系统初始化

系统初始化算法 $(\mathrm{Params},\mathrm{msk}) \leftarrow \mathrm{Setup}(1^\kappa)$ 的具体过程描述如下。

$\underline{\mathrm{Setup}(1^\kappa)}$:

计算 $\mathbb{G}'=[q,G_1,G_2,e(\cdot,\cdot),g] \leftarrow \mathcal{G}'(1^\kappa)$;

选取抗碰撞的哈希函数 $H_1:\{0,1\}^* \rightarrow Z_q^*, H_2:\{0,1\}^* \rightarrow G_1$;

选取 $\alpha,\beta \leftarrow_R Z_q^*$ 和 $u,h,g_3 \leftarrow_R G_1$, 计算

$$g_1=g^\alpha, g_2=g^\beta$$

输出 $\mathrm{Params}=(\mathbb{G}',g_1,g_2,g_3,u,h,H_1,H_2)$ 和 $\mathrm{msk}=(\alpha,\beta)$。

令消息空间和身份空间分别为 $\mathcal{M}=G_2$ 和 $\mathcal{ID}=Z_q^*$。系统公开参数 Params 是下述算法的公共输入，为描述方便将其省略。此外，统一将密码学哈希函数的输入定义为任意长度的字符串 $\{0,1\}^*$。

2) 密钥生成

密钥生成算法 $\mathrm{sk}_{\mathrm{id}} \leftarrow \mathrm{KeyGen}(\mathrm{id},\mathrm{msk})$ 的具体过程描述如下。

$\underline{\mathrm{KeyGen}(\mathrm{id},\mathrm{msk})}$:

选取 $r,t \leftarrow_R Z_q^*$;

计算

$$\mathrm{sk}_{\mathrm{id},1}=(dg_3^{-t})^\alpha(u^{\mathrm{id}}h)^r, \mathrm{sk}_{\mathrm{id},2}=(dg_3^{-t})^\beta(u^{\mathrm{id}}h)^r, \mathrm{sk}_{\mathrm{id},3}=g^{-r}, \mathrm{sk}_{\mathrm{id},4}=t$$

其中，$d=H_2(\mathrm{id})$。

输出 $\mathrm{sk}_{\mathrm{id}}=(\mathrm{sk}_{\mathrm{id},1},\mathrm{sk}_{\mathrm{id},2},\mathrm{sk}_{\mathrm{id},3},\mathrm{sk}_{\mathrm{id},4})$。

3) 加密算法

对于身份 $\mathrm{id}\in\mathcal{ID}$ 和明文消息 $M\in\mathcal{M}$，加密算法 $C\leftarrow\mathrm{Enc}(\mathrm{id},M)$ 的具体过程如下。

$\underline{\text{Enc}(\text{id}, M)}$:

选取$s \leftarrow_R Z_q^*$,计算

$$c_1 = g^s, c_2 = (u^{\text{id}}h)^s, c_3 = e(g_1, g_3)^s, c_4 = e(g_2, g_3)^s$$

选取$\eta \leftarrow_R Z_q^*$,计算

$$c_5 = e(d, g_1)^s e(d, g_2)^{s\eta} M$$

其中，$d = H_2(\text{id})$。

计算

$$c_6 = e(d, g_1)^{s\mu} e(d, g_2)^s$$

其中，$\mu = H_1(c_1, c_2, c_3, c_4, c_5, \eta)$。

输出$C = (c_1, c_2, c_3, c_4, c_5, c_6, \eta)$。

**注解 5-3**　加密算法的随机提取操作由特殊的通用哈希函数 $H_\eta(a,b) = ab^\eta$ 实现（该函数可视为一个强随机提取器），其中 $a = e(d, g_1)^s$ 、 $b = e(d, g_2)^s$ 和 $\eta \in Z_q^*$ 。类似地，密文元素 $c_6$ 同样是由通用哈希函数 $H_\mu(b,a) = ba^\mu$ 生成的，其中 $\mu \in Z_q^*$ 。

**注解 5-4**　加密算法构造了两个临时密钥 $e(d, g_1)^s$ 和 $e(d, g_2)^s$ ，两个密钥都参与加密明文消息和生成密文合法性的验证信息，其中主私钥中的秘密参数 $\alpha$ 和 $\beta$ 通过 $g_1$ 与 $g_2$ 传递到临时密钥中。

4) 解密算法

对于密钥 $\text{sk}_{\text{id}} = (\text{sk}_{\text{id},1}, \text{sk}_{\text{id},2}, \text{sk}_{\text{id},3}, \text{sk}_{\text{id},4})$ 和密文 $C = (c_1, c_2, c_3, c_4, c_5, c_6, \eta)$ ，解密算法 $M \leftarrow \text{Dec}(\text{sk}_{\text{id}}, C)$ 的具体过程如下。

$\underline{\text{Dec}_4(\text{sk}_{\text{id}}, C)}$:

计算

$$\omega_1 = e(\text{sk}_{\text{id},1}, c_1) e(\text{sk}_{\text{id},3}, c_2)(c_3)^{\text{sk}_{\text{id},4}}, \omega_2 = e(\text{sk}_{\text{id},2}, c_1) e(\text{sk}_{\text{id},3}, c_2)(c_4)^{\text{sk}_{\text{id},4}}$$

计算

$$\mu = H_1(c_1, c_2, c_3, c_4, c_5, \eta)$$

若有$c_6 = \omega_1^\mu \omega_2$成立,则输出$M = c_5(\omega_1 \omega_2^\eta)^{-1}$;否则输出$\perp$。

### 5.3.2　正确性

上述 IBE 机制密文合法性验证和解密操作的正确性将从下述等式获得。

$$\begin{aligned}
\omega_1 &= e(\text{sk}_{\text{id},1}, c_1) e(\text{sk}_{\text{id},3}, c_2)(c_3)^{\text{sk}_{\text{id},4}} \\
&= e[(dg_3^{-t})^\alpha (u^{\text{id}}h)^r, g^s] e[g^{-r}, (u^{\text{id}}h)^s] e(g_1, g_3)^{st} \\
&= e(d^\alpha, g^s) = e(d, g_1)^s
\end{aligned}$$

$$\begin{aligned}\omega_2 &= e(\mathrm{sk}_{\mathrm{id},2},c_1)e(\mathrm{sk}_{\mathrm{id},3},c_2)(c_4)^{\mathrm{sk}_{\mathrm{id},4}} \\ &= e[(dg_3^{-t})^{\beta}(u^{\mathrm{id}}h)^r,g^s]e[g^{-r},(u^{\mathrm{id}}h)^s]e(g_2,g_3)^{st} \\ &= e(d^{\beta},g^s)=e(d,g_2)^s\end{aligned}$$

### 5.3.3 安全性证明

**定理 5-1**　在随机谕言机模型下，若经典的 DBDH 困难性假设成立，那么对于任意的泄露参数 $\lambda \leqslant 2\log q-\omega(\log\kappa)$，上述构造是一个抵抗泄露攻击的 CCA 安全的 IBE 机制。

**证明**　通过下述系列游戏完成对定理 5-1 的证明，其中每个游戏包括模拟器 $\mathcal{S}$ 和敌手 $\mathcal{A}$ 两个参与者。对于 $i=0,1,\cdots,4$，定义事件 $\mathcal{E}_i$ 表示敌手 $\mathcal{A}$ 在游戏 $\mathrm{Game}_i$ 中输出了模拟器选取随机数 $b$ 的正确猜测 $b'$(由于上述方案的构造中使用了$\beta$, 为区分随机参数，下面证明过程使用 $b$ 标记挑战密文)，则敌手 $\mathcal{A}$ 在游戏 $\mathrm{Game}_i$ 中获胜的概率和优势分别表示为

$$\Pr[\mathcal{E}_i]=\Pr[b'=b \text{ in } \mathrm{Game}_i] \text{ 和 } \mathrm{Adv}_{\mathcal{A},\mathcal{S}}^{\mathrm{Game}_i}(\lambda,\kappa)=\left|\Pr[\mathcal{E}_i]-\frac{1}{2}\right|$$

游戏 $\mathrm{Game}_0$：该游戏是 IBE 机制原始的抗泄露 CCA 安全性游戏，则有

$$\mathrm{Adv}_{\mathrm{IBE},\mathcal{A}}^{\mathrm{LR\text{-}CCA}}(\lambda,\kappa)=\left|\Pr[\mathcal{E}_0]-\frac{1}{2}\right|$$

游戏 $\mathrm{Game}_1$：该游戏与游戏 $\mathrm{Game}_0$ 相类似，但在游戏 $\mathrm{Game}_1$ 中，模拟器 $\mathcal{S}$ 使用密钥 $\mathrm{sk}_{\mathrm{id}}=(\mathrm{sk}_{\mathrm{id},1},\mathrm{sk}_{\mathrm{id},2},\mathrm{sk}_{\mathrm{id},3},\mathrm{sk}_{\mathrm{id},4})$ 生成相应的挑战密文 $C_b^*=(c_1^*,c_2^*,c_3^*,c_4^*,c_5^*,c_6^*,\eta)$，具体过程如下所示。

1) 初始化

为建立 IBE 机制的系统环境，模拟器 $\mathcal{S}$ 进行下述操作。

(1) 随机选取 $x,y,\beta,m,n \leftarrow_R Z_q^*$，并计算

$$u=g^m、h=g^n、g_1=g^x\ (\text{隐含 } \alpha=x)、g_2=g^{\beta} \text{ 和 } g_3=g^y$$

(2) 选取单向哈希函数 $H_1:\{0,1\}^* \to Z_q^*$ 和一个随机谕言机 $H_2:\{0,1\}^* \to G_1$。

(3) 将公开系统参数 $\mathrm{Params}=(\mathbb{G}',g_1,g_2,g_3,u,h,H_1,H_2)$ 给敌手 $\mathcal{A}$。特别地，模拟器 $\mathcal{S}$ 掌握了主私钥 $\mathrm{msk}=(x,\beta)$。此外维护一个初始为空的列表 $L$ 用于记录对随机谕言机 $H_2$ 的应答结果，具体应答过程为：随机选取 $\delta,t \leftarrow_R Z_q^*$，计算 $d=g^{\delta}g_3^{-t}$，在列表 $L$ 中记录相应的元组 $(\mathrm{id},d,\delta,t)$ 后返回 $d$。

2) 阶段 1(训练)

该阶段敌手适应性地进行多项式时间次的密钥生成询问、解密询问和泄露询问。

(1) 密钥生成询问。对于任意身份 $\mathrm{id}\in\mathcal{ID}$ 的密钥生成询问，模拟器 $\mathcal{S}$ 通过下述运算返回相应的私钥 $\mathrm{sk}_{\mathrm{id}}=(\mathrm{sk}_{\mathrm{id},1},\mathrm{sk}_{\mathrm{id},2},\mathrm{sk}_{\mathrm{id},3},\mathrm{sk}_{\mathrm{id},4})$ 给敌手 $\mathcal{A}$。

对身份 id 进行随机谕言机 $H_2$ 询问，获得相应的应答 $d=g^{\delta}g_3^{-t}$；并且在该询问中相应的元组 $(\mathrm{id},d,\delta,t)$ 将被添加到列表 $L$ 中。

随机选取 $r\leftarrow_R Z_q^*$，计算

$$\mathrm{sk}_{\mathrm{id},1}=g_1^{\delta}(u^{\mathrm{id}}h)^r\text{、}\ \mathrm{sk}_{\mathrm{id},2}=g_2^{\delta}(u^{\mathrm{id}}h)^r\text{、}\ \mathrm{sk}_{\mathrm{id},3}=g^{-r}\text{和}\ \mathrm{sk}_{\mathrm{id},4}=t\text{。}$$

特别地，由下述等式可知，$\mathrm{sk}_{\mathrm{id}}=(\mathrm{sk}_{\mathrm{id},1},\mathrm{sk}_{\mathrm{id},2},\mathrm{sk}_{\mathrm{id},3},\mathrm{sk}_{\mathrm{id},4})$ 是身份 id 的有效密钥。模拟器 $\mathcal{S}$ 能够为身份空间中包括挑战身份在内的所有身份生成对应的密钥。

$$g_1^{\delta}(u^{\mathrm{id}}h)^r=(g^{\delta}g_3^tg_3^{-t})^x(u^{\mathrm{id}}h)^r=(dg_3^t)^x(u^{\mathrm{id}}h)^r$$

$$g_2^{\delta}(u^{\mathrm{id}}h)^r=(g^{\delta}g_3^tg_3^{-t})^{\beta}(u^{\mathrm{id}}h)^r=(dg_3^t)^{\beta}(u^{\mathrm{id}}h)^r$$

(2) 解密询问。对于敌手 $\mathcal{A}$ 提交的关于身份密文对 $(\mathrm{id},C)$ 的解密询问，模拟器 $\mathcal{S}$ 首先运行密钥生成算法 $\mathrm{sk}_{\mathrm{id}}\leftarrow\mathrm{KeyGen}(\mathrm{id},\mathrm{msk})$ 生成身份 id 对应的密钥 $\mathrm{sk}_{\mathrm{id}}$，然后运行解密算法 $M/\perp\leftarrow\mathrm{Dec}(\mathrm{sk}_{\mathrm{id}},C)$，并返回相应的解密结果 $M/\perp$ 给敌手 $\mathcal{A}$。

(3) 泄露询问。敌手 $\mathcal{A}$ 发送高效可计算的泄露函数 $f_i:\{0,1\}^*\rightarrow\{0,1\}^{\lambda_i}$ 给模拟器 $\mathcal{S}$，提出对身份 id 对应密钥 $\mathrm{sk}_{\mathrm{id}}$ 的泄露询问，模拟器 $\mathcal{S}$ 生成身份 id 的密钥 $\mathrm{sk}_{\mathrm{id}}$ 后借助泄露谕言机 $\mathcal{O}_{\mathrm{sk}_{\mathrm{id}}}^{\lambda,\kappa}(\cdot)$ 返回相应的泄露信息 $f_i(\mathrm{sk}_{\mathrm{id}})$ 给敌手，但是关于同一密钥 $\mathrm{sk}_{\mathrm{id}}$ 的所有泄露信息 $f_i(\mathrm{sk}_{\mathrm{id}})$ 的总长度不能超过系统设定的泄露界 $\lambda$。

3) 挑战

敌手 $\mathcal{A}$ 提交两个等长的明文消息 $M_0,M_1\in\mathcal{M}$ 和一个挑战身份 $\mathrm{id}^*\in\mathcal{ID}$，模拟器 $\mathcal{S}$ 通过下述运算生成相应的挑战密文 $C_b^*=(c_1^*,c_2^*,c_3^*,c_4^*,c_5^*,c_6^*,\eta)$。

(1) 运行密钥提取算法生成 $\mathrm{id}^*$ 对应的密钥 $\mathrm{sk}_{\mathrm{id}^*}=(\mathrm{sk}_{\mathrm{id}^*,1},\mathrm{sk}_{\mathrm{id}^*,2},\mathrm{sk}_{\mathrm{id}^*,3},\mathrm{sk}_{\mathrm{id}^*,4})$。

(2) 随机选取 $z\leftarrow_R Z_q^*$，并计算

$$c_1^*=g^z,c_2^*=(g^z)^{\mathrm{mid}^*+n},c_3^*=e(g,g)^{xyz},c_4^*=e(g^z,g_3)^{\beta}$$

(3) 计算

$$\omega_1^*=e(\mathrm{sk}_{\mathrm{id}^*,1},c_1^*)e(\mathrm{sk}_{\mathrm{id}^*,3},c_2^*)(c_3)^{\mathrm{sk}_{\mathrm{id}^*,4}},\omega_2^*=e(\mathrm{sk}_{\mathrm{id}^*,2},c_1^*)e(\mathrm{sk}_{\mathrm{id}^*,3},c_2^*)(c_4)^{\mathrm{sk}_{\mathrm{id}^*,4}}$$

(4) 随机选取 $\eta^*\leftarrow_R Z_q^*$ 和 $b\leftarrow_R\{0,1\}$，计算

$$c_5^*=\omega_1^*(\omega_2^*)^{\eta^*}M_b\text{和}\ c_5^*=(\omega_1^*)^{\mu^*}\omega_2^*$$

式中，$\mu^*=H_1(c_1^*,c_2^*,c_3^*,c_4^*,c_5^*,\eta^*)$。

(5) 输出挑战密文 $C_b^*=(c_1^*,c_2^*,c_3^*,c_4^*,c_5^*,c_6^*,\eta^*)$。

4) 阶段 2（训练）

该阶段敌手 $\mathcal{A}$ 提交的满足相应条件的密钥生成询问和解密询问，模拟器 $\mathcal{S}$ 使用与阶段 1 相同的方式返回相应的应答。

(1) 密钥生成询问。敌手 $\mathcal{A}$ 能够对除了挑战身份 $\mathrm{id}^*$ 的任意身份 $\mathrm{id}(\mathrm{id}\neq\mathrm{id}^*)$ 进行

密钥生成询问。挑战者 $\mathcal{C}$ 以阶段 1 中的方式进行回应。

(2) 解密询问。敌手 $\mathcal{A}$ 能够对除挑战身份和挑战密文之外的其他任意的身份密文对 $(\text{id}, C)$ 进行解密询问，其中 $(\text{id}, C) \neq (\text{id}^*, C_b^*)$。挑战者 $\mathcal{C}$ 以阶段 1 中的方式进行回应。

5) 猜测

游戏的最后，敌手 $\mathcal{A}$ 输出对模拟器 $\mathcal{S}$ 选取随机数 $b$ 的猜测 $b' \in \{0,1\}$。若 $b = b'$，则敌手 $\mathcal{A}$ 在该游戏中获胜。

特别地，在游戏 $\text{Game}_1$ 中模拟器 $\mathcal{S}$ 隐含地生成了 DBDH 元组 $[g^x, g^y, g^z, e(g,g)^{xyz}]$。

游戏 $\text{Game}_0$ 和游戏 $\text{Game}_1$ 的区别是挑战密文 $C_b^*$ 的生成阶段，在游戏 $\text{Game}_0$ 中，挑战密文 $C_b^*$ 是模拟器 $\mathcal{S}$ 通过调用加密算法生成的；在游戏 $\text{Game}_1$ 中，挑战密文 $C_b^*$ 是模拟器 $\mathcal{S}$ 使用挑战身份的密钥计算而生成的，上述区别只是概念上的区别。因此，游戏 $\text{Game}_0$ 和游戏 $\text{Game}_1$ 是计算不可区分的，即有

$$\left|\Pr[\mathcal{E}_1] - \Pr[\mathcal{E}_0]\right| \leqslant \text{negl}(\kappa)$$

游戏 $\text{Game}_2$：该游戏与游戏 $\text{Game}_1$ 相类似，但是在游戏 $\text{Game}_2$ 中，模拟器 $\mathcal{S}$ 在对身份密文对的解密询问 $[\text{id}, C = (c_1, c_2, c_3, c_4, c_5, c_6, \eta)]$ 中使用了一个特殊的拒绝规则，即当解密询问的密文 $C$ 满足关系 $(c_1^*, c_2^*, c_3^*, c_4^*, c_5^*) \neq (c_1, c_2, c_3, c_4, c_5)$ 和 $H_1(c_1^*, c_2^*, c_3^*, c_4^*, c_5^*, \eta) = H_1(c_1, c_2, c_3, c_4, c_5, \eta)$ 时，模拟器 $\mathcal{S}$ 将拒绝回答该解密询问，其中 $C_b^* = (c_1^*, c_2^*, c_3^*, c_4^*, c_5^*, c_6^*, \eta)$ 是挑战密文。

令事件 $\mathcal{F}_1$ 表示在游戏 $\text{Game}_2$ 中敌手 $\mathcal{A}$ 提交了一个关于密文 $C = (c_1, c_2, c_3, c_4, c_5, c_6, \eta)$ 的解密询问，且该密文满足

$$(c_1^*, c_2^*, c_3^*, c_4^*, c_5^*) \neq (c_1, c_2, c_3, c_4, c_5) \text{ 和 } H_1(c_1^*, c_2^*, c_3^*, c_4^*, c_5^*, \eta) = H_1(c_1, c_2, c_3, c_4, c_5, \eta)$$

则意味着哈希函数 $H_1$ 产生了碰撞。

游戏 $\text{Game}_1$ 和游戏 $\text{Game}_2$ 的唯一区别是解密询问的应答阶段，在游戏 $\text{Game}_1$ 中，即使事件 $\mathcal{F}_1$ 发生，模拟器 $\mathcal{S}$ 也会回答相应的解密询问；在游戏 $\text{Game}_2$ 中，事件 $\mathcal{F}_1$ 发生时，模拟器 $\mathcal{S}$ 将拒绝相应的解密询问。因此，只要事件 $\mathcal{F}_1$ 不发生，则游戏 $\text{Game}_1$ 和游戏 $\text{Game}_2$ 是不可区分的，即有

$$\Pr[\mathcal{E}_2 \wedge \overline{\mathcal{F}_1}] = \Pr[\mathcal{E}_1 \wedge \overline{\mathcal{F}_1}]$$

根据引理 2-5 可知

$$\left|\Pr[\mathcal{E}_2] - \Pr[\mathcal{E}_1]\right| \leqslant \Pr[\mathcal{F}_1]$$

由于 $H_1$ 是抗碰撞的密码学哈希函数，即 $\Pr[\mathcal{F}_1] \leqslant \text{negl}(\kappa)$，因此有

$$\left|\Pr[\mathcal{E}_2] - \Pr[\mathcal{E}_1]\right| \leqslant \text{negl}(\kappa)$$

游戏 $\text{Game}_3$：该游戏与游戏 $\text{Game}_2$ 相类似，但在游戏 $\text{Game}_3$ 中，模拟器 $\mathcal{S}$ 在对

身份密文对的解密询问$[\mathrm{id}, C=(c_1,c_2,c_3,c_4,c_5,c_6,\eta)]$中使用了一个特殊的拒绝规则，即当解密询问的密文$C$满足关系$\log_g c_1 \neq \log_{e(g_1,g_3)} c_3$时，$\mathcal{S}$将拒绝回答该解密询问，此时，密文$C=(c_1,c_2,c_3,c_4,c_5,c_6,\eta)$是一个无效密文。也就是说，在游戏$\mathrm{Game}_3$中，模拟器拒绝敌手提交的关于无效密文的解密询问。

令事件$\mathcal{F}_2$表示在游戏中敌手$\mathcal{A}$提交了一个关于无效密文$C=(c_1,c_2,c_3,c_4,c_5,c_6,\eta)$的解密询问，其中$\log_g c_1 \neq \log_{e(g_1,g_3)} c_3$。

游戏$\mathrm{Game}_2$和游戏$\mathrm{Game}_3$的区别是在事件$\mathcal{F}_2$发生的前提下解密询问的应答方法，在游戏$\mathrm{Game}_3$中，事件$\mathcal{F}_2$发生时，模拟器$\mathcal{S}$将拒绝相应的解密询问；然而，在游戏$\mathrm{Game}_2$中无效密文使得等式$c_6=(\omega_1)^{\mu}\omega_2$不成立（其中$\omega_1$和$\omega_2$能够通过相应密钥$\mathrm{sk}_{\mathrm{id}}$计算得出），则模拟器$\mathcal{S}$拒绝相应的解密询问。因此游戏$\mathrm{Game}_2$和游戏$\mathrm{Game}_3$是等价的，即有

$$\Pr[\mathcal{E}_3]=\Pr[\mathcal{E}_2]$$

游戏$\mathrm{Game}_4$：除了挑战密文的生成阶段该游戏与游戏$\mathrm{Game}_4$相类似。在游戏$\mathrm{Game}_4$中，模拟器$\mathcal{S}$生成挑战密文$C_b^*$的具体生成过程如下所示。

(1) 运行密钥生成算法生成$\mathrm{id}^*$对应的密钥$\mathrm{sk}_{\mathrm{id}^*}=(\mathrm{sk}_{\mathrm{id}^*,1},\mathrm{sk}_{\mathrm{id}^*,2},\mathrm{sk}_{\mathrm{id}^*,3},\mathrm{sk}_{\mathrm{id}^*,4})$。

(2) 随机选取$z,z^* \leftarrow_R Z_q^*(z\neq z^*)$，并计算

$$c_1^*=g^z,\ c_2^*=(g^z)^{m\mathrm{id}^*+n},\ c_3^*=e(g,g)^{xyz^*},\ c_4^*=e(g^z,g_3)^{\beta}$$

(3) 计算

$$\omega_1^*=e(\mathrm{sk}_{\mathrm{id}^*,1},c_1^*)e(\mathrm{sk}_{\mathrm{id}^*,3},c_2^*)(c_3)^{\mathrm{sk}_{\mathrm{id}^*,4}},\ \omega_2^*=e(\mathrm{sk}_{\mathrm{id}^*,2},c_1^*)e(\mathrm{sk}_{\mathrm{id}^*,3},c_2^*)(c_4)^{\mathrm{sk}_{\mathrm{id}^*,4}}$$

(4) 随机选取$\eta^* \leftarrow_R Z_q^*$和$b\leftarrow_R \{0,1\}$，计算

$$c_5^*=\omega_1^*(\omega_2^*)^{\eta^*}M_b,\ c_6^*=(\omega_1^*)^{\mu^*}\omega_2^*$$

式中，$\mu^*=H_1(c_1^*,c_2^*,c_3^*,c_4^*,c_5^*,\eta^*)$。

(5) 输出挑战密文$C_b^*=(c_1^*,c_2^*,c_3^*,c_4^*,c_5^*,c_6^*,\eta^*)$。

在游戏$\mathrm{Game}_4$中，模拟器$\mathcal{S}$隐含地生成了非 DBDH 元组$[g^x,g^y,g^z,e(g,g)^{xyz^*}]$。因此游戏$\mathrm{Game}_4$和游戏$\mathrm{Game}_3$间的区别可用于区分 DBDH 元组与一个随机元组，则有

$$\left|\Pr[\mathcal{E}_4]-\Pr[\mathcal{E}_3]\right| \leqslant \mathrm{Adv}_{\mathcal{S}}^{\mathrm{DBDH}}(\kappa)$$

由上述游戏间的不可区分性可知

$$\left|\Pr[\mathcal{E}_4]-\Pr[\mathcal{E}_0]\right| \leqslant \mathrm{Adv}_{\mathcal{S}}^{\mathrm{DBDH}}(\kappa)$$

在游戏$\mathrm{Game}_4$中，对于敌手$\mathcal{A}$而言，挑战密文$C_b^*$不包含随机数$\beta$的任何信息，则$\Pr[\mathcal{E}_4]=\dfrac{1}{2}$，因此，可知$\mathrm{Adv}_{\mathcal{S}}^{\mathrm{DBDH}}(\kappa)\geqslant \mathrm{Adv}_{\Pi_4,\mathcal{A}}^{\text{LR-CCA}}(\lambda,\kappa)$

在机制$\Pi_4$中，在已知挑战密文$C_b^*$和关于密钥$\mathrm{sk}_{\mathrm{id}}=(\mathrm{sk}_{\mathrm{id},1},\mathrm{sk}_{\mathrm{id},2},\mathrm{sk}_{\mathrm{id},3},\mathrm{sk}_{\mathrm{id},4})$的$\lambda$比特的泄露信息 Leak 的前提下，密钥$\mathrm{sk}_{\mathrm{id}}$剩余的平均最小熵至少是$3\log q-\lambda$，因为

$$\begin{aligned}&\tilde{H}_\infty(\mathrm{sk}_{\mathrm{id},1},\mathrm{sk}_{\mathrm{id},2},\mathrm{sk}_{\mathrm{id},3},\mathrm{sk}_{\mathrm{id},4}\mid \mathrm{Params},\mathrm{id},C_b^*,\mathrm{Leak})\\&=\tilde{H}_\infty(\mathrm{sk}_{\mathrm{id},1},\mathrm{sk}_{\mathrm{id},2},\mathrm{sk}_{\mathrm{id},3},\mathrm{sk}_{\mathrm{id},4}\mid c_6^*,\mathrm{Leak})\\&=\tilde{H}_\infty(\mathrm{sk}_{\mathrm{id},1},\mathrm{sk}_{\mathrm{id},2},\mathrm{sk}_{\mathrm{id},3},\mathrm{sk}_{\mathrm{id},4}\mid c_6^*)-\lambda\\&\geqslant 3\log q-\lambda\end{aligned}$$

因此，通用哈希函数 $H_\eta(a,b)=ab^\eta$ 是一个平均情况的 $(3\log q-\lambda,\epsilon)$ -强随机性提取器，其中 $\epsilon=\dfrac{2^{\frac{\lambda}{2}}-1}{q}$。根据引理 2-4 可知

$$\log q\leqslant 3\log q-\lambda-2\log\left(\frac{1}{\epsilon}\right)$$

由于 $\epsilon$ 在安全参数 $\kappa$ 范围内是可忽略的，则 $2\log\left(\frac{1}{\epsilon}\right)=\omega(\log\kappa)$，因此泄露参数为 $\lambda\leqslant 2\log q-\omega(\log\kappa)$。

综上所述，在随机谕言机模型下，对于任意的泄露参数 $\lambda\leqslant 2\log q-\omega(\log\kappa)$，上述 IBE 机制具有泄露容忍的 CCA 安全性。

定理 5-1 证毕。

## 5.4 抗连续泄露 CCA 安全的 IBE 机制

本节介绍抗连续泄露 CCA 安全的 IBE 机制的具体构造。

### 5.4.1 具体构造

1) 系统初始化

系统初始化算法 $(\mathrm{Params},\mathrm{msk})\leftarrow\mathrm{Setup}(1^\kappa)$ 的具体过程描述如下。

<u>$\mathrm{Setup}(1^\kappa)$</u>:

计算 $\mathbb{G}'=[q,G_1,G_2,e(\cdot,\cdot),g]\leftarrow\mathcal{G}'(1^\kappa)$;

选取抗碰撞的哈希函数 $H:\{0,1\}^*\to Z_q^*$;

选取 $\alpha,\gamma\leftarrow_R Z_q^*$ 和 $g_3\leftarrow_R G_1$，计算 $g_1=g^\alpha$ 和 $g_2=g^\gamma$;

选取 $u\in G_1$ 和 $\mathcal{U}=(u_i)$，其中 $u_i\in G_1,i=1,2,\cdots,n$;

输出 $\mathrm{Params}=(\mathbb{G}',g_1,g_2,g_3,u,\mathcal{U},H)$ 和 $\mathrm{msk}=(g_3^\alpha,g_3^\gamma)$。

令消息空间和身份空间分别为 $\mathcal{M}=G_2$ 和 $\mathcal{ID}=\{0,1\}^n$。假设系统公开参数 Params 是下述算法的公共输入。

2) 密钥生成

身份 id 是一个长度为 $n$ 的字符串 $\{0,1\}^n$，$\mathrm{id}_i$ 表示身份 id 的第 $i$ 个比特。若用户

身份是任意长度的字符串 $\{0,1\}^*$，则可借助单向哈希函数 $\mathcal{H}:\{0,1\}^* \to \{0,1\}^n$ 将任意长度的字符串映射到长度为 $n$ 的字符串 $\{0,1\}^n$。类似地，可借助相应的单向哈希函数将任意的身份空间映射到长度为 $n$ 的字符串 $\{0,1\}^n$。因此，在实际应用中，可根据应用需求定义 IBE 机制的身份空间。

密钥生成算法 $\mathrm{sk}_{\mathrm{id}} \leftarrow \mathrm{KeyGen}(\mathrm{id},\mathrm{msk})$ 的具体过程描述如下。

$\underline{\mathrm{KeyGen}(\mathrm{id},\mathrm{msk})}$:

选取 $r_1, r_2 \leftarrow_R Z_q^*$;

计算

$$\mathrm{sk}_{\mathrm{id},1} = g_3^{\alpha}\left(u\prod_{i=1}^{n} u_i^{\mathrm{id}_i}\right)^{r_1}, \mathrm{sk}_{\mathrm{id},2} = g^{-r_1}, \mathrm{sk}_{\mathrm{id},3} = g_3^{\gamma}\left(u\prod_{i=1}^{n} u_i^{\mathrm{id}_i}\right)^{r_2}, \mathrm{sk}_{\mathrm{id},4} = g^{-r_2}$$

输出 $\mathrm{sk}_{\mathrm{id}} = (\mathrm{sk}_{\mathrm{id},1}, \mathrm{sk}_{\mathrm{id},2}, \mathrm{sk}_{\mathrm{id},3}, \mathrm{sk}_{\mathrm{id},4})$。

3) 密钥更新

在连续泄露容忍的 PKE 机制中，公钥是固定不变的，因此密钥的更新算法中添加随机信息的同时需保证解密算法能够正确执行，即相应的随机数并不影响解密算法的执行。而 IBE 机制中，并没有公钥的限制，因此 IBE 机制的密钥更新算法相较于 PKE 机制而言要容易设计，通常 IBE 机制的用户密钥是由系统主密钥和随机数通过相关的计算生成的(称该部分为用户的核心密钥)，也将该随机数的相应承诺值作为用户密钥的一部分。因此，IBE 机制的密钥更新算法只需对用户的核心密钥和随机数承诺中的随机数部分进行更新即可完成对用户完整密钥的更新。

上述 IBE 机制的密钥 $\mathrm{sk}_{\mathrm{id}} = (\mathrm{sk}_{\mathrm{id},1}, \mathrm{sk}_{\mathrm{id},2}, \mathrm{sk}_{\mathrm{id},3}, \mathrm{sk}_{\mathrm{id},4})$ 由系统主密钥 $(g_3^{\alpha}, g_3^{\gamma})$ 和随机数 $(r_1, r_2)$ 组成，其中 $\mathrm{sk}_{\mathrm{id},1}$ 和 $\mathrm{sk}_{\mathrm{id},3}$ 是核心密钥，$\mathrm{sk}_{\mathrm{id},2}$ 和 $\mathrm{sk}_{\mathrm{id},4}$ 是随机数 $r_1$ 和 $r_2$ 的承诺值，因此对于密钥 $\mathrm{sk}_{\mathrm{id}}^j = (\mathrm{sk}_{\mathrm{id},1}^j, \mathrm{sk}_{\mathrm{id},2}^j, \mathrm{sk}_{\mathrm{id},3}^j, \mathrm{sk}_{\mathrm{id},4}^j)$ (其中 $j$ 表示更新索引)，密钥更新算法 $\mathrm{sk}_{\mathrm{id}}^{j+1} \leftarrow \mathrm{Update}(\mathrm{sk}_{\mathrm{id}}^j, \mathrm{id})$ 的具体过程描述如下。

$\underline{\mathrm{Update}(\mathrm{sk}_{\mathrm{id}}^j, \mathrm{id})}$:

选取 $m_{j+1}, n_{j+1} \leftarrow_R Z_q^*$;

计算

$$\mathrm{sk}_{\mathrm{id},1}^{j+1} = \mathrm{sk}_{\mathrm{id},1}^{j}\left(u\prod_{i=1}^{n} u_i^{\mathrm{id}_i}\right)^{m_{j+1}}, \mathrm{sk}_{\mathrm{id},2}^{j+1} = \mathrm{sk}_{\mathrm{id},2}^{j} g^{-m_{j+1}}$$

$$\mathrm{sk}_{\mathrm{id},3}^{j+1} = \mathrm{sk}_{\mathrm{id},3}^{j}\left(u\prod_{i=1}^{n} u_i^{\mathrm{id}_i}\right)^{n_{j+1}}, \mathrm{sk}_{\mathrm{id},4}^{j+1} = \mathrm{sk}_{\mathrm{id},4}^{j} g^{-n_{j+1}}$$

对于任意的更新索引 $l = 1, 2, \cdots$，有

$$\mathrm{sk}_{\mathrm{id},1}^{l} = g_3^{\alpha}\left(u\prod_{i=1}^{n} u_i^{\mathrm{id}_i}\right)^{r_1+\sum_{i=1}^{l} m_i}, \mathrm{sk}_{\mathrm{id},2}^{l} = g^{-\left(r_1+\sum_{i=1}^{l} m_i\right)}$$

$$\mathrm{sk}_{\mathrm{id},3}^{l}=g_3^{\gamma}\left(u\prod_{i=1}^{n}u_i^{id_i}\right)^{r_2+\sum_{i=1}^{l}n_i},\mathrm{sk}_{\mathrm{id},4}^{l}=g^{-\left(r_2+\sum_{i=1}^{l}n_i\right)}$$

输出$\mathrm{sk}_{\mathrm{id}}^{j+1}=(\mathrm{sk}_{\mathrm{id},1}^{j+1},\mathrm{sk}_{\mathrm{id},2}^{j+1},\mathrm{sk}_{\mathrm{id},3}^{j+1},\mathrm{sk}_{\mathrm{id},4}^{j+1})$满足$\mathrm{sk}_{\mathrm{id}}^{j+1}\neq\mathrm{sk}_{\mathrm{id}}^{j}$和$\left|\mathrm{sk}_{\mathrm{id}}^{j+1}\right|=\left|\mathrm{sk}_{\mathrm{id}}^{j}\right|$。

**注解 5-5**　密钥更新算法 $\mathrm{sk}_{\mathrm{id}}^{j+1}\leftarrow\mathrm{Update}(\mathrm{sk}_{\mathrm{id}}^{j},\mathrm{id})$ 对密钥注入了新的随机性，在确保密钥的各个元素互不相同的同时，并未改变密钥的长度，因此在敌手的角度，更新后的密钥 $\mathrm{sk}_{\mathrm{id}}^{j+1}=(\mathrm{sk}_{\mathrm{id},1}^{j+1},\mathrm{sk}_{\mathrm{id},2}^{j+1},\mathrm{sk}_{\mathrm{id},3}^{j+1},\mathrm{sk}_{\mathrm{id},4}^{j+1})$ 是一个全新的密钥，相当于密钥生成算法 KeyGen 为用户 id 生成的随机数为 $r_1+\sum_{i=1}^{j}m_i$ 和 $r_2+\sum_{i=1}^{j}n_i$ 的密钥，因此对于任意的敌手而言，有关系

$$\mathrm{SD}(\mathrm{sk}_{\mathrm{id}}^{j},\mathrm{sk}_{\mathrm{id}}^{j+1})\leqslant\mathrm{negl}(\kappa)$$

成立，即任意的 PPT 敌手都无法区分更新后的密钥与原始密钥，所以之前密钥 $\mathrm{sk}_{\mathrm{id}}^{j}=(\mathrm{sk}_{\mathrm{id},1}^{j},\mathrm{sk}_{\mathrm{id},2}^{j},\mathrm{sk}_{\mathrm{id},3}^{j},\mathrm{sk}_{\mathrm{id},4}^{j})$ 的泄露信息对其是无用的，并且更新并不影响 IBE 机制的加密性能。

**注解 5-6**　密钥更新过程未使用计算复杂度高的算法(仅进行了 $Z_q^*$ 上的加减运算)，因此密钥更新算法 $\mathrm{sk}_{\mathrm{id}}^{j+1}\leftarrow\mathrm{Update}(\mathrm{sk}_{\mathrm{id}}^{j},\mathrm{id})$ 的执行效率较高。

**注解 5-7**　密钥更新算法为原始密钥 $\mathrm{sk}_{\mathrm{id}}^{j}$ 注入了新的随机数，生成新的密钥 $\mathrm{sk}_{\mathrm{id}}^{j+1}$，其实该过程相当于重新执行了密钥生成算法，而更新算法由用户自主完成。特别地，该过程中主私钥从原始密钥中继承过来。

4) 加密算法

对于身份 $\mathrm{id}\in\mathcal{ID}$ 和明文消息 $M\in\mathcal{M}$，加密算法 $C\leftarrow\mathrm{Enc}(\mathrm{id},M)$ 的具体过程描述如下。

$\underline{\mathrm{Enc}(\mathrm{id},M)}$:

选取$t\leftarrow_R Z_q^*$,计算

$$c_1=g^t,c_2=\left(u\prod_{i=1}^{n}u_i^{\mathrm{id}_i}\right)^t$$

选取$\eta\leftarrow_R Z_q^*$,计算

$$c_3=e(g_1,g_3)^{-t}e(g_2,g_3)^{-t\eta}M$$

计算

$$c_4=e(g_1,g_3)^{t\mu}e(g_2,g_3)^{t}$$

其中，$\mu=H(c_1,c_2,c_3,\eta)$。

输出$C=(c_1,c_2,c_3,c_4,\eta)$。

**注解 5-8**　密文元素 $c_3$ 的计算 $c_3 = e(g_1, g_3)^{-t} e(g_2, g_3)^{-t\eta} M$ 中使用负整数 $-t$ 的目的是在解密运算时不进行求逆运算，提高解密运算的计算效率。

5）解密算法

对于密钥 $\mathrm{sk}_{\mathrm{id}}^j = (\mathrm{sk}_{\mathrm{id},1}^j, \mathrm{sk}_{\mathrm{id},2}^j, \mathrm{sk}_{\mathrm{id},3}^j, \mathrm{sk}_{\mathrm{id},4}^j)$ 和密文 $C = (c_1, c_2, c_3, c_4, \eta)$，解密算法 $M \leftarrow \mathrm{Dec}(\mathrm{sk}_{\mathrm{id}}^j, C)$ 的具体过程描述如下。

$\underline{\mathrm{Dec}(\mathrm{sk}_{\mathrm{id}}^j, C)}$:

计算

$$\omega_1 = e(\mathrm{sk}_{\mathrm{id},1}^j, c_1) e(\mathrm{sk}_{\mathrm{id},2}^j, c_2), \omega_2 = e(\mathrm{sk}_{\mathrm{id},3}^j, c_1) e(\mathrm{sk}_{\mathrm{id},4}^j, c_2)$$

计算

$$\mu = H(U_1, U_2, c_3, \eta)$$

若 $c_4 = \omega_1^{\mu} \omega_2$ 成立，则输出 $M = c_3(\omega_1 \omega_2^{\eta})$；否则输出 $\perp$；

执行密钥更新算法 $\mathrm{sk}_{\mathrm{id}}^{j+1} \leftarrow \mathrm{Update}(\mathrm{sk}_{\mathrm{id}}^j)$。

## 5.4.2 正确性

上述 IBE 机制密文合法性验证和解密操作的正确性将从下述等式获得。

$$\begin{aligned}
\omega_1 &= e(\mathrm{sk}_{\mathrm{id},1}^j, c_1) e(\mathrm{sk}_{\mathrm{id},2}^j, c_2) \\
&= e\left[g_3^{\alpha}\left(u\prod_{i=1}^{n} u_i^{\mathrm{id}_i}\right)^{r_1}, g^t\right] e\left[g^{-r_1}, \left(u\prod_{i=1}^{n} u_i^{\mathrm{id}_i}\right)^{t}\right] \\
&= e(g_3, g^{\alpha})^t = e(g_1, g_3)^t \\
\omega_2 &= e(\mathrm{sk}_{\mathrm{id},3}^j, c_1) e(\mathrm{sk}_{\mathrm{id},4}^j, c_2) \\
&= e\left[g_3^{\gamma}\left(u\prod_{i=1}^{n} u_i^{\mathrm{id}_i}\right)^{r_2}, g^t\right] e\left[g^{-r_2}, \left(u\prod_{i=1}^{n} u_i^{\mathrm{id}_i}\right)^{t}\right] \\
&= e(g_3, g^{\gamma})^t = e(g_2, g_3)^t
\end{aligned}$$

## 5.4.3 安全性证明

**定理 5-2**　在连续泄露模型中，若 DBDH 困难性假设成立，那么对于任意的泄露参数 $\lambda \leqslant 2\log q - \omega(\log \kappa)$，上述 IBE 机制具有连续泄露容忍的 CCA 安全性。

**证明**　模拟器 $\mathcal{S}$ 进行系统初始化之前，将收到 DBDH 困难性问题的挑战者所发送的挑战元组 $\mathcal{T}_v = (g^x, g^y, g^z, T_v)$ 和相应的公开元组 $\mathbb{G}' = [q, G_1, G_2, e(\cdot,\cdot), g]$，其中 $x, y, z \leftarrow_R Z_q^*$，$T_v = e(g,g)^{xyz}$ 或 $T_v \leftarrow_R G_T$。模拟器 $\mathcal{S}$ 与敌手 $\mathcal{A}$ 间的消息交互过程如下所示。

1. 初始化

模拟器 $\mathcal{S}$ 首先设置一个正整数参数 $N$（其中 $N$ 的值在概率分析时可求出，由下

面求解可知 $N=4q$），并通过下述计算建立上述 IBE 机制的运行环境，最后发送系统公开参数 Params 给敌手 $\mathcal{A}$。

(1) 从 0～$n$ 中选取一个随机整数 $k$，其中 $n$ 为用户身份的长度。

(2) 选取一个长度为 $n$ 的随机向量 $\boldsymbol{x}=\{x_1,\cdots,x_n\}$，向量中的每个值 $x_i$ 是从 0～$N-1$ 中随机选取的，同时，从 0～$N-1$ 中随机选取一个变量 $x'$，即

$$x',x_1\cdots,x_n \leftarrow_R [0,N-1]$$

(3) 选取一个长度为 $n$ 的随机向量 $\boldsymbol{z}=\{z_1,\cdots,z_n\}$，向量中的每个值 $z_i$ 是从 0～$q-1$ 中随机选取的，同时，从 0～$q-1$ 中随机选取一个变量 $z'$，即

$$z',z_1\cdots,z_n \leftarrow_R [0,q-1]$$

(4) 令 $g_1=g^x$（隐含地设置 $\alpha=x$）和 $g_3=g^y$；选取随机变量 $\gamma\leftarrow_R Z_q^*$，并计算 $g_2=g^{\gamma}$。

(5) 对于 $i$ 为 1～$n$，计算

$$u_i=(g_3)^{x_i}g^{z_i},u=(g_3)^{q-kN+x'}g^{z'}$$

令集合 $\mathcal{U}=(u_i)_{i=1,\cdots,n}$。

(6) 为了方便表述，定义下述两个函数

$$J(\text{id})=z'+\sum\nolimits_{i=1}^{n}\text{id}_i z_i\,,F(\text{id})=q-kN+x'+\sum\nolimits_{i=1}^{n}\text{id}_i x_i$$

因此，有 $u\prod\nolimits_{i=1}^{n}u_i^{\text{id}_i}=g_3^{F(\text{id})}g^{J(\text{id})}$。

(7) 辅助函数 $K(\text{id})$ 定义如下

$$K(\text{id})=\begin{cases}0, & x'+\sum\nolimits_{i=1}^{n}\text{id}_i x_i=0(\operatorname{mod}N)\\ 1, & \text{其他}\end{cases}$$

**注解 5-9** 模拟器 $\mathcal{S}$ 基于函数 $K(\text{id})$ 可将用户的身份空间 $\mathcal{ID}$ 划分为两个不相交的子集合 $\mathcal{ID}_1$ 和 $\mathcal{ID}_2$，即 $\mathcal{ID}=\{\mathcal{ID}_1,\mathcal{ID}_2\}$，其中 $\mathcal{ID}_1$ 是询问身份集合，对于任意的身份 $\text{id}\in\mathcal{ID}_1$，有 $K(\text{id})=1$ 成立；$\mathcal{ID}_2$ 是挑战身份集合，对于任意的身份 $\text{id}\in\mathcal{ID}_2$，有 $K(\text{id})=0$ 成立，事实上，集合 $\mathcal{ID}_2$ 是模拟器 $\mathcal{S}$ 事先猜测的挑战身份集合，而真正的挑战身份 $\text{id}^*$ 是该集合中的一个元素，即 $\text{id}^*\in\mathcal{ID}_2$。图 5-6 为该身份划分策略的图形化表示。

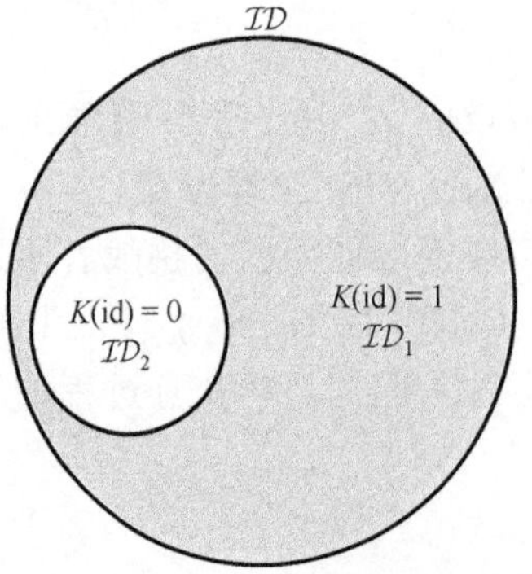


图 5-6　该 IBE 机制的身份划分策略

定义 $H:\{0,1\}^*\to Z_q^*$ 是一个抗碰撞的单向哈希函数，发送系统公开参数 $\text{Params}=(\mathbb{G}',g_1,g_2,g_3,u,\mathcal{U},H)$ 给敌手 $\mathcal{A}$。

特别地，由于指数 $x$ 和 $y$ 是由 DBDH 困难问题的挑战者从 $Z_q^*$ 中随机选取的，因此在敌手看来模拟器 $\mathcal{S}$ 构建的系统环境跟真实 IBE 机制是不可区分的。

**注解 5-10**　在该模拟游戏中，模拟器 $\mathcal{S}$ 无法获知完整的系统主密钥，因此阶段 1 中涉及密钥的相关询问中要根据被询问身份 id 分类讨论，即 $\mathrm{id}\in\mathcal{ID}_1$ 或 $\mathrm{id}\in\mathcal{ID}_2$。

2. 阶段 1(训练)

该阶段敌手 $\mathcal{A}$ 适应性地进行多项式有界次的密钥生成询问、泄露询问和解密询问。

1) 密钥生成询问

对于敌手 $\mathcal{A}$ 提交的关于任意身份 $\mathrm{id}\in\mathcal{ID}$ 的密钥生成询问，考虑下述两种情况。

(1) 若 $K(\mathrm{id})=1$ (敌手 $\mathcal{A}$ 提交了关于询问集合 $\mathcal{ID}_1$ 中身份的密钥生成询问)，模拟器 $\mathcal{S}$ 通过下述计算生成身份 id 所对应的密钥 $\mathrm{sk}_{\mathrm{id}}=(\mathrm{sk}_{\mathrm{id},1},\mathrm{sk}_{\mathrm{id},2},\mathrm{sk}_{\mathrm{id},3},\mathrm{sk}_{\mathrm{id},4})$，并把它发送给 $\mathcal{A}$。

①选取 $r',r_2\leftarrow Z_q^*$，计算

$$\mathrm{sk}_{\mathrm{id},1}=g_1^{\frac{-J(\mathrm{id})}{F(\mathrm{id})}}\left(u\prod_{i=1}^{n}u_i^{\mathrm{id}_i}\right)^{r'},\ \mathrm{sk}_{\mathrm{id},2}=g_1^{\frac{-1}{F(\mathrm{id})}}g^{r'},\ \mathrm{sk}_{\mathrm{id},3}=g_3^{\gamma}\left(u\prod_{i=1}^{n}u_i^{\mathrm{id}_i}\right)^{r_2},\ \mathrm{sk}_{\mathrm{id},4}=g^{r_2}$$

②通过对上述密钥 $\mathrm{sk}_{\mathrm{id}}=(\mathrm{sk}_{\mathrm{id},1},\mathrm{sk}_{\mathrm{id},2},\mathrm{sk}_{\mathrm{id},3},\mathrm{sk}_{\mathrm{id},4})$ 的变形，可知其是身份 id 的合法密钥。

令 $r_1=r'-\dfrac{x}{F(\mathrm{id})}$，则有

$$\begin{aligned}\mathrm{sk}_{\mathrm{id},1}&=g_1^{\frac{-J(\mathrm{id})}{F(\mathrm{id})}}\left(u\prod_{i=1}^{n}u_i^{\mathrm{id}_i}\right)^{r'}\\&=g_1^{\frac{-J(\mathrm{id})}{F(\mathrm{id})}}\left(u\prod_{i=1}^{n}u_i^{\mathrm{id}_i}\right)^{r_1+\frac{x}{F(\mathrm{id})}}\\&=g_1^{\frac{-J(\mathrm{id})}{F(\mathrm{id})}}(g_3^{F(\mathrm{id})}g^{J(\mathrm{id})})^{\frac{x}{F(\mathrm{id})}}\left(u\prod_{i=1}^{n}u_i^{\mathrm{id}_i}\right)^{r_1}\\&=g_3^{x}\left(u\prod_{i=1}^{n}u_i^{\mathrm{id}_i}\right)^{r_1}\\\mathrm{sk}_{\mathrm{id},2}&=g_1^{\frac{-1}{F(\mathrm{id})}}g^{r'}=g_1^{\frac{-1}{F(\mathrm{id})}}g^{r_1+\frac{x}{F(\mathrm{id})}}=g^{r_1}\end{aligned}$$

(2) 若 $K(\mathrm{id})=0$ (敌手提交了关于挑战集合 $\mathcal{ID}_2$ 中身份的密钥生成询问)，则模拟器 $\mathcal{S}$ 终止，并输出随机选取的猜测 $\nu'$。

2) 泄露询问

敌手 $\mathcal{A}$ 发送身份 id 和高效可计算的泄露函数 $f_i:\{0,1\}^*\rightarrow\{0,1\}^{\lambda_i}$ 给模拟器 $\mathcal{S}$，提出针对密钥 $\mathrm{sk}_{\mathrm{id}}$ 的泄露询问，模拟器 $\mathcal{S}$ 借助泄露谕言机 $\mathcal{O}_{\mathrm{sk}_{\mathrm{id}}}^{\lambda,\kappa}(\cdot)$ 返回相应的泄露信息 $f_i(\mathrm{sk}_{\mathrm{id}})$ 给敌手，唯一的限制是关于密钥 $\mathrm{sk}_{\mathrm{id}}$ 的所有泄露信息 $f_i(\mathrm{sk}_{\mathrm{id}})$ 的总长度不能超

过系统设定的泄露界 $\lambda$。

对于敌手 $\mathcal{A}$ 提交的关于身份 $\text{id} \in \mathcal{ID}$ 的泄露询问，考虑下述两种不同的情况。

(1) 若 $K(\text{id})=1$，则根据密钥生成询问中的方法生成身份 id 对应的密钥 $\text{sk}_{\text{id}}$；然后借助泄露谕言机 $\mathcal{O}_{\text{sk}_{\text{id}}}^{\lambda,\kappa}(\cdot)$ 返回相应的泄露信息 $f_i(\text{sk}_{\text{id}})$ 给敌手。

(2) 若 $K(\text{id})=0$，模拟器 $\mathcal{S}$ 猜测并输出关于密钥 $\text{sk}_{\text{id}}$ 的泄露信息 $f_i(\text{sk}_{\text{id}})$，并且猜测输出的泄露信息的总长度不能超过系统设定的泄露参数 $\lambda$。模拟器 $\mathcal{S}$ 输出正确泄露信息的概率是 $\dfrac{1}{2^{\lambda}}$。

3) 解密询问

对于敌手 $\mathcal{A}$ 提交的关于身份密文对 $(\text{id},C)$ 的解密询问，若有 $K(\text{id})=1$ 成立，则模拟器 $\mathcal{S}$ 借助解密算法 $M/\perp \leftarrow \text{Dec}(\text{sk}_{\text{id}},C)$ 返回相应的明文解密结果 $M/\perp$ 给敌手 $\mathcal{A}$，其中相应的密钥 $\text{sk}_{\text{id}}$ 的生成过程与密钥生成询问和泄露询问中相关身份对应密钥的生成过程相同；否则（即 $K(\text{id})=0$），模拟器 $\mathcal{S}$ 终止，并输出随机选取的猜测 $\nu'$。

3. 挑战

该阶段，敌手 $\mathcal{A}$ 提交挑战身份 $\text{id}^* \in \mathcal{ID}$ 和两个等长的消息 $M_0, M_1 \in \mathcal{ID}$ 给模拟器 $\mathcal{S}$，分下述两种情况讨论模拟器 $\mathcal{S}$ 的运算。

(1) 若 $x' + \sum_{i=1}^{n} \text{id}_i x_i \neq kN$，则模拟器 $\mathcal{S}$ 终止，并输出随机选取的猜测 $\nu'$。

(2) 否则（此时有 $F(\text{id}^*)=0$），模拟器 $\mathcal{S}$ 选取随机数 $\beta \leftarrow_R \{0,1\}$，通过下述计算生成关于消息 $M_\beta$ 的密文 $C_\beta^* = (c_1^*, c_2^*, c_3^*, c_4^*, \eta)$，并将生成的挑战密文 $C_\beta^*$ 返回给敌手 $\mathcal{A}$。

①令 $c_1^* = g^z$ 和 $c_2^* = (g^z)^{J(\text{id}^*)}$。

②选取 $\eta^* \leftarrow_R Z_q^*$，计算

$$c_3^* = T_\nu e(g^z, g_3)^{-\gamma\eta^*} M_\beta$$

③计算

$$c_4^* = (T_\nu)^{\mu^*} e(g^z, g_3)^{\gamma}$$

其中，$\mu^* = H(c_1^*, c_2^*, c_3^*, \eta)$。

④令 $C_\beta^* = (c_1^*, c_2^*, c_3^*, c_4^*, \eta)$。若 $T_\nu = e(g,g)^{xyz}$，则有

$$c_1^* = g^z, c_2^* = \left(u\prod_{i=1}^{n} u_i^{\text{id}_i}\right)^z, c_3^* = e(g_1,g_3)^z e(g_2,g_3)^{-z\eta^*} M_\beta, c_4^* = e(g_1,g_3)^{z\mu^*} e(g_2,g_3)^z$$

式中，$\left(u\prod_{i=1}^{n} u_i^{\text{id}_i^*}\right)^z = (g_3^{F(\text{id})} g^{J(\text{id})})^z = (g^z)^{J(\text{id}^*)}$。因此，$C_\beta^*$ 是关于消息 $M_\beta$ 的有效加密密文。

若 $T_\nu \leftarrow G_2$，则 $C_\beta^*$ 是关于随机消息的有效加密密文，因此密文 $C_\beta^*$ 中不包含挑战

者 $\mathcal{S}$ 选取随机数 $\beta$ 的任何信息。在这种情况下，敌手 $\mathcal{A}$ 只能以 $\frac{1}{2}$ 的概率输出有效的猜测。

4. 阶段 2(训练)

收到挑战密文 $C_\beta^*$ 之后，敌手 $\mathcal{A}$ 可就除了挑战身份 $\mathrm{id}^*$ 的任何身份 $\mathrm{id}(\mathrm{id} \neq \mathrm{id}^*)$ 进行多项式有界次的密钥生成询问；此外可就除了挑战身份和挑战密文对 $(\mathrm{id}^*, C_\beta^*)$ 的任何身份密文对 $(\mathrm{id}, C) \neq (\mathrm{id}^*, C_\beta^*)$ 进行多项式有界次的解密询问。但是该阶段禁止敌手 $\mathcal{A}$ 进行泄露询问。

5. 猜测

敌手 $\mathcal{A}$ 输出对模拟器 $\mathcal{S}$ 选取随机数 $\beta$ 的猜测 $\beta' \in \{0,1\}$。若 $\beta' = \beta$，则称敌手 $\mathcal{A}$ 在该游戏中获胜，且模拟器 $\mathcal{S}$ 输出对 DBDH 挑战者选取随机数 $\nu$ 的猜测值 $\nu'$。

令 $\mathrm{ID} = \{\mathrm{id}_1, \cdots, \mathrm{id}_q\}$ 表示阶段 1 和阶段 2 密钥生成和解密询问过程的所有身份集合，其中每个身份 $\mathrm{id}_i$ 是长度为 $n$ 的比特串，即 $\mathrm{id}_i = \{I_1, \cdots, I_n\}$；令 $\mathrm{id}^*$ 表示挑战身份，则集合 $\mathcal{V} \subseteq \{1, 2, \cdots, n\}$ 表示身份 $\mathrm{id}_i$ 中 $I_i = 1$ 的所有下标 $i$ 组成的集合；令 $X'$ 表示模拟值 $x', x_1, \cdots, x_n$。定义函数 $\tau(X', \mathrm{ID}, \mathrm{id}^*)$

$$\tau(X', \mathrm{ID}, \mathrm{id}^*) = \begin{cases} 0, & \left(\bigcap_{i=1}^{q} K(\mathrm{id}_i) = 1\right) \wedge \left(x' + \sum_{i \in \mathcal{V}^*} x_i = kN\right) \\ 1, & \text{其他} \end{cases}$$

若密钥生成询问和挑战询问未导致模拟器 $\mathcal{S}$ 中断，则有 $\tau(X', \mathrm{ID}, \mathrm{id}^*) = 0$；定义 $\vartheta = \Pr[\tau(X', \mathrm{ID}, \mathrm{id}^*) = 0]$，则 $\vartheta$ 表示在游戏中 $\mathcal{S}$ 不中断的概率。选取随机的模拟值 $X'$，通过 $\tau(X', \mathrm{ID}, \mathrm{id}^*)$ 实际计算的 $\mathcal{S}$ 不中断的概率值为 $\vartheta'$。令 $\ell$（由下面求解可知 $\ell = \frac{1}{8(n+1)q}$）为对于任意的询问集合 $\mathcal{S}$ 不中断概率的下界。若 $\vartheta' \geq \ell$，则 $\mathcal{S}$ 中断的概率为 $\frac{\vartheta' - \ell}{\vartheta'}$，不中断的概率是 $\frac{\ell}{\vartheta'}$。

对上述游戏进行分析是困难的，因为在所有询问被完全执行之前，$\mathcal{S}$ 可能就已经中断，进而使得整个游戏结束，导致概率分析是困难的。

下面是第二个游戏，它比第一个游戏容易进行输出分布的分析。

(1) 初始化。

模拟器 $\mathcal{S}$ 选取主密钥 $g_2^\alpha$，按第一个游戏的方法产生相应的参数 $X' = (x', \boldsymbol{x})$、$\boldsymbol{y}$、$u'$ 和 $\boldsymbol{u}$，将公开参数发送给敌手 $\mathcal{A}$。

(2) 阶段 1(训练)。

由于模拟器 $\mathcal{S}$ 掌握主密钥，因此能够应答敌手 $\mathcal{A}$ 关于相关身份的密钥提取询问。类似地，模拟器 $\mathcal{S}$ 同样能够回答敌手 $\mathcal{A}$ 所提出的关于任意身份的密钥泄露询问和关于任意身份密文对的解密询问。

(3) 挑战。

模拟器 $\mathcal{S}$ 收到敌手 $\mathcal{A}$ 提交的挑战消息 $M_0, M_1$ 和挑战身份 $\mathrm{id}^*$ 后，选取两个随机数 $\mu, \beta \leftarrow_R \{0,1\}$，若 $\mu = 0$，则加密随机消息生成挑战密文；否则 $(\mu = 1)$，加密消息 $M_\beta$ 生成挑战密文。

(4) 阶段 2 (训练)。

该阶段与阶段 1 相同。

(5) 猜测。

$\mathcal{A}$ 提交一个随机数 $\beta' \in \{0,1\}$ 作为对 $\beta$ 的猜测值。$\mathcal{S}$ 根据 $\mathcal{A}$ 的密钥提取询问 $\mathrm{ID} = \{\mathrm{id}_1, \cdots, \mathrm{id}_q\}$ 和挑战询问 $\mathrm{id}^*$，计算函数 $\tau(X', \mathrm{ID}, \mathrm{id}^*)$，若 $\tau(X', \mathrm{ID}, \mathrm{id}^*) = 1$，$\mathcal{S}$ 中断，并输出对随机数 $\nu$ 的一个随机猜测值 $\nu'$。

**断言 5-1** 第一个游戏的概率值 $\Pr[\nu' = \nu]$ 是第二个游戏中相应概率值的 $\frac{1}{2^\lambda}$。

**证明** 第二个游戏中，模拟器 $\mathcal{S}$ 仅当 $\tau(X', \mathrm{ID}, \mathrm{id}^*) = 1$ 时，中断并输出一个随机猜测 $\nu'$。这个条件用于判断 $\mathcal{S}$ 在第一个游戏中是否存在中断，如果存在，则在第二个游戏中 $\mathcal{S}$ 同样中断，并输出一个随机猜测。在两个游戏中所有的公开参数、密钥提取询问和挑战密文都具有相同的分布；并且中断的情况是等价的。因此两个游戏的输出分布是相同的，由于在游戏一中挑战者以 $\frac{1}{2^\lambda}$ 的概率输出挑战身份的正确泄露应答，因此有第一个游戏的概率值 $\Pr[\nu' = \nu]$ 是第二个游戏中相应概率值的 $\frac{1}{2^\lambda}$ 倍。

断言 5-1 证毕。

**断言 5-2** 在第二个游戏中，模拟器 $\mathcal{S}$ 不中断的概率至少是 $\ell = \frac{1}{8(n+1)q}$。

**证明** 假设 $\mathcal{A}$ 进行最大次数的密钥提取和解密询问，即针对不同的身份 $\mathrm{ID}' = \{\mathrm{ID}_1, \cdots, \mathrm{ID}_\ell\}$ 进行 $\ell$ 次密钥生成询问。对于身份 $\mathrm{ID} = \{\mathrm{id}_1, \cdots, \mathrm{id}_\ell\}$ 和挑战身份 $\mathrm{id}^*$，模拟器 $\mathcal{S}$ 不中断的概率可表示为

$$\Pr[\overline{\mathrm{Abort}}] = \Pr\left[\left(\bigcap\nolimits_{i=1}^{\ell} K(\mathrm{id}_i) = 1\right) \wedge \left(x' + \sum\nolimits_{i \in \mathcal{V}_i} x_i = kN\right)\right]$$

它的下界求解过程如下

$$\begin{aligned}
\Pr[\overline{\mathrm{Abort}}] &= \Pr\left[\left(\bigcap\nolimits_{i=1}^{\ell} K(\mathrm{id}_i) = 1\right) \wedge \left(x' + \sum\nolimits_{i \in \mathcal{V}_i} x_i = kN\right)\right] \\
&= \left(1 - \Pr\left[\bigcup\nolimits_{i=1}^{\ell} K(\mathrm{id}_i) = 0\right]\right) \Pr\left[x' + \sum\nolimits_{i \in \mathcal{V}_i} x_i = kN \,\middle|\, \bigcap\nolimits_{i=1}^{\ell} K(\mathrm{id}_i) = 1\right] \\
&\geqslant \left(1 - \frac{\ell}{N}\right) \Pr\left[x' + \sum\nolimits_{i \in \mathcal{V}_i} x_i = kN \,\middle|\, \bigcap\nolimits_{i=1}^{\ell} K(\mathrm{id}_i) = 1\right]
\end{aligned}$$

$$
\begin{aligned}
&= \frac{1}{n+1}\left(1-\frac{\ell}{N}\right)\Pr\left[K(\mathrm{id}^*)=0 \middle| \bigcap_{i=1}^{\ell} K(\mathrm{id}_i)=1\right] \\
&= \frac{1}{n+1}\left(1-\frac{\ell}{N}\right)\frac{\Pr\left[K(\mathrm{id}^*)=0\right]}{\Pr\left[\bigcap_{i=1}^{\ell} K(\mathrm{id}_i)=1\right]}\Pr\left[\bigcap_{i=1}^{\ell} K(\mathrm{id}_i)=1 \middle| K(\mathrm{id}^*)=0\right] \\
&\geqslant \frac{1}{N(n+1)}\left(1-\frac{\ell}{N}\right)\Pr\left[\bigcap_{i=1}^{\ell} K(\mathrm{id}_i)=1 \middle| K(\mathrm{id}^*)=0\right] \\
&= \frac{1}{N(n+1)}\left(1-\frac{\ell}{N}\right)\left(1-\Pr\left[\bigcup_{i=1}^{\ell} K(\mathrm{id}_i)=1 \middle| K(\mathrm{id}^*)=0\right]\right) \\
&\geqslant \frac{1}{N(n+1)}\left(1-\frac{\ell}{N}\right)\left(1-\sum_{i=1}^{\ell}\Pr\left[K(\mathrm{id}_i)=1 \middle| K(\mathrm{id}^*)=0\right]\right) \\
&= \frac{1}{N(n+1)}\left(1-\frac{\ell}{N}\right)^2 \\
&\geqslant \frac{1}{N(n+1)}\left(1-2\frac{\ell}{N}\right)
\end{aligned}
$$

对于任意的密钥询问身份 $\mathrm{id}_i$，由于函数 $K(\mathrm{id}_i)$ 中对应的参数 $k(k\in[1,N])$ 是固定的，因此有 $\Pr[K(\mathrm{id}_i)=0]=\frac{1}{N}$。对于任意的密钥询问身份 $\mathrm{id}_i\in\mathrm{ID}$ 和挑战身份 $\mathrm{id}^*$，由于 $x'+\sum_{i\in\mathcal{V}_i}x_i\equiv 0(\mathrm{mod}\,N)$ 和 $x'+\sum_{i\in\mathcal{V}^*}x_i\equiv 0(\mathrm{mod}\,N)$ 中至少有一个随机值 $x_j$ 是不相同的，因此 $K(\mathrm{id}_i)=0$ 和 $K(\mathrm{id}^*)=0$ 是相互独立的。

当 $N=4q$ 时，概率 $\Pr[\overline{\mathrm{Abort}}]=\frac{1}{N(n+1)}\left(1-2\frac{\ell}{N}\right)$ 取得最小值 $\frac{1}{8(n+1)q}$，即 $\ell=\frac{1}{8(n+1)q}$。

断言 5-2 证毕。

**断言 5-3**　在第二个游戏中，若存在敌手 $\mathcal{A}$ 能以优势 $\epsilon$ 攻破上述加密方案，则存在模拟器 $\mathcal{S}$ 至少能以优势 $\frac{\epsilon}{32(n+1)q}$ 解决 DBDH 假设。

**证明**　根据 $\mathcal{S}$ 输入四元组的种类进行分类讨论。

(1)模拟器 $\mathcal{S}$ 的输入是随机四元组 $\mathcal{T}_\nu=(g^x,g^y,g^z,T_\nu\leftarrow_R G_2)$。此时 $\mathcal{S}$ 要么中断且输入随机猜测 $\nu'$，则 $\Pr[\nu'=\nu]=\frac{1}{2}$；要么当敌手 $\mathcal{A}$ 输出正确的猜测 $\beta'$ 时，$\mathcal{S}$ 输出 $\nu'$=1，由于 $\mathcal{S}$ 选取的随机比特 $\beta$ 对 $\mathcal{A}$ 是完全隐藏的，因此 $\Pr[\nu'=\nu]=\frac{1}{2}$。所以有

$$\Pr[\mathcal{S}(T_v \leftarrow_R G_2)] = \frac{1}{2}$$

(2) 模拟器 $\mathcal{S}$ 的输入是 DBDH 元组 $\mathcal{T}_v = [g^x, g^y, g^z, T_v = e(g,g)^{xyz}]$，此时 $\mathcal{A}$ 在第二个游戏中的视图与真实游戏是相同的。

$$\begin{aligned}&\Pr[\mathcal{S}(T_v = e(g,g)^{xyz}) = 1]\\&= \Pr[v' = 1] = [\Pr v' = 1 \mid \text{Abort}]\Pr[\text{Abort}] + \Pr[v' = 1 \mid \overline{\text{Abort}}]\Pr[\overline{\text{Abort}}]\end{aligned}$$

已知 $[\Pr v' = 1 \mid \text{Abort}] = \frac{1}{2}$，则有

$$\Pr[\mathcal{S}(T_v = e(g,g)^{xyz}) = 1] = \frac{1}{2}(1 - \Pr[\overline{\text{Abort}}]) + \Pr[v' = 1 \mid \overline{\text{Abort}}]\Pr[\overline{\text{Abort}}]$$

在第二个游戏中，如果模拟器 $\mathcal{S}$ 不发生中断，则当 $\beta' = \beta$ 时，$\mathcal{S}$ 输出猜测 $v'=1$；而当 $\beta' \neq \beta$ 时，$\mathcal{S}$ 输出猜测 $v' = 0$。所以

$$\begin{aligned}\Pr[\overline{\text{Abort}}] &= \Pr[\overline{\text{Abort}} \mid v' = 1]\Pr[v' = 1] + \Pr[\overline{\text{Abort}} \mid v' = 0]\Pr[v' = 0]\\&= \Pr[\overline{\text{Abort}} \mid \beta' = \beta]\Pr[\beta' = \beta] + \Pr[\overline{\text{Abort}} \mid \beta' \neq \beta]\Pr[\beta' \neq \beta]\end{aligned}$$

已知

$$\Pr[v' = 1 \mid \overline{\text{Abort}}]\Pr[\overline{\text{Abort}}] = \Pr[\overline{\text{Abort}} \mid v' = 1]\Pr[v' = 1] = \Pr[\overline{\text{Abort}} \mid \beta' = \beta]\Pr[\beta' = \beta]$$

因此，可知

$$\begin{aligned}&\Pr[\mathcal{S}(T_v = e(g,g)^{xyz}) = 1]\\&= \frac{1}{2} + \frac{1}{2}\left(\Pr[\overline{\text{Abort}} \mid \beta' = \beta]\Pr[\beta' = \beta] - \Pr[\overline{\text{Abort}} \mid \beta' \neq \beta]\Pr[\beta' \neq \beta]\right)\end{aligned}$$

由于假设敌手 $\mathcal{A}$ 攻破上述 IBE 机制的优势为 $\epsilon$，那么有 $\Pr[\beta' = \beta] = \frac{1}{2} + \epsilon$ 和 $\Pr[\beta' \neq \beta] = \frac{1}{2} - \epsilon$ 成立，上式可变形为

$$\begin{aligned}&\Pr[\mathcal{S}(T_v = e(g,g)^{xyz}) = 1]\\&= \frac{1}{2} + \frac{1}{2}\left(\left(\frac{1}{2} + \epsilon\right)\Pr[\overline{\text{Abort}} \mid \beta' = \beta] - \left(\frac{1}{2} - \epsilon\right)\Pr[\overline{\text{Abort}} \mid \beta' \neq \beta]\right)\end{aligned}$$

由下面的推论 5-1 可知 $\left(\frac{1}{2} + \epsilon\right)\Pr[\overline{\text{Abort}} \mid \beta' = \beta] - \left(\frac{1}{2} - \epsilon\right)\Pr[\overline{\text{Abort}} \mid \beta' \neq \beta] \geqslant \frac{3}{2}\ell\epsilon$；

则上式可变形为

$$\Pr[\mathcal{S}(T_v = e(g,g)^{xyz}) = 1] = \frac{1}{2} + \frac{3}{4}\ell\epsilon$$

综上所述，模拟器 $\mathcal{S}$ 解决 DBDH 假设的优势为

$$\frac{1}{2}(\Pr[\mathcal{S}(T_v = e(g,g)^{xyz}) = 1] - \Pr[\mathcal{S}(T_v \leftarrow_R G_2) = 1]) \geqslant \frac{3}{8}\ell\epsilon \geqslant \frac{\epsilon}{32(n+1)q}$$

断言 5-3 证毕。

因此，在第一个游戏中，若存在 PPT 敌手 $\mathcal{A}$ 能以不可忽略的优势 $\epsilon$ 攻破相应 IBE 机制的 CCA 安全性，那么模拟器 $\mathcal{S}$ 能以显而易见的优势 $\frac{\epsilon}{2^{\lambda}(32(n+1))q}$ 解决 DBDH 困难性假设。

**推论 5-1** $\left(\frac{1}{2}+\epsilon\right)\Pr[\overline{\text{Abort}}|\beta'=\beta]-\left(\frac{1}{2}-\epsilon\right)\Pr[\overline{\text{Abort}}|\beta'\neq\beta]\geqslant\frac{3}{2}\ell\epsilon$

**证明**　令 $\vartheta=\Pr[\tau(X',\text{ID},\text{id}^*)=0]$，则 $\vartheta$ 表示在游戏中模拟器未中断的概率，其中 $\text{ID}=\{\text{id}_1,\cdots,\text{id}_\ell\}$ 表示阶段 1 和阶段 2 密钥提取询问过程的所有身份集合，$\text{id}^*$ 表示挑战身份，$\boldsymbol{X}=\{x',x_1,\cdots,x_n\}$ 表示相应的模拟值。

为求解 $\left(\frac{1}{2}+\epsilon\right)\Pr[\overline{\text{Abort}}|\beta'=\beta]-\left(\frac{1}{2}-\epsilon\right)\Pr[\overline{\text{Abort}}|\beta'\neq\beta]\geqslant\frac{3}{2}\ell\epsilon$，即求解该表达式的下界，则首先求解 $\left(\frac{1}{2}+\epsilon\right)\Pr[\overline{\text{Abort}}|\beta'=\beta]$ 的下界；其次求解 $\left(\frac{1}{2}-\epsilon\right)\Pr[\overline{\text{Abort}}|\beta'\neq\beta]$ 的上界。

(1) 求解 $\left(\frac{1}{2}+\epsilon\right)\Pr[\overline{\text{Abort}}|\beta'=\beta]$ 的下界。

计算 $\vartheta'$，由切尔诺夫(Chernoff)界可知 $\Pr\left[\vartheta'>\vartheta\left(1+\frac{\epsilon}{8}\right)\right]<\ell\frac{\epsilon}{8}$，则有

$$\Pr[\overline{\text{Abort}}|\beta'=\beta]\geqslant\left(1-\ell\frac{\epsilon}{8}\right)\vartheta\frac{\ell}{\vartheta\left(1+\frac{\epsilon}{8}\right)}\geqslant\left(1-\ell\frac{\epsilon}{8}\right)^2\geqslant\ell\left(1-\frac{\epsilon}{4}\right)$$

则有 $\left(\frac{1}{2}+\epsilon\right)\Pr[\overline{\text{Abort}}|\beta'=\beta]\geqslant\ell\left(\frac{1}{2}+\frac{3}{4}\epsilon\right)$。

(2) 求解 $\left(\frac{1}{2}-\epsilon\right)\Pr[\overline{\text{Abort}}|\beta'\neq\beta]$ 的上界。

计算 $\vartheta'$，由切尔诺夫界可知 $\Pr\left[\vartheta'<\vartheta\left(1-\frac{\epsilon}{8}\right)\right]<\ell\frac{\epsilon}{8}$，则有

$$\Pr[\overline{\text{Abort}}|\beta'\neq\beta]\leqslant\ell\frac{\epsilon}{8}+\frac{\ell\vartheta}{\vartheta\left(1-\frac{\epsilon}{8}\right)}\leqslant\ell\frac{\epsilon}{8}+\ell\left(1+\frac{2\epsilon}{8}\right)=\ell\left(1+\frac{3\epsilon}{8}\right)$$

则有 $\left(\frac{1}{2}-\epsilon\right)\Pr[\overline{\text{Abort}}|\beta'\neq\beta]\leqslant\ell\left(\frac{1}{2}-\frac{3\epsilon}{4}\right)$。

综上所述，有 $\left(\frac{1}{2}+\epsilon\right)\Pr[\overline{\text{Abort}}|\beta'=\beta]-\left(\frac{1}{2}-\epsilon\right)\Pr[\overline{\text{Abort}}|\beta'\neq\beta]\geqslant\frac{3}{2}\ell\epsilon$ 成立。

推论 5-1 证毕。

在泄露环境下，任意敌手 $\mathcal{A}$ 的视图包括公开参数 Params 、挑战明文 $M_0$ 和 $M_1$、挑战身份 $\mathrm{id}^*$ 与挑战密文 $C_\beta^*$ 及关于密钥 $\mathrm{sk}_{\mathrm{id}^*}$ 的泄露 Leak ，其中 $|\mathrm{Leak}| = \lambda$ 。由于密文 $C_\beta^*$ 中的元素 $c_4^*$ 能够写成一个关于密钥 $\mathrm{sk}_{\mathrm{id}^*}$ 的函数关系式，敌手能够从相应给出的密文 $C_\beta^*$ 中获知关于 $\mathrm{sk}_{\mathrm{id}^*}$ 的泄露信息。

已知 $\mathrm{sk}_{\mathrm{id}^*,1}, \mathrm{sk}_{\mathrm{id}^*,2}, \mathrm{sk}_{\mathrm{id}^*,3}, \mathrm{sk}_{\mathrm{id}^*,4} \in G_1$ ，根据定理 2-1 可知

$$
\begin{aligned}
&\tilde{H}_\infty(\mathrm{sk}_{\mathrm{id}^*,1}, \mathrm{sk}_{\mathrm{id}^*,2}, \mathrm{sk}_{\mathrm{id}^*,3}, \mathrm{sk}_{\mathrm{id}^*,4} \,|\, \mathrm{Params}, \mathrm{id}^*, C_\beta^*, \mathrm{Leak}) \\
&= \tilde{H}_\infty(\mathrm{sk}_{\mathrm{id}^*,1}, \mathrm{sk}_{\mathrm{id}^*,2}, \mathrm{sk}_{\mathrm{id}^*,3}, \mathrm{sk}_{\mathrm{id}^*,4} \,|\, c_4^*, \mathrm{Leak}) \\
&= \tilde{H}_\infty(\mathrm{sk}_{\mathrm{id}^*,1}, \mathrm{sk}_{\mathrm{id}^*,2}, \mathrm{sk}_{\mathrm{id}^*,3}, \mathrm{sk}_{\mathrm{id}^*,4} \,|\, c_4^*) - \lambda \\
&\geqslant 3\log q - \lambda
\end{aligned}
$$

根据平均最小熵的定义可知，在泄露环境下敌手 $\mathcal{A}$ 猜中挑战身份 $\mathrm{id}^*$ 对应密钥 $\mathrm{sk}_{\mathrm{id}^*} = (\mathrm{sk}_{\mathrm{id}^*,1}, \mathrm{sk}_{\mathrm{id}^*,2}, \mathrm{sk}_{\mathrm{id}^*,3}, \mathrm{sk}_{\mathrm{id}^*,4})$ 的最大概率为

$$
2^{-\tilde{H}_\infty(\mathrm{sk}_{\mathrm{id}^*,1}, \mathrm{sk}_{\mathrm{id}^*,2}, \mathrm{sk}_{\mathrm{id}^*,3}, \mathrm{sk}_{\mathrm{id}^*,4} | \mathrm{Params}, \mathrm{id}^*, C_\beta^*, \mathrm{Leak})} \leqslant \frac{2^\lambda}{q^3}
$$

因此通用哈希函数 $H_\eta(a,b) = ab^\eta$ 可视为 $(3\log q - \lambda, \varepsilon)$ -强随机性提取器，由定理 2-1 可知 $\varepsilon = \dfrac{2^{\frac{\lambda}{2}-1}}{q}$ ，由引理 2-4 可知

$$
\log q \leqslant 3\log q - \lambda - 2\left(\log \frac{1}{\varepsilon}\right)
$$

因此，对于任意的泄露参数 $\lambda \leqslant 2\log q - \omega(\log \kappa)$ ，上述构造是抵抗连续泄露攻击的 CCA 安全的 IBE 机制。

定理 5-2 证毕。

现在对上述 IBE 机制的证明过程进行总结，该方法主要存在下述不足：①模拟器 $\mathcal{S}$ 不具有生成挑战身份 $\mathrm{id}^*$ 所对应密钥 $\mathrm{sk}_{\mathrm{id}^*}$ 的能力，因此模拟器 $\mathcal{S}$ 只能通过猜测的方法输出对 $\mathrm{sk}_{\mathrm{id}^*}$ 的泄露询问（$\mathcal{S}$ 输出正确泄露信息的概率为 $\frac{1}{2^\lambda}$），并且无法应答对挑战身份 $\mathrm{id}^*$ 的解密询问，导致定理 5-2 的证明过程不具备紧归约的性质。②证明过程中对涉及挑战身份 $\mathrm{id}^*$ 的所有解密询问模拟器 $\mathcal{S}$ 都会终止。综上所述，基于静态假设（如 DBDH 假设）设计抗泄露 IBE 机制时，由于模拟器无法生成挑战身份对应的密钥，因此在应答敌手对挑战身份的泄露询问时，模拟器只能通过猜测输出相应的泄露应答。猜测应答的策略将导致安全性证明过程比较松，无法获得紧致的安全性证明。

## 5.5　具有紧归约性质的抗连续泄露 CCA 安全的 IBE 机制

猜测应答的策略将导致 IBE 机制无法获得紧的安全性证明过程，本节将设计具

有紧归约性质的抗泄露 IBE 机制，模拟器必须能够为任意身份(包括挑战身份)生成相应的完整密钥，Gentry[6]提出的全身份空间策略使得安全性证明过程中模拟器能为敌手生成任意身份(包括挑战身份)的密钥，下面介绍基于该方法设计具有紧归约性质的连续泄露容忍的 CCA 安全的 IBE 机制。

### 5.5.1 具体构造

1) 系统初始化

系统初始化算法 $(\text{Params}, \text{msk}) \leftarrow \text{Setup}(1^\kappa)$ 的具体过程描述如下。

$\underline{\text{Setup}(1^\kappa)}$:

计算 $\mathbb{G}' = [q, G_1, G_2, e(\cdot,\cdot), g] \leftarrow \mathcal{G}'(1^\kappa)$;

选取抗碰撞的哈希函数 $H: \{0,1\}^* \to Z_q^*$;

选取 $\alpha \leftarrow_R Z_q^*$ 和 $h_1, h_2 \leftarrow_R G_1$, 计算 $g_1 = g^\alpha$;

输出 $\text{Params} = (\mathbb{G}', g_1, h_1, h_2, H)$ 和 $\text{msk} = \alpha$。

2) 密钥生成

密钥生成算法 $\text{sk}_{\text{id}} \leftarrow \text{KeyGen}(\text{id}, \text{msk})$ 的具体过程描述如下。

$\underline{\text{KeyGen}(\text{id}, \text{msk})}$:

选取 $t_1, t_2 \leftarrow_R Z_q^*$;

计算

$$\text{sk}_{\text{id},1} = (h_1 g^{-t_1})^{\frac{1}{\alpha - \text{id}}}, \text{sk}_{\text{id},2} = t_1, \text{sk}_{\text{id},3} = (h_2 g^{-t_2})^{\frac{1}{\alpha - \text{id}}}, \text{sk}_{\text{id},4} = t_2$$

输出 $\text{sk}_{\text{id}} = (\text{sk}_{\text{id},1}, \text{sk}_{\text{id},2}, \text{sk}_{\text{id},3}, \text{sk}_{\text{id},4})$ 和 $\text{tk}_{\text{id}} = g^{\frac{1}{\alpha - \text{id}}}$。

特别地，当 $\text{id} = \alpha$ 时，密钥生成算法将终止。此外，$\text{tk}_{\text{id}}$ 是用于密钥更新算法的更新密钥。

3) 密钥更新

密钥更新算法 $\text{sk}_{\text{id}}^j \leftarrow \text{Update}(\text{tk}_{\text{id}}, \text{sk}_{\text{id}}^{j-1})$ 的具体过程描述如下。

$\underline{\text{Update}(\text{tk}_{\text{id}}, \text{sk}_{\text{id}}^{j-1})}$:

选取 $a_j, b_j \leftarrow_R Z_q^*$;

计算

$$\text{sk}_{\text{id},1}^j = \text{sk}_{\text{id},1}^{j-1} \text{tk}^{-a_j}, \text{sk}_{\text{id},2}^j = \text{sk}_{\text{id},2}^{j-1} + a_j, \text{sk}_{\text{id},3}^j = \text{sk}_{\text{id},3}^{j-1} \text{tk}^{-b_j}, \text{sk}_{\text{id},4}^j = \text{sk}_{\text{id},4}^{j-1} + b_j$$

对于任意的 $j$，有

$$\mathrm{sk}_{\mathrm{id},1}^{j}=\left(h_1 g^{-\left(t_1+\sum_{i=1}^{j}a_i\right)}\right)^{\frac{1}{\alpha-\mathrm{id}}},\mathrm{sk}_{\mathrm{id},2}^{j}=t_1+\sum_{i=1}^{j}a_i$$

$$\mathrm{sk}_{\mathrm{id},3}^{j}=\left(h_2 g^{-\left(t_2+\sum_{i=1}^{j}b_i\right)}\right)^{\frac{1}{\alpha-\mathrm{id}}},\mathrm{sk}_{\mathrm{id},4}^{j}=t_2+\sum_{i=1}^{j}b_i$$

输出$\mathrm{sk}_{\mathrm{id}}^{j}=\left(\mathrm{sk}_{\mathrm{id},1}^{j},\mathrm{sk}_{\mathrm{id},2}^{j},\mathrm{sk}_{\mathrm{id},3}^{j},\mathrm{sk}_{\mathrm{id},4}^{j}\right)$。

4) 加密算法

对于身份 $\mathrm{id}\in\mathcal{ID}$ 和明文消息 $M\in\mathcal{M}$，加密算法 $C\leftarrow\mathrm{Enc}(\mathrm{id},M)$ 的具体过程描述如下。

$\underline{\mathrm{Enc}(\mathrm{id},M)}$:

选取$r\leftarrow_R Z_q^*$,计算

$$c_1=g_1^r g^{-r\mathrm{id}},c_2=e(g,g)^r$$

选取$\eta\leftarrow_R Z_q^*$,计算

$$c_3=e(g,h_1)^{r\eta}e(g,h_2)^r M$$

计算

$$c_4=e(g,h_1)^r e(g,h_2)^{r\mu}$$

其中$\mu=H_1(c_1,c_2,c_3,\eta)$。

输出$C=(c_1,c_2,c_3,c_4,\eta)$。

5) 解密算法

解密算法 $M\leftarrow\mathrm{Dec}(\mathrm{sk}_{\mathrm{id}},C)$ 的具体过程描述如下。

$\underline{\mathrm{Dec}(\mathrm{sk}_{\mathrm{id}},C)}$:

计算

$$\omega_1=e(\mathrm{sk}_{\mathrm{id},1},c_1)(c_2)^{\mathrm{sk}_{\mathrm{id},2}},\omega_2=e(\mathrm{sk}_{\mathrm{id},3},c_1)(c_2)^{\mathrm{sk}_{\mathrm{id},4}}$$

计算

$$\mu=H(c_1,c_2,c_3,\eta)$$

若有$c_4=\omega_1\omega_2^{\mu}$成立，则输出$M=c_3(\omega_1^{\eta}\omega_2)^{-1}$;否则输出$\perp$。

### 5.5.2 正确性

上述 IBE 机制中密文合法性验证和解密操作的正确性将从下述等式获得。

$$\omega_1=e(\mathrm{sk}_{\mathrm{id},1},c_1)(c_2)^{\mathrm{sk}_{\mathrm{id},2}}$$

$$= e\left[(h_1 g^{-t_1})^{\frac{1}{\alpha-\mathrm{id}}}, g_1^r g^{-r\mathrm{id}}\right] e(g,g)^{rt_1} = e(h_1 g^{-t_1}, g^r) e(g,g)^{rt_1}$$

$$= e(g,h_1)^r$$

$$\omega_2 = e(\mathrm{sk}_{\mathrm{id},3}, c_1)(c_2)^{\mathrm{sk}_{\mathrm{id},4}}$$

$$= e\left[(h_2 g^{-t_2})^{\frac{1}{\alpha-\mathrm{id}}}, g_1^r g^{-r\mathrm{id}}\right] e(g,g)^{rt_2} = e(h_2 g^{-t_2}, g^r) e(g,g)^{rt_2}$$

$$= e(g,h_2)^r$$

对于任意的更新密钥 $\mathrm{sk}_{\mathrm{id}}^j = (\mathrm{sk}_{\mathrm{id},1}^j, \mathrm{sk}_{\mathrm{id},2}^j, \mathrm{sk}_{\mathrm{id},3}^j, \mathrm{sk}_{\mathrm{id},4}^j)$，上述等式依然成立。

### 5.5.3　安全性证明

**定理 5-3**　若 $\ell$-ABDHE 困难性假设成立(其中 $\ell = q_k + 1$，$q_k$ 为敌手在安全性游戏中密钥生成询问的次数)，那么对于任意的泄露参数 $\lambda \leqslant 2\log q - \omega(\log \kappa)$，上述 IBE 机制具有泄露容忍的 CCA 安全性。

**证明**　模拟器 $\mathcal{S}$ 在系统初始化之前，将收到 $\ell$-ABDHE 困难问题的挑战者发送的挑战元组 $\mathcal{T}_\nu = (g', g'_{\ell+2}, g, g_1, \cdots, g_\ell, T_\nu)$，其中 $T_\nu = e(g_{\ell+1}, g')$ 或 $T_\nu \leftarrow_R G_2$。对于未知的 $\alpha \in Z_q^*$，有 $g_i = g^{(\alpha^i)}$ 和 $g'_i = g'^{(\alpha^i)}$，其中 $i = 1, 2, \cdots$。

1) 初始化

该阶段，模拟器 $\mathcal{S}$ 基于挑战元组 $\mathcal{T}_\nu = (g', g'_{\ell+2}, g, g_1, \cdots, g_\ell, T_\nu)$ 构建上述 IBE 机制的运行环境，并发送系统公开参数 $\mathrm{Params} = (\mathbb{G}', g_1, h_1, h_2, H)$ 给敌手 $\mathcal{A}$，具体操作如下所示。

(1) 构造两个 $\ell$ 阶的随机多项式 $f_1(x) \in Z_p[x]$ 和 $f_2(x) \in Z_p[x]$，计算

$$h_1 = g^{f_1(\alpha)}, h_2 = g^{f_2(\alpha)}$$

换句话说，用已知元组 $[g, g^\alpha, g^{(\alpha^2)}, \cdots, g^{(\alpha^\ell)}]$ 分别计算 $h_1$ 和 $h_2$。

(2) 选取抗碰撞的密码学哈希函数 $H: \{0,1\}^* \to Z_q^*$。

由于指数 $\alpha$ 是由 $\ell$-ABDHE 困难问题的挑战者从 $Z_q^*$ 中随机选取的，因此在敌手看来模拟器 $\mathcal{S}$ 构建的系统环境跟真实机制是不可区分的。特别地，隐含地设置主私钥为 $\mathrm{msk} = \alpha$。

2) 阶段 1(训练)

该阶段敌手 $\mathcal{A}$ 适应性地进行多项式有界次的密钥生成询问、解密询问和泄露询问。

(1) 密钥生成询问。敌手 $\mathcal{A}$ 对任意身份 $\mathrm{id} \in \mathcal{ID}$ 进行密钥生成询问(包括挑战身份 $\mathrm{id}^*$)，模拟器 $\mathcal{S}$ 分下述两类处理敌手 $\mathcal{A}$ 关于身份 id 的密钥生成询问。

① $\mathrm{id} = \alpha$。模拟器 $\mathcal{S}$ 可使用 $\alpha$ 立刻解决 $\ell$-ABDHE 假设。特别地，敌手很容易通过判断等式 $g^{\mathrm{id}} = g^\alpha$ 是否成立完成对 $\mathrm{id} = \alpha$ 的判断。

② $\mathrm{id}\neq\alpha$。模拟器 $\mathcal{S}$ 首先生成两个 $\ell-1$ 阶的多项式 $F_{\mathrm{id}}^1(x)=\dfrac{f_1(x)-f_1(\mathrm{id})}{x-\mathrm{id}}$ 和 $F_{\mathrm{id}}^2(x)=\dfrac{f_2(x)-f_2(\mathrm{id})}{x-\mathrm{id}}$；然后返回 $\mathrm{sk}_{\mathrm{id}}=[g^{F_{\mathrm{id}}^1(\alpha)},f_1(\mathrm{id}),g^{F_{\mathrm{id}}^2(\alpha)},f_2(\mathrm{id})]$ 作为身份 id 所对应的用户私钥。由于 $g^{F_{\mathrm{id}}^1(\alpha)}=(g^{f_1(\alpha)-f_1(\mathrm{id})})^{\frac{1}{\alpha-\mathrm{id}}}=(h_1g^{-f_1(\mathrm{id})})^{\frac{1}{\alpha-\mathrm{id}}}$ 和 $g^{F_{\mathrm{id}}^2(\alpha)}=(g^{f_2(\alpha)-f_2(\mathrm{id})})^{\frac{1}{\alpha-\mathrm{id}}}=(h_2g^{-f_2(\mathrm{id})})^{\frac{1}{\alpha-\mathrm{id}}}$，因此模拟器 $\mathcal{S}$ 输出了身份 id 对应的有效私钥 $\mathrm{sk}_{\mathrm{id}}$。

(2) 解密询问。对于敌手 $\mathcal{A}$ 提交的关于身份密文对 $(\mathrm{id},C)$ 的解密询问，模拟器 $\mathcal{S}$ 借助解密谕言机 $\mathcal{O}^{\mathrm{Dec}}(\cdot)$ 返回相应的明文 $M$ 给敌手，也就是说 $M=\mathcal{O}^{\mathrm{Dec}}(\mathrm{sk}_{\mathrm{id}},C)$，其中相应的密钥 $\mathrm{sk}_{\mathrm{id}}$ 的生成过程与密钥生成询问中相关身份对应密钥的生成过程相同。

(3) 泄露询问。敌手 $\mathcal{A}$ 发送身份 id 和高效可计算的泄露函数 $f_i:\{0,1\}^*\to\{0,1\}^{\lambda_i}$ 给模拟器 $\mathcal{S}$，提出针对密钥 $\mathrm{sk}_{\mathrm{id}}$ 的泄露询问，模拟器 $\mathcal{S}$ 借助泄露谕言机 $\mathcal{O}_{\mathrm{sk}_{\mathrm{id}}}^{\lambda,\kappa}(\cdot)$ 返回相应的泄露信息 $f_i(\mathrm{sk}_{\mathrm{id}})$ 给敌手，其中相应的密钥 $\mathrm{sk}_{\mathrm{id}}$ 的生成过程与密钥生成询问中相关身份对应密钥的生成过程相同。唯一的限制是关于密钥 $\mathrm{sk}_{\mathrm{id}}$ 的所有泄露信息 $f_i(\mathrm{sk}_{\mathrm{id}})$ 的总长度不能超过系统设定的泄露界 $\lambda$。

3) 挑战

该阶段，敌手 $\mathcal{A}$ 提交两个等长的消息 $M_0,M_1\in\mathcal{M}$ 给模拟器 $\mathcal{S}$ 和一个挑战身份 $\mathrm{id}^*$，首先模拟器 $\mathcal{S}$ 选取随机数 $\beta\leftarrow_R\{0,1\}$，通过下述计算生成关于消息 $M_\beta$ 的密文 $C_\beta^*=(c_1^*,c_2^*,c_3^*,c_4^*,\eta^*)$，并将生成的挑战密文 $C_\beta^*$ 返回给敌手 $\mathcal{A}$。

(1) 计算挑战身份 $\mathrm{id}^*$ 所对应的密钥 $\mathrm{sk}_{\mathrm{id}^*}=(\mathrm{sk}_{\mathrm{id}^*,1},\mathrm{sk}_{\mathrm{id}^*,2},\mathrm{sk}_{\mathrm{id}^*,3},\mathrm{sk}_{\mathrm{id}^*,4})$。

(2) 令 $f(x)=x^{\ell+2}$ 和 $F_{\mathrm{id}^*}(x)=\dfrac{f(x)-f(\mathrm{id}^*)}{x-\mathrm{id}^*}$，则 $f(x)$ 和 $F_{\mathrm{id}^*}(x)$ 分别是 $\ell+2$ 和 $\ell+1$ 阶的多项式。计算

$$c_1^*=(g')^{f(\alpha)-f(\mathrm{id}^*)},\ c_2^*=T_\nu e\left(g',\prod_{i=0}^{\ell}g^{\vartheta_i\alpha^i}\right)$$

式中，对于 $i=1,\cdots,\ell$，$\vartheta_i$ 表示多项式 $F_{\mathrm{id}}(x)$ 中 $x^i$ 项的系数且 $\vartheta_{\ell+1}=1$。

(3) 随机选取 $\eta^*\leftarrow_R Z_q^*$，并计算

$$c_3^*=[e(\mathrm{sk}_{\mathrm{id}^*,1},c_1^*)(c_2^*)^{\mathrm{sk}_{\mathrm{id}^*,2}}]^{\eta^*}e(\mathrm{sk}_{\mathrm{id}^*,3},c_1^*)(c_2^*)^{\mathrm{sk}_{\mathrm{id}^*,4}}M_\beta$$

(4) 计算

$$c_4^*=e(\mathrm{sk}_{\mathrm{id}^*,1},c_1^*)(c_2^*)^{\mathrm{sk}_{\mathrm{id}^*,2}}[e(\mathrm{sk}_{\mathrm{id}^*,3},c_1^*)(c_2^*)^{\mathrm{sk}_{\mathrm{id}^*,4}}]^{\mu^*}$$

式中，$\mu^*=H(c_1^*,c_2^*,c_3^*,\eta^*)$。

4) 阶段 2（训练）

收到挑战密文 $C_\beta^*$ 之后，敌手 $\mathcal{A}$ 可就除了挑战身份 $\mathrm{id}^*$ 的任何身份 $\mathrm{id}(\mathrm{id}\neq\mathrm{id}^*)$ 进

行多项式有界次的密钥生成询问；此外可就除了挑战身份和挑战密文对 $(\mathrm{id}^*, C_\beta^*)$ 的任何身份密文对 $(\mathrm{id}, C) \neq (\mathrm{id}^*, C_\beta^*)$ 进行多项式有界次的解密询问。但是该阶段禁止敌手 $\mathcal{A}$ 进行泄露询问。

5) 猜测

敌手 $\mathcal{A}$ 输出对模拟器 $\mathcal{S}$ 选取随机数 $\beta$ 的猜测值 $\beta' \in \{0,1\}$。若 $\beta' = \beta$，则称敌手 $\mathcal{A}$ 在该游戏中获胜。

令 $r = (\log_g g')F_{\mathrm{id}}(\alpha)$，对挑战密文分两类进行讨论。

(1) 若 $T_\nu = e(g_{\ell+1}, g')$，那么有

$$c_1^* = (g')^{f(\alpha)-f(\mathrm{id}^*)} = g_1^r g^{-r\mathrm{id}^*}$$

$$c_2^* = T_\nu e\left(g', \prod_{i=0}^{\ell} g^{\vartheta_i \alpha^i}\right) = e(g', g)^{\alpha^{\ell+1}} e\left(g', \prod_{i=0}^{\ell} g^{\vartheta_i \alpha^i}\right) = e(g,g)^{(\log_g g')F_{\mathrm{id}}(\alpha)} = e(g,g)^r$$

由该机制的正确性可知

$$e(\mathrm{sk}_{\mathrm{id}^*,1}, c_1^*)(c_2^*)^{\mathrm{sk}_{\mathrm{id}^*,2}} = e(g, h_1)^r$$

$$e(\mathrm{sk}_{\mathrm{id}^*,3}, c_1^*)(c_2^*)^{\mathrm{sk}_{\mathrm{id}^*,4}} = e(g, h_2)^r$$

那么，有

$$c_3^* = e(g, h_1)^{r\eta^*} e(g, h_2)^r$$

$$c_4^* = e(g, h_1)^r e(g, h_2)^{r\mu^*}$$

因此，当 $T_\nu = e(g_{\ell+1}, g')$ 时，挑战密文 $C_\beta^* = (c_1^*, c_2^*, c_3^*, c_4^*, \eta^*)$ 是挑战身份 $\mathrm{id}^*$ 对消息 $M_\beta$ 在随机数 $r = (\log_g g')F_{\mathrm{id}}(\alpha)$ 下的有效加密密文，有

$$\left|\Pr[\mathcal{S}(\mathcal{T}_1) = 1] - \frac{1}{2}\right| \geqslant \mathrm{Adv}_{\mathcal{A}}^{\text{CLR-CCA}}(\lambda, \kappa)$$

(2) 若 $T_\nu \leftarrow_R G_2$，那么 $c_1^*$ 和 $c_2^*$ 是 $G_1 \times G_2$ 上均匀随机的元素。在这种情况下，不等式 $c_2^* \neq e(c_1^*, g)^{\frac{1}{\alpha - \mathrm{id}^*}}$ 成立的概率是 $1 - \frac{1}{q}$。由于 $f(\mathrm{id}^*)$ 在敌手 $\mathcal{A}$ 的视图中是随机的。那么由下述等式可知 $e(\mathrm{sk}_{\mathrm{id}^*,1}, c_1^*)(c_2^*)^{\mathrm{sk}_{\mathrm{id}^*,2}}$ 和 $e(\mathrm{sk}_{\mathrm{id}^*,3}, c_1^*)(c_2^*)^{\mathrm{sk}_{\mathrm{id}^*,4}}$ 对敌手 $\mathcal{A}$ 而言是均匀随机的，因此 $c_3^*$ 和 $c_4^*$ 在敌手 $\mathcal{A}$ 视图中是随机且相互独立的，则挑战密文 $C_\beta^* = (c_1^*, c_2^*, c_3^*, c_4^*, \eta^*)$ 中不包含随机数 $\beta$ 的任何信息。

$$e(\mathrm{sk}_{\mathrm{id}^*,1}, c_1^*)(c_2^*)^{\mathrm{sk}_{\mathrm{id}^*,2}} = e\left[\mathrm{sk}_{\mathrm{id}^*,1}, (h_1 g^{-f(\mathrm{id}^*)})^{\frac{1}{\alpha-\mathrm{id}^*}}\right](c_2^*)^{\mathrm{sk}_{\mathrm{id}^*,2}}$$

$$e(\mathrm{sk}_{\mathrm{id}^*,3}, c_1^*)(c_2^*)^{\mathrm{sk}_{\mathrm{id}^*,4}} = e\left[\mathrm{sk}_{\mathrm{id}^*,3}, (h_1 g^{-f(\mathrm{id}^*)})^{\frac{1}{\alpha-\mathrm{id}^*}}\right](c_2^*)^{\mathrm{sk}_{\mathrm{id}^*,4}}$$

因此，当 $T_v \leftarrow_R G_2$ 时，挑战密文 $C_\beta^* = (c_1^*, c_2^*, c_3^*, c_4^*, \eta^*)$ 是关于随机消息的加密密文，有

$$\left|\Pr[\mathcal{S}(\mathcal{T}_0)=1] - \frac{1}{2}\right| \leqslant \frac{1}{q}$$

由上述分析可知，若敌手 $\mathcal{A}$ 能以优势 $\mathrm{Adv}_{\mathcal{A}}^{\text{CLR-CCA}}(\lambda,\kappa)$ 攻破上述 IBE 机制的 CCA 安全性，那么模拟器 $\mathcal{S}$ 解决困难问题的优势为

$$\mathrm{Adv}_{\mathcal{S}}^{\ell\text{-ABDHE}}(\kappa) = \left|\Pr[\mathcal{S}(\mathcal{T}_1)=1] - \Pr[\mathcal{S}(\mathcal{T}_0)=1]\right| \geqslant \mathrm{Adv}_{\mathcal{A}}^{\text{CLR-CCA}}(\lambda,\kappa) - \frac{1}{q}$$

下面分析上述 IBE 机制的泄露参数，挑战密文 $C_\beta^*$ 中的元素 $c_4^*$ 可表示成一个关于密钥 $\mathrm{sk}_{\mathrm{id}^*}$ 的函数，因此敌手 $\mathcal{A}$ 能够从给定的密文中获得一定的泄露信息。此外，敌手 $\mathcal{A}$ 能够通过泄露攻击获得关于私钥 $\mathrm{sk}_{\mathrm{id}^*}$ 的 $\lambda$ 比特的泄露信息 Leak 。

已知 $\mathrm{sk}_{\mathrm{id}^*,1}, \mathrm{sk}_{\mathrm{id}^*,3} \leftarrow_R G_1$ 和 $\mathrm{sk}_{\mathrm{id}^*,2}, \mathrm{sk}_{\mathrm{id}^*,4} \leftarrow_R Z_q^*$，根据定理 2-1 可知

$$\begin{aligned}
&\tilde{H}_\infty(\mathrm{sk}_{\mathrm{id}^*,1}, \mathrm{sk}_{\mathrm{id}^*,2}, \mathrm{sk}_{\mathrm{id}^*,3}, \mathrm{sk}_{\mathrm{id}^*,4} \mid \mathrm{Params}, \mathrm{id}^*, C_\beta^*, \mathrm{Leak}) \\
&= \tilde{H}_\infty(\mathrm{sk}_{\mathrm{id}^*,1}, \mathrm{sk}_{\mathrm{id}^*,2}, \mathrm{sk}_{\mathrm{id}^*,3}, \mathrm{sk}_{\mathrm{id}^*,4} \mid c_4^*, \mathrm{Leak}) \\
&= \tilde{H}_\infty(\mathrm{sk}_{\mathrm{id}^*,1}, \mathrm{sk}_{\mathrm{id}^*,2}, \mathrm{sk}_{\mathrm{id}^*,3}, \mathrm{sk}_{\mathrm{id}^*,4} \mid c_4^*) - \lambda \\
&\geqslant 3\log q - \lambda
\end{aligned}$$

根据引理 2-4 可知泄露参数为 $\lambda \leqslant 2\log q - \omega(\log\kappa)$ 。

综上所述，对于任意的泄露参数 $\lambda \leqslant 2\log q - \omega(\log\kappa)$ ，若存在敌手能够攻破上述 IBE 机制泄露容忍的 CCA 安全性，那么相应的模拟器就能解决 $\ell$-ABDHE 困难性问题。

定理 5-3 证毕。

## 5.6 性能更优的抗连续泄露 CCA 安全的 IBE 机制

由于在现实环境中，敌手能够通过连续泄露攻击获得主密钥的相关泄露信息，因此需研究性能更优的 IBE 机制抵抗针对主密钥和密钥的连续泄露攻击。针对上述问题，本节介绍性能更优的 CCA 安全的抗连续泄露 IBE 机制，实现对主密钥和密钥连续泄露攻击的抵抗。此外，更新算法 Update 包含两个子程序 $\mathrm{Update}_1$ 和 $\mathrm{Update}_2$ ，其中 $\mathrm{Update}_1$ 将完成对系统主密钥的更新，而 $\mathrm{Update}_2$ 实现对用户密钥的更新。虽然机制具有更优的性能，但其安全性是在选择身份的安全模型下证明的。

### 5.6.1 具体构造

1) 系统初始化

系统初始化算法 $(\mathrm{Params}, \mathrm{msk}) \leftarrow \mathrm{Setup}(1^\kappa)$ 的具体过程描述如下。

Setup($1^\kappa$):

计算$\mathbb{G}'=[q,G_1,G_2,e(\cdot,\cdot),g]\leftarrow\mathcal{G}'(1^\kappa)$;

选取$H:\{0,1\}^*\rightarrow Z_q^*$;

选取$\alpha,\gamma,\alpha_0',\gamma_0'\leftarrow Z_q^*$和$u,h\leftarrow G_1$,计算

$$P_1=e(g,g)^\alpha,P_2=e(g,g)^\gamma$$

计算

$$s_1^0=g^{\alpha+\alpha_0'},s_2^0=g^{\gamma+\gamma_0'},s_3^0=g^{-\alpha_0'},s_4^0=g^{-\gamma_0'}$$

输出$\text{Params}=(\mathbb{G}',P_1,P_2,u,h,H)$和$\text{msk}=(s_1^0,s_2^0,s_3^0,s_4^0)$。

2) 密钥生成

对于任意的身份 $\text{id}\in\mathcal{ID}$，密钥生成算法 $\text{sk}_{\text{id}}\leftarrow\text{KeyGen}(\text{id},\text{msk}^j)$ 的具体过程描述如下。

KeyGen(id, $\text{msk}^j$):

选取$r_1,r_2\leftarrow_R Z_q^*$;

计算

$$\text{sk}_{\text{id},1}^0=g^\alpha(u^{\text{id}}h)^{r_1},\text{sk}_{\text{id},2}^0=g^\gamma(u^{\text{id}}h)^{r_2},\text{sk}_{\text{id},3}^0=g^{-r_1},s_{\text{id},4}^0=g^{-r_2}$$

执行主密钥更新算法$\text{msk}^{j+1}\leftarrow\text{Update}_1(\text{msk}^j)$;

输出$\text{sk}_{\text{id}}=(\text{sk}_{\text{id},1}^0,\text{sk}_{\text{id},2}^0,\text{sk}_{\text{id},3}^0,\text{sk}_{\text{id},4}^0)$。

身份 $\text{id}\in\mathcal{ID}$ 所对应密钥 $\text{sk}_{\text{id}}=(\text{sk}_{\text{id},1}^0,\text{sk}_{\text{id},2}^0,\text{sk}_{\text{id},3}^0,\text{sk}_{\text{id},4}^0)$ 的正确性可基于下述等式完成验证。

$$e(\text{sk}_{\text{id},1}^0,g)e(\text{sk}_{\text{id},3}^0,u^{\text{id}}h)=e(g,g)^\alpha$$

$$e(\text{sk}_{\text{id},2}^0,g)e(\text{sk}_{\text{id},4}^0,u^{\text{id}}h)=e(g,g)^\gamma$$

为实现抵抗连续泄露攻击的能力，密钥生成算法在生成密钥 $\text{sk}_{\text{id}}$ 的过程中添加了额外的随机数，方便用户定期对 $\text{sk}_{\text{id}}$ 进行更新。

**注解 5-11**　密钥生成算法及密钥更新算法为密钥 $\text{sk}_{\text{id}}$ 添加的相关随机性会在解密算法中通过相应的计算消除，因此为密钥 $\text{sk}_{\text{id}}$ 添加额外的随机性并不影响解密结果的正确性。

3) 密钥更新

密钥更新算法 Update 包含两个子程序 $\text{Update}_1$ 和 $\text{Update}_2$，其中 $\text{Update}_1$ 用于更新系统主密钥 msk，$\text{Update}_2$ 用于更新用户密钥 $\text{sk}_{\text{id}}$。下面将分两种情况详细介绍系统主密钥 $\text{msk}^j=(s_1^j,s_2^j,s_3^j,s_4^j)$ 和用户密钥 $\text{sk}_{\text{id}}^j=(\text{sk}_{\text{id},1}^j,\text{sk}_{\text{id},2}^j,\text{sk}_{\text{id},3}^j,\text{sk}_{\text{id},4}^j)$ 的更新过程。

(1) 对于主密钥 $\text{msk}^j=(s_1^j,s_2^j,s_3^j,s_4^j)$，密钥更新算法 $\text{msk}^{j+1}\leftarrow\text{Update}_1(\text{msk}^j)$ 的具体过程描述如下。

$\underline{\text{Update}_1(\text{msk}^j)}$:

选取$\alpha'_j, \gamma'_j \leftarrow_R Z_q^*$;

计算

$$s_1^{j+1} = s_1^j g^{\alpha'_j}, s_2^{j+1} = s_2^j g^{\gamma'_j}, s_3^{j+1} = s_3^j g^{-\alpha'_j}, s_4^{j+1} = s_4^j g^{-\gamma'_j}$$

对于任意的更新索引$l = 1,2,\cdots$，有

$$s_1^l = g^{\alpha + \sum_{i=0}^{l} \alpha'_i}, s_2^l = g^{\gamma + \sum_{i=0}^{l} \gamma'_i}, s_3^l = g^{-\sum_{i=0}^{l} \alpha'_i}, s_4^l = g^{-\sum_{i=0}^{l} \gamma'_i}$$

输出$\text{msk}^{j+1} = (s_1^{j+1}, s_2^{j+1}, s_3^{j+1}, s_4^{j+1})$满足$\text{msk}^{j+1} \neq \text{msk}^j$和$\left|\text{msk}^{j+1}\right| = \left|\text{msk}^j\right|$。

更新后的主密钥 $\text{msk}^{j+1}$ 与原始主密钥 $\text{msk}^j$ 具有相同的分布，因此有

$$\text{SD}(\text{msk}^{j+1}, \text{msk}^j) \leqslant \text{negl}(\kappa)$$

所以更新主密钥 $\text{msk}^{j+1}$ 可替换原始的 $\text{msk}^j$ 应用到密钥生成算法 KeyGen 中。特别地，更新的主密钥和原始主密钥生成的用户密钥 $\text{sk}_{\text{id}}$ 是相同的。

(2) 对于身份 id 对应的密钥 $\text{sk}_{\text{id}}^j = (\text{sk}_{\text{id},1}^j, \text{sk}_{\text{id},2}^j, \text{sk}_{\text{id},3}^j, \text{sk}_{\text{id},4}^j)$，密钥更新算法 $\text{sk}_{\text{id}}^{j+1} \leftarrow \text{Update}_2(\text{sk}_{\text{id}}^j)$ 的具体过程描述如下。

$\underline{\text{Update}_2(\text{sk}_{\text{id}}^j)}$:

选取$r_1^{j+1}, r_2^{j+1} \leftarrow_R Z_q^*$;

计算

$$\text{sk}_{\text{id},1}^{j+1} = \text{sk}_{\text{id},1}^j (u^{\text{id}} h)^{r_1^{j+1}}, \text{sk}_{\text{id},2}^{j+1} = \text{sk}_{\text{id},2}^j (u^{\text{id}} h)^{r_2^{j+1}}$$

$$\text{sk}_{\text{id},3}^{j+1} = \text{sk}_{\text{id},3}^j g^{-r_1^{j+1}}, \text{sk}_{\text{id},4}^{j+1} = \text{sk}_{\text{id},4}^j g^{-r_2^{j+1}}$$

对于任意的更新索引$l = 1,2,\cdots$，有

$$\text{sk}_{\text{id},1}^l = g^{\alpha} (u^{\text{id}} h)^{r_1 + \sum_{i=1}^{l} r_1^i}, \text{sk}_{\text{id},2}^l = g^{\gamma} (u^{\text{id}} h)^{r_2 + \sum_{i=1}^{l} r_2^i}$$

$$\text{sk}_{\text{id},3}^l = g^{-\left(r_1 + \sum_{i=1}^{l} r_1^i\right)}, \text{sk}_{\text{id},4}^l = g^{-\left(r_2 + \sum_{i=1}^{l} r_2^i\right)}$$

输出$\text{sk}_{\text{id}}^{j+1} = (\text{sk}_{\text{id},1}^{j+1}, \text{sk}_{\text{id},2}^{j+1}, \text{sk}_{\text{id},3}^{j+1}, \text{sk}_{\text{id},4}^{j+1})$满足$\text{sk}_{\text{id}}^{j+1} \neq \text{sk}_{\text{id}}^j$和$\left|\text{sk}_{\text{id}}^{j+1}\right| = \left|\text{sk}_{\text{id}}^j\right|$。

4) 加密算法

对于身份 $\text{id} \in \mathcal{ID}$ 和明文消息 $M \in \mathcal{M}$，加密算法 $C \leftarrow \text{Enc}(\text{id}, M)$ 的具体过程描述如下。

$\underline{\text{Enc}(\text{id}, M)}$:

选取$t \leftarrow_R Z_q^*, \eta \leftarrow_R Z_q^*$;

计算

$$c_1 = g^t, c_2 = (u^{\text{id}} h)^t, c_3 = e(g,g)^{\alpha t} e(g,g)^{\gamma t \eta} M$$

计算

$$\mu = H(c_1, c_2, c_3, \eta), V = e(g,g)^{\alpha t \mu} e(g,g)^{\gamma t}$$

输出$C = (c_1, c_2, c_3, V, \eta)$。

5) 解密算法

对于密钥 $\text{sk}_{\text{id}}^j = (\text{sk}_{\text{id},1}^j, \text{sk}_{\text{id},2}^j, \text{sk}_{\text{id},3}^j, \text{sk}_{\text{id},4}^j)$ 和密文 $C = (c_1, c_2, c_3, V, \eta)$，解密算法 $M \leftarrow \text{Dec}(\text{sk}_{\text{id}}^j, C)$ 的具体过程描述如下。

$\underline{\text{Dec}(\text{sk}_{\text{id}}^j, C)}$:

计算

$$\omega_1 = e(\text{sk}_{\text{id},1}^j, c_1) e(\text{sk}_{\text{id},3}^j, c_2), \omega_2 = e(\text{sk}_{\text{id},2}^j, c_1) e(\text{sk}_{\text{id},4}^j, c_2)$$

计算

$$\mu = H(c_1, c_2, c_3, \eta), V' = \omega_1^{\mu} \omega_2$$

如果$V \neq V'$，则输出⊥；

否则输出$M = (\omega_1 \omega_2^{\eta})^{-1} c_3$。

执行密钥更新算法$\text{sk}_{\text{id}}^{j+1} \leftarrow \text{Update}_2(\text{sk}_{\text{id}}^j)$。

## 5.6.2　正确性

上述 IBE 机制密文合法性验证和解密操作的正确性将从下述等式获得。

$$\begin{aligned}\omega_1 &= e(\text{sk}_{\text{id},1}^j, c_1) e(\text{sk}_{\text{id},3}^j, c_2) \\ &= e\left[g^{\alpha} (u^{\text{id}} h)^{r_1 + \sum_{i=1}^{j} r_1^i}, g^t\right] e\left[g^{-\left(r_1 + \sum_{i=1}^{j} r_1^i\right)}, (u^{\text{id}} h)^t\right] = e(g,g)^{\alpha t}\end{aligned}$$

$$\begin{aligned}\omega_2 &= e(\text{sk}_{\text{id},2}^j, c_1) e(\text{sk}_{\text{id},4}^j, c_2) \\ &= e\left[g^{\gamma} (u^{\text{id}} h)^{r_2 + \sum_{i=1}^{j} r_2^i}, g^t\right] e\left[g^{-\left(r_2 + \sum_{i=1}^{j} r_2^i\right)}, (u^{\text{id}} h)^t\right] = e(g,g)^{\gamma t}\end{aligned}$$

## 5.6.3　安全性证明

在选择身份的安全性模型中，敌手在模拟器执行初始化算法之前将其选择的挑战身份发送给模拟器；由于挑战身份已被掌握，因此模拟器在系统环境建立时能够充分地使用挑战身份。

**定理 5-4**　对于任意的泄露参数 $\lambda \leqslant 2\log q - \omega(\log \kappa)$，若 DBDH 问题是难解的，

那么上述 IBE 机制具有连续泄露容忍的 CCA 安全性。

**证明**　若存在PPT敌手$\mathcal{A}$能以不可忽略的优势$\mathrm{Adv}_{\mathrm{IBE},\mathcal{A}}^{\mathrm{CLR\text{-}CCA}}(\lambda,\kappa)$攻破IBE机制连续泄露容忍的 CCA 安全性，那么就能够构造一个模拟器$\mathcal{S}$以显而易见的优势$\mathrm{Adv}_{G,\mathcal{S}}^{\mathrm{DBDH}}(\kappa)$攻破 DBDH 假设，且上述优势满足关系

$$\mathrm{Adv}_{G,\mathcal{S}}^{\mathrm{DBDH}}(\kappa)\geqslant \mathrm{Adv}_{\mathrm{IBE},\mathcal{A}}^{\mathrm{CLR\text{-}CCA}}(\lambda,\kappa)-\frac{2^{\lambda}q_d}{q^3-q_d+1}-\frac{2^{\frac{\lambda}{2}}-1}{q}$$

式中，$q_d$为敌手所提交的解密询问的次数。

模拟器$\mathcal{S}$在系统初始化之前，将收到 DBDH 困难问题的挑战者发送的挑战元组$\mathcal{T}_v=(g,g^x,g^y,g^z,T_v)$和相应的公开元组$\mathbb{G}'=[q,G_1,G_2,e(\cdot,\cdot),g]$；此外还收到敌手$\mathcal{A}$提交的挑战身份$\mathrm{id}^*$。

特别地，由于初始化之前已收到敌手$\mathcal{A}$提交的挑战身份$\mathrm{id}^*$，因此模拟器$\mathcal{S}$基于$\mathrm{id}^*$进行初始化，使得$\mathcal{S}$具备生成所有身份(包括挑战身份$\mathrm{id}^*$)密钥的能力，$\mathcal{S}$能够应答敌手$\mathcal{A}$提交的所有泄露询问及解密询问。

1) 初始化

该阶段，模拟器$\mathcal{S}$基于 DBDH 挑战元组$\mathcal{T}_v=(g,g^x,g^y,g^z,T_v)$构建运行环境，并发送系统公开参数$\mathrm{Params}=[\mathbb{G}',u,h,e(g,g)^{\alpha},e(g,g)^{\gamma},H]$给敌手$\mathcal{A}$，具体操作如下所示。

(1) 令$u=g^x$；选取$\gamma,b\leftarrow_R Z_q^*$，并计算$u=(g^x)^{-\mathrm{id}^*}g^b$和$e(g,g)^{\gamma}$。

(2) 计算$e(g,g)^{\alpha}=e(g^x,g^y)$，隐含地设置了$\alpha=xy$。

(3) 选取抗碰撞的密码学哈希函数$H:(0,1)^*\to Z_q^*$。

特别地，由于指数$x$和$y$是由 DBDH 困难问题的挑战者从$Z_q^*$中随机选取的，因此在敌手看来模拟器$\mathcal{S}$构建的系统环境跟真实机制是不可区分的。

2) 阶段 1(训练)

该阶段敌手$\mathcal{A}$适应性地进行多项式有界次的密钥生成询问、泄露询问和解密询问。

(1) 密钥生成询问。敌手$\mathcal{A}$发出对$\mathrm{id}\in\mathcal{ID}(\mathrm{id}\neq\mathrm{id}^*)$的密钥生成询问。模拟器$\mathcal{S}$通过下述计算生成id对应的密钥$\mathrm{sk}_{\mathrm{id}}^j=(\mathrm{sk}_{\mathrm{id},1}^j,\mathrm{sk}_{\mathrm{id},2}^j,\mathrm{sk}_{\mathrm{id},3}^j,\mathrm{sk}_{\mathrm{id},4}^j)$，并把它发送给敌手$\mathcal{A}$。

①随机选取$r',r_2\leftarrow_R Z_q^*$，计算

$$\mathrm{sk}_{\mathrm{id},1}^0=(g^y)^{\frac{-b}{\mathrm{id}-\mathrm{id}^*}}(u^{\mathrm{id}}h)^{r'},\ \mathrm{sk}_{\mathrm{id},2}^0=g^{\gamma}(u^{\mathrm{id}}h)^{r_2}$$

$$\mathrm{sk}_{\mathrm{id},3}^0=g^{-r'}(g^y)^{\frac{1}{\mathrm{id}-\mathrm{id}^*}},\ \mathrm{sk}_{\mathrm{id},4}^0=g^{-r_2}$$

②随机选取$\delta_1,\delta_2\leftarrow_R Z_q^*$，计算

$$\mathrm{sk}_{\mathrm{id},1}^j=\mathrm{sk}_{\mathrm{id},1}^0(u^{\mathrm{id}}h)^{\delta_1},\ \mathrm{sk}_{\mathrm{id},2}^j=\mathrm{sk}_{\mathrm{id},2}^0(u^{\mathrm{id}}h)^{\delta_2}$$

$$\mathrm{sk}_{\mathrm{id},3}^j=\mathrm{sk}_{\mathrm{id},3}^0g^{-\delta_1},\ \mathrm{sk}_{\mathrm{id},4}^j=\mathrm{sk}_{\mathrm{id},4}^0g^{-\delta_2}$$

通过对上述密钥 $sk_{id}^j=(sk_{id,1}^j,sk_{id,2}^j,sk_{id,3}^j,sk_{id,4}^j)$ 的变形，可知 $sk_{id}^j$ 是身份 id 的合法密钥。

对于任意的随机数 $r'\leftarrow_R Z_q^*$，存在一个随机数 $r_1\in Z_q^*$ 满足 $r_1=r'-\frac{y}{id-id^*}$，那么有

$$sk_{id,1}^0=(g^y)^{\frac{-b}{id-id^*}}(u^{id}h)^{r'}=g^{\frac{-yb}{id-id^*}}(u^{id}h)^{\frac{y}{id-id^*}}(u^{id}h)^{r_1}$$

$$=g^{\frac{-yb}{id-id^*}}[g^{x(id-id^*)}g^b]^{\frac{y}{id-id^*}}(u^{id}h)^{r_1}=g^{xy}(u^{id}h)^{r_1}=g^{\alpha}(u^{id}h)^{r_1}$$

$$sk_{id,3}^0=g^{-r'}(g^y)^{\frac{-1}{id-id^*}}=g^{-\left(r_1+\frac{y}{id-id^*}\right)}g^{\frac{y}{id-id^*}}=g^{-r_1}$$

因此密钥 $sk_{id}^j=(sk_{id,1}^j,sk_{id,2}^j,sk_{id,3}^j,sk_{id,4}^j)$ 的原始形式(即未进行更新操作的初始形式)为

$$sk_{id}^0=(sk_{id,1}^0,sk_{id,2}^0,sk_{id,3}^0,sk_{id,4}^0)$$
$$=[g^{\alpha}(u^{id}h)^{r_1},g^{\gamma}(u^{id}h)^{r_2},g^{-r_1},g^{-r_2}]$$

(2)泄露询问。敌手 $\mathcal{A}$ 发送身份 id 和高效可计算的泄露函数 $f_i:\{0,1\}^*\to\{0,1\}^{\lambda_i}$ 给模拟器 $\mathcal{S}$，提出针对密钥 $sk_{id}$ 的泄露询问，模拟器 $\mathcal{S}$ 借助泄露谕言机 $\mathcal{O}_{sk_{id}}^{\lambda,\kappa}(\cdot)$ 返回相应的泄露信息 $f_i(sk_{id})$ 给敌手，唯一的限制是关于密钥 $sk_{id}$ 的所有泄露信息 $f_i(sk_{id})$ 的总长度不能超过系统设定的泄露界 $\lambda$。

对于除挑战身份之外的任意身份 id($id\neq id^*$) 的泄露询问，根据密钥生成询问中的方法生成身份 id 对应的密钥 $sk_{id}$；然后借助泄露谕言机 $\mathcal{O}_{sk_{id}}^{\lambda,\kappa}(\cdot)$ 返回相应的泄露信息 $f_i(sk_{id})$ 给敌手。

对于挑战身份 $id^*$ 的泄露询问，模拟器 $\mathcal{S}$ 通过下述计算可生成 $id^*$ 对应的密钥 $sk_{id^*}$；然后借助泄露谕言机 $\mathcal{O}_{sk_{id^*}}^{\lambda,\kappa}(\cdot)$ 返回相应的泄露信息 $f_i(sk_{id^*})$ 给敌手。

①随机选取 $r',r_2\leftarrow_R Z_q^*$，计算

$$sk_{id^*,1}^0=(g^y)^{-\frac{b}{q}}(u^{id^*}h)^{r'},\ sk_{id^*,2}^0=g^{\gamma}(u^{id^*}h)^{r_2}$$

$$sk_{id^*,3}^0=g^{-r'}(g^y)^{-\frac{1}{q}},\ sk_{id^*,4}^0=g^{-r_2}$$

②对于任意的随机数 $r'\leftarrow_R Z_q^*$，存在一个随机数 $r_1\in Z_q^*$ 满足 $r_1=r'-\frac{b}{q}$，那么有

$$sk_{id^*,1}^0=(g^y)^{-\frac{b}{q}}(u^{id^*}h)^{r'}=g^{-\frac{by}{q}}(u^{id^*}h)^{\frac{y}{q}}(u^{id^*}h)^{r_1}=g^{-\frac{by}{q}}(g^{xq}g^y)^{\frac{y}{q}}(u^{id^*}h)^{r_1}$$
$$=g^{xy}(u^{id^*}h)^{r_1}=g^{\alpha}(u^{id^*}h)^{r_1}$$

$$sk_{id^*,3}^0=g^{-r'}(g^y)^{-\frac{1}{q}}=g^{-\left(r'+\frac{y}{q}\right)}=g^{-r_1}$$

式中，$g^{xq}=1$。

(3) 解密询问。对于敌手 $\mathcal{A}$ 提交的关于身份密文对 $(\mathrm{id},C)$ 的解密询问，模拟器 $\mathcal{S}$ 借助解密谕言机 $\mathcal{O}^{\mathrm{Dec}}(\cdot)$ 返回相应的明文 $M$ 给敌手，也就是说 $M=\mathcal{O}^{\mathrm{Dec}}(\mathrm{sk}_{\mathrm{id}},C)$，其中相应的密钥 $\mathrm{sk}_{\mathrm{id}}$ 的生成过程与密钥生成询问和泄露询问中相关身份对应密钥的生成过程相同。

3) 挑战

该阶段，敌手 $\mathcal{A}$ 提交两个等长的消息 $M_0,M_1\in\mathcal{M}$ 给模拟器 $\mathcal{S}$，模拟器 $\mathcal{S}$ 选取随机数 $\beta\leftarrow_R\{0,1\}$，通过下述计算生成关于消息 $M_\beta$ 的密文 $C_\beta^*=(c_1^*,c_2^*,c_3^*,V^*,\eta^*)$，并将生成的挑战密文 $C_\beta^*$ 返回给敌手 $\mathcal{A}$。

①令 $c_1^*=g^z$ 和 $c_2^*=(g^z)^b$，随机选取 $\eta^*\leftarrow_R Z_q^*$，计算

$$c_3^*=T_v e(g^y,g)^{\gamma\eta^*}M_\beta$$

②计算

$$V^*=(T_v)^{\mu^*}e(g^z,g)^\gamma$$

式中，$\mu^*=H(c_1^*,c_2^*,c_3^*,\eta^*)$。

4) 阶段 2(训练)

收到挑战密文 $C_\beta^*$ 之后，敌手 $\mathcal{A}$ 可就除了挑战身份 $\mathrm{id}^*$ 的任何身份 $\mathrm{id}(\mathrm{id}\neq\mathrm{id}^*)$ 进行多项式有界次的密钥生成询问；此外可就除了挑战身份和挑战密文对 $(\mathrm{id}^*,C_\beta^*)$ 的任何身份密文对 $(\mathrm{id},C)\neq(\mathrm{id}^*,C_\beta^*)$ 进行多项式有界次的解密询问。但是该阶段禁止敌手 $\mathcal{A}$ 进行泄露询问。

5) 猜测

敌手 $\mathcal{A}$ 输出对模拟器 $\mathcal{S}$ 选取随机数 $\beta$ 的猜测值 $\beta'\in\{0,1\}$。若 $\beta'=\beta$，则称敌手 $\mathcal{A}$ 在该游戏中获胜。

**引理 5-1**　若 $\mathcal{T}_v=(g,g^x,g^y,g^z,T_v)$ 是一个 DBDH 元组，且 PPT 敌手 $\mathcal{A}$ 能以不可忽略的优势 $\mathrm{Adv}_{\mathrm{IBE},\mathcal{A}}^{\mathrm{CLR\text{-}CCA}}(\kappa,\lambda)$ 攻破上述 IBE 机制的 CCA 安全性，那么在忽略泄露的情况下，模拟器 $\mathcal{S}$ 能以优势 $\mathrm{Adv}_{G,\mathcal{S},\nu=1}^{\mathrm{DBDH}}(\kappa,\lambda)=\mathrm{Adv}_{\mathrm{IBE},\mathcal{A}}^{\mathrm{CLR\text{-}CCA}}(\kappa,\lambda)$ 解决 DBDH 问题。

$\mathcal{T}_v$ 是一个 DBDH 元组(即 $T_v=e(g,g)^{xyz}$)，根据下述关系可知，模拟器生成关于消息 $M_\beta$ 的有效密文 $C_\beta^*=(c_1^*,c_2^*,c_3^*,V^*,\eta^*)$，则上述游戏中敌手的视图与真实游戏中敌手的视图完全相同。若敌手能以优势 $\mathrm{Adv}_{\mathrm{IBE},\mathcal{A}}^{\mathrm{CLR\text{-}CCA}}(\kappa,\lambda)$ 攻破上述 IBE 机制连续泄露容忍的 CCA 安全性，那么模拟器 $\mathcal{S}$ 能以优势 $\mathrm{Adv}_{G,\mathcal{S},\nu=1}^{\mathrm{DBDH}}(\kappa,\lambda)=\mathrm{Adv}_{\mathrm{IBE},\mathcal{A}}^{\mathrm{CLR\text{-}CCA}}(\kappa,\lambda)$ 解决 DBDH 困难性问题。

$$c_2^*=(g^z)^b=[g^{x(\mathrm{id}^*-\mathrm{id}^*)}g^b]^z=(u^{\mathrm{id}^*}h)^z$$

$$T_v e(g^z,g)^{\gamma\eta}=e(g,g)^{xyz}e(g,g)^{\gamma z\eta^*}=e(g,g)^{\alpha z}e(g,g)^{\gamma z\eta^*}$$

$$(T_v)^{\mu^*}e(g^z,g)^\gamma=e(g,g)^{xyz\mu^*}e(g,g)^{\gamma z}=e(g,g)^{\alpha z\mu^*}e(g,g)^{\gamma z}$$

引理 5-1 证毕。

**引理 5-2**　若 $\mathcal{T}_v=(g,g^x,g^y,g^z,T_v)$ 是一个非 DBDH 元组，对于任意的轮泄露参数 $\lambda\leqslant 2\log q-\omega(\log\kappa)$，模拟器 $\mathcal{S}$ 能够在泄露信息的帮助下解决 DBDH 问题，则 $\mathcal{S}$ 解决 DBDH 困难问题的优势可表示为

$$\mathrm{Adv}_{G,\mathcal{S},v=0}^{\mathrm{DBDH}}(\kappa,\lambda)\leqslant\frac{2^{\lambda}q_d}{q^3-q_d+1}+\frac{2^{\frac{\lambda}{2}}-1}{q}$$

称非 DBDH 元组对应的密文 $C=(c_1,c_2,c_3,V,\eta)$ 是无效密文，即使其能够通过解密算法的合法性验证。令事件 Reject 表示解密谕言机 $\mathcal{O}^{\mathrm{Dec}}(\cdot)$ 在解密询问中拒绝所有的无效密文。

**断言 5-4**　若 $\mathcal{T}_v=(g,g^x,g^y,g^z,T_v)$ 是一个非 DBDH 元组，且解密谕言机 $\mathcal{O}^{\mathrm{Dec}}(\cdot)$ 在解密询问中拒绝所有的无效密文(即事件 Reject 发生)，模拟器 $\mathcal{S}$ 解决 DBDH 问题的优势为

$$\mathrm{Adv}_{\mathcal{S},\mathrm{Reject}}^{\mathrm{DBDH}}(\kappa,\lambda)\leqslant\frac{2^{\frac{\lambda}{2}}-1}{q}$$

**证明**　在泄露环境下，敌手 $\mathcal{A}$ 的视图包括系统公开参数 Params、挑战身份 $\mathrm{id}^*$、挑战明文 $M_0,M_1\in\mathcal{M}$、挑战密文 $C_\beta^*=(c_1^*,c_2^*,c_3^*,V^*,\eta^*)$ 及关于密钥 $\mathrm{sk}_{\mathrm{id}}^j=(\mathrm{sk}_{\mathrm{id},1}^j,\mathrm{sk}_{\mathrm{id},2}^j,\mathrm{sk}_{\mathrm{id},3}^j,\mathrm{sk}_{\mathrm{id},4}^j)$ 的 $\lambda$ 比特的泄露信息 Leak。

已知 $\mathrm{sk}_{\mathrm{id},1}^j,\mathrm{sk}_{\mathrm{id},2}^j,\mathrm{sk}_{\mathrm{id},3}^j,\mathrm{sk}_{\mathrm{id},4}^j\in G_1$，根据定理 2-1 可知

$$\begin{aligned}&\tilde{H}_\infty(\mathrm{sk}_{\mathrm{id},1}^j,\mathrm{sk}_{\mathrm{id},2}^j,\mathrm{sk}_{\mathrm{id},3}^j,\mathrm{sk}_{\mathrm{id},4}^j\mid \mathrm{Params},\mathrm{id},C_\beta^*,\mathrm{Leak})\\&=\tilde{H}_\infty(\mathrm{sk}_{\mathrm{id},1}^j,\mathrm{sk}_{\mathrm{id},2}^j,\mathrm{sk}_{\mathrm{id},3}^j,\mathrm{sk}_{\mathrm{id},4}^j\mid V^*,\mathrm{Leak})\\&=\tilde{H}_\infty(\mathrm{sk}_{\mathrm{id},1}^j,\mathrm{sk}_{\mathrm{id},2}^j,\mathrm{sk}_{\mathrm{id},3}^j,\mathrm{sk}_{\mathrm{id},4}^j\mid V^*)-\lambda\\&\geqslant 3\log q-\lambda\end{aligned}$$

根据平均最小熵的定义可知，在泄露环境下敌手 $\mathcal{A}$ 猜中密钥 $\mathrm{sk}_{\mathrm{id}}^j=(\mathrm{sk}_{\mathrm{id},1}^j,\mathrm{sk}_{\mathrm{id},2}^j,\mathrm{sk}_{\mathrm{id},3}^j,\mathrm{sk}_{\mathrm{id},4}^j)$ 的最大概率为

$$2^{-\tilde{H}_\infty(\mathrm{sk}_{\mathrm{id},1}^j,\mathrm{sk}_{\mathrm{id},2}^j,\mathrm{sk}_{\mathrm{id},3}^j,\mathrm{sk}_{\mathrm{id},4}^j\mid \mathrm{Params},\mathrm{id},C_\beta^*,\mathrm{Leak})}\leqslant\frac{2^{\lambda}}{q^3}$$

根据引理 2-4 可知，敌手 $\mathcal{A}$ 区分元组在机制 $[T_v e(g^y,g)^{\gamma\eta^*},\eta^*]$ 和 $(U^*,\eta^*)$ 的优势为 $\frac{2^{\frac{\lambda}{2}}-1}{q}$，其中 $U^*\leftarrow_R G_2$；即敌手 $\mathcal{A}$ 输出 $\beta=\beta'$ 的优势是 $\frac{2^{\frac{\lambda}{2}}-1}{q}$。因此，可知

$$\mathrm{Adv}_{\mathcal{S},\mathrm{Reject}}^{\mathrm{DBDH}}(\kappa,\lambda)=\Pr[v'=v\mid \mathrm{Reject}]\leqslant\frac{2^{\frac{\lambda}{2}}-1}{q}$$

断言 5-4 证毕。

**断言 5-5**　若 $\mathcal{T}_v=(g,g^x,g^y,g^z,T_v)$ 是一个非 DBDH 元组，且解密谕言机 $\mathcal{O}^{\mathrm{Dec}}(\cdot)$ 并不拒绝关于无效密文的解密询问(即事件 Reject 不发生)，则有

$$\Pr[\overline{\mathrm{Reject}}]\leqslant\frac{2^{\lambda}q_d}{q^3-q_d+1}$$

**证明**　令密文 $C'=(c_1',c_2',c_3',V',\eta')$ 是敌手 $\mathcal{A}$ 在解密询问中提交的第一个无效密文，该询问会被解密谕言机 $\mathcal{O}^{\mathrm{Dec}}(\cdot)$ 接收，下面将分类讨论。

(1) 若 $(c_1',c_2',c_3',\eta')=(c_1^*,c_2^*,c_3^*,\eta^*)$，但 $\mu'=\mu^*$，这意味着哈希函数 $H$ 发生了碰撞，由哈希函数的抗碰撞性可知，这种情况发生的概率是可忽略的。

(2) 若 $(c_1',c_2',c_3',\eta')\neq(c_1^*,c_2^*,c_3^*,\eta^*)$。由于敌手 $\mathcal{A}$ 正确猜测密钥 $\mathrm{sk}_{\mathrm{id}}^j=(\mathrm{sk}_{\mathrm{id},1}^j,\mathrm{sk}_{\mathrm{id},2}^j,\mathrm{sk}_{\mathrm{id},3}^j,\mathrm{sk}_{\mathrm{id},4}^j)$ 的概率至多是 $\frac{2^{\lambda}}{q^3}$，则解密谕言机 $\mathcal{O}^{\mathrm{Dec}}(\cdot)$ 接收第一个无效密文的概率至多是 $\frac{2^{\lambda}}{q^3}$。若第一个无效密文被解密谕言机拒绝，则敌手能从解密询问中获知关于密钥 $\mathrm{sk}_{\mathrm{id}}^j$ 的相关信息(可从组合空间中排除相应的组合)，使得第二个无效密文被解密谕言机接收的概率至多是 $\frac{2^{\lambda}}{q^3-1}$；随着更多的无效密文被解密谕言机所拒绝，敌手能从相应的解密询问中获知关于密钥 $\mathrm{sk}_{\mathrm{id}}^j$ 的更多信息；则第 $i$ 个无效密文被解密谕言机接收的概率至多是 $\frac{2^{\lambda}}{q^3-i+1}$。因此，解密谕言机接收一个无效密文的最大概率为 $\frac{2^{\lambda}}{q^3-q_d+1}$，其中 $q_d$ 是敌手 $\mathcal{A}$ 进行解密询问的最大次数。

综合考虑敌手 $\mathcal{A}$ 进行的 $q_d$ 次解密询问，可知

$$\Pr[\overline{\mathrm{Reject}}]\leqslant\frac{2^{\lambda}q_d}{q^3-q_d+1}$$

断言 5-5 证毕。

根据断言 5-4 和断言 5-5，可知

$$\begin{aligned}\mathrm{Adv}_{\mathcal{S},v=0}^{\mathrm{DBDH}}(\lambda,\kappa)&=\left|\Pr[v'=v]-\frac{1}{2}\right|\\&=\left|(\Pr[v'=v\mid\mathrm{Reject}]\Pr\left[\mathrm{Reject}\right]+\Pr[v'=v\mid\overline{\mathrm{Reject}}]\Pr[\overline{\mathrm{Reject}}])-\frac{1}{2}\right|\\&\leqslant\Pr[v'=v\mid\mathrm{Reject}]+\Pr[\overline{\mathrm{Reject}}]\\&\leqslant\frac{2^{\lambda}q_d}{q^3-q_d+1}+\frac{2^{\frac{\lambda}{2}-1}}{q}\end{aligned}$$

若 $\mathcal{T}_v$ 是一个非 DBDH 元组，则对于任意的轮泄露参数 $\lambda \leqslant 2\log q-\omega(\log\kappa)$，模拟器 $\mathcal{S}$ 能以优势 $\mathrm{Adv}_{G,\mathcal{S},v=0}^{\mathrm{DBDH}}(\kappa,\lambda)\leqslant\dfrac{2^{\lambda}q_d}{q^3-q_d+1}+\dfrac{2^{\frac{\lambda}{2}}-1}{q}$ 解决 DBDH 困难问题。

引理 5-2 证毕。

综上所述，根据引理 5-1 和引理 5-2 的结论可知，若 DBDH 问题是难解的，那么上述 IBE 机制是连续泄露容忍的 CCA 安全的 IBE 机制，并且相应的优势间存在下述关系

$$\begin{aligned}\mathrm{Adv}_{G,\mathcal{S}}^{\mathrm{DBDH}}(\kappa)&=\left|\mathrm{Adv}_{G,\mathcal{S},v=1}^{\mathrm{DBDH}}(\kappa)-\mathrm{Adv}_{G,\mathcal{S},v=0}^{\mathrm{DBDH}}(\kappa)\right|\\&\geqslant\mathrm{Adv}_{\mathrm{IBE},\mathcal{A}}^{\mathrm{CLR\text{-}CCA}}(\lambda,\kappa)-\frac{2^{\lambda}q_d}{q^3-q_d+1}-\frac{2^{\frac{\lambda}{2}}-1}{q}\end{aligned}$$

定理 5-4 证毕。

### 5.6.4　性能的进一步优化

上述抗泄露 IBE 机制中，密文中的部分元素可表示成关于密钥的函数形式，因此在泄露环境下，任意的 PPT 敌手能从密文中获知关于密钥的部分信息；此外，该机制仅能完成特定明文的加密，即消息空间是群 $G_2$。

针对上述问题，本节在上述机制基础上提出改进的抗连续泄露容忍的 CCA 安全的 IBE 机制，其中密钥生成算法和密钥更新算法与上述机制相同，本节不再赘述。

1) 系统初始化

系统初始化算法 $(\mathrm{Params},\mathrm{msk})\leftarrow\mathrm{Setup}(1^{\kappa})$ 的具体过程描述如下。

<u>$\mathrm{Setup}(1^{\kappa})$</u>:

计算 $\mathbb{G}'=[q,G_1,G_2,e(\cdot,\cdot),g]\leftarrow\mathcal{G}'(\kappa)$;

选取抗碰撞哈希函数 $H:\{0,1\}^*\rightarrow Z_q^*$;

选取 $\alpha,\gamma,\alpha_0',\gamma_0'\leftarrow Z_q^*$ 和 $u,h\leftarrow G_1$，计算

$$P_1=e(g,g)^{\alpha},P_2=e(g,g)^{\gamma}$$

计算

$$s_1^0=g^{\alpha+\alpha_0'},s_2^0=g^{\gamma+\gamma_0'},s_3^0=g^{-\alpha_0'},s_4^0=g^{-\gamma_0'}$$

令 $\Pi_{\mathrm{SKE}}=(\mathcal{E},\mathcal{D})$ 是一次性安全的对称加密机制，相应的密钥空间是 $G_2$;

令 $\mathrm{KDF}:G_2\rightarrow Z_q^*\times Z_q^*$ 是密钥衍射函数;

输出 $\mathrm{Params}=(\mathbb{G}',P_1,P_2,u,h,H,\Pi_{\mathrm{SKE}},\mathrm{KDF})$ 和 $\mathrm{msk}=(s_1^0,s_2^0,s_3^0,s_4^0)$。

2) 加密算法

对于身份 $\text{id} \in \mathcal{ID}$ 和明文消息 $M \in \mathcal{M}$，加密算法 $C \leftarrow \text{Enc}(\text{id}, M)$ 的具体过程描述如下。

$\underline{\text{Enc}(\text{id}, M)}$:

选取 $t, n, \eta \leftarrow_R Z_q^*$;

计算

$$c_1 = g^t, c_2 = (u^{\text{id}} h)^t, k = e(g,g)^{\alpha t} e(g,g)^{\gamma t \eta}, c_3 = \mathcal{E}(k, M), c_4 = g^n$$

计算

$$V = e(g,g)^{\alpha t \mu} e(g,g)^{\gamma t}$$

其中，$\mu = H(c_1, c_2, c_3, \eta)$。

计算

$$v = nk_1 + k_2$$

其中，$(k_1, k_2) = \text{KDF}(V)$。

输出 $C = (c_1, c_2, c_3, c_4, v, \eta)$。

3) 解密算法

对于密钥 $\text{sk}_{\text{id}}^j = (\text{sk}_{\text{id},1}^j, \text{sk}_{\text{id},2}^j, \text{sk}_{\text{id},3}^j, \text{sk}_{\text{id},4}^j)$ 和密文 $C = (c_1, c_2, c_3, c_4, v, \eta)$，解密算法 $M \leftarrow \text{Dec}(\text{sk}_{\text{id}}^j, C)$ 的具体过程描述如下。

$\underline{\text{Dec}(\text{sk}_{\text{id}}^j, C)}$:

计算

$$\omega_1 = e(\text{sk}_{\text{id},1}^j, c_1) e(\text{sk}_{\text{id},3}^j, c_2), \omega_2 = e(\text{sk}_{\text{id},2}^j, c_1) e(\text{sk}_{\text{id},4}^j, c_2)$$

计算

$$V' = \omega_1^{\mu} \omega_2$$

其中，$\mu = H(c_1, c_2, c_3, \eta)$。

如果 $g^v \neq c_4^{k_1'} g^{k_2'}$，则输出 $\perp$，其中（$k_1', k_2'$）$= \text{KDF}(V')$;

否则输出 $M = \mathcal{D}(k, c_3)$，其中 $k = \omega_1 \omega_2^{\eta}$。

4) 正确性及安全性

根据基础 IBE 机制的正确性和安全性即可获知改进机制的相应性质。改进机制中密文的所有元素对于敌手而言是完全随机的，使得任意敌手无法从相应的密文中获知密钥的相关信息，因此改进机制抵抗泄露攻击的能力更强，具体的泄露参数 $\lambda$ 的分析如下所示。

已知 $\text{sk}_{\text{id},1}^j, \text{sk}_{\text{id},2}^j, \text{sk}_{\text{id},3}^j, \text{sk}_{\text{id},4}^j \leftarrow_R G_1$，根据定理 2-1 可知

$$\begin{aligned}&\tilde{H}_{\infty}(\mathrm{sk}_{\mathrm{id},1}^{j},\mathrm{sk}_{\mathrm{id},2}^{j},\mathrm{sk}_{\mathrm{id},3}^{j},\mathrm{sk}_{\mathrm{id},4}^{j} \mid \mathrm{Params},\mathrm{id},C_{\beta}^{*},\mathrm{Leak})\\&=\tilde{H}_{\infty}(\mathrm{sk}_{\mathrm{id},1}^{j},\mathrm{sk}_{\mathrm{id},2}^{j},\mathrm{sk}_{\mathrm{id},3}^{j},\mathrm{sk}_{\mathrm{id},4}^{j} \mid \mathrm{Leak})\\&\geqslant 4\log q-\lambda\end{aligned}$$

根据引理 2-4 可知泄露参数为 $\lambda \leqslant 3\log q - \omega(\log\kappa)$ 。

## 5.7 本 章 小 结

在现有露容忍的 IBE 机制中，部分机制要求泄露参数 $\lambda$ 和待加密消息的长度 $l_m$ 满足关系 $\lambda + l_m \leqslant \log q - \omega(\log\kappa)$ ，导致上述机制只能通过减小待加密消息的长度 $l_m$ 来抵抗更多的泄露。在泄露环境下，部分机制无法确保密文中的所有元素对于敌手而言是完全随机的，导致任意敌手可以从密文中获知相应密钥的附加信息。此外，当前缺乏对 IBE 机制抵抗连续泄露攻击能力的研究。针对上述问题，本章主要对 IBE 机制的(连续)泄露容忍性进行了研究，提出了上述问题的解决策略。

(1) 设计了泄露容忍的 IBE 机制，并在随机谕言机模型下基于 DBDH 困难性假设对该机制的 CCA 安全性进行了形式化证明。

(2) 设计了抵抗连续泄露攻击的 CCA 安全的 IBE 机制，在保证公开参数不变的前提下，完成对用户密钥的更新，填补了信息泄露造成的用户密钥的熵损失，使得用户密钥在存在泄露的情况下对任何敌手是完全随机的，实现了抵抗连续泄露攻击的目标。然而基于静态的困难性假设构建 IBE 机制的运行环境会使模拟器无法掌握完整的系统主私钥，导致其仅能通过猜测输出挑战身份的相关的泄露应答，此外模拟器也无法应答针对挑战身份的解密询问。因此，在这种情况下，相应机制的安全性证明过程不具有紧致的特征。

(3) 为了获得更佳的安全性证明过程，设计了具有紧归约性质的连续泄露容忍的 IBE 机制，并基于非静态困难性假设对该机制连续泄露容忍的 CCA 安全性进行了形式化证明。由于该机制中挑战者能够生成身份空间中所有身份(包括挑战身份)的密钥，因此在相应的询问中不会产生额外的中断，因此相应的安全性证明的归约效果较佳。该方法虽具有紧的安全性归约过程，但底层非静态的安全性假设是一种较强假设。

(4) 为进一步增强抗泄露 IBE 机制的实用性，设计了抵抗多密钥(系统主密钥和用户密钥)连续泄露攻击的 IBE 机制，在继承现有抗泄露 IBE 机制优势性能的基础上，实现了对系统主密钥的连续抗泄露性。

### 参 考 文 献

[1] Shamir A. Identity-based cryptosystems and signature schemes[C]//Proceedings of the 4th Annual International Cryptology Conference, Santa Barbara, 1984: 47-53.

[2] Boneh D, Franklin M K. Identity-based encryption from the weil pairing[C]//Proceedings of the 21st Annual International Cryptology Conference, Santa Barbara, 2001: 213-229.

[3] Boneh D, Boyen X. Efficient selective-ID secure identity-based encryption without random oracles[C]//Proceedings of the International Conference on the Theory and Applications of Cryptographic Techniques, Interlaken, 2004: 223-238.

[4] Boneh D, Boyen X. Secure identity based encryption without random oracles[C]//Proceedings of the 24th Annual International Cryptology Conference, Santa Barbara, 2004: 443-459.

[5] Waters B. Efficient identity-based encryption without random oracles[C]//Proceedings of the 24th Annual International Conference on the Theory and Applications of Cryptographic Techniques, Aarhus, 2005: 114-127.

[6] Gentry C. Practical identity-based encryption without random oracles[C]//Proceedings of the 25th Annual International Conference on the Theory and Applications of Cryptographic Techniques, Saint Petersburg, 2006: 445-464.

[7] Alwen J, Dodis Y, Naor M, et al. Public-key encryption in the bounded-retrieval model [C]//Proceedings of the 29th Annual International Conference on the Theory and Applications of Cryptographic Techniques, Monaco, 2010: 113-134.

[8] Li S J, Zhang F T. Leakage-resilient identity-based encryption scheme [J]. International Journal of Grid and Utility Computing, 2013, 4(2/3): 187-196.

[9] Li J G, Teng M L, Zhang Y C, et al. A leakage-resilient CCA-secure identity-based encryption scheme[J]. The Computer Journal, 2016, 59(7): 1066-1075.

[10] Sun S F, Gu D W, Liu S L. Efficient chosen ciphertext secure identity-based encryption against key leakage attacks [J]. Security and Communication Networks, 2016, 9(11): 1417-1434.

[11] Liu S L, Weng J, Zhao Y L. Efficient public key cryptosystem resilient to key leakage chosen ciphertext attacks [C]//Proceedings of the Cryptographers' Track at the RSA Conference, San Francisco, 2013: 84-100.

[12] Zhou Y W, Yang B, Mu Y. Continuous leakage-resilient identity-based encryption without random oracles[J]. The Computer Journal, 2018, 61(4): 586-600.

[13] Zhou Y W, Yang B, Mu Y, et al. Identity-based encryption resilient to continuous key leakage[J]. IET Information Security, 2019, 13(5): 426-434.

[14] Zhou Y W, Yang B, Hou H X, et al. Continuous leakage-resilient identity-based encryption with tight security[J]. The Computer Journal, 2019, 62(8): 1092-1105.

[15] Zhou Y W, Yang B, Mu Y. Continuous leakage-resilient identity-based encryption with leakage amplification[J]. Designs, Codes and Cryptography, 2019, 87(9): 2061-2090.

[16] Zhou Y W, Yang B. Practical continuous leakage-resilient CCA secure identity-based encryption[J]. Frontiers of Computer Science, 2020, 14(4): 144804.

# 第 6 章　无证书公钥加密机制的泄露容忍性

传统公钥基础设施(PKI)中存在公钥证书的生成、存储和管理等问题，基于身份的密码机制虽规避了上述不足，但存在密钥托管问题，即密钥生成中心(KGC)掌握任意用户的完整密钥，可代替任意用户执行密文解密、签名验证等私有操作[1]。为了解决 PKI 中证书的复杂管理问题及身份基密码机制的密钥托管问题，Al-Riyami 和 Paterson[2]提出了称为无证书公钥密码学(certificateless public key cryptography，CL-PKC)的新密码体制。在 CL-PKC 中，由于 KGC 仅为用户生成了部分密钥(完整的密钥由用户和 KGC 共同生成)，因此 KGC 无法掌握用户的完整密钥，也能解决基于身份的密码体制中所存在的密钥托管问题，具有广泛的实际应用前景。

在有界泄露模型中，文献[2]构造了第一个抵抗泄露攻击的无证书公钥加密(CL-PKE)机制，并给出了安全性的形式化证明；然而该方案只能抵抗有界的泄露攻击，并且仅具有 CCA1 的安全性。

针对现有抗泄露 CL-PKE 机制所存在的不足，本章将介绍 CL-PKE 机制的泄露容忍性及连续泄露容忍性，并提出相应的具体实例，主要内容包括以下两方面。

(1)设计具有 CCA2 安全性的抗泄露 CL-PKE 机制，并基于静态安全性假设对该方案的安全性进行证明。

(2)目前对抵抗连续泄露攻击的 CL-PKE 机制的相关研究较少，为满足应用环境对 CL-PKE 机制抗连续泄露性的实际需求，设计抵抗连续泄露攻击的 CL-PKE 机制，并给出该机制的安全性形式化证明；同时，从性能和效率两个方面，将提出的机制与现有的相关加密机制进行比较。

## 6.1　无证书密码机制简介

无证书公钥密码机制与基于身份的密码体制相类似，都消除了传统 PKI 中对证书的生成、存储和管理等复杂操作，并且都需要一个可信第三方——密钥生成中心 KGC；但是，无证书公钥密码机制改进了基于身份密码体制中所存在的密钥托管问题，在无证书公钥密码机制中 KGC 无法获知任何用户的完整密钥。在 CL-PKC 中，KGC 仅为用户生成了密钥的部分信息，完整的密钥由用户和 KGC 双方共同生成[2,3]，任何一方都无法独立完成用户密钥的生成。

如图 6-1 所示，用户 Bob 向 KGC 发送身份信息 id (其中 id 可用任意的字符串表示)，向其证明身份 id 的合法性，KGC 在获知身份信息 id 之后，基于系统主密钥为

Bob 生成相应的部分私钥和部分公钥，Bob 收到 KGC 的部分密钥之后，结合自己产生的部分密钥生成最终的私钥和公钥。

(1) Bob自主生成部分私钥和部分公钥($sk_2$, $pk_2$)
(2) Bob向KGC申请部分密钥($sk_1$, $sk_2$)
(3) Bob公开公钥pk = ($pk_1$, $pk_2$)，并秘密保存私钥sk = ($sk_1$, $sk_2$)

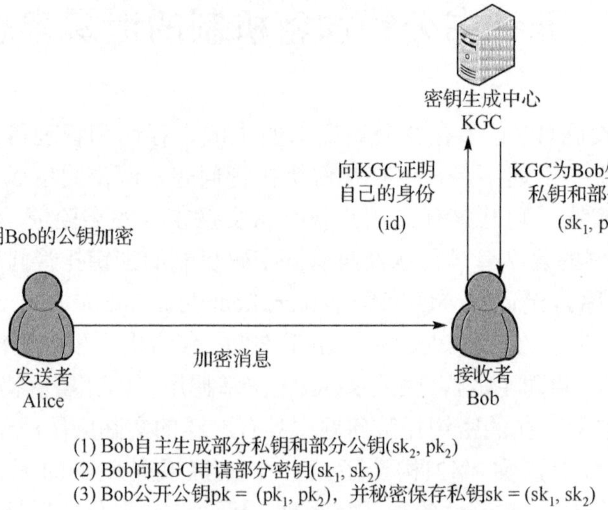

图 6-1　无证书公钥加密机制

## 6.2　CL-PKE 机制的定义及泄露容忍的安全模型

在现有 CL-PKE 机制[1,3]的基础上，本节介绍 CL-PKE 机制的形式化定义，并根据现有抗泄露 CL-PKE 机制的研究成果[2,4-7]，在回顾敌手分类的基础上详细介绍 CL-PKE 机制的抗泄露 CPA 安全性和抗泄露 CCA 安全性等安全模型。

### 6.2.1　形式化定义

一个 CL-PKE 机制通常由 Setup 、 Partial-Key-Extraction 、 Set-Secret-Value 、 Set-Private-Key 、 Set-Public-Key 、 Enc 和 Dec 七个算法组成。

1) 初始化

初始化算法 Setup 是由 KGC 负责执行的随机化算法，输入是安全参数 $\kappa$ ，输出为系统公共参数 Params 和主密钥 msk 。该算法可表示为 (Params, msk) $\leftarrow$ Setup($1^\kappa$) 。

系统参数 Params 中定义了 CL-PKE 机制的身份空间 $\mathcal{ID}$ 、私钥空间 $\mathcal{SK}$ 、消息空间 $\mathcal{M}$ 等；此外， Params 是下述算法的输入，为方便起见算法描述时将其省略。

2) 部分密钥生成

部分密钥生成算法 Partial-Key-Extraction 是由 KGC 负责执行的随机化算法，输入用户的身份 id $\in \mathcal{ID}$ 和主密钥 msk ，输出身份 id 所对应的部分密钥 $d_{id}$ 。该算法可

表示为 $d_{\text{id}} \leftarrow \text{Partial-Key-Extraction(id, msk)}$ 。

特别地，多数情况下该算法在输出部分密钥的同时，也会生成用户的部分公钥 $k_{\text{id}}$ ，因此该算法也可表示为 $(d_{\text{id}}, k_{\text{id}}) \leftarrow \text{Partial-Key-Extraction(id, msk)}$ 。

3) 秘密值设定

秘密值生成算法 Set-Secret-Value 是由用户负责执行的随机化算法，输入用户的身份 $\text{id} \in \mathcal{ID}$ ，输出该身份 id 所对应的秘密值 $s$ 。该算法可表示为 $s \leftarrow \text{Set-Secret-Value(id)}$ 。

4) 私钥设定

私钥生成算法 Set-Private-Key 输入用户的部分密钥 $d_{\text{id}}$ 和用户的秘密值 $s$ ，输出用户的私钥 $\text{sk}_{\text{id}}$ 。该算法由用户负责执行，可表示为 $\text{sk}_{\text{id}} \leftarrow \text{Set-Private-Key}(d_{\text{id}}, s)$ 。

5) 公钥设定

公钥生成算法 Set-Public-Key 输入用户的秘密值 $s$ (和用户的部分公钥 $k_{\text{id}}$)，输出用户的公钥 $\text{pk}_{\text{id}}$ 。该算法由用户负责执行，可表示为 $\text{pk}_{\text{id}} \leftarrow \text{Set-Public-Key}(k_{\text{id}}, s)$ 。

6) 加密

加密算法 Enc 是随机化算法，输入是消息 $M \in \mathcal{M}$ 、系统参数 Params 和接收者的公钥 $\text{pk}_{\text{id}}$ ，输出密文 $C$ 。该算法由发送者执行，可表示为 $C = \text{Enc}(\text{pk}_{\text{id}}, M)$ 。

7) 解密

解密算法 Dec 是确定性算法，输入私钥 $\text{sk}_{\text{id}}$ 及密文 $C$ ，输出相应的明文消息 $M$ 。该算法由接收者执行，可表示为 $M = \text{Dec}(\text{sk}_{\text{id}}, C)$ 。

特别地，下面在 CL-PKE 的具体方案设计时，使用交互式的密钥生成算法 KeyGen 代替 Partial-Key-Extraction、Set-Secret-Value、Set-Private-Key 和 Set-Public-Key 四个算法，即算法 KeyGen 实现了上述四个算法的功能。因此一个 CL-PKE 机制可简写为 $\Pi = (\text{Setup}, \text{KeyGen}, \text{Enc}, \text{Dec})$ 。

**注解 6-1**　由于算法 KeyGen 替代的四个算法由 KGC 和用户分别执行，因此该算法是一个交互式算法，即 KGC 与用户间通过交互生成用户的公私钥对 $(\text{pk}_{\text{id}}, \text{sk}_{\text{id}})$ 。

CL-PKE 机制的正确性要求对于任意的消息 $M \in \mathcal{M}$ 和用户身份 $\text{id} \in \mathcal{ID}$ ，有等式

$$M = \text{Dec}[\text{sk}_{\text{id}}, \text{Enc}(\text{pk}_{\text{id}}, M)]$$

成立，其中 $(\text{Params}, \text{msk}) \leftarrow \text{Setup}(1^{\kappa})$ 和 $(\text{pk}_{\text{id}}, \text{sk}_{\text{id}}) \leftarrow \text{KeyGen(id, msk)}$ 。

### 6.2.2　安全模型中的敌手分类

在无证书密码机制中，公私钥是由 KGC 与用户自己共同生成的，因此 KGC 并不掌握用户的完整私钥，那么在无证书密码机制中无须假设 KGC 是完全可信的，所以在现实环境中将存在下述两种类型的攻击方式：①攻击者是恶意的用户，则攻

击者冒充合法用户替换该用户的公钥，并对外公布替换后的新公钥，使得系统中的其他用户均认为该用户的公钥是新公布的，然后利用新公布的公钥对无证书密码机制进行攻击；②攻击者是恶意的 KGC，则攻击者利用掌握系统主密钥的优势为相应的用户生成部分密钥，然后利用该部分密钥对无证书密码机制进行攻击。

根据上述攻击方式，将攻击敌手分为 $\mathcal{A}^1$ 和 $\mathcal{A}^2$ 两类。

(1) 第一类敌手 $\mathcal{A}^1$：此类敌手无法掌握系统的主密钥，但其具有替换合法用户公钥的能力，则第一类敌手 $\mathcal{A}^1$ 为恶意的用户。此外，对此类敌手的限制如下所示。

①敌手 $\mathcal{A}^1$ 不能对挑战身份进行秘密值、私钥和部分密钥提取询问。特别地，敌手 $\mathcal{A}^1$ 无法获知其他任何用户的私钥信息。

②敌手 $\mathcal{A}^1$ 在挑战阶段之前不能替换挑战身份所对应的公钥。

(2) 第二类敌手 $\mathcal{A}^2$：此类敌手可掌握系统的主密钥，但其不具有替换合法用户公钥的能力，则第二类敌手 $\mathcal{A}^2$ 为恶意的 KGC。此外，对此类敌手的限制如下所示。

①敌手 $\mathcal{A}^2$ 不能对挑战身份进行秘密值和私钥提取询问(任意用户的部分密钥敌手 $\mathcal{A}^2$ 可自行计算)。

②敌手 $\mathcal{A}^2$ 不能替换任何用户的公钥。

### 6.2.3 CL-PKE 机制的抗泄露 CPA 安全性

#### 1. 第一类敌手泄露容忍的 CPA 安全性

如果不存在 PPT 敌手 $\mathcal{A}^1$，能以不可忽略的优势在下述安全性游戏中获胜，那么相应的 CL-PKE 机制在第一类敌手 $\mathcal{A}^1$ 的适应性选择明文攻击下具有不可区分性。挑战者 $\mathcal{C}$ 和敌手 $\mathcal{A}^1$ 间的消息交互过程如下所示。

1) 初始化

挑战者 $\mathcal{C}$ 输入安全参数 $\kappa$，运行初始化算法 $\text{Setup}(1^\kappa)$，产生公开的系统参数 Params 和保密的主密钥 msk，发送 Params 给敌手 $\mathcal{A}^1$。

2) 阶段 1(训练)

该阶段敌手 $\mathcal{A}^1$ 可适应性地执行多项式有界次的下述询问。

(1) 部分密钥提取询问。$\mathcal{C}$ 收到敌手 $\mathcal{A}^1$ 关于身份 id 的部分密钥提取询问，运行算法 $(d_{\text{id}}, k_{\text{id}}) \leftarrow \text{Partial-Key-Extraction}(\text{id}, \text{msk})$，返回相应的结果 $d_{\text{id}}$ 和 $k_{\text{id}}$ 给敌手 $\mathcal{A}^1$。

(2) 私钥生成询问。$\mathcal{C}$ 收到敌手 $\mathcal{A}^1$ 关于身份 id 的私钥提取询问，运行算法 $s \leftarrow \text{Set-Secret-Value}(\text{id})$ 和 $(d_{\text{id}}, k_{\text{id}}) \leftarrow \text{Partial-Key-Extraction}(\text{id}, \text{msk})$，返回相应的结果 $\text{sk}_{\text{id}} \leftarrow \text{Set-Private-Key}(d_{\text{id}}, s)$ 给敌手 $\mathcal{A}^1$。

(3) 公钥提取询问。$\mathcal{C}$ 收到敌手 $\mathcal{A}^1$ 关于身份 id 的公钥提取询问，运行算法 $s \leftarrow \text{Set-Secret-Value}(\text{id})$ 和 $(d_{\text{id}}, k_{\text{id}}) \leftarrow \text{Partial-Key-Extraction}(\text{id}, \text{msk})$，返回相应的结果

$pk_{id} \leftarrow$ Set-Public-Key$(k_{id}, s)$ 给敌手 $\mathcal{A}^1$。

(4) 秘密值提取询问。$\mathcal{C}$ 收到敌手 $\mathcal{A}^1$ 关于身份 id 的秘密值提取询问，运行算法 $s \leftarrow$ Set-Secret-Value(id)，返回相应的秘密值 $s$ 给敌手 $\mathcal{A}^1$。

(5) 公钥替换询问。游戏进行过程中，敌手 $\mathcal{A}^1$ 可随时用已知信息 $pk'_{id}$ 替换任意用户 id 的公钥 $pk_{id}$，那么系统内其他用户均认为用户 id 的公钥就是 $pk'_{id}$。

(6) 泄露询问。敌手 $\mathcal{A}^1$ 通过提交高效可计算的泄露函数 $f_i : \{0,1\}^* \to \{0,1\}^{\lambda_i}$ 对身份 id 的私钥进行泄露询问。挑战者 $\mathcal{C}$ 执行私钥提取询问获知 id 对应的私钥 $sk_{id}$，再借助泄露谕言机 $\mathcal{O}_{sk_{id}}^{\lambda,\kappa}(\cdot)$，产生私钥 $sk_{id}$ 的泄露信息 $f_i(sk_{id})$，并把 $f_i(sk_{id})$ 发送给敌手 $\mathcal{A}^1$。在整个泄露询问中关于同一身份 id 私钥 $sk_{id}$ 的泄露量不能超过系统设定的泄露界 $\lambda$，即有 $\sum_{i=1}^{t} |f_i(sk_{id})| \leqslant \lambda$ 成立，其中 $t$ 是敌手 $\mathcal{A}^1$ 提交的泄露询问的总次数。

3) 挑战

敌手 $\mathcal{A}^1$ 输出两个等长的明文消息 $M_0, M_1 \in \mathcal{M}$ 和一个挑战身份 $id^* \in \mathcal{ID}$，限制是 $id^*$ 不能在阶段 1 的任何私钥生成询问、部分密钥提取询问和秘密值生成询问中出现，此外敌手 $\mathcal{A}^1$ 未对身份 $id^*$ 进行公钥替换询问，并且关于 $sk_{id^*}$ 的泄露量不能超过系统设定的泄露界 $\lambda$。挑战者 $\mathcal{C}$ 选取随机值 $\beta \leftarrow_R \{0,1\}$，并计算挑战密文 $C_\beta^* = \text{Enc}(pk_{id^*}, M_\beta)$，然后将 $C_\beta^*$ 发送给敌手 $\mathcal{A}^1$，其中 $pk_{id^*}$ 通过对挑战身份 $id^*$ 执行公钥提取询问获得。

4) 阶段 2（训练）

该阶段敌手 $\mathcal{A}^1$ 进行与阶段 1 相类似的询问，但是询问必须遵循下列限制条件：敌手 $\mathcal{A}^1$ 不能对挑战身份 $id^*$ 进行私钥生成询问、部分密钥提取询问和秘密值提取询问。此外，该阶段禁止敌手 $\mathcal{A}^1$ 提交任何泄露询问。

5) 猜测

敌手 $\mathcal{A}^1$ 输出对挑战者选取的随机比特 $\beta$ 的猜测值 $\beta' \in \{0,1\}$，如果 $\beta' = \beta$，则敌手 $\mathcal{A}^1$ 攻击成功，即敌手 $\mathcal{A}^1$ 在该游戏中获胜。

敌手 $\mathcal{A}^1$ 的优势定义为关于安全参数 $\kappa$ 和泄露参数 $\lambda$ 的函数：

$$\text{Adv}_{\text{CL-PKE},\mathcal{A}^1}^{\text{LR-CPA}}(\kappa, \lambda) = \left| \Pr[\beta' = \beta] - \frac{1}{2} \right|$$

特别地，虽然在 CL-PKE 机制的构造时，使用密钥生成算法 KeyGen 替代了相应算法的功能，但是安全性游戏的描述中依然采用原始的方式，即敌手分别执行部分密钥提取询问、私钥生成询问、公钥提取询问和秘密值生成询问。在具体方案的安全性证明中，可通过维护列表的方式基于密钥生成算法 KeyGen 回答上述询问。在下面的形式化游戏中采用密钥生成算法的描述形式。

上述安全性游戏的形式化描述如下。

$\underline{\mathrm{Exp}_{\mathrm{CL\text{-}PKE},\mathcal{A}^1}^{\mathrm{LR\text{-}CPA}}(\kappa,\lambda)}$:

$(\mathrm{Params},\mathrm{msk}) \leftarrow \mathrm{Setup}(1^\kappa)$;

$(M_0,M_1,\mathrm{id}^*) \leftarrow (\mathcal{A}^1)^{\mathcal{O}^{\mathrm{KeyGen}}(\cdot),\mathcal{O}_{\mathrm{sk_{id}}}^{\lambda,\kappa}(\cdot)}(\mathrm{Params})$, where $|M_0|=|M_1|$;

$C_\beta^* = \mathrm{Enc}(\mathrm{pk}_{\mathrm{id}^*},M_\beta)$, where $\beta \leftarrow_R \{0,1\}$;

$\beta' \leftarrow (\mathcal{A}^1)^{\mathcal{O}_{\neq \mathrm{id}^*}^{\mathrm{KeyGen}}(\cdot)}(\mathrm{Params},C_\beta^*)$;

If $\beta'=\beta$, output 1;Otherwise output 0。

其中，$\mathcal{O}_{\mathrm{sk_{id}}}^{\lambda,\kappa}(\cdot)$是泄露谕言机，敌手$\mathcal{A}^1$可获得任何身份对应私钥的泄露信息；$\mathcal{O}^{\mathrm{KeyGen}}(\cdot)$表示敌手$\mathcal{A}^1$向挑战者$\mathcal{C}$做任意身份的私钥生成询问、部分密钥提取询问、公钥提取询问和秘密值生成询问；$\mathcal{O}_{\neq \mathrm{id}^*}^{\mathrm{KeyGen}}(\cdot)$表示除了挑战身份$\mathrm{id}^*$敌手$\mathcal{A}^1$向挑战者$\mathcal{C}$做任意身份的私钥生成询问、部分密钥提取询问和秘密值生成询问，且能对任何身份(包括挑战身份$\mathrm{id}^*$)进行公钥生成询问。

在交互式实验$\mathrm{Exp}_{\mathrm{CL\text{-}PKE},\mathcal{A}^1}^{\mathrm{LR\text{-}CPA}}(\kappa,\lambda)$中，敌手$\mathcal{A}^1$的优势定义为

$$\mathrm{Adv}_{\mathrm{CL\text{-}PKE},\mathcal{A}^1}^{\mathrm{LR\text{-}CPA}}(\kappa,\lambda)=\left|\Pr[\mathrm{Exp}_{\mathrm{CL\text{-}PKE},\mathcal{A}^1}^{\mathrm{LR\text{-}CPA}}(\kappa,\lambda)=1]-\Pr[\mathrm{Exp}_{\mathrm{CL\text{-}PKE},\mathcal{A}^1}^{\mathrm{LR\text{-}CPA}}(\kappa,\lambda)=0]\right|$$

2. 第二类敌手泄露容忍的 CPA 安全性

如果不存在 PPT 敌手$\mathcal{A}^2$，能以不可忽略的优势在下述安全性游戏中获胜，则相应的 CL-PKE 机制在第二类敌手$\mathcal{A}^2$的适应性选择明文攻击下具有不可区分性。挑战者$\mathcal{C}$和敌手$\mathcal{A}^2$间的消息交互过程如下所示。

1) 初始化

挑战者$\mathcal{C}$输入安全参数$\kappa$，运行初始化算法$\mathrm{Setup}(1^\kappa)$，产生公开的系统参数 Params 和主密钥 msk，发送 Params 和 msk 给敌手$\mathcal{A}^2$。特别地，敌手$\mathcal{A}^2$掌握系统的主私钥 msk。

2) 阶段 1(训练)

由于敌手$\mathcal{A}^2$已掌握系统主密钥 msk，因此无须进行部分密钥提取询问，此外$\mathcal{A}^2$不能进行公钥替换询问。在该阶段敌手$\mathcal{A}^2$可适应性地执行多项式有界次的下述询问。

(1) 私钥提取询问。$\mathcal{C}$收到敌手$\mathcal{A}^2$关于身份 id 的私钥提取询问，运行相应的算法$s \leftarrow \mathrm{Set\text{-}Secret\text{-}Value(id)}$和$(d_{\mathrm{id}},k_{\mathrm{id}}) \leftarrow \mathrm{Partial\text{-}Key\text{-}Extraction(id,msk)}$，返回相应的结果$\mathrm{sk_{id}} \leftarrow \mathrm{Set\text{-}Private\text{-}Key}(d_{\mathrm{id}},s)$给敌手$\mathcal{A}^2$。

(2) 公钥提取询问。$\mathcal{C}$收到敌手$\mathcal{A}^2$关于身份 id 的公钥提取询问，运行相应的算法$s \leftarrow \mathrm{Set\text{-}Secret\text{-}Value(id)}$和$(d_{\mathrm{id}},k_{\mathrm{id}}) \leftarrow \mathrm{Partial\text{-}Key\text{-}Extraction(id,msk)}$，返回相应的结果$\mathrm{pk_{id}} \leftarrow \mathrm{Set\text{-}Public\text{-}Key}(k_{\mathrm{id}},s)$给敌手$\mathcal{A}^2$。

(3) 秘密值提取询问。$\mathcal{C}$ 收到敌手 $\mathcal{A}^2$ 关于身份 id 的秘密值提取询问，运行相应的算法 $s \leftarrow \text{Set-Secret-Value(id)}$，返回相应的秘密值 $s$ 给敌手 $\mathcal{A}^2$。

(4) 泄露询问。敌手 $\mathcal{A}^2$ 对身份 id 的私钥泄露询问。挑战者 $\mathcal{C}$ 执行私钥提取询问获知 id 对应的私钥 $\text{sk}_{\text{id}}$，再运行泄露谕言机 $\mathcal{O}_{\text{sk}_{\text{id}}}^{\lambda,\kappa}(\cdot)$，产生私钥 $\text{sk}_{\text{id}}$ 的泄露信息 $f_i(\text{sk}_{\text{id}})$，并把 $f_i(\text{sk}_{\text{id}})$ 发送给敌手 $\mathcal{A}^2$，其中 $f_i:\{0,1\}^* \to \{0,1\}^{\lambda_i}$ 是高效可计算的泄露函数；但是在整个泄露询问中关于同一身份 id 私钥 $\text{sk}_{\text{id}}$ 的泄露量不能超过系统设定的泄露界 $\lambda$，即有 $\sum_{i=1}^{t}\left|f_i(\text{sk}_{\text{id}})\right| \leqslant \lambda$ 成立，其中 $t$ 表示敌手 $\mathcal{A}^2$ 提交的泄露询问的总次数。

3) 挑战

敌手 $\mathcal{A}^2$ 输出两个等长的明文消息 $M_0, M_1 \in \mathcal{M}$ 和一个挑战身份 $\text{id}^* \in \mathcal{ID}$，限制是 $\text{id}^*$ 不能在阶段 1 中的任何私钥生成询问和秘密值提取询问中出现，此外关于 $\text{sk}_{\text{id}^*}$ 的泄露量不能超过系统设定的泄露界 $\lambda$。挑战者 $\mathcal{C}$ 随机选取一个比特值 $\beta \leftarrow_R \{0,1\}$，计算 $C_\beta^* = \text{Enc}(\text{pk}_{\text{id}^*}, M_\beta)$，并将挑战密文 $C_\beta^*$ 发送给敌手 $\mathcal{A}^2$，其中 $\text{pk}_{\text{id}^*}$ 通过对挑战身份 $\text{id}^*$ 执行公钥提取询问获得。

4) 阶段 2(训练)

该阶段敌手 $\mathcal{A}^2$ 进行与阶段 1 相类似的询问，但是询问必须遵循下列限制条件：$\mathcal{A}^2$ 不能对挑战身份 $\text{id}^*$ 进行私钥生成询问和秘密值生成询问。此外，该阶段禁止敌手 $\mathcal{A}^2$ 提交任何泄露询问。

5) 猜测

敌手 $\mathcal{A}^2$ 输出对挑战者选取的随机比特 $\beta$ 的猜测 $\beta' \in \{0,1\}$，如果 $\beta'=\beta$，则敌手 $\mathcal{A}^2$ 在该游戏中获胜。

敌手 $\mathcal{A}^2$ 的优势定义为关于安全参数 $\kappa$ 和泄露参数 $\lambda$ 的函数：

$$\text{Adv}_{\text{CL-PKE},\mathcal{A}^2}^{\text{LR-CPA}}(\kappa,\lambda) = \left|\Pr[\beta' = \beta] - \frac{1}{2}\right|$$

上述安全性游戏的形式化描述如下。

$\underline{\text{Exp}_{\text{CL-PKE},\mathcal{A}^2}^{\text{LR-CPA}}(\kappa,\lambda):}$

$(\text{Params}, \text{msk}) \leftarrow \text{Setup}(1^\kappa);$

$(M_0, M_1, \text{id}^*) \leftarrow (\mathcal{A}^2)^{\mathcal{O}^{\text{KeyGen}}(\cdot), \mathcal{O}_{\text{sk}_{\text{id}}}^{\lambda,\kappa}(\cdot)}(\text{Params}, \text{msk}), \text{where } |M_0| = |M_1|;$

$C_\beta^* = \text{Enc}(\text{pk}_{\text{id}^*}, M_\beta), \text{where } \beta \leftarrow_R \{0,1\};$

$\beta' \leftarrow (\mathcal{A}^2)^{\mathcal{O}_{\neq \text{id}^*}^{\text{KeyGen}}(\cdot)}(\text{Params}, \text{msk}, C_\beta^*);$

If $\beta' = \beta$, output 1; Otherwise output 0。

在交互式实验 $\text{Exp}_{\text{CL-PKE},\mathcal{A}^2}^{\text{LR-CPA}}(\kappa,\lambda)$ 中，敌手 $\mathcal{A}^2$ 的优势定义为

$$\mathrm{Adv}_{\text{CL-PKE},\mathcal{A}^2}^{\text{LR-CPA}}(\kappa,\lambda)=\left|\Pr[\mathrm{Exp}_{\text{CL-PKE},\mathcal{A}^2}^{\text{LR-CPA}}(\kappa,\lambda)=1]-\Pr[\mathrm{Exp}_{\text{CL-PKE},\mathcal{A}^2}^{\text{LR-CPA}}(\kappa,\lambda)=0]\right|$$

**定义 6-1** (CL-PKE 机制泄露容忍的 CPA 安全性)对任意$\lambda$有限的密钥泄露敌手$\mathcal{A}^1$和$\mathcal{A}^2$，若其在上述两个游戏中获胜的优势$\mathrm{Adv}_{\text{CL-PKE},\mathcal{A}^1}^{\text{LR-CPA}}(\kappa,\lambda)$和$\mathrm{Adv}_{\text{CL-PKE},\mathcal{A}^2}^{\text{LR-CPA}}(\kappa,\lambda)$都是可忽略的，那么相应的CL-PKE机制具有泄露容忍的CPA安全性，且泄露参数为$\lambda$。

特别地，当$\lambda$=0时，即泄露谕言机$\mathcal{O}_{\mathrm{sk}_{\mathrm{id}}}^{\lambda,\kappa}(\cdot)$未揭露任何身份对应私钥的相关信息，此时定义6-1是CL-PKE机制原始的CPA安全性定义。

类似地，在定义6-1的基础上，可得到CL-PKE机制的抗连续泄露CPA安全性定义。首先定义CL-PKE机制的密钥更新算法及更新密钥的性质。

随机化密钥更新算法Update，输入当前有效的私钥$\mathrm{sk}_{\mathrm{id}}$、公开参数Params及相应的辅助参数tk，输出身份id对应的新私钥$\mathrm{sk}'_{\mathrm{id}}$，且满足条件$\mathrm{sk}'_{\mathrm{id}}\neq\mathrm{sk}_{\mathrm{id}}$和$|\mathrm{sk}_{\mathrm{id}}|=|\mathrm{sk}'_{\mathrm{id}}|$，对于任意的PPT敌手而言，$\mathrm{sk}_{\mathrm{id}}$和$\mathrm{sk}'_{\mathrm{id}}$是不可区分的；该算法由用户执行，可表示为$\mathrm{sk}'_{\mathrm{id}}\leftarrow\mathrm{Update}(\mathrm{sk}_{\mathrm{id}},\mathrm{Params},\mathrm{tk})$，其中tk是密钥更新过程的辅助秘密参数，并非必需的输入，根据具体构造来决定。

特别地，密钥更新算法的执行并不影响CL-PKE机制的安全性，即对于任意的消息$M\in\mathcal{M}$和用户身份$\mathrm{id}\in\mathcal{ID}$，有等式

$$M=\mathrm{Dec}[\mathrm{sk}_{\mathrm{id}},\mathrm{Enc}(\mathrm{pk}_{\mathrm{id}},M)]\text{和}M=\mathrm{Dec}[\mathrm{sk}'_{\mathrm{id}},\mathrm{Enc}(\mathrm{pk}_{\mathrm{id}},M)]$$

成立，其中$(\mathrm{sk}_{\mathrm{id}},\mathrm{pk}_{\mathrm{id}})\leftarrow\mathrm{KeyGen}(\mathrm{id},\mathrm{msk})$和$\mathrm{sk}'_{\mathrm{id}}\leftarrow\mathrm{Update}(\mathrm{sk}_{\mathrm{id}},\mathrm{Params},\mathrm{tk})$。

**定义 6-2** (CL-PKE 机制连续泄露容忍的 CPA 安全性)对于具有密钥更新功能的CL-PKE机制，在每一轮的泄露攻击中，任意$\lambda$有限的密钥泄露敌手$\mathcal{A}^1$和$\mathcal{A}^2$，若其在上述两个游戏中获胜的优势$\mathrm{Adv}_{\text{CL-PKE},\mathcal{A}^1}^{\text{LR-CPA}}(\kappa,\lambda)$和$\mathrm{Adv}_{\text{CL-PKE},\mathcal{A}^2}^{\text{LR-CPA}}(\kappa,\lambda)$都是可忽略的，那么相应的CL-PKE机制具有连续泄露容忍的CPA安全性，且泄露参数为$\lambda$。

### 6.2.4 CL-PKE 机制的抗泄露 CCA 安全性

1. 第一类敌手泄露容忍的 CCA 安全性

如果不存在PPT敌手$\mathcal{A}^1$，能以不可忽略的优势在下述安全性游戏中获胜，则相应的CL-PKE机制在第一类敌手$\mathcal{A}^1$的适应性选择密文攻击下具有不可区分性。挑战者$\mathcal{C}$和敌手$\mathcal{A}^1$间的消息交互过程如下所示。

1) 初始化

挑战者$\mathcal{C}$输入安全参数$\kappa$，运行初始化算法$\mathrm{Setup}(1^\kappa)$，产生公开的系统参数Params和保密的主密钥msk，发送Params给敌手$\mathcal{A}^1$。

2) 阶段 1(训练)

在该阶段敌手$\mathcal{A}^1$可适应性地执行多项式有界次的下述询问。

(1) 部分密钥提取询问。$\mathcal{C}$ 收到敌手 $\mathcal{A}^1$ 关于身份 id 的部分密钥提取询问，运行相应的算法 $(d_{\text{id}}, k_{\text{id}}) \leftarrow \text{Partial-Key-Extraction}(\text{id}, \text{msk})$，返回相应的结果 $d_{\text{id}}$ 给敌手 $\mathcal{A}^1$。

(2) 私钥提取询问。$\mathcal{C}$ 收到敌手 $\mathcal{A}^1$ 关于身份 id 的私钥提取询问，运行相应的算法 $s \leftarrow \text{Set-Secret-Value}(\text{id})$ 和 $(d_{\text{id}}, k_{\text{id}}) \leftarrow \text{Partial-Key-Extraction}(\text{id}, \text{msk})$，返回相应的结果 $\text{sk}_{\text{id}} \leftarrow \text{Set-Private-Key}(d_{\text{id}}, s)$ 给敌手 $\mathcal{A}^1$。

(3) 公钥提取询问。$\mathcal{C}$ 收到敌手 $\mathcal{A}^1$ 关于身份 id 的公钥提取询问，运行相应的算法 $s \leftarrow \text{Set-Secret-Value}(\text{id})$ 和 $(d_{\text{id}}, k_{\text{id}}) \leftarrow \text{Partial-Key-Extraction}(\text{id}, \text{msk})$，返回相应的结果 $\text{pk}_{\text{id}} \leftarrow \text{Set-Public-Key}(k_{\text{id}}, s)$ 给敌手 $\mathcal{A}^1$。

(4) 秘密值提取询问。$\mathcal{C}$ 收到敌手 $\mathcal{A}^1$ 关于身份 id 的秘密值提取询问，运行相应的算法 $s \leftarrow \text{Set-Secret-Value}(\text{id})$，返回相应的秘密值 $s$ 给敌手 $\mathcal{A}^1$。

(5) 公钥替换询问。游戏进行过程中，敌手 $\mathcal{A}^1$ 可随时用已知信息 $\text{pk}'_{\text{id}}$ 替换任意用户 id 的公钥 $\text{pk}_{\text{id}}$，那么系统内其他用户均认为用户 id 的公钥就是 $\text{pk}'_{\text{id}}$。

(6) 解密询问。$\mathcal{C}$ 收到敌手 $\mathcal{A}^1$ 关于身份密文对 $(\text{id}, C)$ 的解密询问，敌手 $\mathcal{A}^1$ 通过执行私钥生成询问获知相应的 $\text{sk}_{\text{id}}$，然后运行解密算法 $M = \text{Dec}(\text{sk}_{\text{id}}, C)$，返回相应的结果 $M$ 给敌手 $\mathcal{A}^1$。

(7) 泄露询问。敌手 $\mathcal{A}^1$ 对身份 id 的私钥进行泄露询问，挑战者 $\mathcal{C}$ 执行私钥提取询问获知 id 对应的私钥 $\text{sk}_{\text{id}}$，再运行泄露谕言机 $\mathcal{O}_{\text{sk}_{\text{id}}}^{\lambda,\kappa}$，产生私钥 $\text{sk}_{\text{id}}$ 的泄露信息 $f_i(\text{sk}_{\text{id}})$，并把 $f_i(\text{sk}_{\text{id}})$ 发送给敌手 $\mathcal{A}^1$，其中 $f_i:\{0,1\}^* \rightarrow \{0,1\}^{\lambda_i}$ 是高效可计算的泄露函数，但是在整个泄露询问过程中关于同一身份 id 私钥 $\text{sk}_{\text{id}}$ 的泄露量不能超过系统设定的泄露界 $\lambda$。

3) 挑战

敌手 $\mathcal{A}^1$ 输出两个等长的明文 $M_0, M_1 \in \mathcal{M}$ 和一个挑战身份 $\text{id}^* \in \mathcal{ID}$，限制是 $\text{id}^*$ 不能在阶段 1 的任何私钥生成询问、部分密钥提取询问和秘密值提取询问中出现，此外敌手 $\mathcal{A}^1$ 未对身份 $\text{id}^*$ 进行公钥替换询问，并且关于 $\text{sk}_{\text{id}^*}$ 的泄露量不能超过系统设定的泄露界 $\lambda$。挑战者 $\mathcal{C}$ 选取随机值 $\beta \leftarrow_R \{0,1\}$，计算挑战密文 $C_\beta^* = \text{Enc}(\text{pk}_{\text{id}^*}, M_\beta)$，并将 $C_\beta^*$ 发送给敌手 $\mathcal{A}^1$，其中 $\text{pk}_{\text{id}^*}$ 通过对挑战身份 $\text{id}^*$ 执行公钥提取询问获得。

4) 阶段 2（训练）

该阶段敌手 $\mathcal{A}^1$ 进行与阶段 1 相类似的相关询问，但是询问必须遵循下列限制条件：$\mathcal{A}^1$ 不能对挑战身份 $\text{id}^*$ 进行私钥提取询问、部分密钥提取询问、公钥提取询问和秘密值提取询问，同时 $\mathcal{A}^1$ 不能进行关于挑战身份和挑战密文对 $(\text{id}^*, C_\beta^*)$ 的解密询问。此外，该阶段禁止敌手 $\mathcal{A}^1$ 提交任何泄露询问。

5) 猜测

敌手 $\mathcal{A}^1$ 输出对挑战者选取的随机比特 $\beta$ 的猜测 $\beta' \in \{0,1\}$，如果 $\beta'=\beta$，则敌手 $\mathcal{A}^1$ 在该游戏中获胜。

敌手 $\mathcal{A}^1$ 的优势定义为关于安全参数 $\kappa$ 和泄露参数 $\lambda$ 的函数：

$$\mathrm{Adv}_{\text{CL-PKE},\mathcal{A}^1}^{\text{LR-CCA}}(\kappa,\lambda)=\left|\Pr[\beta'=\beta]-\frac{1}{2}\right|$$

上述安全性游戏的形式化描述如下。

$\underline{\mathrm{Exp}_{\text{CL-PKE},\mathcal{A}^1}^{\text{LR-CCA}}(\kappa,\lambda):}$

$(\mathrm{Params},\mathrm{msk})\leftarrow \mathrm{Setup}(1^\kappa)$;

$(M_0,M_1,\mathrm{id}^*)\leftarrow(\mathcal{A}^1)^{\mathcal{O}^{\mathrm{KeyGen}}(\cdot),\mathcal{O}^{\lambda,\kappa}_{\mathrm{sk_{id}}}(\cdot),\mathcal{O}^{\mathrm{Dec}}(\cdot)}(\mathrm{Params})$, where $|M_0|=|M_1|$;

$C_\beta^*=\mathrm{Enc}(\mathrm{pk}_{\mathrm{id}^*},M_\beta)$, where $\beta\leftarrow_R\{0,1\}$;

$\beta'\leftarrow(\mathcal{A}^1)^{\mathcal{O}^{\mathrm{KeyGen}}_{\neq\mathrm{id}^*}(\cdot),\mathcal{O}^{\mathrm{Dec}}_{\neq(\mathrm{id}^*,C_\beta^*)}(\cdot)}(\mathrm{Params},C_\beta^*)$;

If $\beta'=\beta$, output 1;Otherwise output 0。

其中，$\mathcal{O}^{\mathrm{Dec}}(\cdot)$表示敌手$\mathcal{A}^1$向挑战者$\mathcal{C}$做关于任意身份密文对$(\mathrm{id},C)$的解密询问：挑战者先执行对身份id私钥生成询问获知相应的私钥$\mathrm{sk_{id}}$，再运行解密算法Dec用私钥$\mathrm{sk_{id}}$对询问密文$C$进行解密；$\mathcal{O}^{\mathrm{Dec}}_{\neq(\mathrm{id}^*,C_\beta^*)}(\cdot)$表示敌手$\mathcal{A}^1$向挑战者$\mathcal{C}$做除了挑战身份和挑战密文对$(\mathrm{id}^*,C_\beta^*)$以外的关于其他身份密文对的解密询问。

在交互式实验$\mathrm{Exp}_{\text{CL-PKE},\mathcal{A}^1}^{\text{LR-CCA}}(\kappa,\lambda)$中，敌手$\mathcal{A}^1$的优势定义为

$$\mathrm{Adv}_{\text{CL-PKE},\mathcal{A}^1}^{\text{LR-CCA}}(\kappa,\lambda)=\left|\Pr[\mathrm{Exp}_{\text{CL-PKE},\mathcal{A}^1}^{\text{LR-CCA}}(\kappa,\lambda)=1]-\Pr[\mathrm{Exp}_{\text{CL-PKE},\mathcal{A}^1}^{\text{LR-CCA}}(\kappa,\lambda)=0]\right|$$

2. 第二类敌手泄露容忍的 CCA 安全性

如果不存在多项式时间的敌手$\mathcal{A}^2$，能以不可忽略的优势在下述 LR-CCA 安全性游戏中获胜，则 CL-PKE 机制在第二类敌手$\mathcal{A}^2$的适应性选择密文攻击下具有不可区分性。挑战者$\mathcal{C}$和敌手$\mathcal{A}^2$间的消息交互过程如下所示。

1) 初始化

挑战者$\mathcal{C}$输入安全参数$\kappa$，运行初始化算法$\mathrm{Setup}(1^\kappa)$，产生公开的系统参数Params和主密钥msk，发送Params和msk给敌手$\mathcal{A}^2$。

2) 阶段 1(训练)

由于敌手$\mathcal{A}^2$已掌握系统主密钥msk，因此无须进行部分私钥提取询问，同时，$\mathcal{A}^2$不能进行公钥替换询问。在该阶段敌手$\mathcal{A}^2$可适应性地执行多项式有界次的下述询问。

(1) 私钥提取询问。$\mathcal{C}$收到敌手$\mathcal{A}^2$关于身份id的私钥提取询问，运行相应的算法$s\leftarrow$ Set-Secret-Value(id)和$(d_{\mathrm{id}},k_{\mathrm{id}})\leftarrow$ Partial-Key-Extraction(id, msk)，返回相应的结果$\mathrm{sk_{id}}\leftarrow$ Set-Private-Key$(d_{\mathrm{id}},s)$给敌手$\mathcal{A}^2$。

(2) 公钥提取询问。$\mathcal{C}$收到敌手$\mathcal{A}^2$关于身份id的公钥提取询问，运行相应的算法$s\leftarrow$ Set-Secret-Value(id)和$(d_{\mathrm{id}},k_{\mathrm{id}})\leftarrow$ Partial-Key-Extraction(id, msk)，返回相应的结果$\mathrm{pk_{id}}\leftarrow$ Set-Public-Key$(k_{\mathrm{id}},s)$给敌手$\mathcal{A}^2$。

(3) 秘密值提取询问。$\mathcal{C}$ 收到敌手 $\mathcal{A}^2$ 关于身份 id 的公钥提取询问，运行相应的算法 $s \leftarrow \text{Set-Secret-Value(id)}$，返回相应的秘密值 $s$ 给敌手 $\mathcal{A}^2$。

(4) 解密询问。$\mathcal{C}$ 收到敌手 $\mathcal{A}^2$ 关于身份密文对 $(\text{id}, C)$ 的解密询问，敌手 $\mathcal{A}^2$ 通过执行对身份 id 的私钥提取询问获知相应的私钥 $\text{sk}_{\text{id}}$，然后运行解密算法 $M = \text{Dec}(\text{sk}_{\text{id}}, C)$，返回相应的结果 $M$ 给敌手 $\mathcal{A}^2$。

(5) 泄露询问。敌手 $\mathcal{A}^2$ 对身份 id 的私钥泄露询问。挑战者 $\mathcal{C}$ 执行私钥提取询问获知 id 对应的私钥 $\text{sk}_{\text{id}}$，再运行泄露谕言机 $\mathcal{O}_{\text{sk}_{\text{id}}}^{\lambda,\kappa}(\cdot)$，产生私钥 $\text{sk}_{\text{id}}$ 的泄露信息 $f_i(\text{sk}_{\text{id}})$，并把 $f_i(\text{sk}_{\text{id}})$ 发送给敌手 $\mathcal{A}^2$，其中 $f_i: \{0,1\}^* \to \{0,1\}^{\lambda_i}$ 是高效可计算的泄露函数，但是在整个泄露询问过程中关于同一身份 id 私钥 $\text{sk}_{\text{id}}$ 的泄露量不能超过设定的泄露界 $\lambda$。

3) 挑战

敌手 $\mathcal{A}^2$ 输出两个等长的明文 $M_0, M_1 \in \mathcal{M}$ 和一个挑战身份 $\text{id}^* \in \mathcal{ID}$，限制是 $\text{id}^*$ 不能出现在阶段 1 的任何私钥提取询问中，并且关于 $\text{sk}_{\text{id}^*}$ 的泄露量不能超过系统设定的泄露参数 $\lambda$。挑战者 $\mathcal{C}$ 选取随机值 $\beta \leftarrow_R \{0,1\}$，计算挑战密文 $C_\beta^* = \text{Enc}(\text{pk}_{\text{id}^*}, M_\beta)$，并将 $C^*$ 发送给敌手 $\mathcal{A}^2$，其中 $\text{pk}_{\text{id}^*}$ 通过对挑战身份 $\text{id}^*$ 执行公钥提取询问获得。

4) 阶段 2(训练)

该阶段敌手 $\mathcal{A}^2$ 进行与阶段 1 相类似的相关询问，但是询问必须遵循下列限制条件：$\mathcal{A}^2$ 不能对挑战身份 $\text{id}^*$ 进行私钥提取询问，同时 $\mathcal{A}^2$ 不能进行关于挑战身份和挑战密文对 $(\text{id}^*, C_\beta^*)$ 的解密询问。

5) 猜测

敌手 $\mathcal{A}^2$ 输出对挑战者选取的随机比特 $\beta$ 的猜测值 $\beta' \in \{0,1\}$，如果 $\beta'=\beta$，则敌手 $\mathcal{A}^2$ 在该游戏中获胜。

敌手 $\mathcal{A}^2$ 的优势定义为安全参数 $\kappa$ 和泄露参数 $\lambda$ 的函数：

$$\text{Adv}_{\text{CL-PKE},\mathcal{A}^2}^{\text{LR-CCA}}(\kappa, \lambda) = \left| \Pr[\beta' = \beta] - \frac{1}{2} \right|$$

上述安全性游戏的形式化描述如下所示。

$\underline{\text{Exp}_{\text{CL-PKE},\mathcal{A}^2}^{\text{LR-CCA}}(\kappa, \lambda):}$

$(\text{Params}, \text{msk}) \leftarrow \text{Setup}(\kappa);$

$(M_0, M_1, \text{id}^*) \leftarrow (\mathcal{A}^2)^{\mathcal{O}^{\text{KeyGen}}(\cdot), \mathcal{O}_{\text{sk}_{\text{id}}}^{\lambda,\kappa}(\cdot), \mathcal{O}^{\text{Dec}}(\cdot)}(\text{Params}, \text{msk}), \text{where } |M_0| = |M_1|;$

$C_\beta^* = \text{Enc}(\text{id}^*, M_\beta), \text{where } \beta \leftarrow_R \{0,1\};$

$\beta' \leftarrow (\mathcal{A}^2)^{\mathcal{O}_{\neq \text{id}^*}^{\text{KeyGen}}(\cdot), \mathcal{O}_{\neq(\text{id}^*, C_\beta^*)}^{\text{Dec}}(\cdot)}(C_\beta^*, \text{Params}, \text{msk});$

$\text{If } \beta' = \beta, \text{output 1;Otherwise output 0}$。

在交互式实验 $\text{Exp}_{\text{CL-PKE},\mathcal{A}^2}^{\text{LR-CCA}}(\kappa, \lambda)$ 中，敌手 $\mathcal{A}^2$ 的优势定义为

$$\mathrm{Adv}_{\text{CL-PKE},\mathcal{A}^2}^{\text{LR-CCA}}(\kappa,\lambda)=\left|\Pr[\mathrm{Exp}_{\text{CL-PKE},\mathcal{A}^2}^{\text{LR-CCA}}(\kappa,\lambda)=1]-\Pr[\mathrm{Exp}_{\text{CL-PKE},\mathcal{A}^2}^{\text{LR-CCA}}(\kappa,\lambda)=0]\right|$$

**定义 6-3** (CL-PKE 机制泄露容忍的 CCA 安全性)对任意$\lambda$有限的密钥泄露敌手 $\mathcal{A}^1$ 和 $\mathcal{A}^2$，若其在上述两个游戏中获胜的优势 $\mathrm{Adv}_{\text{CL-PKE},\mathcal{A}^1}^{\text{LR-CCA}}(\kappa,\lambda)$ 和 $\mathrm{Adv}_{\text{CL-PKE},\mathcal{A}^2}^{\text{LR-CCA}}(\kappa,\lambda)$ 都是可忽略的，那么相应的 CL-PKE 机制具有泄露容忍的 CPA 安全性，且泄露参数为$\lambda$。

特别地，当$\lambda$=0 时，即泄露谕言机$\mathcal{O}_{\mathrm{sk}_{\mathrm{id}}}^{\lambda,\kappa}(\cdot)$未揭露任何身份对应私钥的相关信息，此时定义 6-3 是 CL-PKE 机制原始的 CCA 安全性定义。

类似地，在定义 6-3 的基础上，可得到 CL-PKE 机制的抗连续泄露 CCA 安全性定义。

**定义 6-4** (CL-PKE 机制连续泄露容忍的 CCA 安全性)对于具有密钥更新功能的 CL-PKE 机制，在每一轮的泄露攻击中，任意$\lambda$有限的密钥泄露敌手$\mathcal{A}^1$和$\mathcal{A}^2$，若其在上述两个游戏中获胜的优势$\mathrm{Adv}_{\text{CL-PKE},\mathcal{A}^1}^{\text{LR-CCA}}(\kappa,\lambda)$和$\mathrm{Adv}_{\text{CL-PKE},\mathcal{A}^2}^{\text{LR-CCA}}(\kappa,\lambda)$都是可忽略的，那么相应的 CL-PKE 机制具有连续泄露容忍的 CCA 安全性，且泄露参数为$\lambda$。

## 6.3 抗泄露 CCA 安全的 CL-PKE 机制

本节介绍抗泄露 CCA 安全的 CL-PKE 机制的具体构造，其中秘密值生成、密钥生成和公钥生成等功能统一由密钥生成算法完成。

### 6.3.1 具体构造

1) 系统初始化

系统建立算法$(\mathrm{Params},\mathrm{msk})\leftarrow\mathrm{Setup}(1^{\kappa})$的具体过程描述如下。

$\underline{\mathrm{Setup}(1^{\kappa})}$:

计算$(q,G,P)\leftarrow\mathcal{G}(\kappa)$;

选取$\mathrm{Ext}:G\times\{0,1\}^{l_t}\rightarrow\{0,1\}^{l_m}$;

选取$H:\{0,1\}^*\rightarrow Z_q^*$;

随机选取$s\leftarrow_R Z_q^*$,计算$P_{\mathrm{pub}}=sP$;

输出$\mathrm{Params}=(q,G,P,P_{\mathrm{pub}},H,\mathrm{Ext})$和$\mathrm{msk}=s$。

其中，$\mathcal{G}(\kappa)$是群生成算法，$G$为阶是大素数$q$的加法循环群，$P$是群$G$的一个生成元，$H$是抗碰撞的哈希函数，Ext 是平均情况的$(\log q-\lambda,\epsilon)$-强随机性提取器，其中$\lambda$是系统设定的泄露参数，$\epsilon$在安全参数$\kappa$上是可忽略。令消息空间为$\mathcal{M}=\{0,1\}^{l_m}$，身份空间为$\mathcal{ID}$。

特别地，在 CL-PKE 机制中由于身份并不参与机制的具体运算，因此并未对身份空间 $\mathcal{ID}$ 进行赋值，可根据具体应用的要求定义 $\mathcal{ID}$ 的赋值空间。

2) 密钥生成

对于任意的身份 $\text{id} \in \mathcal{ID}$，密钥生成算法 $(\text{sk}_{\text{id}}, \text{pk}_{\text{id}}) \leftarrow \text{KeyGen}(\text{id}, \text{msk})$ 的具体过程描述如下。

<u>KeyGen(id, msk)</u>:

用户随机选取 $x_{\text{id}} \leftarrow_R Z_q^*$，计算

$$X_{\text{id}} = x_{\text{id}} P$$

KGC 随机选取 $r \leftarrow_R Z_q^*$，计算

$$Y_{\text{id}} = rP, y_{\text{id}} = r + sH(\text{id}, X_{\text{id}}, Y_{\text{id}})$$

输出 $\text{sk}_{\text{id}} = (x_{\text{id}}, y_{\text{id}})$ 和 $\text{pk}_{\text{id}} = (X_{\text{id}}, Y_{\text{id}})$。

用户收到 KGC 返回的部分密钥 $(y_{\text{id}}, Y_{\text{id}})$ 后，可通过下述等式验证部分密钥的正确性。

$$y_{\text{id}} P = Y_{\text{id}} + P_{\text{pub}} H(\text{id}, X_{\text{id}}, Y_{\text{id}})$$

密钥生成算法中用户 id 和 KGC 间的消息交互过程如图 6-2 所示，该算法的协议表述形式如下所示。

(1) 用户 id 选取 $x_{\text{id}} \leftarrow_R Z_q^*$，并计算 $X_{\text{id}} = x_{\text{id}} P$，发送 $(\text{id}, X_{\text{id}})$ 给 KGC。

(2) 收到用户的密钥请求消息 $(\text{id}, X_{\text{id}})$ 后，KGC 选取随机数 $r \leftarrow_R Z_q^*$，计算

$$Y_{\text{id}} = rP, \ y_{\text{id}} = r + \text{msk} H(\text{id}, X_{\text{id}}, Y_{\text{id}})$$

并发送相应的应答消息 $(y_{\text{id}}, Y_{\text{id}})$ 给用户。

(3) 收到 KGC 的应答消息 $(y_{\text{id}}, Y_{\text{id}})$ 后，用户 id 设置公钥为 $\text{pk}_{\text{id}} = (X_{\text{id}}, Y_{\text{id}})$ 和私钥为 $\text{sk}_{\text{id}} = (x_{\text{id}}, y_{\text{id}})$。

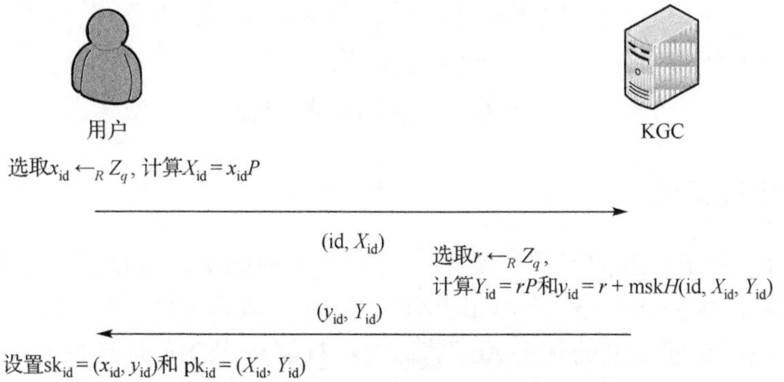


图 6-2　密钥生成算法中用户 id 和 KGC 间的消息交互过程

3) 加密算法

对于任意的明文消息 $M \in \mathcal{M}$ 和公钥 $\mathrm{pk}_{\mathrm{id}} = (X_{\mathrm{id}}, Y_{\mathrm{id}})$，加密算法 $C \leftarrow \mathrm{Enc}(\mathrm{pk}_{\mathrm{id}}, M)$ 的具体过程描述如下。

$\underline{\mathrm{Enc}(\mathrm{pk}_{\mathrm{id}}, M)}$:

随机选取 $u \leftarrow_R Z_q^*$ 和 $S \leftarrow_R \{0,1\}^{l_t}$;

计算

$$U = uP, e = \mathrm{Ext}(u[X_{\mathrm{id}} + Y_{\mathrm{id}} + P_{\mathrm{pub}} H_1(\mathrm{id}, X_{\mathrm{id}}, Y_{\mathrm{id}})], S) \oplus M$$

计算

$$V = uX_{\mathrm{id}} + u\alpha[Y_{\mathrm{id}} + P_{\mathrm{pub}} H_1(\mathrm{id}, X_{\mathrm{id}}, Y_{\mathrm{id}})]$$

其中，$\alpha = H(U, e, S)$。

输出 $C = (U, V, e, S)$。

4) 解密算法

对于身份 id 对应的私钥 $\mathrm{sk}_{\mathrm{id}} = (x_{\mathrm{id}}, y_{\mathrm{id}})$ 和密文 $C = (U, V, e, S)$，解密算法 $M \leftarrow \mathrm{Dec}(\mathrm{sk}_{\mathrm{id}}, C)$ 的具体过程描述如下。

$\underline{\mathrm{Dec}(\mathrm{sk}_{\mathrm{id}}, C)}$:

计算 $\alpha = H(U, e, S)$;

若等式 $V = x_{\mathrm{id}} U + \alpha y_{\mathrm{id}} U$ 成立，则输出 $M = \mathrm{Ext}[U(x_{\mathrm{id}} + y_{\mathrm{id}}), S] \oplus e$;

否则终止并输出 $\perp$。

## 6.3.2 正确性

上述 CL-PKE 机制的密文合法性验证和解密操作的正确性将从下述等式获得。

$$\begin{aligned} x_{\mathrm{id}} U + \alpha y_{\mathrm{id}} U &= x_{\mathrm{id}} uP + \alpha y_{\mathrm{id}} uP = ux_{\mathrm{id}} P + u\alpha P[r + sH_1(\mathrm{id}, X_{\mathrm{id}}, Y_{\mathrm{id}})] \\ &= uX_{\mathrm{id}} + u\alpha[Y_{\mathrm{id}} + P_{\mathrm{pub}} H_1(\mathrm{id}, X_{\mathrm{id}}, Y_{\mathrm{id}})] = V \\ U(x_{\mathrm{id}} + y_{\mathrm{id}}) &= uP[x_{\mathrm{id}} + r + sH_1(\mathrm{id}, X_{\mathrm{id}}, Y_{\mathrm{id}})] \\ &= u[X_{\mathrm{id}} + Y_{\mathrm{id}} + P_{\mathrm{pub}} H_1(\mathrm{id}, X_{\mathrm{id}}, Y_{\mathrm{id}})] \end{aligned}$$

## 6.3.3 安全性证明

**定理 6-1**　对于任意的泄露参数 $\lambda \leqslant \log q - l_m - \omega(\log \kappa)$，若存在一个 PPT 敌手 $\mathcal{A}^1$ 能以不可忽略的优势 $\varepsilon_1$ 攻破上述 CL-PKE 机制的抗泄露 CCA 安全性，那么存在一个模拟器 $\mathcal{S}$ 能以显而易见的优势 $\mathrm{Adv}_{\text{CL-PKE},\mathcal{S}}^{\mathrm{DDH}}(\kappa, \lambda)$ 解决 DDH 问题的困难性，其中上述优势满足

$$\mathrm{Adv}_{\text{CL-PKE},\mathcal{S}}^{\mathrm{DDH}}(\kappa,\lambda)\geqslant\frac{\varepsilon_1}{\mathrm{e}(q_d+q_s+1)}-\frac{2^{\lambda}q_d}{q-q_d+1}-\frac{2^{\frac{l_m+\lambda}{2}-1}}{\sqrt{q}}$$

式中，e 是自然对数底数；$q_d$ 是解密询问的次数；$q_s$ 是私钥生成询问的次数；$l_m$ 表示明文消息的长度。

**证明**　游戏开始之前，模拟器 $\mathcal{S}$ 收到 DDH 困难问题的挑战者所发送的挑战元组 $T_\nu=(P,aP,bP,T_\nu)$ 和公开参数 $(q,G,P)$，其中 $T_\nu=abP$ 或 $T_\nu\leftarrow_R G$（此时可将 $T_\nu$ 表示为 $T_\nu=cP$ 且 $c\leftarrow_R Z_q^*$）。此外，模拟器 $\mathcal{S}$ 维护五个列表 $\mathcal{L}_1$、$\mathcal{L}_2$、$\mathcal{L}_{\mathrm{pk}}$、$\mathcal{L}_{\mathrm{sk}}$ 和 $\mathcal{L}_{\mathrm{D}}$ 用于记录游戏执行过程中敌手 $\mathcal{A}^1$ 提交的相关询问的应答值，并且初始时各列表均为空。除此之外，模拟器 $\mathcal{S}$ 选取一个身份 $\mathrm{id}_J$ 作为挑战身份的猜测（该身份也可在游戏进行过程中适应性地随机选取，在敌手的询问过程中，根据敌手 $\mathcal{A}^1$ 的询问情况模拟器 $\mathcal{S}$ 自适应地猜测相应的挑战身份 $\mathrm{id}_J$）。

1) 初始化

模拟器 $\mathcal{S}$ 运行初始化算法 $(\mathrm{Params},\mathrm{msk})\leftarrow\mathrm{Setup}(1^\kappa)$ 获得相应的系统公开参数 $\mathrm{Params}=(q,G,P,P_{\mathrm{pub}},H,\mathrm{Ext})$ 和主密钥 msk，秘密保存 msk 的同时发送 Params 给敌手 $\mathcal{A}^1$。

2) 阶段 1（训练）

该阶段敌手 $\mathcal{A}^1$ 可适应性地进行多项式有界次的下述询问。

(1) 谕言机 $H_2$ 询问。敌手 $\mathcal{A}^1$ 以 $(\mathrm{id},U,e,S)$ 作为输入向模拟器 $\mathcal{S}$ 提出 $H_2$ 询问。

若列表 $\mathcal{L}_2$ 中存在相应的元组 $(\mathrm{id},U,e,S,h_2^{\mathrm{id}})$，则 $\mathcal{S}$ 返回 $h_2^{\mathrm{id}}$ 作为该询问的应答；否则，$\mathcal{S}$ 选取满足条件 $(\cdot,\cdot,\cdot,\cdot,h_2^{\mathrm{id}})\notin\mathcal{L}_2$ 的随机值 $h_2^{\mathrm{id}}\leftarrow Z_q^*$（防止哈希函数 $H_2$ 碰撞的产生，下面相关询问中相应限制操作的出发点与此相同，不再解释），添加相应的元组 $(\mathrm{id},U,e,S,h_2^{\mathrm{id}})$ 到列表 $\mathcal{L}_2$ 中，并返回 $h_2^{\mathrm{id}}$ 作为该询问的应答。

(2) 公钥提取询问。敌手 $\mathcal{A}^1$ 以身份 id 作为输入向模拟器 $\mathcal{S}$ 提出关于身份 id 的公钥提取询问。

若列表 $\mathcal{L}_{\mathrm{pk}}$ 中存在相应的元组 $(\mathrm{id},X_{\mathrm{id}},Y_{\mathrm{id}})$，则 $\mathcal{S}$ 返回 $\mathrm{pk}_{\mathrm{id}}=(X_{\mathrm{id}},Y_{\mathrm{id}})$ 作为该询问的应答；否则，$\mathcal{S}$ 执行下述操作。

①若 $\mathrm{id}=\mathrm{id}_J$，令 $X_{\mathrm{id}}=aP$（隐含地设定 $x_{\mathrm{id}}=a$），并选取满足条件 $(\cdot,\cdot,\cdot,rP,h_1^{\mathrm{id}})\notin\mathcal{L}_1$ 和 $(\cdot,\cdot,\cdot,rP,\cdot)\notin\mathcal{L}_2$ 的随机值 $r,h_1^{\mathrm{id}}\leftarrow Z_q^*$（由于 $\mathcal{S}$ 已掌握主密钥 msk，此时 $\mathcal{S}$ 通过计算可获知 $y_{\mathrm{id}}=r+\mathrm{msk}\cdot h_1^{\mathrm{id}}$），计算 $Y_{\mathrm{id}}=rP$；分别添加相应的元组 $(\mathrm{id},X_{\mathrm{id}},Y_{\mathrm{id}})$ 和 $(\mathrm{id},X_{\mathrm{id}},Y_{\mathrm{id}},h_1^{\mathrm{id}})$ 到列表 $\mathcal{L}_{\mathrm{pk}}$ 与 $\mathcal{L}_1$ 中，并返回 $\mathrm{pk}_{\mathrm{id}}=(X_{\mathrm{id}},Y_{\mathrm{id}})$ 作为该询问的应答。

**注解 6-2**　模拟器 $\mathcal{S}$ 仅掌握挑战身份 $\mathrm{id}_J$ 对应私钥 $\mathrm{sk}_{\mathrm{id}}=(x_{\mathrm{id}},y_{\mathrm{id}})$ 中的部分元素 $y_{\mathrm{id}_J}$（$x_{\mathrm{id}}=a$ 是未知的），即模拟器无法获知挑战身份所对应的完整私钥。

②若 $\mathrm{id}\neq\mathrm{id}_J$，$\mathcal{S}$ 随机选取 $x_{\mathrm{id}},y_{\mathrm{id}},h_1^{\mathrm{id}}\leftarrow Z_q^*$，计算 $X_{\mathrm{id}}=x_{\mathrm{id}}P$ 和 $Y_{\mathrm{id}}=y_{\mathrm{id}}P-h_1^{\mathrm{id}}P_{\mathrm{pub}}$，分别添加相应的元组 $(\mathrm{id},X_{\mathrm{id}},Y_{\mathrm{id}})$、$(\mathrm{id},x_{\mathrm{id}},y_{\mathrm{id}})$ 和 $(\mathrm{id},X_{\mathrm{id}},Y_{\mathrm{id}},h_1^{\mathrm{id}})$ 到列表 $\mathcal{L}_{\mathrm{pk}}$、$\mathcal{L}_{\mathrm{sk}}$ 和 $\mathcal{L}_1$ 中，并返回 $\mathrm{pk}_{\mathrm{id}}=(X_{\mathrm{id}},Y_{\mathrm{id}})$ 作为该询问的应答。

(3) 谕言机 $H_1$ 询问。敌手 $\mathcal{A}^1$ 以 $(\text{id}, X_{\text{id}}, Y_{\text{id}})$ 作为输入向模拟器 $\mathcal{S}$ 提出 $H_1$ 询问。

若列表 $\mathcal{L}_1$ 中存在相应的元组 $(\text{id}, X_{\text{id}}, Y_{\text{id}}, h_1^{\text{id}})$，则 $\mathcal{S}$ 返回 $h_1^{\text{id}}$ 作为该询问的应答；否则，$\mathcal{S}$ 对身份 id 进行公钥提取询问（在公钥询问中相应的元组 $(\text{id}, X_{\text{id}}, Y_{\text{id}}, h_1^{\text{id}})$ 将被添加到列表 $\mathcal{L}_1$ 中），然后从列表 $\mathcal{L}_1$ 中找到相应的元组 $(\text{id}, X_{\text{id}}, Y_{\text{id}}, h_1^{\text{id}})$，并返回 $h_1^{\text{id}}$ 作为该询问的应答。

(4) 私钥提取询问。敌手 $\mathcal{A}^1$ 以身份 id 作为输入向模拟器 $\mathcal{S}$ 提出关于身份 id 的私钥提取询问。

①若 $\text{id} = \text{id}_J$，$\mathcal{S}$ 终止并返回无效符号 $\perp$（禁止敌手 $\mathcal{A}^1$ 对挑战身份进行私钥提取询问）。

②若 $\text{id} \neq \text{id}_J$，$\mathcal{S}$ 执行下述操作：若列表 $\mathcal{L}_{\text{sk}}$ 中存在相应的元组 $(\text{id}, x_{\text{id}}, y_{\text{id}})$，则 $\mathcal{S}$ 返回 $\text{sk}_{\text{id}} = (x_{\text{id}}, y_{\text{id}})$ 作为相应的询问应答；否则，$\mathcal{S}$ 对身份 id 进行公钥提取询问（在公钥询问中身份 id 所对应的元组 $(\text{id}, x_{\text{id}}, y_{\text{id}})$ 将被添加到列表 $\mathcal{L}_{\text{sk}}$ 中），然后从列表 $\mathcal{L}_{\text{sk}}$ 中找到相应的元组 $(\text{id}, x_{\text{id}}, y_{\text{id}})$，并返回 $\text{sk}_{\text{id}} = (x_{\text{id}}, y_{\text{id}})$ 作为该询问的应答。

(5) 泄露询问。敌手 $\mathcal{A}^1$ 发送身份 id 和高效可计算的泄露函数 $f_i : \{0,1\}^* \to \{0,1\}^{\lambda_i}$ 给模拟器 $\mathcal{S}$，提出针对私钥 $\text{sk}_{\text{id}}$ 的泄露询问。$\mathcal{S}$ 执行下述操作。

①若 $\text{id} = \text{id}_J$，由于模拟器 $\mathcal{S}$ 已掌握挑战身份对应私钥 $\text{sk}_{\text{id}_J} = (x_{\text{id}_J}, y_{\text{id}_J})$ 的部分秘密元素 $y_{\text{id}_J}$，则返回该部分的泄露信息 $f_i(y_{\text{id}_J})$，并且总的泄露量满足系统设定的泄露参数 $\lambda$。

**注解 6-3** 一般情况下，泄露信息 $f_i(\text{sk}_{\text{id}})$ 是私钥 $\text{sk}_{\text{id}}(x_{\text{id}}, y_{\text{id}})$ 的部分信息，因此在挑战身份 $\text{id}_J$ 所对应私钥 $\text{sk}_{\text{id}_J}$ 的泄露询问中，模拟器将返回部分私钥 $y_{\text{id}_J}$ 的泄露信息 $f_i(y_{\text{id}_J})$。

②若 $\text{id} \neq \text{id}_J$，模拟器 $\mathcal{S}$ 执行私钥提取询问获得与 id 对应的私钥 $\text{sk}_{\text{id}} = (x_{\text{id}}, y_{\text{id}})$，然后借助泄露谕言机 $\mathcal{O}_{\text{sk}_{\text{id}}}^{\lambda,\kappa}(\cdot)$ 返回相应的泄露信息 $f_i(\text{sk}_{\text{id}})$ 给敌手 $\mathcal{A}^1$，唯一的限制是关于相同私钥 $\text{sk}_{\text{id}}$ 的所有泄露信息 $f_i(\text{sk}_{\text{id}})$ 的总长度不能超过系统设定的泄露界 $\lambda$。

(6) 解密询问。对于敌手 $\mathcal{A}^1$ 提交的关于身份密文对 $(\text{id}, C)$ 的解密询问。若 $\text{id} = \text{id}_J$，模拟器 $\mathcal{S}$ 终止并退出。否则，$\mathcal{S}$ 运行私钥提取算法获知身份 id 对应的私钥 $\text{sk}_{\text{id}} = (x_{\text{id}}, y_{\text{id}})$，然后借助解密谕言机 $\mathcal{O}^{\text{Dec}}(\cdot)$ 返回相应的明文 $M$ 给敌手，即 $M = \mathcal{O}^{\text{Dec}}(\text{sk}_{\text{id}}, C)$。

(7) 替换询问。敌手 $\mathcal{A}^1$ 能够随时以其掌握的随机信息 $\text{pk}'_{\text{id}} = (X'_{\text{id}}, Y'_{\text{id}})$ 替换任何身份 id 的公钥 $\text{pk}_{\text{id}} = (X_{\text{id}}, Y_{\text{id}})$。

3) 挑战

该阶段，敌手 $\mathcal{A}^1$ 提交挑战身份 $\text{id}^* \in \mathcal{ID}$ 和两个等长的消息 $M_0, M_1 \in \mathcal{M}$ 给模拟器 $\mathcal{S}$，$\mathcal{S}$ 执行下述操作。

(1) 若 $\text{id}^* \neq \text{id}_J$，模拟器 $\mathcal{S}$ 终止退出，并返回无效符号 $\perp$（模拟器未能准确猜中敌手的挑战身份）。

(2) 若 $\text{id}^*=\text{id}_J$，令 $U^*=bP$（隐含地设置 $u=b$），模拟器 $\mathcal{S}$ 选取随机值 $S^*\leftarrow\{0,1\}^{l_t}$，并计算

$$e^*=\text{Ext}(T_v+y_{\text{id}^*}U^*,S^*)\oplus M_\beta,V^*=T_v+\alpha y_{\text{id}^*}U^*$$

式中，$\alpha=H_2(U,e,S)$。

(3) 令 $C_\beta^*=(U^*,e^*,V^*,S^*)$，将生成的挑战密文 $C_\beta^*$ 返回给敌手 $\mathcal{A}^1$。

4) 阶段 2（训练）

收到挑战密文 $C_\beta^*$ 之后，敌手 $\mathcal{A}^1$ 可对除了挑战身份 $\text{id}^*$ 的任何身份 $\text{id}\neq\text{id}^*$ 进行多项式有界次的私钥提取询问和部分密钥提取询问；此外可对除挑战身份和挑战密文对 $(\text{id}^*,C_\beta^*)$ 之外的任何身份密文对 $(\text{id},C)\neq(\text{id}^*,C_\beta^*)$ 进行多项式有界次的解密询问，但是该阶段禁止敌手 $\mathcal{A}^1$ 进行泄露询问。

5) 猜测

敌手 $\mathcal{A}^1$ 输出对模拟器 $\mathcal{S}$ 选取的随机数 $\beta$ 的猜测 $\beta'\in\{0,1\}$。若 $\beta=\beta'$，则敌手 $\mathcal{A}^1$ 在该游戏中获胜。

下面将根据输入元组 $\mathcal{T}_v=(P,aP,bP,T_v)$ 是否是 DH 元组分两类讨论 CL-PKE 机制的安全性。

**引理 6-1** 若输入元组 $\mathcal{T}_v=(P,aP,bP,T_v)$ 是一个 DH 元组，即 $T_v=abP$，并且敌手 $\mathcal{A}^1$ 能以不可忽略的优势 $\varepsilon_1$ 攻破上述 CL-PKE 机制的安全性，那么存在一个模拟器 $\mathcal{S}$ 能以显而易见的优势 $\text{Adv}_{\text{CL-PKE},\nu=1,\mathcal{S}}^{\text{DDH}}(\kappa,\lambda)$ 解决 DDH 问题，其中

$$\text{Adv}_{\text{CL-PKE},\nu=1,\mathcal{S}}^{\text{DDH}}(\kappa,\lambda)\geqslant\frac{\varepsilon_1}{\text{e}(q_d+q_s+1)}$$

**证明** 当模拟器 $\mathcal{S}$ 的输入元组 $\mathcal{T}_v=(P,aP,bP,T_v)$ 是 DH 元组时，上述交互式实验的模拟过程与实际过程完全等价，即模拟器 $\mathcal{S}$ 将消息 $M_\beta$ 的加密密文发送给敌手 $\mathcal{A}^1$，其中随机数 $\beta\leftarrow_R\{0,1\}$ 是由模拟器 $\mathcal{S}$ 随机选取的。

令事件 $\mathcal{E}_0$ 表示敌手 $\mathcal{A}^1$ 提交的挑战身份 $\text{id}^*$ 满足 $\text{id}^*=\text{id}_J$；事件 $\mathcal{E}_1$ 表示模拟器 $\mathcal{S}$ 在询问阶段未终止；事件 $\mathcal{E}_2$ 表示模拟器 $\mathcal{S}$ 在挑战阶段未终止。

在上述交互式实验中，敌手 $\mathcal{A}^1$ 共对 $q_d+q_s+1$ 个身份进行了相应的操作，其中在解密询问中敌手选取了 $q_d$ 个不同的身份，在私钥提取询问中选取了 $q_s$ 个不同的身份，挑战阶段提交了一个挑战身份 $\text{id}^*$。由于模拟器 $\mathcal{S}$ 可以在与敌手 $\mathcal{A}^1$ 的交互过程中适应性地选取挑战身份，即根据敌手的具体询问情况选择相应的挑战身份猜测 $\text{id}_J$，因此可知

$$\Pr[\mathcal{E}_0]=\vartheta=\frac{1}{q_d+q_s+1}$$

根据交互式实验的具体模拟过程，可知

$$\Pr[\mathcal{E}_1]=(1-\vartheta)^{q_d+q_s}, \Pr[\mathcal{E}_2]=\vartheta$$

**注解 6-4** 由于游戏中已明确禁止敌手 $\mathcal{A}^1$ 提交关于挑战身份 $\mathrm{id}^*$ 的私钥提取询问，此处无须讨论事件 $\mathcal{A}^1$ 对挑战身份 $\mathrm{id}^*$ 提交私钥提取询问的概率。

因此，模拟器 $\mathcal{S}$ 在上述交互式实验中未终止且敌手 $\mathcal{A}^1$ 未提交关于挑战身份 $\mathrm{id}^*$ 的私钥生成询问的概率可表示为

$$\Pr\left[\mathcal{E}_1 \wedge \mathcal{E}_2\right]=\left(1-\frac{1}{q_d+q_s+1}\right)^{q_d+q_s} \frac{1}{q_d+q_s+1}$$

综上所述，若敌手 $\mathcal{A}^1$ 能以不可忽略的优势 $\varepsilon_1$ 攻破 CL-PKE 机制泄露容忍的 CCA 安全性，并且模拟器 $\mathcal{S}$ 在上述模拟试验中未终止，同时敌手 $\mathcal{A}^1$ 未提交关于挑战身份 $\mathrm{id}^*$ 的私钥生成询问，则在忽略私钥泄露的情况下，模拟器 $\mathcal{S}$ 能以显而易见的优势 $\mathrm{Adv}_{\text{CL-PKE},\nu=1,\mathcal{S}}^{\mathrm{DDH}}(\kappa,\lambda)$ 解决 DDH 假设，其中

$$\begin{aligned}\mathrm{Adv}_{\text{CL-PKE},\nu=1,\mathcal{S}}^{\mathrm{DDH}}(\kappa,\lambda)&=\left(1-\frac{1}{q_d+q_s+1}\right)^{q_d+q_s} \frac{\varepsilon_1}{q_d+q_s+1}\\&\geqslant \frac{\varepsilon_1}{\mathrm{e}(q_d+q_s+1)}\end{aligned}$$

引理 6-1 证毕。

**引理 6-2** 若输入元组 $\mathcal{T}_\nu=(P,aP,bP,T_\nu)$ 是一个非 DH 元组，即 $T_\nu=cP$，模拟器 $\mathcal{S}$ 基于相应的私钥泄露信息能以显而易见的优势 $\mathrm{Adv}_{\text{CL-PKE},\nu=0,\mathcal{S}}^{\mathrm{DDH}}(\kappa,\lambda)$ 解决 DDH 问题，其中

$$\mathrm{Adv}_{\text{CL-PKE},\nu=0,\mathcal{S}}^{\mathrm{DDH}}(\kappa,\lambda)\leqslant \frac{2^\lambda q_d}{q-q_d+1}+\frac{2^{\frac{l_m+\lambda}{2}-1}}{\sqrt{q}}$$

**证明** 当模拟器 $\mathcal{S}$ 的输入元组 $\mathcal{T}_\nu=(P,aP,bP,T_\nu)$ 是非 DH 元组时，模拟器 $\mathcal{S}$ 返回给敌手 $\mathcal{A}^1$ 明文空间中任意消息的加密密文，即挑战密文 $C_\beta^*$ 中不包含模拟器 $\mathcal{S}$ 选取随机数 $\beta\leftarrow_R\{0,1\}$ 的任何信息，因此敌手 $\mathcal{A}^1$ 只能基于私钥 $\mathrm{sk}_{\mathrm{id}^*}=(x_{\mathrm{id}^*},y_{\mathrm{id}^*})$ 的泄露信息返回相应的猜测值 $\beta'\in\{0,1\}$。此时，敌手 $\mathcal{A}^1$ 在该游戏中获胜的优势来自于私钥的泄露信息，即敌手 $\mathcal{A}^1$ 根据私钥的泄露信息输出对随机数 $\beta$ 的猜测值 $\beta'$。

称非 DH 元组对应的密文 $C'=(U',V',e',S')$ 是无效密文，即使其能够通过解密算法的合法性验证。令事件 Reject 表示解密谕言机 $\mathcal{O}^{\mathrm{Dec}}(\cdot)$ 在解密询问中拒绝所有的无效密文。

**断言 6-1** 若 $\mathcal{T}_\nu=(P,aP,bP,T_\nu)$ 是一个非 DDH 元组，且解密谕言机 $\mathcal{O}^{\mathrm{Dec}}(\cdot)$ 在解密询问中拒绝所有的无效密文(即事件 Reject 发生)，模拟器 $\mathcal{S}$ 解决 DDH 问题的优势为

$$\mathrm{Adv}_{\mathcal{S},\mathrm{Reject}}^{\mathrm{DDH}}(\lambda,\kappa)\leqslant \frac{2^{\frac{l_m+\lambda}{2}-1}}{\sqrt{q}}$$

**证明**　由于有效密文的解密询问并不影响敌手 $\mathcal{A}^1$ 在上述游戏中获胜的概率(敌手 $\mathcal{A}^1$ 从有效密文的解密询问中无法获知关于私钥的额外信息)，而所有无效密文的解密询问将被解密谕言机 $\mathcal{O}^{\text{Dec}}(\cdot)$ 拒绝，因此，敌手 $\mathcal{A}^1$ 只能在私钥泄露信息的帮助下输出对随机数 $\beta$ 的猜测 $\beta'$。

在泄露环境下，敌手 $\mathcal{A}^1$ 的视图包括系统公开参数 Params、挑战身份 $\text{id}^*$、挑战明文 $M_0, M_1 \in \mathcal{M}$、挑战密文 $C_\beta^* = (U^*, V^*, e^*, S^*)$ 及关于私钥 $\text{sk}_{\text{id}^*} = (x_{\text{id}^*}, y_{\text{id}^*})$ 的 $\lambda$ 比特的泄露信息 Leak。

已知 $x_{\text{id}^*}, y_{\text{id}^*} \in Z_q^*$，根据定理 2-1 可知

$$\begin{aligned}&\tilde{H}_\infty(x_{\text{id}^*}, y_{\text{id}^*} \mid \text{Params}, \text{pk}_{\text{id}^*}, C_\beta^*, \text{Leak})\\&= \tilde{H}_\infty(x_{\text{id}^*}, y_{\text{id}^*} \mid \text{pk}_{\text{id}^*}, \text{Leak})\\&= \tilde{H}_\infty(x_{\text{id}^*}, y_{\text{id}^*} \mid \text{pk}_{\text{id}^*}, \text{Leak}) - \lambda\\&\geqslant \log q - \lambda\end{aligned}$$

根据平均最小熵的定义，可知在泄露环境下敌手 $\mathcal{A}^1$ 猜中私钥 $\text{sk}_{\text{id}^*} = (x_{\text{id}^*}, y_{\text{id}^*})$ 的最大概率为

$$2^{-\tilde{H}_\infty(x_{\text{id}^*}, y_{\text{id}^*} \mid \text{Params}, \text{pk}_{\text{id}^*}, C_\beta^*, \text{Leak}_{\text{sk}})} \leqslant \frac{2^\lambda}{q}$$

根据引理 2-3，可知敌手 $\mathcal{A}^1$ 输出 $M_\beta = \text{Ext}[U(x_{\text{id}} + y_{\text{id}}), S] \oplus e$ 的优势为 $\frac{1}{2}\sqrt{2^{l_m}\frac{2^\lambda}{q}} = \frac{2^{\frac{l_m+\lambda}{2}-1}}{\sqrt{q}}$，即敌手 $\mathcal{A}^1$ 输出 $\beta = \beta'$ 的优势是 $\frac{2^{\frac{l_m+\lambda}{2}-1}}{\sqrt{q}}$。因此，有

$$\text{Adv}_{\mathcal{S},\text{Reject}}^{\text{DDH}}(\lambda, \kappa) = \Pr[\nu' = \nu \mid \text{Reject}] \leqslant \frac{2^{\frac{l_m+\lambda}{2}-1}}{\sqrt{q}}$$

断言 6-1 证毕。

**断言 6-2**　若 $T_\nu = (P, aP, bP, T_\nu)$ 是一个非 DH 元组，且解密谕言机 $\mathcal{O}^{\text{Dec}}(\cdot)$ 并不拒绝所有关于无效密文的解密询问(即事件 Reject 不发生)，则有

$$\Pr\left[\overline{\text{Reject}}\right] \leqslant \frac{2^\lambda q_d}{q - q_d + 1}$$

**证明**　由于解密谕言机 $\mathcal{O}^{\text{Dec}}(\cdot)$ 并非拒绝所有关于无效密文的解密询问，因此敌手 $\mathcal{A}^1$ 能从相应的解密应答中获得相应的帮助。令密文 $C' = (U', V', e', S')$ 是敌手 $\mathcal{A}^1$ 在解密询问中提交的第一个无效密文，则该询问有可能被解密谕言机 $\mathcal{O}^{\text{Dec}}(\cdot)$ 接收，下面将分两类讨论。

(1) 若 $(U', e', S') \neq (U^*, e^*, S^*)$ 且 $\alpha' = \alpha^*$。这意味着哈希函数 $H_2$ 发生了碰撞，由该

函数的抗碰撞性可知，这种情况发生的概率是可忽略的。

(2) $(U',e',S') \neq (U^*,e^*,S^*)$ 且 $\alpha' \neq \alpha^*$。敌手 $\mathcal{A}^1$ 正确猜测私钥 $\mathrm{sk}_{\mathrm{id}} = (x_{\mathrm{id}}, y_{\mathrm{id}})$ 的概率至多是 $\frac{2^\lambda}{q}$，则解密谕言机 $\mathcal{O}^{\mathrm{Dec}}(\cdot)$ 接收第一个无效密文的概率至多是 $\frac{2^\lambda}{q}$ (无效密文的隐含信息与私钥 $\mathrm{sk}_{\mathrm{id}} = (x_{\mathrm{id}}, y_{\mathrm{id}})$ 相对应时该密文将被解密谕言机接收)。若第一个无效密文被解密谕言机 $\mathcal{O}^{\mathrm{Dec}}(\cdot)$ 拒绝，则敌手能从解密询问中获知关于私钥 $\mathrm{sk}_{\mathrm{id}}$ 的相关信息(敌手 $\mathcal{A}^1$ 能从私钥的组合空间中排除相应的无效组合，进一步提高猜中私钥 $\mathrm{sk}_{\mathrm{id}}$ 的概率)，使得第二个无效密文被解密谕言机接收的概率至多是 $\frac{2^\lambda}{q-1}$；随着更多的无效密文被解密谕言机所拒绝，敌手能从相应的解密询问中获知关于私钥 $\mathrm{sk}_{\mathrm{id}} = (x_{\mathrm{id}}, y_{\mathrm{id}})$ 的更多信息；而第 $i$ 个无效密文被解密谕言机接收的概率至多是 $\frac{2^\lambda}{q-i+1}$。因此，解密谕言机接收一个无效密文的最大概率为 $\frac{2^\lambda}{q-q_d+1}$，其中 $q_d$ 是敌手 $\mathcal{A}^1$ 进行解密询问的最大次数。

综合考虑敌手 $\mathcal{A}^1$ 进行的 $q_d$ 次解密询问，可知

$$\Pr\left[\overline{\mathrm{Reject}}\right] \leqslant \frac{2^\lambda q_d}{q-q_d+1}$$

断言 6-2 证毕。

根据断言 6-1 和断言 6-2 的结论，可知

$$\begin{aligned}
\mathrm{Adv}_{\text{CL-PKE},\nu=0,\mathcal{S}}^{\mathrm{DDH}}(\kappa,\lambda) &= \left|\Pr[\nu'=\nu] - \frac{1}{2}\right| \\
&= \left|\Pr[\nu'=\nu \mid \mathrm{Reject}]\Pr[\mathrm{Reject}] + \Pr\left[\nu'=\nu \mid \overline{\mathrm{Reject}}\right]\Pr\left[\overline{\mathrm{Reject}}\right] - \frac{1}{2}\right| \\
&\leqslant \Pr[\nu'=\nu \mid \mathrm{Reject}] + \Pr\left[\overline{\mathrm{Reject}}\right] \\
&\leqslant \frac{2^\lambda q_d}{q-q_d+1} + \frac{2^{\frac{l_m+\lambda}{2}-1}}{\sqrt{q}}
\end{aligned}$$

因此，当 $\mathcal{T}_\nu = (P, aP, bP, T_\nu)$ 是一个非 DH 元组时，对于任意的泄露参数 $\lambda \leqslant \log q - l_m - \omega(\log\kappa)$，模拟器 $\mathcal{S}$ 能以优势

$$\mathrm{Adv}_{\text{CL-PKE},\nu=0,\mathcal{S}}^{\mathrm{DDH}}(\kappa,\lambda) \leqslant \frac{2^\lambda q_d}{q-q_d+1} + \frac{2^{\frac{l_m+\lambda}{2}} - 1}{\sqrt{q}}$$

解决 DDH 困难性问题。

引理 6-2 证毕。

由引理 6-1 和引理 6-2 可知，若 PPT 敌手 $\mathcal{A}^1$ 能以优势 $\varepsilon_1$ 攻破上述 CL-PKE 机制的抗泄露 CCA 安全性，那么模拟器 $\mathcal{S}$ 解决 DDH 困难性问题的优势为

$$\begin{aligned}\mathrm{Adv}_{\text{CL-PKE},\mathcal{S}}^{\mathrm{DDH}}(\kappa,\lambda) &= \mathrm{Adv}_{\text{CL-PKE},\nu=1,\mathcal{S}}^{\mathrm{DDH}}(\kappa,\lambda)-\mathrm{Adv}_{\text{CL-PKE},\nu=0,\mathcal{S}}^{\mathrm{DDH}}(\kappa,\lambda)\\ &\geqslant \frac{\varepsilon_1}{\mathrm{e}(q_d+q_s+1)}-\frac{2^{\lambda}q_d}{q-q_d+1}-\frac{2^{\frac{l_m+\lambda}{2}-1}}{\sqrt{q}}\end{aligned}$$

上述构造中使用平均情况的 $(\log q-\lambda,\varepsilon)$ -强随机性提取器 $\mathrm{Ext}:G\times\{0,1\}^{l_t}\to\{0,1\}^{l_m}$ 实现对消息的随机化操作，并且有 $\tilde{H}_\infty(x_{\mathrm{id}^*},y_{\mathrm{id}^*}\,|\,\mathrm{Params},\mathrm{pk}_{\mathrm{id}^*},C_\beta^*,\mathrm{Leak})\geqslant\log q-\lambda$，根据引理 2-4 可知

$$l_m\leqslant\log q-\lambda-\omega(\log\kappa)$$

综上所述，根据引理 6-1 和引理 6-2 的结论可知，若 DDH 问题是难解的，那么对于任何泄露参数 $\lambda\leqslant\log q-l_m-\omega(\log\kappa)$ 和任意的 PPT 敌手 $\mathcal{A}^1$，上述构造是泄露容忍的 CCA 安全的 CL-PKE 机制。

定理 6-1 证毕。

**定理 6-2**　对于任意的泄露参数 $\lambda\leqslant\log q-l_m-\omega(\log\kappa)$，若存在一个 PPT 敌手 $\mathcal{A}^2$ 能以不可忽略的优势 $\varepsilon_2$ 攻破上述 CL-PKE 机制泄露容忍的 CCA 安全性，那么存在一个模拟器 $\mathcal{S}$ 能以显而易见的优势 $\mathrm{Adv}_{\text{CL-PKE},\mathcal{S}}^{\mathrm{DDH}}(\kappa,\lambda)$ 解决 DDH 问题的困难性，其中上述优势满足

$$\begin{aligned}\mathrm{Adv}_{\text{CL-PKE},\mathcal{S}}^{\mathrm{DDH}}(\kappa,\lambda) &= \mathrm{Adv}_{\text{CL-PKE},\nu=1,\mathcal{S}}^{\mathrm{DDH}}(\kappa,\lambda)-\mathrm{Adv}_{\text{CL-PKE},\nu=0,\mathcal{S}}^{\mathrm{DDH}}(\kappa,\lambda)\\ &\geqslant \frac{\varepsilon_2}{\mathrm{e}(q_d+q_s+1)}-\frac{2^{\lambda}q_d}{q-q_d+1}-\frac{2^{\frac{l_m+\lambda}{2}-1}}{\sqrt{q}}\end{aligned}$$

式中，$q_d$ 是解密询问的次数；$q_s$ 是私钥生成询问的次数；$l_m$ 是明文消息的长度。

定理 6-2 与定理 6-1 证明过程的唯一区别是：在定理 6-2 的初始化阶段，模拟器 $\mathcal{S}$ 会发送主密钥 msk 给敌手 $\mathcal{A}^2$。在定理 6-1 的证明中，由于 DDH 困难问题的相关元组并未嵌入到主密钥中，因此模拟器 $\mathcal{S}$ 完全掌握主私钥 msk，即模拟器 $\mathcal{S}$ 具备将掌握的主密钥 msk 发送给敌手的能力，所以可使用与定理 6-1 相类似的证明方法对定理 6-2 进行证明，此处不再赘述定理 6-2 的详细证明过程。

由定理 6-1 和定理 6-2 可知，对于任意的泄露参数 $\lambda\leqslant\log q-l_m-\omega(\log\kappa)$ 和任意的 PPT 敌手 $\mathcal{A}=\{\mathcal{A}^1,\mathcal{A}^2\}$，上述构造是泄露容忍的 CCA 安全的 CL-PKE 机制。

## 6.4　抗连续泄露 CCA 安全的 CL-PKE 机制

为满足实际应用环境对抵抗连续泄露攻击的需求，在 6.3 节构造的基础上，本节基

于 DDH 困难性问题，在连续泄露模型下设计一个抵抗连续泄露攻击的 CL-PKE 机制，其中密钥更新算法将定期对密钥进行更新，填补信息泄露造成的私钥的熵损失，使得更新后的私钥对任何敌手而言是完全随机的，即更新后的私钥与原始私钥具有相同的分布。此外，6.3 节的构造中泄露参数和待加密消息的长度之和是一个固定常数，导致 CL-PKE 机制的性能受到一定的影响；并且密文中的所有元素无法保证对任意的敌手而言是完全随机的，使得敌手能够从密文中获知相应私钥的泄露信息。本节构造将对上述不足进行改进，在保证密文随机性的同时，实现泄露参数的独立性，也就是说泄露参数是一个独立于消息空间的固定常数，确保密文中的所有元素对于任意敌手而言是完全随机的，使得任何敌手都无法从相应给出的密文中获知关于私钥的泄露信息。

### 6.4.1 具体构造

1) 系统初始化

系统建立算法 $(\text{Params},\text{msk}) \leftarrow \text{Setup}(1^{\kappa})$ 的具体过程描述如下。

$\underline{\text{Setup}(1^{\kappa})}$:

计算 $(q,G,P) \leftarrow \mathcal{G}(1^{\kappa})$;

选取 $\text{KDF}: G \rightarrow Z_q^* \times Z_q^*$;

选取 $H,H_1,H_3:\{0,1\}^* \rightarrow Z_q^*$ 和 $H_2:\{0,1\}^* \rightarrow \{0,1\}^{l_m}$;

随机选取 $s \leftarrow_R Z_q^*$, 计算 $P_{\text{pub}} = sP$;

输出 $\text{Params} = (q,G,P,P_{\text{pub}},H,H_1,H_2,H_3,\text{KDF})$ 和 $\text{msk} = s$。

其中 $\text{KDF}: G \rightarrow Z_q^* \times Z_q^*$ 是安全的密钥衍射函数，当输入空间具有足够的熵时，该函数可视为强随机性提取器。

2) 用户密钥生成

对于任意的身份 $\text{id} \in \text{ID}$，密钥生成算法 $(\text{sk}_{\text{id}},\text{pk}_{\text{id}}) \leftarrow \text{KeyGen}(\text{id},\text{msk})$ 的具体过程描述如下。

$\underline{\text{KeyGen}(\text{id},\text{msk})}$:

用户随机选取 $x_{\text{id}},m_{\text{id}} \leftarrow_R Z_q^*$, 计算

$$X_{\text{id}} = x_{\text{id}}P, M_{\text{id}} = m_{\text{id}}P$$

KGC 随机选取 $\alpha,\beta \leftarrow_R Z_q^*$, 计算

$$Y_{\text{id}} = \alpha P, N_{\text{id}} = \beta P, y_{\text{id}} = \alpha + sh_{\text{id}}, n_{\text{id}} = \beta + sh_{\text{id}}$$

其中，$h_{\text{id}} = H_1(\text{id},X_{\text{id}},Y_{\text{id}},M_{\text{id}},N_{\text{id}})$。

输出密钥 $\text{sk}_{\text{id}} = (x_{\text{id}},y_{\text{id}},m_{\text{id}},n_{\text{id}})$;

公钥 $\text{pk}_{\text{id}} = (X_{\text{id}},Y_{\text{id}},M_{\text{id}},N_{\text{id}})$。

用户收到 KGC 返回的部分密钥$(Y_{\text{id}}, y_{\text{id}}, N_{\text{id}}, n_{\text{id}})$后，可通过下述等式验证部分密钥的正确性。

$$y_{\text{id}}P = Y_{\text{id}} + P_{\text{pub}}H_1(\text{id}, X_{\text{id}}, Y_{\text{id}}, M_{\text{id}}, N_{\text{id}}),\ n_{\text{id}}P = N_{\text{id}} + P_{\text{pub}}H_1(\text{id}, X_{\text{id}}, Y_{\text{id}}, M_{\text{id}}, N_{\text{id}})$$

密钥生成算法中用户 id 与 KGC 间的消息交互过程如图 6-3 所示，该算法的协议表述形式如下所示。

(1) 用户 id 选取$x_{\text{id}}, m_{\text{id}} \leftarrow_R Z_q^*$，并计算$X_{\text{id}} = x_{\text{id}}P$和$M_{\text{id}} = m_{\text{id}}P$，发送$(\text{id}, X_{\text{id}}, M_{\text{id}})$给 KGC。

(2) 收到用户的请求消息$(\text{id}, X_{\text{id}}, M_{\text{id}})$后，KGC 选取随机数$\alpha, \beta \leftarrow_R Z_q^*$，并计算

$$Y_{\text{id}} = \alpha P,\ N_{\text{id}} = \beta P$$

$$y_{\text{id}} = \alpha + sH_1(\text{id}, X_{\text{id}}, Y_{\text{id}}, M_{\text{id}}, N_{\text{id}}),\ n_{\text{id}} = \beta + sH_1(\text{id}, X_{\text{id}}, Y_{\text{id}}, M_{\text{id}}, N_{\text{id}})$$

最后发送相应的应答消息$(Y_{\text{id}}, y_{\text{id}}, N_{\text{id}}, n_{\text{id}})$给用户 id。

(3) 收到 KGC 的应答消息$(Y_{\text{id}}, y_{\text{id}}, N_{\text{id}}, n_{\text{id}})$后，用户 id 设置公钥$\text{pk}_{\text{id}}$和私钥$\text{sk}_{\text{id}}$，其中$\text{sk}_{\text{id}} = (x_{\text{id}}, y_{\text{id}}, m_{\text{id}}, n_{\text{id}})$和$\text{pk}_{\text{id}} = (X_{\text{id}}, Y_{\text{id}}, M_{\text{id}}, N_{\text{id}})$。

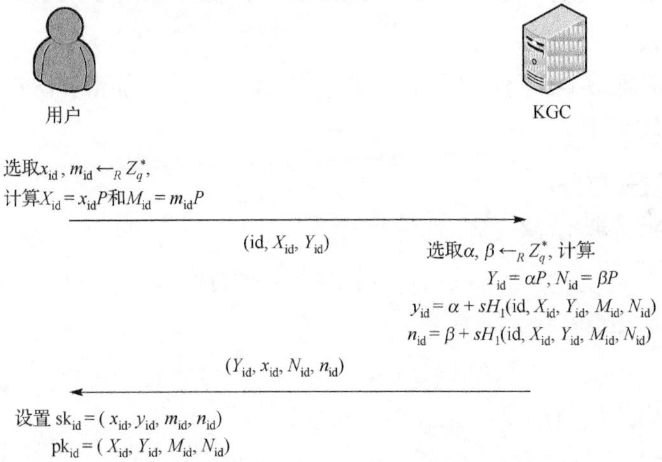


图 6-3　密钥生成算法中用户 id 与 KGC 间的消息交互过程

**注解 6-5**　由于无证书密码体制易遭受第一类敌手的公钥替换攻击，上述构造中，用户与 KGC 间以消息交互的形式生成用户的密钥，该方法能有效地防止攻击者进行公钥替换攻击。KGC 并非独立的生成用户的部分密钥，而是使用了用户选取随机数的承诺值(该承诺值同时是用户的部分公钥)，因此当第一类敌手攻击者进行公钥替换攻击时，公钥的改变会影响到部分密钥的变化。主密钥对于第一类敌手而言是未知的，部分公钥的改变将导致相应验证等式无法成立。

3) 密钥更新

对于私钥$\text{sk}_{\text{id}}^j = (x_{\text{id}}^j, y_{\text{id}}^j, m_{\text{id}}^j, n_{\text{id}}^j)$，密钥更新算法$\text{sk}_{\text{id}}^{j+1} \leftarrow \text{Update}(\text{sk}_{\text{id}}^j)$的具体过程描述如下。

$\underline{\text{Update}(\text{sk}_{\text{id}}^j)}$:

随机选取$a_j, b_j \leftarrow_R Z_q^*$,计算

$$x_{\text{id}}^{j+1} = x_{\text{id}}^j + a_j, y_{\text{id}}^{j+1} = y_{\text{id}}^j - a_j, m_{\text{id}}^{j+1} = m_{\text{id}}^j + b_j, n_{\text{id}}^{j+1} = n_{\text{id}}^j - b_j$$

对于任意的更新索引$t = 1,2,3,\cdots$，有

$$x_{\text{id}}^t = x_{\text{id}} + \sum_{i=1}^t a_i, y_{\text{id}}^t = y_{\text{id}} - \sum_{i=1}^t a_i, m_{\text{id}}^t = m_{\text{id}} + \sum_{i=1}^t b_i, n_{\text{id}}^t = n_{\text{id}} - \sum_{i=1}^t b_i$$

输出$\text{sk}_{\text{id}}^{j+1} = (x_{\text{id}}^{j+1}, y_{\text{id}}^{j+1}, m_{\text{id}}^{j+1}, n_{\text{id}}^{j+1})$,满足$\text{sk}_{\text{id}}^{j+1} \neq \text{sk}_{\text{id}}^j$和$|\text{sk}_{\text{id}}^{j+1}| = |\text{sk}_{\text{id}}^j|$。

更新后的私钥$\text{sk}_{\text{id}}^{j+1}$具有与密钥生成算法所产生的私钥相同的分布，即对于任意的敌手而言，$\text{sk}_{\text{id}}^{j+1}$和$\text{sk}_{\text{id}}^j$是私钥空间上的均匀分布，则

$$\text{SD}(\text{sk}_{\text{id}}^{j+1}, \text{sk}_{\text{id}}^j) \leqslant \text{negl}(\kappa)$$

对于敌手而言，更新后的私钥与原始私钥是不可区分的，并且原始私钥的泄露信息对更新后的私钥是不起作用的，因此通过更新操作抵抗了敌手的连续泄露攻击。

4) 加密算法

对于明文消息$M \in \mathcal{M}$和公钥$\text{pk}_{\text{id}} = (X_{\text{id}}, Y_{\text{id}}, M_{\text{id}}, N_{\text{id}})$，加密算法$C \leftarrow \text{Enc}(\text{pk}_{\text{id}}, M)$的具体过程描述如下。

$\underline{\text{Enc}(\text{pk}_{\text{id}}, M)}$:

随机选取$r_1, r_2 \leftarrow_R Z_q^*$,计算

$$U_1 = r_1 P, U_2 = r_2 P$$

随机选取$\eta \leftarrow_R Z_q^*$,计算

$$W = r_1(X_{\text{id}} + Y_{\text{id}} + h_{\text{id}} P_{\text{pub}}) + r_2 \eta (M_{\text{id}} + N_{\text{id}} + h_{\text{id}} P_{\text{pub}})$$

其中，$h_{\text{id}} = H_1(\text{id}, X_{\text{id}}, Y_{\text{id}}, M_{\text{id}}, N_{\text{id}})$。

计算

$$e = H_2(W) \oplus M, V = r_2 \mu (X_{\text{id}} + Y_{\text{id}} + h_{\text{id}} P_{\text{pub}}) + r_1 (M_{\text{id}} + N_{\text{id}} + h_{\text{id}} P_{\text{pub}})$$

其中，$\mu = H(U_1, U_2, e, \eta)$。

计算

$$v = r_1 k_1 H_3(e) + r_2 k_2$$

其中，$(k_1, k_2) = \text{KeyGen}(V)$。

输出$C = (U_1, U_2, e, v, \eta)$。

5) 解密算法

对于私钥$\text{sk}_{\text{id}}^j = (x_{\text{id}}^j, y_{\text{id}}^j, m_{\text{id}}^j, n_{\text{id}}^j)$和密文$C = (U_1, U_2, e, v, \eta)$，解密算法$M \leftarrow \text{Dec}(\text{sk}_{\text{id}}^j, C)$的具体过程描述如下。

$\underline{\mathrm{Dec}(\mathrm{sk}_{\mathrm{id}}^{j},C)}$:

计算

$$V' = \mu(x_{\mathrm{id}}^{j} + y_{\mathrm{id}}^{j})U_2 + (m_{\mathrm{id}}^{j} + n_{\mathrm{id}}^{j})U_1$$

其中，$\mu = H(U_1, U_2, e, \eta)$。

计算

$$(k_1', k_2') = \mathrm{KeyGen}(V')$$

若$vP \neq k_1' H_3(e) U_1 + k_2' U_2$,则终止并输出$\perp$。

否则计算

$$W' = (x_{\mathrm{id}}^{j} + y_{\mathrm{id}}^{j})U_1 + \eta(m_{\mathrm{id}}^{j} + n_{\mathrm{id}}^{j})U_2$$

输出$M = H_2(W') \oplus e$,并执行密钥更新算法$\mathrm{sk}_{\mathrm{id}}^{j+1} \leftarrow \mathrm{Update}(\mathrm{sk}_{\mathrm{id}}^{j})$。

特别地，密钥更新算法 $\mathrm{sk}_{\mathrm{id}}^{j+1} \leftarrow \mathrm{Update}(\mathrm{sk}_{\mathrm{id}}^{j})$ 的执行，使得原始私钥 $\mathrm{sk}_{\mathrm{id}}^{j}$ 的泄露信息对更新后的私钥 $\mathrm{sk}_{\mathrm{id}}^{j+1}$ 是无作用的。密钥的定期更新才使得上述机制具有抵抗连续泄露攻击的能力。

### 6.4.2　正确性

上述 CL-PKE 机制的密文合法性验证和解密操作的正确性将由下述等式获得。

$$\begin{aligned} W' &= (x_{\mathrm{id}}^{j} + y_{\mathrm{id}}^{j})U_1 + \eta(m_{\mathrm{id}}^{j} + n_{\mathrm{id}}^{j})U_2 \\ &= r_1(x_{\mathrm{id}}^{j} + \alpha + sh_{\mathrm{id}})P + \eta r_2(m_{\mathrm{id}}^{j} + \beta + sh_{\mathrm{id}})P \\ &= r_1(X_{\mathrm{id}}^{j} + Y_{\mathrm{id}}^{j} + h_{\mathrm{id}}P_{\mathrm{pub}}) + r_2\eta(M_{\mathrm{id}}^{j} + N_{\mathrm{id}}^{j} + h_{\mathrm{id}}P_{\mathrm{pub}}) = W \end{aligned}$$

$$\begin{aligned} V' &= \mu(x_{\mathrm{id}}^{j} + y_{\mathrm{id}}^{j})U_2 + (m_{\mathrm{id}}^{j} + n_{\mathrm{id}}^{j})U_1 \\ &= r_2\mu(x_{\mathrm{id}}^{j} + \alpha + sh_{\mathrm{id}})P + r_1(m_{\mathrm{id}}^{j} + \beta + sh_{\mathrm{id}})P \\ &= r_2\mu(X_{\mathrm{id}}^{j} + Y_{\mathrm{id}}^{j} + h_{\mathrm{id}}P_{\mathrm{pub}}) + r_1(M_{\mathrm{id}}^{j} + N_{\mathrm{id}}^{j} + h_{\mathrm{id}}P_{\mathrm{pub}}) = V \end{aligned}$$

### 6.4.3　安全性证明

为实现抵抗连续泄露攻击的目的，本节在 6.3 节 CL-PKE 机制的基础上构造了连续泄露容忍的 CCA 安全的 CL-PKE 机制，因此可使用与定理 6-1 相类似的方法对下述定理进行形式化证明。

**定理 6-3**　对于任意的泄露参数 $\lambda \leqslant 3\log q - \omega(\log\kappa)$，若存在一个敌手 $\mathcal{A}^1$ 能以不可忽略的优势 $\varepsilon_3$ 攻破上述 CL-PKE 机制泄露容忍的 CCA 安全性，那么存在一个模拟器 $\mathcal{S}$ 能以显而易见的优势 $\mathrm{Adv}_{\text{CL-PKE},\mathcal{S}}^{\mathrm{DDH}}(\kappa,\lambda)$ 解决 DDH 问题的困难性，其中上述优势满足

$$\mathrm{Adv}_{\text{CL-PKE},\mathcal{S}}^{\text{DDH}}(\kappa,\lambda) \geqslant \frac{\varepsilon_3}{\mathrm{e}(q_d+q_s+1)} - \frac{2^{\lambda} q_d}{q^4 - q_d + 1} - \frac{2^{\frac{\lambda}{2}-1}}{q\sqrt{q}}$$

式中，e是自然对数底数；$q_d$是解密询问的次数；$q_s$是私钥生成询问的次数。

定理 6-3 的证明过程与定理 6-1 相类似。在泄露环境下，敌手$\mathcal{A}^1$的视图包括系统公开参数Params、挑战身份$\mathrm{id}^*$、挑战明文$M_0,M_1\in\mathcal{M}$、挑战密文$C_\beta^*=(U_1^*,U_2^*,e^*,v^*,\eta^*)$及关于私钥$\mathrm{sk}_{\mathrm{id}^*}=(x_{\mathrm{id}^*},y_{\mathrm{id}^*},m_{\mathrm{id}^*},n_{\mathrm{id}^*})$的$\lambda$比特的泄露信息Leak。

已知$x_{\mathrm{id}^*},y_{\mathrm{id}^*},m_{\mathrm{id}^*},n_{\mathrm{id}^*}\leftarrow_R Z_q^*$，根据定理 2-1，可知

$$\begin{aligned}&\tilde{H}_\infty(x_{\mathrm{id}^*},y_{\mathrm{id}^*},m_{\mathrm{id}^*},n_{\mathrm{id}^*}\,|\,\mathrm{Params},\mathrm{pk}_{\mathrm{id}^*},C_\beta^*,\mathrm{Leak})\\&=\tilde{H}_\infty(x_{\mathrm{id}^*},y_{\mathrm{id}^*},m_{\mathrm{id}^*},n_{\mathrm{id}^*}\,|\,\mathrm{Leak})\\&\geqslant 4\log q-\lambda\end{aligned}$$

由于该构造中基于通用哈希函数实现了随机性提取，因此根据引理 2-3，可知

$$\log q \leqslant 4\log q-\lambda-\omega(\log\kappa)$$

那么对于任意的泄露参数$\lambda\leqslant 3\log q-\omega(\log\kappa)$，若敌手$\mathcal{A}^1$能攻破上述 CL-PKE 机制泄露容忍的 CCA 安全性，那么模拟器$\mathcal{S}$能解决 DDH 问题的困难性。

**定理 6-4**　对于任意的泄露参数$\lambda\leqslant 3\log q-\omega(\log\kappa)$，若存在一个敌手$\mathcal{A}^2$能以不可忽略的优势$\varepsilon_4$攻破上述 CL-PKE 机制泄露容忍的 CCA 安全性，那么存在一个模拟器$\mathcal{S}$能以显而易见的优势$\mathrm{Adv}_{\text{CL-PKE},\mathcal{S}}^{\text{DDH}}(\kappa,\lambda)$解决 DDH 问题的困难性，其中上述优势满足

$$\mathrm{Adv}_{\text{CL-PKE},\mathcal{S}}^{\text{DDH}}(\kappa,\lambda) \geqslant \frac{\varepsilon_4}{\mathrm{e}(q_d+q_s+1)} - \frac{2^{\lambda} q_d}{q^4 - q_d + 1} - \frac{2^{\frac{\lambda}{2}-1}}{q\sqrt{q}}$$

定理 6-4 的证明过程与定理 6-1 相类似。

## 6.5　本 章 小 结

现有对 CL-PKE 机制抗泄露性的研究中，相关构造只关注了抵抗有界泄露攻击的安全性，并且无法达到 CCA2 的安全性，也就是说仅证明了 CCA1 安全性；此外，现有抵抗连续泄露攻击的相关加密机制普遍存在泄露率低的不足，并且对 CL-PKE 机制进行抵抗连续泄露攻击的研究较少。针对上述问题，本章在 CL-PKE 机制方面的主要工作如下所示。

(1) 在有界泄露模型下，研究了抵抗有界泄露攻击的 CCA 安全的 CL-PKE 机制，安全性的提升增强 CL-PKE 机制在抗泄露领域的应用性。

(2) 为满足抵抗连续泄露攻击的应用需求，研究了抵抗连续泄露攻击的 CCA 安

全的 CL-PKE 机制，并且确保密文中的所有元素对于任意敌手而言是完全随机的；同时，轮泄露参数是一个独立于待加密消息空间的固定值。在实际应用中，即使实际泄露量接近泄露参数的上界，对待加密消息的长度并不产生影响。此外，本章的 CL-PKE 机制具有较大的泄露率，提升了抗泄露攻击的能力。

## 参 考 文 献


[1] Xiong H, Yuen T H, Zhang C, et al. Leakage-resilient certificateless public key encryption[C] //Proceedings of the 1st ACM Workshop on Asia Public-Key Cryptography, Hangzhou, 2013: 13-22.

[2] Al-Riyami S S, Paterson K P. Certificateless public key cryptography[C]//Proceedings of the 9th International Conference on the Theory and Application of Cryptology and Information Security, Taipei, 2003: 452-473.

[3] Baek J, Reihaneh S N, Susilo W. Certificateless public key encryption without pairing[C] //Proceedings of the 8th International Conference on Information Security, Singapore, 2005: 134-148.

[4] Zhou Y W, Yang B. Leakage-resilient CCA2-secure certificateless public-key encryption scheme without bilinear pairing[J]. Information Processing Letters, 2018,130: 16-24.

[5] Zhou Y W, Yang B. Continuous leakage-resilient certificateless public key encryption with CCA security[J]. Knowledge-Based Systems, 2017,136: 27-36.

[6] Zhou Y W, Yang B, Cheng H, et al. A leakage-resilient certificateless public key encryption scheme with CCA2 security[J]. Frontiers of Information Technology and Electronic Engineering, 2018, 19(4): 481-493.

[7] 周彦伟, 杨波, 王青龙. 可证安全的抗泄露无证书混合签密机制[J]. 软件学报, 2016, 27(11): 2898-2911.

# 第 7 章　基于证书公钥加密机制的泄露容忍性

与无证书密码体制相类似，在基于证书的密码体制中，认证中心(certificate authority，CA)仅为用户生成了秘密的证书(完整的密钥由用户自己生成)，因此认证中心不掌握用户的完整密钥，同样解决了基于身份密码体制中所存在的密钥托管问题。此外，虽然基于证书的密码体制中需要证书的参与，但是该证书与传统公钥基础设施中的证书并非同一类，此处的证书将与用户的私钥一起完成相应的运算，CA 也无须对证书进行管理和维护等操作，因此基于证书的密码体制也避免了证书的复杂管理问题。

本章将研究基于证书公钥加密(certificate-based public-key encryption，CB-PKE)机制的泄露容忍性及连续泄露容忍性，并提出相应的实例，主要内容包括以下两方面。

(1)设计具有 CCA 安全性的抗泄露 CB-PKE 机制，并基于静态假设对该方案的安全性进行证明。

(2)由于目前对抵抗连续泄露攻击的 CB-PKE 机制的相关研究较少。为满足应用环境对CB-PKE机制抵抗连续泄露攻击的需求，设计抵抗连续泄露攻击的CB-PKE机制，并基于静态假设对该机制的安全性进行证明。

## 7.1　基于证书密码机制简介

为了改进传统公钥基础设施中证书的生成、存储和管理等问题，Shamir 提出了基于身份密码机制，然而该机制中 KGC 却能够掌握任何用户的完整密钥，能够替代任何用户执行解密、签名验证等操作。为解决 IBE 机制的密钥托管问题，Gentry[1]在 2003 年首次提出基于证书的公钥密码(certificate-based cryptography，CBC)体制，该体制同样包含一个可信第三方——认证中心(CA)，该机构负责为用户生成相应的秘密证书，而用户私钥完全由用户自己选取，加密方案中的解密密钥由用户私钥和 CA 颁发的证书构成。由于解密密钥由两部分组成，且证书在公开信道中发送，避免了密钥托管和建立安全信道的问题，也简化了证书的管理，所以基于证书的公钥密码体制为构建安全高效的公钥基础设施提供了有效的方法。2006 年，Morillo 和 Ràfols[2]基于 IBE 方案[3]提出了第一个标准模型下满足自适应选择密文安全的 CB-PKE 机制。Dodis 和 Katz[4]利用选择密文安全的 IBE 机制和 PKE 机制及一次签名构造出选择密文安全的 CB-PKE 方案。为了减少通信代价，Galindo 等[5]对文献[4]中的 CB-PKE 方案进一步改进，缩短了密文长度，使其安全归约更加简洁，并在标准模型下证明了方案是自适应选择密文安全的。陆阳等[6]提出高效的 CB-PKE 方案，该方案通过预计算减少了双线性对的运算次数，仅在解密时做一次双线性对运算，与其他方案相比提高了计算效率。李继国等[7]集成基于证书公钥密码体制的思想，首次提出基于证书广播加密的概念，给出方案的形式化定义和安全模型，构造了一个具体的基于证书广播加密方案，并证明方案在自适应选择密文攻击下是安全的。

在 CB-PKE 中，CA 仅负责为用户生成相应的证书，完整的私钥由用户自己生成。该过程如图 7-1 所示，用户 Bob 首先运行密钥生成算法产生相应的公私钥对 (sk,pk)；然后向 CA 发送身份信息 id（其中 id 可用任意的字符串表示）及相应的公钥 pk；CA 收到 Bob 的证书生成请求后，基于系统主密钥为 Bob 生成相应的证书 $\mathrm{Cert}_{id}$；Bob 收到 CA 生成的证书后即可用证书 $\mathrm{Cert}_{id}$，并联合自己的私钥进行解密操作。

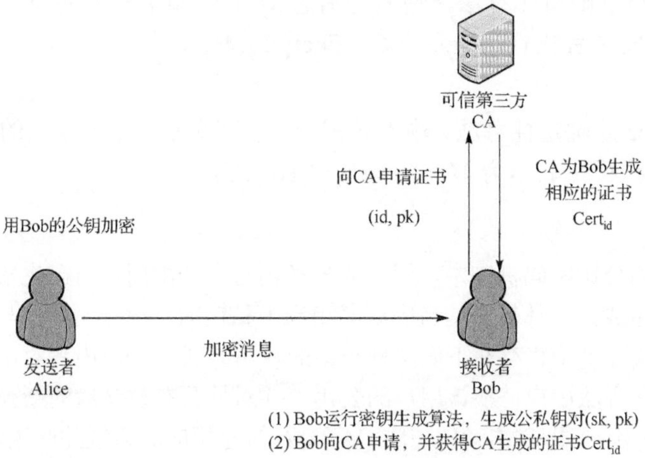


图 7-1　基于证书加密方案

## 7.2　CB-PKE 机制的定义及泄露容忍的安全模型

在现有 CB-PKE 机制[1,2,4-7]的基础上，本节介绍 CB-PKE 机制的形式化定义，并根据现有抗泄露 CB-PKE 机制的研究成果[8-11]，在回顾敌手分类的基础上详细介绍 CB-PKE 机制的抗泄露 CPA 安全性和抗泄露 CCA 安全性等安全模型。

### 7.2.1　形式化定义

一个 CB-PKE 机制由Setup、KeyGen、CertGen、Enc和Dec等 5 个 PPT 算法组成。

1) 初始化

初始化算法 Setup 是随机化算法，输入是安全参数 $\kappa$，输出为系统公共参数 Params 和主密钥 msk。该算法由 CA 负责执行，表示为 $(\mathrm{Params}, \mathrm{msk}) \leftarrow \mathrm{Setup}(1^{\kappa})$。

系统参数 Params 中定义了 CB-PKE 机制的身份空间 $\mathcal{ID}$、密钥空间 $\mathcal{SK}$、消息空间 $\mathcal{M}$ 等；此外，Params 是下述算法的输入，算法描述时将其省略。

2) 密钥生成

密钥生成算法 KeyGen 是随机化算法，输入用户身份 $\text{id} \in \mathcal{ID}$，输出该身份所对应的公私钥对 $(\text{sk}_{\text{id}}, \text{pk}_{\text{id}})$。该算法由用户负责执行，表示为 $(\text{sk}_{\text{id}}, \text{pk}_{\text{id}}) \leftarrow \text{KeyGen}(\text{id})$。

3) 证书生成

证书生成算法 CertGen 的输入是主私钥 msk、用户身份信息 id 及相应的公钥 $\text{pk}_{\text{id}}$，输出用户的证书 $\text{Cert}_{\text{id}}$。该算法由 CA 负责执行，表示为 $\text{Cert}_{\text{id}} \leftarrow \text{CertGen}(\text{msk}, \text{id}, \text{pk}_{\text{id}})$。证书 $\text{Cert}_{\text{id}}$ 作为用户的秘密信息，与用户私钥 $\text{sk}_{\text{id}}$ 一起完成解密运算。

4) 加密

加密算法 Enc 是随机化算法，输入是消息 $M \in \mathcal{M}$ 和接收者的公钥 $\text{pk}_{\text{id}}$，输出密文 $C$。该算法由发送者执行，表示为 $C = \text{Enc}(\text{pk}_{\text{id}}, M)$。

5) 解密

解密算法 Dec 是确定性算法，输入私钥 $\text{sk}_{\text{id}}$ 及密文 $C$，输出相应的明文消息 $M$。该算法由接收者执行，表示为 $M = \text{Dec}(\text{sk}_{\text{id}}, \text{Cert}_{\text{id}}, C)$。

### 7.2.2 敌手分类

在基于证书的公钥密码机制中，用户的公私钥对完全由用户自己生成，证书由第三方认证中心 CA 生成，具体算法构造中证书相当于私钥的一部分，因此与无证书密码机制相类似，在现实环境中将存在下面两种类型的攻击方式：①攻击者对用户发起攻击，即攻击者能够冒充合法用户替换该用户的公钥，并对外公布替换后的新公钥；②攻击者对第三方 CA 发起攻击，即攻击者伪装成 CA，自行构建相应的系统并产生对应的主密钥，并为相关用户生成相应的证书。

根据上述攻击方式，将攻击敌手分为 $\mathcal{A}^1$ 和 $\mathcal{A}^2$ 两类，分别叙述如下所示。

(1) 第一类敌手 $\mathcal{A}^1$：此类敌手无法掌握系统的主密钥，但其具有替换合法用户公钥的能力，则 $\mathcal{A}^1$ 类敌手为恶意的用户。此外，对此类敌手的限制如下所示。

①敌手 $\mathcal{A}^1$ 不能对挑战身份进行私钥和证书生成询问。特别地，敌手 $\mathcal{A}^1$ 无法获知私钥和证书等用户的秘密信息。

②敌手 $\mathcal{A}^1$ 在挑战阶段之前不能替换挑战身份所对应的公钥。

(2) 第二类敌手 $\mathcal{A}^2$：此类敌手可掌握系统的主密钥，但其不具有替换合法用户公钥的能力，则 $\mathcal{A}^2$ 类敌手为恶意的 CA。此外，对此类敌手的限制如下所示。

①敌手 $\mathcal{A}^2$ 不能对挑战身份进行私钥生成询问(任意用户的证书敌手 $\mathcal{A}^2$ 能够自行计算生成)。

②敌手 $\mathcal{A}^2$ 不能替换任何用户的公钥。

### 7.2.3 CB-PKE 机制的抗泄露 CPA 安全性

1. 第一类敌手泄露容忍的 CPA 安全性

如果不存在 PPT 敌手 $\mathcal{A}^1$，能以不可忽略的优势在下述安全性游戏中获胜，那么相应的 CB-PKE 机制在第一类敌手 $\mathcal{A}^1$ 的适应性选择明文攻击下具有不可区分性。挑战者 $\mathcal{C}$ 和敌手 $\mathcal{A}^1$ 间的消息交互过程如下所示。

1) 初始化

挑战者 $\mathcal{C}$ 输入安全参数 $\kappa$，运行初始化算法 $\text{Setup}(1^\kappa)$，产生公开的系统参数 Params 和保密的主密钥 msk，发送 Params 给敌手 $\mathcal{A}^1$。

2) 阶段 1(训练)

该阶段敌手 $\mathcal{A}^1$ 可适应性地执行多项式有界次的下述询问。

(1) 私钥生成询问。$\mathcal{C}$ 收到敌手 $\mathcal{A}^1$ 关于身份 id 的私钥生成询问，运行密钥生成算法 $(\text{sk}_{\text{id}},\text{pk}_{\text{id}}) \leftarrow \text{KeyGen}(\text{id})$，返回相应的 $\text{sk}_{\text{id}}$ 给敌手 $\mathcal{A}^1$。

(2) 公钥生成询问。$\mathcal{C}$ 收到敌手 $\mathcal{A}^1$ 关于身份 id 的公钥生成询问，运行算法 $(\text{sk}_{\text{id}},\text{pk}_{\text{id}}) \leftarrow \text{KeyGen}(\text{id})$，返回相应的 $\text{pk}_{\text{id}}$ 给敌手 $\mathcal{A}^1$。

**注解 7-1**　在具体方案的安全性证明中，通过维护列表的方式来响应相应的私钥和公钥生成询问，确保同一身份在两类询问中的应答是相对应的，并且能实现两次相同询问的应答是一致的。

(3) 证书询问。$\mathcal{C}$ 收到敌手 $\mathcal{A}^1$ 关于身份 id 的证书生成询问，运行证书生成算法 $\text{Cert}_{\text{id}} \leftarrow \text{CertGen}(\text{id})$，返回相应的结果 $\text{Cert}_{\text{id}}$ 给敌手 $\mathcal{A}^1$。

(4) 公钥替换询问。游戏进行过程中，敌手 $\mathcal{A}^1$ 可随时用已知的公钥替换任何用户的公钥，但在挑战阶段之前挑战身份的公钥不允许替换。

(5) 泄露询问。敌手 $\mathcal{A}^1$ 通过提交高效可计算的泄露函数 $f_i:\{0,1\}^* \to \{0,1\}^{\lambda_i}$ 对身份 id 的密钥进行泄露询问。挑战者 $\mathcal{C}$ 执行密钥提取询问获知 id 对应的密钥 $\text{sk}_{\text{id}}$，再借助泄露谕言机 $\mathcal{O}_{\text{sk}_{\text{id}}}^{\lambda,\kappa}(\cdot)$，产生密钥 $\text{sk}_{\text{id}}$ 的泄露信息 $f_i(\text{sk}_{\text{id}})$，并把 $f_i(\text{sk}_{\text{id}})$ 发送给敌手 $\mathcal{A}^1$。在整个泄露询问过程中关于同一身份 id 私钥 $\text{sk}_{\text{id}}$ 的泄露量不能超过系统设定的泄露界 $\lambda$，即有 $\sum_{i=1}^{t} f_i(\text{sk}_{\text{id}}) \leqslant \lambda$ 成立，其中 $t$ 是敌手 $\mathcal{A}^1$ 提交的泄露询问的总次数。

3) 挑战

敌手 $\mathcal{A}^1$ 输出两个等长的明文消息 $M_0, M_1 \in \mathcal{M}$ 和一个挑战身份 $\text{id}^* \in \mathcal{ID}$，限制是 $\text{id}^*$ 不能在阶段 1 的任何私钥生成询问和证书生成询问中出现，此外敌手 $\mathcal{A}^1$ 未对身份 $\text{id}^*$ 进行公钥替换询问，并且关于 $\text{sk}_{\text{id}^*}$ 的泄露量不能超过系统设定的泄露界 $\lambda$。挑战者 $\mathcal{C}$ 选取随机值 $\beta \leftarrow_R \{0,1\}$，计算挑战密文 $C_\beta^* = \text{Enc}(\text{pk}_{\text{id}^*}, M_\beta)$，并将 $C_\beta^*$ 发送给敌手 $\mathcal{A}^1$。

4) 阶段 2(训练)

该阶段敌手 $\mathcal{A}^1$ 进行与阶段 1 相类似的相关询问，但是询问必须遵循下列限制条件：敌手 $\mathcal{A}^1$ 不能对挑战身份 $\text{id}^*$ 进行私钥生成询问和证书生成询问。此外，该阶段禁止敌手 $\mathcal{A}^1$ 提交任何泄露询问。

5) 猜测

敌手 $\mathcal{A}^1$ 输出对挑战者选取的随机比特 $\beta$ 的猜测 $\beta' \in \{0,1\}$，如果 $\beta' = \beta$，则敌手 $\mathcal{A}^1$ 攻击成功，即敌手 $\mathcal{A}^1$ 在该游戏中获胜。

敌手 $\mathcal{A}^1$ 的优势定义为安全参数 $\kappa$ 和泄露参数 $\lambda$ 的函数：

$$\mathrm{Adv}_{\text{CB-PKE},\mathcal{A}^1}^{\text{LR-CPA}}(\kappa,\lambda) = \left|\Pr[\beta' = \beta] - \frac{1}{2}\right|$$

上述安全性游戏的形式化描述如下所示。

$\underline{\mathrm{Exp}_{\text{CB-PKE},\mathcal{A}^1}^{\text{LR-CPA}}(\kappa,\lambda):}$

$(\text{Params},\text{msk}) \leftarrow \text{Setup}(1^\kappa);$

$(M_0, M_1, \text{id}^*) \leftarrow (\mathcal{A}^1)^{\mathcal{O}^{\text{KeyGen}}(\cdot),\mathcal{O}^{\text{CertGen}}(\cdot),\mathcal{O}_{\text{sk}_{\text{id}}}^{\lambda,\kappa}(\cdot)}(\text{Params}), \text{where } |M_0| = |M_1|;$

$C_\beta^* = \text{Enc}(\text{id}^*, M_\beta), \text{where } \beta \leftarrow_R \{0,1\};$

$\beta' \leftarrow (\mathcal{A}^1)^{\mathcal{O}_{\neq \text{id}^*}^{\text{KeyGen}}(\cdot),\mathcal{O}_{\neq \text{id}^*}^{\text{CertGen}}(\cdot)}(C_\beta^*, \text{Params});$

If $\beta' = \beta$, output 1;Otherwise output 0。

其中，$\mathcal{O}_{\text{sk}_{\text{id}}}^{\lambda,\kappa}(\cdot)$ 是泄露谕言机，敌手 $\mathcal{A}^1$ 可获得任何身份对应密钥的泄露信息；$\mathcal{O}^{\text{KeyGen}}(\cdot)$ 表示敌手 $\mathcal{A}^1$ 向挑战者 $\mathcal{C}$ 做任意身份的私钥或公钥生成询问；$\mathcal{O}_{\neq \text{id}^*}^{\text{KeyGen}}(\cdot)$ 表示敌手 $\mathcal{A}^1$ 向挑战者 $\mathcal{C}$ 做除挑战身份 $\text{id}^*$ 之外其他任意身份的私钥生成询问或对任意身份进行公钥生成询问；$\mathcal{O}^{\text{CertGen}}(\cdot)$ 表示敌手 $\mathcal{A}^1$ 向挑战者 $\mathcal{C}$ 做任意身份的证书生成询问；$\mathcal{O}_{\neq \text{id}^*}^{\text{CertGen}}(\cdot)$ 表示敌手 $\mathcal{A}^1$ 向挑战者 $\mathcal{C}$ 做除了挑战身份 $\text{id}^*$ 其他任意身份的证书生成询问。

在交互式实验 $\mathrm{Exp}_{\text{CB-PKE},\mathcal{A}^1}^{\text{LR-CPA}}(\kappa,\lambda)$ 中，敌手 $\mathcal{A}^1$ 的优势定义为安全参数 $\kappa$ 和泄露参数 $\lambda$ 的函数：

$$\mathrm{Adv}_{\text{CB-PKE},\mathcal{A}^1}^{\text{LR-CPA}}(\kappa,\lambda) = \left|\Pr[\mathrm{Exp}_{\text{CB-PKE},\mathcal{A}^1}^{\text{LR-CPA}}(\kappa,\lambda) = 1] - \Pr[\mathrm{Exp}_{\text{CB-PKE},\mathcal{A}^1}^{\text{LR-CPA}}(\kappa,\lambda) = 0]\right|$$

### 2. 第二类敌手泄露容忍的 CPA 安全性

如果不存在 PPT 敌手 $\mathcal{A}^2$，能以不可忽略的优势在下述安全性游戏中获胜，则相应的 CB-PKE 机制在第二类敌手 $\mathcal{A}^2$ 的适应性选择明文攻击下具有不可区分性。挑战者 $\mathcal{C}$ 和敌手 $\mathcal{A}^2$ 间的消息交互过程如下所示。

1) 初始化

挑战者 $\mathcal{C}$ 输入安全参数 $\kappa$，运行初始化算法 $\text{Setup}(1^\kappa)$，产生公开的系统参数 Params 和主密钥 msk，发送 Params 和 msk 给敌手 $\mathcal{A}^2$。特别地，敌手 $\mathcal{A}^2$ 掌握系统的主私钥 msk。

2) 阶段 1(训练)

由于敌手 $\mathcal{A}^2$ 已掌握系统主密钥 msk，因此无须进行证书生成询问，并且 $\mathcal{A}^2$ 不能进行公钥替换询问。在该阶段敌手 $\mathcal{A}^2$ 可适应性地执行多项式有界次的下述询问。

(1)私钥生成询问。$\mathcal{C}$ 收到敌手 $\mathcal{A}^2$ 关于身份 id 的私钥生成询问，运行密钥生成算法 $(\text{sk}_{\text{id}},\text{pk}_{\text{id}}) \leftarrow \text{KeyGen(id)}$，返回相应的 $\text{sk}_{\text{id}}$ 给敌手 $\mathcal{A}^2$。

(2)公钥生成询问。$\mathcal{C}$ 收到敌手 $\mathcal{A}^2$ 关于身份 id 的公钥生成询问，运行算法 $(\text{sk}_{\text{id}},\text{pk}_{\text{id}}) \leftarrow \text{KeyGen(id)}$，返回相应的 $\text{pk}_{\text{id}}$ 给敌手 $\mathcal{A}^2$。

(3)泄露询问。敌手 $\mathcal{A}^2$ 对身份 id 的密钥泄露询问。挑战者 $\mathcal{C}$ 执行密钥提取询问获知 id 对应的密钥 $\text{sk}_{\text{id}}$，再运行泄露谕言机 $\mathcal{O}_{\text{sk}_{\text{id}}}^{\lambda,\kappa}(\cdot)$，产生密钥 $\text{sk}_{\text{id}}$ 的泄露信息 $f_i(\text{sk}_{\text{id}})$，并把 $f_i(\text{sk}_{\text{id}})$ 发送给敌手 $\mathcal{A}^2$，其中 $f_i:\{0,1\}^* \rightarrow \{0,1\}^{\lambda_i}$ 是高效可计算的泄露函数；但是在整个泄露询问中关于同一身份 id 私钥 $\text{sk}_{\text{id}}$ 的泄露量不能超过设定的泄露界 $\lambda$，即有 $\sum_{i=1}^{t} f_i(\text{sk}_{\text{id}}) \leqslant \lambda$ 成立，其中 $t$ 表示敌手 $\mathcal{A}^2$ 提交的解密询问的总次数。

3)挑战

敌手 $\mathcal{A}^2$ 输出两个等长的明文消息 $M_0,M_1 \in \mathcal{M}$ 和一个挑战身份 $\text{id}^* \in \mathcal{ID}$，限制是 $\text{id}^*$ 不能在阶段 1 中的任何密钥生成询问和秘密值提取询问中出现，此外关于 $\text{sk}_{\text{id}^*}$ 的泄露量不能超过系统设定的泄露界 $\lambda$。挑战者 $\mathcal{C}$ 选取一个随机比特值 $\beta \leftarrow_R \{0,1\}$，计算 $C_\beta^* = \text{Enc}(\text{pk}_{\text{id}^*},M_\beta)$，并将挑战密文 $C_\beta^*$ 发送给敌手 $\mathcal{A}^2$。

4)阶段 2(训练)

该阶段敌手 $\mathcal{A}^2$ 进行与阶段 1 相类似的相关询问，但是询问必须遵循下列限制条件：$\mathcal{A}^2$ 不能对挑战身份 $\text{id}^*$ 进行私钥生成询问。此外，该阶段禁止敌手 $\mathcal{A}^2$ 提交任何泄露询问。

5)猜测

敌手 $\mathcal{A}^2$ 输出对挑战者选取的随机比特 $\beta$ 的猜测 $\beta' \in \{0,1\}$，如果 $\beta'=\beta$，则敌手 $\mathcal{A}^2$ 在该游戏中获胜。

敌手 $\mathcal{A}^2$ 的优势定义为安全参数 $\kappa$ 和泄露参数 $\lambda$ 的函数：

$$\text{Adv}_{\text{CB-PKE},\mathcal{A}^2}^{\text{LR-CPA}}(\kappa,\lambda) = \left|\Pr[\beta' = \beta] - \frac{1}{2}\right|$$

上述安全性游戏的形式化描述如下所示。

$\underline{\text{Exp}_{\text{CB-PKE},\mathcal{A}^2}^{\text{LR-CPA}}(\kappa,\lambda):}$

$(\text{Params},\text{msk}) \leftarrow \text{Setup}(1^\kappa);$

$(M_0,M_1,\text{id}^*) \leftarrow (\mathcal{A}^2)^{\mathcal{O}^{\text{KeyGen}}(\cdot),\mathcal{O}^{\text{CertGen}}(\cdot),\mathcal{O}_{\text{sk}_{\text{id}}}^{\lambda,\kappa}(\cdot)}(\text{Params},\text{msk}), \text{where } |M_0| = |M_1|;$

$C_\beta^* = \text{Enc}(\text{id}^*,M_\beta), \text{where } \beta \leftarrow_R \{0,1\};$

$\beta' \leftarrow (\mathcal{A}^2)^{\mathcal{O}_{\neq\text{id}^*}^{\text{KeyGen}}(\cdot),\mathcal{O}_{\neq\text{id}^*}^{\text{CertGen}}(\cdot)}(C_\beta^*,\text{Params},\text{msk});$

If $\beta' = \beta$, output 1;Otherwise output 0。

在交互式实验 $\mathrm{Exp}_{\text{CB-PKE},\mathcal{A}^2}^{\text{LR-CPA}}(\kappa,\lambda)$ 中，敌手 $\mathcal{A}^2$ 的优势定义为安全参数 $\kappa$ 和泄露参数 $\lambda$ 的函数：

$$\mathrm{Adv}_{\text{CB-PKE},\mathcal{A}^2}^{\text{LR-CPA}}(\kappa,\lambda)=\left|\Pr[\mathrm{Exp}_{\text{CB-PKE},\mathcal{A}^2}^{\text{LR-CPA}}(\kappa,\lambda)=1]-\Pr[\mathrm{Exp}_{\text{CB-PKE},\mathcal{A}^2}^{\text{LR-CPA}}(\kappa,\lambda)=0]\right|$$

**定义 7-1**　(CB-PKE 机制泄露容忍的 CPA 安全性)对任意 $\lambda$ 有限的密钥泄露敌手 $\mathcal{A}^1$ 和 $\mathcal{A}^2$，若其在上述两个游戏中获胜的优势 $\mathrm{Adv}_{\text{CB-PKE},\mathcal{A}^1}^{\text{LR-CPA}}(\kappa,\lambda)$ 和 $\mathrm{Adv}_{\text{CB-PKE},\mathcal{A}^2}^{\text{LR-CPA}}(\kappa,\lambda)$ 都是可忽略的，那么相应的 CB-PKE 机制具有泄露容忍的 CPA 安全性，且泄露参数为 $\lambda$。

特别地，当 $\lambda=0$ 时，即泄露谕言机 $\mathcal{O}_{\mathrm{sk_{id}}}^{\lambda,\kappa}(\cdot)$ 未揭露任何身份对应密钥的相关信息，此时定义 7-1 是 CB-PKE 机制原始的 CPA 安全性定义。

类似地，在定义 7-1 的基础上，可得到 CB-PKE 机制连续泄露容忍的 CPA 安全性定义。首先定义 CB-PKE 机制的密钥更新算法及更新密钥的性质。

随机化密钥更新算法 Update，输入当前有效的私钥 $\mathrm{sk_{id}}$、公开参数 Params 和相应的辅助参数 tk，输出身份 id 对应的新私钥 $\mathrm{sk}'_{\mathrm{id}}$，且满足条件 $\mathrm{sk}'_{\mathrm{id}}\neq \mathrm{sk_{id}}$ 和 $|\mathrm{sk_{id}}|=|\mathrm{sk}'_{\mathrm{id}}|$，且对于任意的 PPT 敌手而言，原始私钥 $\mathrm{sk_{id}}$ 和更新后的私钥 $\mathrm{sk}'_{\mathrm{id}}$ 是不可区分的，该算法可表示为 $\mathrm{sk}'_{\mathrm{id}}\leftarrow \mathrm{Update}(\mathrm{sk_{id}},\mathrm{Params},\mathrm{tk})$，其中 tk 是密钥更新过程的辅助秘密参数，并不是必需的输入，根据具体构造来决定。

特别地，密钥更新算法的执行不影响 CB-PKE 机制的安全性，即对于任意的消息 $M\in\mathcal{M}$ 和用户身份 $\mathrm{id}\in\mathcal{ID}$，有

$$M\leftarrow \mathrm{Dec}[\mathrm{sk}'_{\mathrm{id}},\mathrm{Enc}(\mathrm{pk_{id}},M)]$$

成立，其中 $(\mathrm{sk_{id}},\mathrm{pk_{id}})\leftarrow \mathrm{KeyGen}(\mathrm{id},\mathrm{msk})$ 和 $\mathrm{sk}'_{\mathrm{id}}\leftarrow \mathrm{Update}(\mathrm{sk_{id}},\mathrm{Params},\mathrm{tk})$。

**定义 7-2**　(CB-PKE 机制连续泄露容忍的 CPA 安全性)对于具有密钥更新功能的 CB-PKE 机制，在每一轮的泄露攻击中，任意 $\lambda$ 有限的密钥泄露敌手 $\mathcal{A}^1$ 和 $\mathcal{A}^2$，若其在上述两个游戏中获胜的优势 $\mathrm{Adv}_{\text{CB-PKE},\mathcal{A}^1}^{\text{LR-CPA}}(\kappa,\lambda)$ 和 $\mathrm{Adv}_{\text{CB-PKE},\mathcal{A}^2}^{\text{LR-CPA}}(\kappa,\lambda)$ 都是可忽略的，那么相应的 CB-PKE 机制具有连续泄露容忍的 CPA 安全性，且泄露参数为 $\lambda$。

### 7.2.4　CB-PKE 机制泄露容忍的 CCA 安全性

1. 第一类敌手泄露容忍的 CCA 安全性

如果不存在 PPT 敌手 $\mathcal{A}^1$，能以不可忽略的优势在下述安全性游戏中获胜，则相应的 CB-PKE 机制在第一类敌手 $\mathcal{A}^1$ 的适应性选择密文攻击下具有不可区分性。挑战者 $\mathcal{C}$ 和敌手 $\mathcal{A}^1$ 间的消息交互过程如下所示。

1) 初始化

挑战者 $\mathcal{C}$ 输入安全参数 $\kappa$，运行初始化算法 $\mathrm{Setup}(1^{\kappa})$，产生公开的系统参数 Params 和保密的主密钥 msk，发送 Params 给敌手 $\mathcal{A}^1$。

2) 阶段 1(训练)

在该阶段敌手 $\mathcal{A}^1$ 可适应性地执行多项式有界次的下述询问。

(1) 私钥生成询问。$\mathcal{C}$ 收到敌手 $\mathcal{A}^1$ 关于身份 id 的私钥生成询问，运行密钥生成算法 $(\mathrm{sk}_{\mathrm{id}},\mathrm{pk}_{\mathrm{id}}) \leftarrow \mathrm{KeyGen}(\mathrm{id})$，返回相应的 $\mathrm{sk}_{\mathrm{id}}$ 给敌手 $\mathcal{A}^1$。

(2) 公钥生成询问。$\mathcal{C}$ 收到敌手 $\mathcal{A}^1$ 关于身份 id 的秘密公钥生成询问，运行算法 $(\mathrm{sk}_{\mathrm{id}},\mathrm{pk}_{\mathrm{id}}) \leftarrow \mathrm{KeyGen}(\mathrm{id})$，返回相应的 $\mathrm{pk}_{\mathrm{id}}$ 给敌手 $\mathcal{A}^1$。

(3) 证书生成询问。$\mathcal{C}$ 收到敌手 $\mathcal{A}^1$ 关于身份 id 的证书生成询问，运行证书生成算法 $\mathrm{Cert}_{\mathrm{id}} \leftarrow \mathrm{CertGen}(\mathrm{id},\mathrm{msk})$，返回相应的结果 $\mathrm{Cert}_{\mathrm{id}}$ 给敌手 $\mathcal{A}^1$。

(4) 密钥替换询问。游戏进行过程中，敌手 $\mathcal{A}^1$ 可用已知公钥的信息替换任何用户的公钥。

(5) 解密询问。$\mathcal{C}$ 收到敌手 $\mathcal{A}^1$ 关于身份密文对 $(\mathrm{id},C)$ 的解密询问，敌手 $\mathcal{A}^1$ 通过执行密钥生成询问获知相应的 $\mathrm{sk}_{\mathrm{id}}$，然后运行解密算法 $M = \mathrm{Dec}(\mathrm{sk}_{\mathrm{id}},\mathrm{Cert}_{\mathrm{id}},C)$，返回相应的结果 $M$ 给敌手 $\mathcal{A}^1$。

(6) 泄露询问。敌手 $\mathcal{A}^1$ 对身份 id 的密钥泄露询问。挑战者 $\mathcal{C}$ 执行密钥提取询问获知 id 对应的密钥 $\mathrm{sk}_{\mathrm{id}}$，再运行泄露谕言机 $\mathcal{O}_{\mathrm{sk}_{\mathrm{id}}}^{\lambda,\kappa}$，产生密钥 $\mathrm{sk}_{\mathrm{id}}$ 的泄露信息 $f_i(\mathrm{sk}_{\mathrm{id}})$，并把 $f_i(\mathrm{sk}_{\mathrm{id}})$ 发送给敌手 $\mathcal{A}^1$，其中 $f_i:\{0,1\}^* \to \{0,1\}^{\lambda_i}$ 是高效可计算的泄露函数，但是在整个泄露询问过程中关于同一身份 id 私钥 $\mathrm{sk}_{\mathrm{id}}$ 的泄露量不能超过系统设定的泄露界 $\lambda$。

3) 挑战

敌手 $\mathcal{A}^1$ 输出两个等长的明文 $M_0,M_1 \in \mathcal{M}$ 和一个挑战身份 $\mathrm{id}^* \in \mathcal{ID}$，限制是 $\mathrm{id}^*$ 不能在阶段 1 的任何密钥生成询问和证书生成询问中出现，此外敌手 $\mathcal{A}^1$ 未对身份 $\mathrm{id}^*$ 进行公钥替换询问，并且关于私钥 $\mathrm{sk}_{\mathrm{id}^*}$ 的泄露量不能超过系统设定的泄露界 $\lambda$。挑战者 $\mathcal{C}$ 选取随机值 $\beta \leftarrow_R \{0,1\}$，计算挑战密文 $C_\beta^* = \mathrm{Enc}(\mathrm{pk}_{\mathrm{id}^*},M_\beta)$，并将 $C_\beta^*$ 发送给敌手 $\mathcal{A}^1$。

4) 阶段 2（训练）

该阶段敌手 $\mathcal{A}^1$ 进行与阶段 1 相类似的相关询问，但是询问必须遵循下列限制条件：$\mathcal{A}^1$ 不能对挑战身份 $\mathrm{id}^*$ 进行密钥生成询问和证书生成询问，同时 $\mathcal{A}^1$ 不能进行关于挑战身份和挑战密文对 $(\mathrm{id}^*,C_\beta^*)$ 的解密询问。此外，该阶段禁止敌手 $\mathcal{A}^1$ 提交任何泄露询问。

5) 猜测

敌手 $\mathcal{A}^1$ 输出对挑战者选取的随机比特 $\beta$ 的猜测 $\beta' \in \{0,1\}$，如果 $\beta'=\beta$，则敌手 $\mathcal{A}^1$ 在该游戏中获胜。

敌手 $\mathcal{A}^1$ 的优势定义为安全参数 $\kappa$ 和泄露参数 $\lambda$ 的函数：

$$\mathrm{Adv}_{\mathrm{CB\text{-}PKE},\mathcal{A}^1}^{\mathrm{LR\text{-}CCA}}(\kappa,\lambda) = \left|\Pr[\beta' = \beta] - \frac{1}{2}\right|$$

上述安全性游戏的形式化描述如下。

$\underline{\mathrm{Exp}_{\text{CB-PKE},\mathcal{A}^1}^{\text{LR-CCA}}(\kappa,\lambda)}:$

$(\mathrm{Params},\mathrm{msk})\leftarrow \mathrm{Setup}(1^\kappa);$

$(M_0,M_1,\mathrm{id}^*)\leftarrow (\mathcal{A}^1)^{\mathcal{O}^{\mathrm{KeyGen}}(\cdot),\mathcal{O}^{\mathrm{CertGen}}(\cdot),\mathcal{O}_{\mathrm{sk_{id}}}^{\lambda,\kappa}(\cdot),\mathcal{O}^{\mathrm{Dec}}(\cdot)}(\mathrm{Params}), \text{ where } |M_0|=|M_1|;$

$C_\beta^*=\mathrm{Enc}(\mathrm{id}^*,M_\beta), \text{ where } \beta\leftarrow_R\{0,1\};$

$\beta'\leftarrow (\mathcal{A}^1)^{\mathcal{O}_{\neq\mathrm{id}^*}^{\mathrm{KeyGen}}(\cdot),\mathcal{O}_{\neq\mathrm{id}^*}^{\mathrm{CertGen}}(\cdot),\mathcal{O}_{\neq(\mathrm{id}^*,C_\beta^*)}^{\mathrm{Dec}}(\cdot)}(C_\beta^*,\mathrm{Params});$

If $\beta'=\beta$, output 1;Otherwise output 0。

其中，$\mathcal{O}^{\mathrm{Dec}}(\cdot)$ 表示敌手 $\mathcal{A}^1$ 向挑战者 $\mathcal{C}$ 做关于任何身份密文对 $(\mathrm{id},C)$ 的解密询问：挑战者先执行对身份 id 密钥生成询问获知相应的密钥 $\mathrm{sk_{id}}$，再运行解密算法 Dec 用密钥 $\mathrm{sk_{id}}$ 对询问密文 $C$ 进行解密；$\mathcal{O}_{\neq(\mathrm{id}^*,C_\beta^*)}^{\mathrm{Dec}}(\cdot)$ 表示敌手 $\mathcal{A}^1$ 向挑战者 $\mathcal{C}$ 做除挑战身份和挑战密文对 $(\mathrm{id}^*,C_\beta^*)$ 之外其他任意身份密文对的解密询问。

在交互式实验 $\mathrm{Exp}_{\text{CB-PKE},\mathcal{A}^1}^{\text{LR-CCA}}(\kappa,\lambda)$ 中，敌手 $\mathcal{A}^1$ 的优势定义为安全参数 $\kappa$ 和泄露参数 $\lambda$ 的函数：

$$\mathrm{Adv}_{\text{CB-PKE},\mathcal{A}^1}^{\text{LR-CCA}}(\kappa,\lambda)=\left|\Pr[\mathrm{Exp}_{\text{CB-PKE},\mathcal{A}^1}^{\text{LR-CCA}}(\kappa,\lambda)=1]-\Pr[\mathrm{Exp}_{\text{CB-PKE},\mathcal{A}^1}^{\text{LR-CCA}}(\kappa,\lambda)=0]\right|$$

2. 第二类敌手泄露容忍的 CCA 安全性

如果不存在多项式时间的敌手 $\mathcal{A}^2$，能以不可忽略的优势在下述泄露容忍的 CCA 安全性游戏中获胜，则 CB-PKE 机制在第二类敌手 $\mathcal{A}^2$ 的适应性选择密文攻击下具有不可区分性。挑战者 $\mathcal{C}$ 和敌手 $\mathcal{A}^2$ 间的消息交互过程如下所示。

1) 初始化

挑战者 $\mathcal{C}$ 输入安全参数 $\kappa$，运行初始化算法 $\mathrm{Setup}(1^\kappa)$，产生公开的系统参数 Params 和主密钥 msk，发送 Params 和 msk 给敌手 $\mathcal{A}^2$。

2) 阶段 1（训练）

由于敌手 $\mathcal{A}^2$ 已掌握系统主密钥 msk，因此无须进行证书生成询问，同时，$\mathcal{A}^2$ 不能进行公钥替换询问。在该阶段敌手 $\mathcal{A}^2$ 可适应性地执行多项式有界次的下述询问。

(1) 私钥生成询问。$\mathcal{C}$ 收到敌手 $\mathcal{A}^2$ 关于身份 id 的私钥生成询问，运行密钥生成算法 $(\mathrm{sk_{id}},\mathrm{pk_{id}})\leftarrow \mathrm{KeyGen}(\mathrm{id})$，返回相应的 $\mathrm{sk_{id}}$ 给敌手 $\mathcal{A}^2$。

(2) 公钥生成询问。$\mathcal{C}$ 收到敌手 $\mathcal{A}^2$ 关于身份 id 的秘密公钥生成询问，运行算法 $(\mathrm{sk_{id}},\mathrm{pk_{id}})\leftarrow \mathrm{KeyGen}(\mathrm{id})$，返回相应的 $\mathrm{pk_{id}}$ 给敌手 $\mathcal{A}^2$。

(3) 解密询问。$\mathcal{C}$ 收到敌手 $\mathcal{A}^2$ 关于身份密文对 $(\mathrm{id},C)$ 的解密询问，敌手 $\mathcal{A}^2$ 通过执行对身份 id 的密钥提取询问获知相应的密钥 $\mathrm{sk_{id}}$，然后运行解密算法 $M=\mathrm{Dec}(\mathrm{sk_{id}},C)$，返回相应的结果 $M$ 给敌手 $\mathcal{A}^2$。

(4) 泄露询问。敌手 $\mathcal{A}^2$ 对身份 id 的密钥泄露询问。挑战者 $\mathcal{C}$ 执行密钥提取询问获知 id 对应的密钥 $sk_{id}$，再运行泄露谕言机 $\mathcal{O}_{sk_{id}}^{\lambda,\kappa}(\cdot)$，产生密钥 $sk_{id}$ 的泄露信息 $f_i(sk_{id})$，并把 $f_i(sk_{id})$ 发送给敌手 $\mathcal{A}^2$，其中 $f_i:\{0,1\}^* \to \{0,1\}^{\lambda_i}$ 是高效可计算的泄露函数，但是在整个泄露询问过程中关于同一身份 id 私钥 $sk_{id}$ 的泄露量不能超过系统设定的泄露界 $\lambda$。

3) 挑战

敌手 $\mathcal{A}^2$ 输出两个等长的明文 $M_0,M_1 \in \mathcal{M}$ 和一个挑战身份 $id^* \in \mathcal{ID}$，限制是 $id^*$ 不能出现在阶段 1 的任何密钥提取询问中，并且关于私钥 $sk_{id^*}$ 的泄露量不能超过系统设定的泄露参数 $\lambda$。挑战者 $\mathcal{C}$ 选取随机值 $\beta \leftarrow_R \{0,1\}$，并计算挑战密文 $C_\beta^* = \text{Enc}(pk_{id^*}, M_\beta)$，然后将 $C^*$ 发送给敌手 $\mathcal{A}^2$。

4) 阶段 2(训练)

该阶段敌手 $\mathcal{A}^2$ 进行与阶段 1 相类似的相关询问，但是询问必须遵循下列限制条件：$\mathcal{A}^2$ 不能对挑战身份 $id^*$ 进行私钥生成询问，同时 $\mathcal{A}^2$ 不能进行关于挑战身份和挑战密文对 $(id^*, C_\beta^*)$ 的解密询问。

5) 猜测

敌手 $\mathcal{A}^2$ 输出对挑战者选取的随机比特 $\beta$ 的猜测 $\beta' \in \{0,1\}$，如果 $\beta' = \beta$，则敌手 $\mathcal{A}^2$ 在该游戏中获胜。

敌手 $\mathcal{A}^2$ 的优势定义为安全参数 $\kappa$ 和泄露参数 $\lambda$ 的函数：

$$\text{Adv}_{\text{CB-PKE},\mathcal{A}^2}^{\text{LR-CCA}}(\kappa,\lambda) = \left|\Pr[\beta' = \beta] - \frac{1}{2}\right|$$

上述安全性游戏的形式化描述如下。

$\underline{\text{Exp}_{\text{CB-PKE},\mathcal{A}^2}^{\text{LR-CCA}}(\kappa,\lambda):}$

$(\text{Params}, \text{msk}) \leftarrow \text{Setup}(1^\kappa)$;

$(M_0, M_1, id^*) \leftarrow (\mathcal{A}^2)^{\mathcal{O}^{\text{KeyGen}}(\cdot),\mathcal{O}^{\text{CertGen}}(\cdot),\mathcal{O}_{sk_{id}}^{\lambda,\kappa}(\cdot),\mathcal{O}^{\text{Dec}}(\cdot)}(\text{Params}, \text{msk}), \text{where } |M_0| = |M_1|$;

$C_\beta^* = \text{Enc}(id^*, M_\beta), \text{where } \beta \leftarrow_R \{0,1\}$;

$\beta' \leftarrow (\mathcal{A}^2)^{\mathcal{O}_{\neq id^*}^{\text{KeyGen}}(\cdot),\mathcal{O}_{\neq id^*}^{\text{CertGen}}(\cdot),\mathcal{O}_{\neq (id^*, C_\beta^*)}^{\text{Dec}}(\cdot)}(C_\beta^*, \text{Params}, \text{msk})$;

If $\beta' = \beta$, output 1;Otherwise output 0。

在交互式实验 $\text{Exp}_{\text{CB-PKE},\mathcal{A}^2}^{\text{LR-CCA}}(\kappa,\lambda)$ 中，敌手 $\mathcal{A}^2$ 的优势定义为安全参数 $\kappa$ 和泄露参数 $\lambda$ 的函数：

$$\text{Adv}_{\text{CB-PKE},\mathcal{A}^2}^{\text{LR-CCA}}(\kappa,\lambda) = \left|\Pr[\text{Exp}_{\text{CB-PKE},\mathcal{A}^2}^{\text{LR-CCA}}(\kappa,\lambda) = 1] - \Pr[\text{Exp}_{\text{CB-PKE},\mathcal{A}^2}^{\text{LR-CCA}}(\kappa,\lambda) = 0]\right|$$

**定义 7-3** (CB-PKE 机制泄露容忍的 CPA 安全性) 对任意 $\lambda$ 有限的密钥泄露敌手

$\mathcal{A}^1$和$\mathcal{A}^2$，若其在上述两个游戏中获胜的优势$\text{Adv}_{\text{CB-PKE},\mathcal{A}^1}^{\text{LR-CCA}}(\kappa,\lambda)$和$\text{Adv}_{\text{CB-PKE},\mathcal{A}^2}^{\text{LR-CCA}}(\kappa,\lambda)$都是可忽略的，那么对于任意的泄露参数$\lambda$，相应的CB-PKE机制具有泄露容忍的CPA安全性。

特别地，当$\lambda=0$时，即泄露谕言机$\mathcal{O}_{\text{sk}_{\text{id}}}^{\lambda,\kappa}(\cdot)$未揭露任何身份对应密钥的相关信息，此时定义7-3是CB-PKE机制原始的CCA安全性定义。

类似地，在定义7-3的基础上，可得到CB-PKE机制的连续泄露容忍的CCA安全性定义。

**定义7-4** （CB-PKE机制连续泄露容忍的CCA安全性）对于具有密钥更新功能的CB-PKE机制，在每一轮的泄露攻击中，任意$\lambda$有限的密钥泄露敌手$\mathcal{A}^1$和$\mathcal{A}^2$，若其在上述两个游戏中获胜的优势$\text{Adv}_{\text{CB-PKE},\mathcal{A}^1}^{\text{LR-CCA}}(\kappa,\lambda)$和$\text{Adv}_{\text{CB-PKE},\mathcal{A}^2}^{\text{LR-CCA}}(\kappa,\lambda)$都是可忽略的，那么相应的CB-PKE机制具有连续泄露容忍的CCA安全性，且泄露参数为$\lambda$。

## 7.3 抗泄露CCA安全的CB-PKE机制

本节介绍抗泄露CCA安全的CB-PKE机制的具体构造。

### 7.3.1 具体构造

1) 系统初始化

系统建立算法$(\text{Params},\text{msk})\leftarrow\text{Setup}(1^{\kappa})$的具体过程描述如下。

$\underline{\text{Setup}(1^{\kappa})}$:

计算$(q,G,P)\leftarrow\mathcal{G}(\kappa)$;

选取$\text{Ext}:\{0,1\}^{l_k}\times\{0,1\}^{l_t}\rightarrow Z_q^*$和$\text{KDF}:G\rightarrow Z_q^*\times Z_q^*$;

选取$H,H_1:\{0,1\}^*\rightarrow Z_q^*$和$H_2:\{0,1\}^*\rightarrow\{0,1\}^{l_m}$;

随机选取$S_{\text{msk}}\leftarrow_R\{0,1\}^{l_k}$和$S\leftarrow_R\{0,1\}^{l_t}$,计算

$$\alpha=\text{Ext}(S_{\text{msk}},S),P_{\text{pub}}=\alpha P$$

输出$\text{Params}=(q,G,P,P_{\text{pub}},H,H_1,H_2,\text{Ext},\text{KDF})$和$\text{msk}=S_{\text{msk}}$。

其中，$\mathcal{G}(\kappa)$是群生成算法；$G$为阶是大素数$q$的加法循环群；$P$是群$G$的一个生成元，$H$、$H_1$和$H_2$是三个抗碰撞的哈希函数；Ext是平均情况的$(l_k-\ell,\varepsilon)$-强随机性提取器，其中$\ell$是系统设定的主私钥泄露参数，$\varepsilon$在安全参数$\kappa$上是可忽略。此外，令$\lambda$是系统设定的密钥泄露参数。令消息空间是$\mathcal{M}=\{0,1\}^{l_m}$，身份空间是$\mathcal{ID}$。

特别地，与CB-PKE机制相类似，CB-PKE机制中由于身份并不参与机制的具体运算，因此并未对身份空间$\mathcal{ID}$进行赋值，可根据具体应用的要求定义$\mathcal{ID}$的赋值空间。

2) 密钥生成

对于任意的身份 $\mathrm{id} \in \mathcal{ID}$，密钥生成算法 $(\mathrm{sk}_{\mathrm{id}}, \mathrm{pk}_{\mathrm{id}}) \leftarrow \mathrm{KeyGen}(\mathrm{id}, \mathrm{msk})$ 的具体过程描述如下。

$\underline{\mathrm{KeyGen}(\mathrm{id}, \mathrm{msk})}$:

随机选取 $a_{\mathrm{id}}, b_{\mathrm{id}}, c_{\mathrm{id}}, d_{\mathrm{id}} \leftarrow_R Z_q^*$, 计算

$$X_{\mathrm{id}} = (a_{\mathrm{id}} + b_{\mathrm{id}})P, Y_{\mathrm{id}} = (c_{\mathrm{id}} + d_{\mathrm{id}})P$$

输出 $\mathrm{sk}_{\mathrm{id}} = (a_{\mathrm{id}}, b_{\mathrm{id}}, c_{\mathrm{id}}, d_{\mathrm{id}})$ 和 $\mathrm{pk}_{\mathrm{id}} = (X_{\mathrm{id}}, Y_{\mathrm{id}})$。

在泄露环境下，为了让用户私钥具有足够的平均最小熵，此处对私钥长度进行了扩充。下面为方便表述对公钥进行简写：$\mathrm{pk}_{\mathrm{id}} = (x_{\mathrm{id}}P, y_{\mathrm{id}}P)$，其中 $x_{\mathrm{id}} = a_{\mathrm{id}} + b_{\mathrm{id}}$ 和 $y_{\mathrm{id}} = c_{\mathrm{id}} + d_{\mathrm{id}}$。

3) 证书生成

给定系统主私钥 $\mathrm{msk} = S_{\mathrm{msk}}$，用户身份 $\mathrm{id} \in \mathcal{ID}$ 及相应的公钥 $\mathrm{pk}_{\mathrm{id}} = (X_{\mathrm{id}}, Y_{\mathrm{id}})$，CA 随机选取 $t_{\mathrm{id}} \leftarrow_R Z_q^*$，并计算 $T_{\mathrm{id}} = t_{\mathrm{id}}P$，$\alpha = \mathrm{Ext}(S_{\mathrm{msk}}, S)$ 和 $\mathrm{Cert}_{\mathrm{id}} = t_{\mathrm{id}} + \alpha H(\mathrm{id}, \mathrm{pk}_{\mathrm{id}})$，并将相应的证书 $\mathrm{Cert}_{\mathrm{id}}$ 发送给用户 id。此外，CA 对外公布证书 $\mathrm{Cert}_{\mathrm{id}}$ 合法性的辅助验证信息 $T_{\mathrm{id}}$。

4) 加密算法

对于任意的明文消息 $M \in \mathcal{M}$ 和公钥 $\mathrm{pk}_{\mathrm{id}} = (X_{\mathrm{id}}, Y_{\mathrm{id}})$，加密算法 $C \leftarrow \mathrm{Enc}(\mathrm{pk}_{\mathrm{id}}, M)$ 的具体过程描述如下。

$\underline{\mathrm{Enc}(\mathrm{pk}_{\mathrm{id}}, M)}$:

随机选取 $r_1, r_2 \leftarrow_R Z_q^*$, 计算

$$U_1 = r_1P, U_2 = r_2P_1$$

随机选取 $\eta \leftarrow_R Z_q^*$, 计算

$$W = r_2[X_{\mathrm{id}} + T_{\mathrm{id}} + P_{\mathrm{pub}}H(\mathrm{id}, \mathrm{pk}_{\mathrm{id}})] + r_1\eta[Y_{\mathrm{id}} + T_{\mathrm{id}} + P_{\mathrm{pub}}H(\mathrm{id}, \mathrm{pk}_{\mathrm{id}})]$$

计算

$$c = H_2(W) \oplus M$$

计算

$$V = \mu r_1[X_{\mathrm{id}} + T_{\mathrm{id}} + P_{\mathrm{pub}}H(\mathrm{id}, \mathrm{pk}_{\mathrm{id}})] + r_2[Y_{\mathrm{id}} + T_{\mathrm{id}} + P_{\mathrm{pub}}H(\mathrm{id}, \mathrm{pk}_{\mathrm{id}})]$$

其中，$\mu = H(U_0, U_1, U_2, c, \eta)$。

计算

$$\nu = r_1k_1 + k_2$$

其中，$(k_1, k_2) = \mathrm{KDF}(V)$。

输出 $C = (U_0, U_1, U_2, c, \nu, \eta)$。

5) 解密算法

对于身份 id 对应的私钥 $\mathrm{sk}_{\mathrm{id}}=(a_{\mathrm{id}},b_{\mathrm{id}},c_{\mathrm{id}},d_{\mathrm{id}})$、证书 $\mathrm{Cert}_{\mathrm{id}}$ 和密文 $C=(U_0,U_1,U_2,c,\nu,\eta)$，解密算法 $M\leftarrow \mathrm{Dec}(\mathrm{sk}_{\mathrm{id}},\mathrm{Cert}_{\mathrm{id}},C)$ 的具体过程描述如下。

$\underline{\mathrm{Dec}}(\mathrm{sk}_{\mathrm{id}},\mathrm{Cert}_{\mathrm{id}},C)$:

计算

$$V'=\mu(x_{\mathrm{id}}+\mathrm{Cert}_{\mathrm{id}})U_1+(y_{\mathrm{id}}+\mathrm{Cert}_{\mathrm{id}})U_2$$

其中，$\mu=H(U_0,U_1,U_2,c,\eta), x_{\mathrm{id}}=a_{\mathrm{id}}+b_{\mathrm{id}}$ 和 $y_{\mathrm{id}}=c_{\mathrm{id}}+d_{\mathrm{id}}$。

计算

$$(k_1',k_2')=\mathrm{KDF}(V)$$

若 $\nu P=k_1'U_1+k_2'P$ 成立，则计算

$$W'=(x_{\mathrm{id}}+\mathrm{Cert}_{\mathrm{id}})U_2+\eta(y_{\mathrm{id}}+\mathrm{Cert}_{\mathrm{id}})U_1, M=H(W')\oplus c$$

否则终止并输出⊥。

### 7.3.2 正确性

上述 CB-PKE 机制的密文合法性验证和解密操作的正确性将从下述等式获得。

$$\begin{aligned}V'&=\mu(x_{\mathrm{id}}+\mathrm{Cert}_{\mathrm{id}})U_1+(y_{\mathrm{id}}+\mathrm{Cert}_{\mathrm{id}})U_2\\&=\mu[x_{\mathrm{id}}+t_{\mathrm{id}}+\alpha H(\mathrm{id},\mathrm{pk}_{\mathrm{id}})]r_1P+[y_{\mathrm{id}}+t_{\mathrm{id}}+\alpha H(\mathrm{id},\mathrm{pk}_{\mathrm{id}})]r_2P\\&=\mu r_1[X_{\mathrm{id}}+T_{\mathrm{id}}+P_{\mathrm{pub}}H(\mathrm{id},\mathrm{pk}_{\mathrm{id}})]+r_2[Y_{\mathrm{id}}+T_{\mathrm{id}}+P_{\mathrm{pub}}H(\mathrm{id},\mathrm{pk}_{\mathrm{id}})]=V\end{aligned}$$

$$\begin{aligned}W'&=(x_{\mathrm{id}}+\mathrm{Cert}_{\mathrm{id}})U_2+\eta(y_{\mathrm{id}}+\mathrm{Cert}_{\mathrm{id}})U_1\\&=[x_{\mathrm{id}}+t_{\mathrm{id}}+\alpha H(\mathrm{id},\mathrm{pk}_{\mathrm{id}})]r_2P+\eta[y_{\mathrm{id}}+t_{\mathrm{id}}+\alpha H(\mathrm{id},\mathrm{pk}_{\mathrm{id}})]r_1P\\&=r_2[X_{\mathrm{id}}+T_{\mathrm{id}}+P_{\mathrm{pub}}H(\mathrm{id},\mathrm{pk}_{\mathrm{id}})]+r_1\eta[Y_{\mathrm{id}}+T_{\mathrm{id}}+P_{\mathrm{pub}}H(\mathrm{id},\mathrm{pk}_{\mathrm{id}})]=W\end{aligned}$$

### 7.3.3 安全性证明

**定理 7-1**　对于任意的泄露参数 $\ell\leqslant l_k-\log q-\omega(\log\kappa)$ 和 $\lambda\leqslant\log q-\omega(\log\kappa)$（其中 $\ell$ 表示主私钥的泄露参数，$\lambda$ 表示用户私钥的泄露参数），若存在一个 PPT 敌手 $\mathcal{A}^1$ 能以不可忽略的优势 $\varepsilon_1$ 攻破上述 CB-PKE 机制泄露容忍的 CCA 安全性，那么存在一个模拟器 $\mathcal{S}$ 能以显而易见的优势 $\mathrm{Adv}_{\mathcal{A}^1}^{\mathrm{DDH}}(\kappa,\lambda)$ 解决 DDH 问题的困难性，其中上述优势满足

$$\mathrm{Adv}_{\mathcal{A}^1}^{\mathrm{DDH}}(\kappa,\lambda)\geqslant\frac{\varepsilon_1}{\mathrm{e}(q_d+q_s+q_c+1)}-\frac{2^{\lambda}q_d}{q^2-q_d+1}-\frac{2^{\frac{\lambda}{2}-1}}{\sqrt{q}}$$

式中，e 是自然对数底数；$q_d$ 是解密询问的次数；$q_s$ 是私钥生成询问的次数；$q_c$ 是证书生成询问的次数。

**证明**　游戏开始之前，模拟器$\mathcal{S}$收到 DDH 困难问题的挑战者所发送的挑战元组$T_v=(P,aP,bP,T_v)$和公开参数$(q,G,P)$，其中$T_v=abP$或$T_v\leftarrow_R G$（可将$T_v$表示为$T_v=cP$且$c\leftarrow_R Z_q^*$）。此外，模拟器$\mathcal{S}$维护列表$\mathcal{L}_1$和$\mathcal{L}_k$用于记录游戏过程中敌手$\mathcal{A}^1$所提交的相关询问，并且初始时各列表均为空。除此之外，模拟器$\mathcal{S}$适应性地选取一个身份$\mathrm{id}_J$作为挑战身份的猜测。

1) 初始化

模拟器$\mathcal{S}$运行初始化算法$(\mathrm{Params},\mathrm{msk})\leftarrow\mathrm{Setup}(1^\kappa)$获得相应的系统公开参数$\mathrm{Params}=(q,G,P,P_{\mathrm{pub}},H,H_1,H_2,\mathrm{Ext},\mathrm{KDF})$和主密钥$\mathrm{msk}=S_{\mathrm{msk}}$，秘密保存 msk 的同时发送 Params 给敌手$\mathcal{A}^1$。

2) 阶段 1 (训练)

该阶段敌手$\mathcal{A}^1$适应性地进行多项式有界次的下述询问。

(1) 公钥提取询问。敌手$\mathcal{A}^1$以身份 id 作为输入向模拟器$\mathcal{S}$提出关于身份 id 的公钥提取询问。若列表$\mathcal{L}_k$中存在相应的元组$(\mathrm{id},\mathrm{pk}_{\mathrm{id}},\mathrm{sk}_{\mathrm{id}})$，则$\mathcal{S}$返回$\mathrm{pk}_{\mathrm{id}}=(X_{\mathrm{id}},Y_{\mathrm{id}})$作为该询问的应答；否则，$\mathcal{S}$执行下述操作。

①若$\mathrm{id}=\mathrm{id}_J$，令$X_{\mathrm{id}}=aP$（隐含地设定$a_{\mathrm{id}}+b_{\mathrm{id}}=a$），并选取满足条件$[\cdot,\cdot,\cdot,(c_{\mathrm{id}}+d_{\mathrm{id}})P,\cdot]\notin\mathcal{L}_k$的随机值$c_{\mathrm{id}},d_{\mathrm{id}}\leftarrow Z_q^*$，计算$Y_{\mathrm{id}}=(c_{\mathrm{id}}+d_{\mathrm{id}})P$；添加相应的元组$[\mathrm{id},\mathrm{pk}_{\mathrm{id}}=(X_{\mathrm{id}},Y_{\mathrm{id}}),\mathrm{sk}_{\mathrm{id}}=(\perp,\perp,c_{\mathrm{id}},d_{\mathrm{id}})]$到列表$\mathcal{L}_k$中，并返回$\mathrm{pk}_{\mathrm{id}}=(X_{\mathrm{id}},Y_{\mathrm{id}})$作为该询问的应答。

②若$\mathrm{id}\neq\mathrm{id}_J$，$\mathcal{S}$随机选取$a_{\mathrm{id}},b_{\mathrm{id}},c_{\mathrm{id}},d_{\mathrm{id}}\leftarrow Z_q^*$，计算$X_{\mathrm{id}}=(a_{\mathrm{id}}+b_{\mathrm{id}})P$和$Y_{\mathrm{id}}=(c_{\mathrm{id}}+d_{\mathrm{id}})P$，添加相应的元组

$$[\mathrm{id},\mathrm{pk}_{\mathrm{id}}=(X_{\mathrm{id}},Y_{\mathrm{id}}),\mathrm{sk}_{\mathrm{id}}=(a_{\mathrm{id}},b_{\mathrm{id}},c_{\mathrm{id}},d_{\mathrm{id}})]$$

到列表$\mathcal{L}_k$中，并返回$\mathrm{pk}_{\mathrm{id}}=(X_{\mathrm{id}},Y_{\mathrm{id}})$作为该询问的应答。

(2) 私钥生成询问。敌手$\mathcal{A}^1$以身份 id 作为输入提出关于身份 id 的密钥提取询问，模拟器$\mathcal{S}$执行下述操作。

①若$\mathrm{id}=\mathrm{id}_J$，$\mathcal{S}$终止并返回无效符号$\perp$。

②若$\mathrm{id}\neq\mathrm{id}_J$，若列表$\mathcal{L}_k$中存在相应的元组$(\mathrm{id},\mathrm{pk}_{\mathrm{id}},\mathrm{sk}_{\mathrm{id}})$，则$\mathcal{S}$返回$\mathrm{sk}_{\mathrm{id}}=(a_{\mathrm{id}},b_{\mathrm{id}},c_{\mathrm{id}},d_{\mathrm{id}})$作为相应的询问应答；否则，$\mathcal{S}$对身份 id 进行公钥提取询问(在公钥询问中相应的元组$(\mathrm{id},\mathrm{pk}_{\mathrm{id}},\mathrm{sk}_{\mathrm{id}})$将被添加到列表$\mathcal{L}_k$中)，然后从列表$\mathcal{L}_k$中找到相应的元组$(\mathrm{id},\mathrm{pk}_{\mathrm{id}},\mathrm{sk}_{\mathrm{id}})$，并返回$\mathrm{sk}_{\mathrm{id}}=(a_{\mathrm{id}},b_{\mathrm{id}},c_{\mathrm{id}},d_{\mathrm{id}})$作为该询问的应答。

(3) 证书生成询问。敌手$\mathcal{A}^1$以身份 id 及相应的公钥$\mathrm{pk}_{\mathrm{id}}$作为输入提出关于身份 id 的证书生成询问，模拟器$\mathcal{S}$执行下述操作。

①若$\mathrm{id}=\mathrm{id}_J$，$\mathcal{S}$终止并返回无效符号$\perp$。

②若$\mathrm{id}\neq\mathrm{id}_J$，由于$\mathcal{S}$掌握系统主私钥$\mathrm{msk}=S_{\mathrm{msk}}$，则随机选取$t_{\mathrm{id}}\leftarrow_R Z_q^*$，然后计算$T_{\mathrm{id}}=t_{\mathrm{id}}P$、$\alpha=\mathrm{Ext}(S_{\mathrm{msk}},S)$和$\mathrm{Cert}_{\mathrm{id}}=t_{\mathrm{id}}+\alpha H(\mathrm{id},\mathrm{pk}_{\mathrm{id}})$，并将相应的证书$\mathrm{Cert}_{\mathrm{id}}$发

送给 $\mathcal{A}^1$。此外，$\mathcal{S}$ 公布证书 $\mathrm{Cert}_{\mathrm{id}}$ 的合法性辅助验证信息 $T_{\mathrm{id}}$。

(4) 泄露询问。敌手 $\mathcal{A}^1$ 发送身份 id 和高效可计算的泄露函数 $f_i:\{0,1\}^* \to \{0,1\}^{\lambda_i}$ 给模拟器 $\mathcal{S}$，提出针对密钥 $\mathrm{sk}_{\mathrm{id}}$ 的泄露询问。$\mathcal{S}$ 执行下述操作。

①若 $\mathrm{id}=\mathrm{id}_J$，由于模拟器 $\mathcal{S}$ 已掌握挑战身份对应密钥 $\mathrm{sk}_{\mathrm{id}_J}$ 的部分秘密元素 $(c_{\mathrm{id}_J},d_{\mathrm{id}_J})$，则返回该部分的泄露信息 $f_i(c_{\mathrm{id}_J},d_{\mathrm{id}_J})$，并且总的泄露量满足系统设定的泄露参数 $\lambda$。

② 若 $\mathrm{id}\neq\mathrm{id}_J$，模拟器 $\mathcal{S}$ 执行密钥提取询问获得与 id 对应的密钥 $\mathrm{sk}_{\mathrm{id}}=(a_{\mathrm{id}},b_{\mathrm{id}},c_{\mathrm{id}},d_{\mathrm{id}})$，然后借助泄露谕言机 $\mathcal{O}_{\mathrm{sk}_{\mathrm{id}}}^{\lambda,\kappa}(\cdot)$ 返回相应的泄露信息 $f_i(\mathrm{sk}_{\mathrm{id}})$ 给敌手 $\mathcal{A}^1$，唯一的限制是关于相同密钥 $\mathrm{sk}_{\mathrm{id}}$ 的所有泄露信息 $f_i(\mathrm{sk}_{\mathrm{id}})$ 的总长度不能超过系统设定的泄露界 $\lambda$。

(5) 解密询问。对于敌手 $\mathcal{A}^1$ 提交的关于身份密文对 $(\mathrm{id},C)$ 的解密询问。若 $\mathrm{id}=\mathrm{id}_J$，模拟器 $\mathcal{S}$ 终止并退出。否则，$\mathcal{S}$ 运行密钥提取算法获知身份 id 对应的密钥 $\mathrm{sk}_{\mathrm{id}}=(a_{\mathrm{id}},b_{\mathrm{id}},c_{\mathrm{id}},d_{\mathrm{id}})$，然后借助解密谕言机 $\mathcal{O}^{\mathrm{Dec}}(\cdot)$ 返回相应的明文 $M$ 给敌手，即 $M=\mathcal{O}^{\mathrm{Dec}}(\mathrm{sk}_{\mathrm{id}},C)$。

(6) 替换询问。敌手 $\mathcal{A}^1$ 能够随时以其掌握的随机信息 $\mathrm{pk}'_{\mathrm{id}}=(X'_{\mathrm{id}},Y'_{\mathrm{id}})$ 替换任何身份 id 的公钥 $\mathrm{pk}_{\mathrm{id}}=(X_{\mathrm{id}},Y_{\mathrm{id}})$。

3) 挑战

该阶段，敌手 $\mathcal{A}^1$ 提交挑战身份 $\mathrm{id}^*\in\mathcal{ID}$ 和两个等长的消息 $M_0,M_1\in\mathcal{M}$ 给模拟器 $\mathcal{S}$，$\mathcal{S}$ 执行下述操作。

(1) 若 $\mathrm{id}^*\neq\mathrm{id}_J$，模拟器 $\mathcal{S}$ 终止退出，并返回无效符号 $\perp$。

(2) 若 $\mathrm{id}^*=\mathrm{id}_J$，模拟器 $\mathcal{S}$ 进行下述运算。

①令 $U_2^*=bP$（隐含地设置 $r_2=b$），选取随机数 $r_1\leftarrow_R Z_q^*$，并计算 $U_1^*=r_1P$。

② 随机数 $\beta\leftarrow_R\{0,1\}$ 和 $\eta^*\leftarrow_R Z_q^*$，并计算 $W^*=T_v+[t_{\mathrm{id}^*}+\alpha H(\mathrm{id}^*,\mathrm{pk}_{\mathrm{id}^*})]U_2^*$ $+r_1\eta^*[Y_{\mathrm{id}^*}+T_{\mathrm{id}^*}+P_{\mathrm{pub}}H(\mathrm{id}^*,\mathrm{pk}_{\mathrm{id}^*})]$。

③计算 $c^*=H_2(W^*)\oplus M_\beta$。

④计算 $V^*=\mu^*r_1[X_{\mathrm{id}^*}+T_{\mathrm{id}^*}+P_{\mathrm{pub}}H(\mathrm{id}^*,\mathrm{pk}_{\mathrm{id}^*})]+[y_{\mathrm{id}^*}+t_{\mathrm{id}^*}+\alpha H(\mathrm{id}^*,\mathrm{pk}_{\mathrm{id}^*})]U_2^*$，其中 $\mu^*=H(U_0^*,U_1^*,\ U_2^*,c^*,\eta^*)$。

⑤计算 $\nu=r_1k_1^*+k_2^*$，其中 $(k_1^*,k_2^*)=\mathrm{KDF}(V^*)$。

⑥令 $C_\beta^*=(U_1^*,U_2^*,e^*,c^*,\eta^*)$，将生成的挑战密文 $C_\beta^*$ 返回给敌手 $\mathcal{A}^1$。

4) 阶段 2（训练）

收到挑战密文 $C_\beta^*$ 之后，敌手 $\mathcal{A}^1$ 可对除了挑战身份 $\mathrm{id}^*$ 的任何身份 $\mathrm{id}\neq\mathrm{id}^*$ 进行多项式有界次的密钥提取询问；此外可对除了挑战身份和挑战密文对 $(\mathrm{id}^*,C_\beta^*)$ 的任何身份密文对 $(\mathrm{id},C)\neq(\mathrm{id}^*,C_\beta^*)$ 进行多项式有界次的解密询问，但是该阶段禁止敌手 $\mathcal{A}^1$ 进行泄露询问。

5) 猜测

敌手 $\mathcal{A}^1$ 输出对模拟器 $\mathcal{S}$ 选取的随机数 $\beta$ 的猜测 $\beta' \in \{0,1\}$。若 $\beta = \beta'$，则敌手 $\mathcal{A}^1$ 在该游戏中获胜。

下面将根据输入元组 $\mathcal{T}_\nu = (P, aP, bP, T_\nu)$ 是否是 DH 元组分两类讨论 CB-PKE 机制的安全性。

**引理 7-1**　若输入元组 $\mathcal{T}_\nu = (P, aP, bP, T_\nu)$ 是一个 DH 元组，即 $T_\nu = abP$，并且敌手 $\mathcal{A}^1$ 能以不可忽略的优势 $\varepsilon_1$ 攻破上述 CB-PKE 机制的安全性，那么存在一个模拟器 $\mathcal{S}$ 能以显而易见的优势 $\mathrm{Adv}_{\text{CB-PKE},\nu=1,\mathcal{S}}^{\text{DDH}}(\kappa,\lambda)$ 解决 DDH 问题，其中

$$\mathrm{Adv}_{\text{CB-PKE},\nu=1,\mathcal{S}}^{\text{DDH}}(\kappa,\lambda) \geqslant \frac{\varepsilon_1}{\mathrm{e}(q_d + q_s + q_c + 1)}$$

**证明**　当模拟器 $\mathcal{S}$ 的输入元组 $\mathcal{T}_\nu=(P, aP, bP, T_\nu)$ 是 DH 元组时，上述交互式实验的模拟过程与实际过程完全等价，即模拟器 $\mathcal{S}$ 将消息 $M_\beta$ 的加密密文发送给敌手 $\mathcal{A}^1$，其中随机数 $\beta \leftarrow_R \{0,1\}$ 是由模拟器 $\mathcal{S}$ 随机选取的。

令事件 $\mathcal{E}_0$ 表示敌手 $\mathcal{A}^1$ 提交的挑战身份 $\mathrm{id}^*$ 满足 $\mathrm{id}^*=\mathrm{id}_J$；事件 $\mathcal{E}_1$ 表示模拟器 $\mathcal{S}$ 在询问阶段未终止；事件 $\mathcal{E}_2$ 表示模拟器 $\mathcal{S}$ 在挑战阶段未终止。

在上述交互式实验中，敌手 $\mathcal{A}^1$ 共对 $q_d + q_s + q_c + 1$ 个身份进行了相应的操作，其中在解密询问中敌手选取了 $q_d$ 个不同的身份，在私钥生成询问中选取了 $q_s$ 个不同的身份，在证书生成询问中选取了 $q_c$ 个不同的身份，挑战阶段提交了一个挑战身份 $\mathrm{id}^*$。由于模拟器 $\mathcal{S}$ 可以在与敌手 $\mathcal{A}^1$ 的交互过程中适应性地选取挑战身份，即根据敌手的具体询问情况选择相应的挑战身份猜测 $\mathrm{id}_J$，因此可知

$$\Pr[\mathcal{E}_0] = \vartheta = \frac{1}{q_d + q_s + q_c + 1}$$

根据交互式实验的具体模拟过程，可知

$$\Pr[\mathcal{E}_1] = (1-\vartheta)^{q_d + q_s + q_c},\ \Pr[\mathcal{E}_2] = \vartheta$$

因此，模拟器 $\mathcal{S}$ 在上述交互式试验中未终止且敌手 $\mathcal{A}^1$ 未提交关于挑战身份 $\mathrm{id}^*$ 的密钥生成询问的概率可表示为

$$\Pr[\mathcal{E}_1 \wedge \mathcal{E}_2]=\left(1-\frac{1}{q_d + q_s + q_c + 1}\right)^{q_d + q_s + q_c} \frac{1}{q_d + q_s + q_c + 1}$$

综上所述，若敌手 $\mathcal{A}^1$ 能以不可忽略的优势 $\varepsilon_1$ 攻破上述 CB-PKE 机制泄露容忍的 CCA 安全性，并且模拟器 $\mathcal{S}$ 在上述模拟试验中未终止，同时敌手 $\mathcal{A}^1$ 未提交关于挑战身份 $\mathrm{id}^*$ 的密钥生成询问，则在忽略密钥泄露的情况下，模拟器 $\mathcal{S}$ 能以显而易见的优势 $\mathrm{Adv}_{\text{CB-PKE},\nu=1,\mathcal{S}}^{\text{DDH}}(\kappa,\lambda)$ 解决 DDH 假设，其中

$$\mathrm{Adv}_{\text{CB-PKE},\nu=1,\mathcal{S}}^{\mathrm{DDH}}(\kappa,\lambda)=\left(1-\frac{1}{q_d+q_s+q_c+1}\right)^{q_d+q_s+q_c}\frac{\varepsilon_1}{q_d+q_s+q_c+1}$$
$$\geqslant\frac{\varepsilon_1}{\mathrm{e}(q_d+q_s+q_c+1)}$$

引理 7-1 证毕。

**引理 7-2**　若输入元组$\mathcal{T}_\nu=(P,aP,bP,T_\nu)$是一个非 DH 元组，即$T_\nu=cP$，模拟器$\mathcal{S}$基于相应的密钥泄露信息能以显而易见的优势$\mathrm{Adv}_{\text{CB-PKE},\nu=0,\mathcal{S}}^{\mathrm{DDH}}(\kappa,\lambda)$解决 DDH 问题，其中

$$\mathrm{Adv}_{\text{CB-PKE},\nu=0,\mathcal{S}}^{\mathrm{DDH}}(\kappa,\lambda)\leqslant\frac{2^\lambda q_d}{q^2-q_d+1}+\frac{2^{\frac{\lambda}{2}-1}}{\sqrt{q}}$$

**证明**　当模拟器$\mathcal{S}$的输入元组$\mathrm{Adv}_{\text{CB-PKE},\nu=0,\mathcal{S}}^{\mathrm{DDH}}(\kappa,\lambda)$是非 DH 元组时，模拟器$\mathcal{S}$返回给敌手$\mathcal{A}^1$明文空间中任意消息的加密密文，即挑战密文$C_\beta^*$中不包含模拟器$\mathcal{S}$选取随机数$\beta\leftarrow_R\{0,1\}$的任何信息，因此敌手$\mathcal{A}^1$只能基于密钥$\mathrm{sk}_{\mathrm{id}^*}=(a_{\mathrm{id}^*},b_{\mathrm{id}^*},c_{\mathrm{id}^*},d_{\mathrm{id}^*})$的泄露信息返回相应的猜测$\beta'\in\{0,1\}$。此时，敌手$\mathcal{A}^1$在该游戏中获胜的优势来自于密钥的泄露信息，即敌手$\mathcal{A}^1$根据密钥的泄露信息输出对随机数$\beta$的猜测$\beta'$。

将非 DH 元组所对应的密文$C'=(U_1',U_2',c',\nu',\eta')$称为无效密文，即使其能够通过解密算法的合法性验证。令事件 Reject 表示解密谕言机$\mathcal{O}^{\mathrm{Dec}}(\cdot)$在解密询问中拒绝所有的无效密文。

**断言 7-1**　若$\mathcal{T}_\nu$=$(P,aP,bP,T_\nu)$是一个非 DDH 元组，且解密谕言机$\mathcal{O}^{\mathrm{Dec}}(\cdot)$在解密询问中拒绝所有的无效密文(即事件 Reject 发生)，模拟器$\mathcal{S}$解决 DDH 问题的优势为

$$\mathrm{Adv}_{\mathcal{S},\mathrm{Reject}}^{\mathrm{DDH}}(\lambda,\kappa)\leqslant\frac{2^{\frac{\lambda}{2}-1}}{\sqrt{q}}$$

**证明**　由于有效密文的解密询问并不影响敌手$\mathcal{A}^1$在上述游戏中获胜的概率(敌手$\mathcal{A}^1$从有效密文的解密询问中无法获知关于密钥的额外信息)；而所有无效密文的解密询问将被解密谕言机$\mathcal{O}^{\mathrm{Dec}}(\cdot)$拒绝，因此，敌手$\mathcal{A}^1$只能在密钥泄露信息的帮助下输出对随机数$\beta$的猜测$\beta'$。

在泄露环境下，敌手$\mathcal{A}^1$的视图包括系统公开参数 Params 、挑战身份$\mathrm{id}^*$、挑战明文$M_0,M_1\in\mathcal{M}$、挑战密文$C_\beta^*=(U_1^*,U_2^*,c^*,\nu^*,\eta^*)$及关于密钥$\mathrm{sk}_{\mathrm{id}^*}=(a_{\mathrm{id}^*},b_{\mathrm{id}^*},c_{\mathrm{id}^*},d_{\mathrm{id}^*})$的$\lambda$比特的泄露信息 Leak 。此外，相应的证书$\mathrm{Cert}_{\mathrm{id}^*}$实际上是用户私钥的一部分，

已知$a_{\mathrm{id}^*},b_{\mathrm{id}^*},c_{\mathrm{id}^*},d_{\mathrm{id}^*}\in Z_q^*$，根据定理 2-1 可知

$$\tilde{H}_\infty(a_{\mathrm{id}^*},b_{\mathrm{id}^*},c_{\mathrm{id}^*},d_{\mathrm{id}^*}\mid\mathrm{Params},\mathrm{pk}_{\mathrm{id}^*},C_\beta^*,\mathrm{Leak})$$
$$=\tilde{H}_\infty(a_{\mathrm{id}^*},b_{\mathrm{id}^*},c_{\mathrm{id}^*},d_{\mathrm{id}^*}\mid\mathrm{pk}_{\mathrm{id}^*},\mathrm{Leak})$$

$$=\tilde{H}_\infty(a_{\mathrm{id}^*},b_{\mathrm{id}^*},c_{\mathrm{id}^*},d_{\mathrm{id}^*}\,|\,\mathrm{pk}_{\mathrm{id}^*})-\lambda$$
$$\geqslant 2\log q-\lambda$$

根据平均最小熵的定义，可知在泄露环境下敌手 $\mathcal{A}^1$ 猜中密钥 $\mathrm{sk}_{\mathrm{id}^*}$ 的最大概率为

$$2^{-\tilde{H}_\infty(a_{\mathrm{id}^*},b_{\mathrm{id}^*},c_{\mathrm{id}^*},d_{\mathrm{id}^*}|\mathrm{Params},\mathrm{pk}_{\mathrm{id}^*},C_\beta^*,\mathrm{Leak})}\leqslant\frac{2^\lambda}{q^2}$$

根据引理 2-3 可知，敌手 $\mathcal{A}^1$ 输出 $M_\beta$ 的优势为 $\frac{1}{2}\sqrt{\frac{2^\lambda}{q^2}q}=\frac{2^{\frac{\lambda}{2}-1}}{\sqrt{q}}$，即敌手 $\mathcal{A}^1$ 输出 $\beta=\beta'$ 的优势是 $\frac{2^{\frac{\lambda}{2}-1}}{\sqrt{q}}$。因此，有

$$\mathrm{Adv}_{\mathcal{S},\mathrm{Reject}}^{\mathrm{DDH}}(\lambda,\kappa)=\Pr[\nu'=\nu\,|\,\mathrm{Reject}]\leqslant\frac{2^{\frac{\lambda}{2}-1}}{\sqrt{q}}$$

断言 7-1 证毕。

**断言 7-2**　若 $T_\nu=(P,aP,bP,T_\nu)$ 是一个非 DH 元组，且解密谕言机 $\mathcal{O}^{\mathrm{Dec}}(\cdot)$ 并不拒绝所有关于无效密文的解密询问(即事件 Reject 不发生)，则有

$$\Pr\left[\overline{\mathrm{Reject}}\right]\leqslant\frac{2^\lambda q_d}{q^2-q_d+1}$$

**证明**　由于解密谕言机 $\mathcal{O}^{\mathrm{Dec}}(\cdot)$ 并非拒绝所有关于无效密文的解密询问，因此敌手 $\mathcal{A}^1$ 能从相应的解密应答中获得相应的帮助。令密文 $C'=(U_1',U_2',c',\nu',\eta')$ 是敌手 $\mathcal{A}^1$ 在解密询问中提交的第一个无效密文，该询问有可能被解密谕言机 $\mathcal{O}^{\mathrm{Dec}}(\cdot)$ 接收，下面将分两类进行讨论。

(1) $(U_1',U_2',c',\eta')\neq(U_1^*,U_2^*,c^*,\eta^*)$ 且 $\mu'=\mu^*$。这意味着哈希函数 $H_2$ 发生了碰撞，由该函数的抗碰撞性可知，这种情况发生的概率是可忽略的。

(2) $(U_1',U_2',c',\eta')\neq(U_1^*,U_2^*,c^*,\eta^*)$ 且 $\mu'\neq\mu^*$。由于敌手 $\mathcal{A}^1$ 正确猜测密钥 $\mathrm{sk}_{\mathrm{id}}=(a_{\mathrm{id}},b_{\mathrm{id}},c_{\mathrm{id}},d_{\mathrm{id}})$ 的概率至多是 $\frac{2^\lambda}{q^2}$，因此解密谕言机 $\mathcal{O}^{\mathrm{Dec}}(\cdot)$ 接收第一个无效密文的概率至多是 $\frac{2^\lambda}{q^2}$ (无效密文的隐含信息与密钥 $\mathrm{sk}_{\mathrm{id}}=(a_{\mathrm{id}},b_{\mathrm{id}},c_{\mathrm{id}},d_{\mathrm{id}})$ 相对应时该密文将被解密谕言机接收)。若第一个无效密文被解密谕言机 $\mathcal{O}^{\mathrm{Dec}}(\cdot)$ 拒绝，则敌手能从解密询问中获知关于密钥 $\mathrm{sk}_{\mathrm{id}}$ 的相关信息(则敌手 $\mathcal{A}^1$ 能从密钥的组合空间中排除相应的非法组合，进一步提高猜中密钥 $\mathrm{sk}_{\mathrm{id}}$ 的概率)，使得第二个无效密文被解密谕言

机接收的概率至多是$\frac{2^{\lambda}}{q^2-1}$；随着更多的无效密文被解密谕言机所拒绝，敌手能从相应的解密询问中获知关于密钥$\mathrm{sk}_{\mathrm{id}}=(a_{\mathrm{id}},b_{\mathrm{id}},c_{\mathrm{id}},d_{\mathrm{id}})$的更多信息，第$i$个无效密文被解密谕言机接收的概率至多是$\frac{2^{\lambda}}{q^2-i+1}$。因此，解密谕言机接收一个无效密文的最大概率为$\frac{2^{\lambda}}{q^2-q_d+1}$，其中$q_d$是敌手$\mathcal{A}^1$进行解密询问的最大次数。

综合考虑敌手$\mathcal{A}^1$进行的$q_d$次解密询问，可知

$$\Pr\left[\overline{\text{Reject}}\right]\leqslant\frac{2^{\lambda}q_d}{q^2-q_d+1}$$

断言 7-2 证毕。

根据断言 7-1 和断言 7-2 的结论，可知

$$\begin{aligned}\mathrm{Adv}_{\text{CB-PKE},\nu=0,\mathcal{S}}^{\text{DDH}}(\kappa,\lambda)&=\left|\Pr[\nu'=\nu]-\frac{1}{2}\right|\\&=\left|\Pr[\nu'=\nu|\text{Reject}]\Pr[\text{Reject}]+\Pr\left[\nu'=\nu\middle|\overline{\text{Reject}}\right]\Pr\left[\overline{\text{Reject}}\right]-\frac{1}{2}\right|\\&\leqslant\Pr[\nu'=\nu|\text{Reject}]+\Pr\left[\overline{\text{Reject}}\right]\\&\leqslant\frac{2^{\lambda}q_d}{q^2-q_d+1}+\frac{2^{\frac{\lambda}{2}-1}}{\sqrt{q}}\end{aligned}$$

因此，当$\mathcal{T}_\nu=(P,aP,bP,T_\nu)$是一个非 DH 元组时，对于任意的泄露参数$\lambda\leqslant\log q-l_m-\omega(\log\kappa)$，模拟器$\mathcal{S}$能以优势

$$\mathrm{Adv}_{\text{CB-PKE},\nu=0,\mathcal{S}}^{\text{DDH}}(\kappa,\lambda)\leqslant\frac{2^{\lambda}q_d}{q^2-q_d+1}+\frac{2^{\frac{\lambda}{2}-1}}{\sqrt{q}}$$

解决 DDH 困难性问题。

引理 7-2 证毕。

由引理 7-1 和引理 7-2 可知

$$\begin{aligned}\mathrm{Adv}_{\text{CB-PKE},\mathcal{S}}^{\text{DDH}}(\kappa,\lambda)&\geqslant\mathrm{Adv}_{\text{CB-PKE},\nu=1,\mathcal{S}}^{\text{DDH}}(\kappa,\lambda)-\mathrm{Adv}_{\text{CB-PKE},\nu=0,\mathcal{S}}^{\text{DDH}}(\kappa,\lambda)\\&\geqslant\frac{\varepsilon_1}{\mathrm{e}(q_d+q_s+q_c+1)}-\frac{2^{\lambda}q_d}{q^2-q_d+1}-\frac{2^{\frac{\lambda}{2}-1}}{\sqrt{q}}\end{aligned}$$

上述构造中使用平均情况的$(l_k-\ell,\varepsilon)$-强随机性提取器$\mathrm{Ext}:\{0,1\}^{l_k}\times\{0,1\}^{l_t}\to Z_q^*$实现对主私钥的随机化操作，有

$$\log q \leqslant l_k - \ell - \omega(\log \kappa)$$

由于基于通用哈希函数实现了随机提取操作，根据引理 2-4 可知

$$\log q \leqslant 2\log q - \lambda - \omega(\log \kappa)$$

综上所述，根据引理 7-1 和引理 7-2 的结论可知，若 DDH 问题是难解的，那么对于任何泄露参数 $\log q \leqslant l_k - \ell - \omega(\log \kappa)$ 和 $\lambda \leqslant \log q - \omega(\log \kappa)$，上述构造是泄露容忍的 CCA 安全的 CB-PKE 机制。

定理 7-1 证毕。

**定理 7-2**　对于任意的泄露参数 $\ell \leqslant l_k - \log q - \omega(\log \kappa)$ 和 $\lambda \leqslant \log q - \omega(\log \kappa)$，若存在一个 PPT 敌手 $\mathcal{A}^2$ 能以不可忽略的优势 $\varepsilon_2$ 攻破上述 CB-PKE 机制泄露容忍的 CCA 安全性，那么存在一个模拟器 $\mathcal{S}$ 能以显而易见的优势 $\text{Adv}_{\mathcal{A}^2}^{\text{DDH}}(\kappa,\lambda)$ 解决 DDH 问题的困难性，其中上述优势满足

$$\text{Adv}_{\mathcal{A}^2}^{\text{DDH}}(\kappa,\lambda) \geqslant \frac{\varepsilon_2}{\text{e}(q_d + q_s + q_c + 1)} - \frac{2^{\lambda} q_d}{q^2 - q_d + 1} - \frac{2^{\frac{\lambda}{2}-1}}{\sqrt{q}}$$

式中，$q_d$ 是解密询问的次数；$q_s$ 是密钥生成询问的次数；$q_c$ 是证书生成询问的次数。

定理 7-2 与定理 7-1 证明过程的唯一区别是：在定理 7-2 的初始化阶段，模拟器 $\mathcal{S}$ 会发送主密钥 msk 给敌手 $\mathcal{A}^2$。在定理 7-1 的证明中，由于 DDH 困难问题的相关元组并未嵌入主密钥中，因此模拟器 $\mathcal{S}$ 完全掌握主私钥 msk，即模拟器具备将掌握的主密钥 msk 发生给敌手的能力，所以可使用与定理 7-1 相类似的证明方法对定理 7-2 进行证明，此处不再赘述定理 7-2 的详细证明过程。

由定理 7-1 和定理 7-2 可知，对于任意的泄露参数 $\ell \leqslant l_k - \log q - \omega(\log \kappa)$ 和 $\lambda \leqslant \log q - \omega(\log \kappa)$，上述构造是泄露容忍的 CCA 安全的 CB-PKE 机制。

## 7.4　抗连续泄露 CCA 安全的 CB-PKE 机制

为满足实际应用环境对抵抗连续泄露攻击的需求，本节基于 DDH 困难性问题，在连续泄露模型下设计一个抵抗连续泄露攻击的 CB-PKE 机制，其中密钥更新算法将定期对密钥进行更新，填补由信息泄露造成的密钥的熵损失，使得更新后的密钥对任何敌手而言是完全随机的，即更新后的密钥与原始密钥具有相同的分布。

### 7.4.1　具体构造

1) 系统初始化

系统建立算法 $(\text{Params}, \text{msk}) \leftarrow \text{Setup}(1^{\kappa})$ 的具体过程描述如下。

Setup($1^{\kappa}$):

计算$(q,G,P)\leftarrow \mathcal{G}(\kappa)$;

选取$\mathrm{Ext}:\{0,1\}^{l_k}\times\{0,1\}^{l_t}\rightarrow Z_q^*$和$\mathrm{KDF}:G\rightarrow Z_q^*\times Z_q^*$;

选取$H,H_1:\{0,1\}^*\rightarrow Z_q^*$和$H_2:\{0,1\}^*\rightarrow\{0,1\}^{l_m}$;

随机选取$S_{\mathrm{msk}}\leftarrow_R\{0,1\}^{l_k}$和$S\leftarrow_R\{0,1\}^{l_t}$,计算

$$\alpha=\mathrm{Ext}(S_{\mathrm{msk}},S),P_{\mathrm{pub}}=\alpha P$$

输出$\mathrm{Params}=(q,G,P,P_{\mathrm{pub}},S,H,H_1,H_2,\mathrm{Ext},\mathrm{KDF})$和$\mathrm{msk}=S_{\mathrm{msk}}$。

2) 密钥生成

对于任意的身份 $\mathrm{id}\in\mathcal{ID}$，密钥生成算法 $(\mathrm{sk}_{\mathrm{id}},\mathrm{pk}_{\mathrm{id}})\leftarrow\mathrm{KeyGen}(\mathrm{id},\mathrm{msk})$ 的具体过程描述如下。

KeyGen(id,msk):

随机选取$\beta\leftarrow_R Z_q^*$,计算$P'=\beta P$;

随机选取$a_{\mathrm{id}},b_{\mathrm{id}},c_{\mathrm{id}},d_{\mathrm{id}}\leftarrow_R Z_q^*$,计算

$$X_{\mathrm{id}}=a_{\mathrm{id}}P+b_{\mathrm{id}}P',Y_{\mathrm{id}}=c_{\mathrm{id}}P+b_{\mathrm{id}}P'$$

输出$\mathrm{sk}_{\mathrm{id}}=(a_{\mathrm{id}},b_{\mathrm{id}},c_{\mathrm{id}},d_{\mathrm{id}})$和$\mathrm{pk}_{\mathrm{id}}=(P',X_{\mathrm{id}},Y_{\mathrm{id}})$;

同时输出更新秘密参数 $\mathrm{tk}=\beta$。

3) 密钥更新

对于有效的私钥 $\mathrm{sk}_{\mathrm{id}}^j$，密钥更新算法 $\mathrm{sk}_{\mathrm{id}}^{j+1}\leftarrow\mathrm{Update}(\mathrm{sk}_{\mathrm{id}}^j,\mathrm{tk})$ 的具体过程描述如下。

Update($\mathrm{sk}_{\mathrm{id}}^j$,tk):

随机选取$m_j,n_j\leftarrow_R Z_q^*$,计算

$$a_{\mathrm{id}}^{j+1}=a_{\mathrm{id}}^j+\beta m_j,b_{\mathrm{id}}^{j+1}=b_{\mathrm{id}}^j-m_j$$

$$c_{\mathrm{id}}^{j+1}=c_{\mathrm{id}}^j+\beta n_j,d_{\mathrm{id}}^{j+1}=d_{\mathrm{id}}^j-n_j$$

对于任意的更新索引$j$，有

$$a_{\mathrm{id}}^{j+1}=a_{\mathrm{id}}+\beta\sum_{i=1}^{j}m_i,b_{\mathrm{id}}^{j+1}=b_{\mathrm{id}}-\sum_{i=1}^{j}m_i$$

$$c_{\mathrm{id}}^{j+1}=c_{\mathrm{id}}+\beta\sum_{i=1}^{j}n_i,d_{\mathrm{id}}^{j+1}=d_{\mathrm{id}}-\sum_{i=1}^{j}n_i$$

输出$\mathrm{sk}_{\mathrm{id}}^{j+1}=(a_{\mathrm{id}}^{j+1},b_{\mathrm{id}}^{j+1},c_{\mathrm{id}}^{j+1},d_{\mathrm{id}}^{j+1})$。

4) 证书生成

给定系统主私钥 $\mathrm{msk}=S_{\mathrm{msk}}$、用户身份 $\mathrm{id}\in\mathcal{ID}$ 及相应的公钥 $\mathrm{pk}_{\mathrm{id}}=(X_{\mathrm{id}},Y_{\mathrm{id}})$，

CA 随机选取 $t_{\text{id}} \leftarrow_R Z_q^*$，并计算 $T_{\text{id}} = t_{\text{id}}P$，$\alpha = \text{Ext}(S_{\text{msk}}, S)$ 和 $\text{Cert}_{\text{id}} = t_{\text{id}} + \alpha H(\text{id}, \text{pk}_{\text{id}})$，并将相应的证书 $\text{Cert}_{\text{id}}$ 发送给用户 id 。此外，CA 对外公布证书 $\text{Cert}_{\text{id}}$ 合法性的辅助验证信息 $T_{\text{id}}$ 。

5) 加密算法

对于任意的明文消息 $M \in \mathcal{M}$ 和公钥 $\text{pk}_{\text{id}} = (X_{\text{id}}, Y_{\text{id}})$，加密算法 $C \leftarrow \text{Enc}(\text{pk}_{\text{id}}, M)$ 的具体过程描述如下所示。

$\underline{\text{Enc}(\text{pk}_{\text{id}}, M)}$:

随机选取 $\delta, r \leftarrow_R Z_q^*$, 计算

$$U_0 = \delta P, U_1 = rP, U_2 = rP'$$

随机选取 $\eta \leftarrow_R Z_q^*$, 计算

$$W = r[X_{\text{id}} + T_{\text{id}} + P_{\text{pub}} H(\text{id}, \text{pk}_{\text{id}})] + r\eta[Y_{\text{id}} + T_{\text{id}} + P_{\text{pub}} H(\text{id}, \text{pk}_{\text{id}})]$$

计算

$$c = H_2(W) \oplus M$$

计算

$$V = \mu r[X_{\text{id}} + T_{\text{id}} + P_{\text{pub}} H(\text{id}, \text{pk}_{\text{id}})] + r[Y_{\text{id}} + T_{\text{id}} + P_{\text{pub}} H(\text{id}, \text{pk}_{\text{id}})]$$

其中，$\mu = H(U_0, U_1, U_2, c, \eta)$。

计算

$$v = \delta k_1 + k_2$$

其中，$(k_1, k_2) = \text{KDF}(V)$。

输出 $C = (U_0, U_1, U_2, c, v, \eta)$。

6) 解密算法

对于身份 id 对应的密钥 $\text{sk}_{\text{id}} = (a_{\text{id}}, b_{\text{id}}, c_{\text{id}}, d_{\text{id}})$ 和密文 $C = (U_0, U_1, U_2, c, v, \eta)$，解密算法 $M \leftarrow \text{Dec}(\text{sk}_{\text{id}}, \text{Cert}_{\text{id}}, C)$ 的具体过程描述如下所示。

$\underline{\text{Dec}(\text{sk}_{\text{id}}, \text{Cert}_{\text{id}}, C)}$:

计算

$$V' = [\mu a_{\text{id}} + c_{\text{id}} + (1+\mu)\text{Cert}_{\text{id}}]U_1 + (\mu b_{\text{id}} + d_{\text{id}})U_2$$

其中，$\mu = H(U_0, U_1, U_2, c, \eta)$。

计算

$$(k_1', k_2') = \text{KDF}(V)$$

若 $vP = k_1'U_0 + k_2'P$ 成立，则计算

$$W' = [a_{\text{id}} + \eta c_{\text{id}} + (1+\eta)\text{Cert}_{\text{id}}]U_1 + (b_{\text{id}} + \eta d_{\text{id}})U_2,\ M = H(W') \oplus c$$

否则终止并输出 $\perp$。

### 7.4.2 正确性

上述 CB-PKE 机制的密文合法性验证和解密操作的正确性将从下述等式获得。

$$\begin{aligned}V' &= [\mu a_{\mathrm{id}} + c_{\mathrm{id}} + (1+\mu)\mathrm{Cert}_{\mathrm{id}}]U_1 + (\mu b_{\mathrm{id}} + d_{\mathrm{id}})U_2 \\ &= [\mu a_{\mathrm{id}} + c_{\mathrm{id}} + (1+\mu)\mathrm{Cert}_{\mathrm{id}}]rP + (\mu b_{\mathrm{id}} + d_{\mathrm{id}})rP' \\ &= r\mu(a_{\mathrm{id}}P + b_{\mathrm{id}}P' + \mathrm{Cert}_{\mathrm{id}}P) + r(c_{\mathrm{id}}P + d_{\mathrm{id}}P' + \mathrm{Cert}_{\mathrm{id}}P) \\ &= r\mu[X_{\mathrm{id}} + T_{\mathrm{id}} + P_{\mathrm{pub}}H(\mathrm{id},\mathrm{pk}_{\mathrm{id}})] + r_2[Y_{\mathrm{id}} + T_{\mathrm{id}} + P_{\mathrm{pub}}H(\mathrm{id},\mathrm{pk}_{\mathrm{id}})] = V\end{aligned}$$

$$\begin{aligned}W' &= [a_{\mathrm{id}} + \eta c_{\mathrm{id}} + (1+\eta)\mathrm{Cert}_{\mathrm{id}}]U_1 + (b_{\mathrm{id}} + \eta d_{\mathrm{id}})U_2 \\ &= [a_{\mathrm{id}} + \eta c_{\mathrm{id}} + (1+\eta)\mathrm{Cert}_{\mathrm{id}}]rP + (b_{\mathrm{id}} + \eta d_{\mathrm{id}})rP' \\ &= r(a_{\mathrm{id}}P + b_{\mathrm{id}}P' + \mathrm{Cert}_{\mathrm{id}}P) + r\eta(c_{\mathrm{id}}P + d_{\mathrm{id}}P' + \mathrm{Cert}_{\mathrm{id}}P) \\ &= r[X_{\mathrm{id}} + T_{\mathrm{id}} + P_{\mathrm{pub}}H(\mathrm{id},\mathrm{pk}_{\mathrm{id}})] + r\eta[Y_{\mathrm{id}} + T_{\mathrm{id}} + P_{\mathrm{pub}}H(\mathrm{id},\mathrm{pk}_{\mathrm{id}})] = W\end{aligned}$$

### 7.4.3 安全性证明

**定理 7-3** 对于任意的泄露参数 $\ell \leqslant l_k - \log q - \omega(\log\kappa)$ 和 $\lambda \leqslant \log q - \omega(\log\kappa)$，若存在一个敌手 $\mathcal{A}^1$ 能以不可忽略的优势 $\varepsilon_1$ 攻破上述 CB-PKE 机制连续泄露容忍的 CCA 安全性，那么存在一个模拟器 $\mathcal{S}$ 能以显而易见的优势 $\mathrm{Adv}_{\mathcal{A}^1}^{\mathrm{DDH}}(\kappa,\lambda)$ 解决 DDH 问题的困难性，其中上述优势满足

$$\mathrm{Adv}_{\mathcal{A}^1}^{\mathrm{DDH}}(\kappa,\lambda) \geqslant \varepsilon_1 - \frac{2^{\lambda}q_d}{q^2 - q_d + 1} - \frac{2^{\frac{\lambda}{2}-1}}{\sqrt{q}}$$

式中，$q_d$ 是解密询问的次数。

**证明** 游戏开始之前，模拟器 $\mathcal{S}$ 收到 DDH 困难问题的挑战者所发送的挑战元组 $\mathcal{T}_v$=$(P,aP,bP,T_v)$ 和公开参数 $(q,G,P)$，其中 $T_v$=$abP$ 或 $T_v \leftarrow_R G$。此外，模拟器 $\mathcal{S}$ 维护列表 $\mathcal{L}_1$ 和 $\mathcal{L}_k$ 用于记录游戏过程中敌手 $\mathcal{A}^1$ 的相关询问，并且初始时各列表均为空。

1) 初始化

模拟器 $\mathcal{S}$ 运行初始化算法 $(\mathrm{Params},\mathrm{msk}) \leftarrow \mathrm{Setup}(1^{\kappa})$ 获得相应的系统公开参数 $\mathrm{Params} = (q,G,P,P_{\mathrm{pub}},S,H,H_1,H_2,\mathrm{Ext},\mathrm{KDF})$ 和主密钥 msk，秘密保存 msk 的同时发送 Params 给敌手 $\mathcal{A}^1$。

2) 阶段 1(训练)

该阶段敌手 $\mathcal{A}^1$ 适应性地进行多项式有界次的下述询问。

(1) 公钥提取询问。敌手 $\mathcal{A}^1$ 以身份 id 作为输入向模拟器 $\mathcal{S}$ 提出关于身份 id 的公钥提取询问。若列表 $\mathcal{L}_k$ 中存在相应的元组 $(\mathrm{id},\mathrm{pk}_{\mathrm{id}},\mathrm{sk}_{\mathrm{id}})$，则 $\mathcal{S}$ 返回 $\mathrm{pk}_{\mathrm{id}} = (X_{\mathrm{id}},Y_{\mathrm{id}})$ 作为该询问的应答；否则，$\mathcal{S}$ 令 $P' = aP$，并执行下述操作。

①随机选取 $a_{\mathrm{id}},b_{\mathrm{id}},c_{\mathrm{id}},d_{\mathrm{id}} \leftarrow Z_q^*$，计算 $X_{\mathrm{id}}=a_{\mathrm{id}}P+b_{\mathrm{id}}P'$ 和 $Y_{\mathrm{id}}=c_{\mathrm{id}}P+d_{\mathrm{id}}P'$。

②添加相应的元组 $[\mathrm{id},\mathrm{pk}_{\mathrm{id}}=(X_{\mathrm{id}},Y_{\mathrm{id}}),\mathrm{sk}_{\mathrm{id}}=(a_{\mathrm{id}},b_{\mathrm{id}},c_{\mathrm{id}},d_{\mathrm{id}})]$ 到列表 $\mathcal{L}_k$ 中，并返回 $\mathrm{pk}_{\mathrm{id}}=(X_{\mathrm{id}},Y_{\mathrm{id}})$ 作为该询问的应答。

(2) 私钥生成询问。敌手 $\mathcal{A}^1$ 以身份 id 作为输入提出关于身份 id 的密钥提取询问，若列表 $\mathcal{L}_k$ 中存在相应的元组 $(\mathrm{id},\mathrm{pk}_{\mathrm{id}},\mathrm{sk}_{\mathrm{id}})$，则 $\mathcal{S}$ 返回 $\mathrm{sk}_{\mathrm{id}}=(a_{\mathrm{id}},b_{\mathrm{id}},c_{\mathrm{id}},d_{\mathrm{id}})$ 作为相应的询问应答；否则，$\mathcal{S}$ 对身份 id 进行公钥提取询问(在公钥询问中相应的元组 $(\mathrm{id},\mathrm{pk}_{\mathrm{id}},\mathrm{sk}_{\mathrm{id}})$ 将被添加到列表 $\mathcal{L}_k$ 中)，然后从列表 $\mathcal{L}_k$ 中找到相应的元组 $(\mathrm{id},\mathrm{pk}_{\mathrm{id}},\mathrm{sk}_{\mathrm{id}})$，并返回 $\mathrm{sk}_{\mathrm{id}}=(a_{\mathrm{id}},b_{\mathrm{id}},c_{\mathrm{id}},d_{\mathrm{id}})$ 作为该询问的应答。

(3) 证书生成询问。敌手 $\mathcal{A}^1$ 以身份 id 及相应的公钥 $\mathrm{pk}_{\mathrm{id}}$ 作为输入提出关于身份 id 的证书生成询问，模拟器 $\mathcal{S}$ 随机选取 $t_{\mathrm{id}} \leftarrow Z_q^*$，然后计算 $T_{\mathrm{id}}=t_{\mathrm{id}}P$、$\alpha=\mathrm{Ext}(S_{\mathrm{msk}},S)$ 和 $\mathrm{Cert}_{\mathrm{id}}=t_{\mathrm{id}}+\alpha H(\mathrm{id},\mathrm{pk}_{\mathrm{id}})$，并将相应的证书 $\mathrm{Cert}_{\mathrm{id}}$ 发送给 $\mathcal{A}^1$。此外，$\mathcal{S}$ 公布证书 $\mathrm{Cert}_{\mathrm{id}}$ 的合法性辅助验证信息 $T_{\mathrm{id}}$。

(4) 泄露询问。敌手 $\mathcal{A}^1$ 提交身份 id 和高效可计算的泄露函数 $f_i:\{0,1\}^* \rightarrow \{0,1\}^{\lambda_i}$，模拟器 $\mathcal{S}$ 执行密钥生成询问获得与 id 对应的密钥 $\mathrm{sk}_{\mathrm{id}}=(a_{\mathrm{id}},b_{\mathrm{id}},c_{\mathrm{id}},d_{\mathrm{id}})$，然后借助泄露谕言机 $\mathcal{O}_{\mathrm{sk}_{\mathrm{id}}}^{\lambda,\kappa}(\cdot)$ 返回相应的泄露信息 $f_i(\mathrm{sk}_{\mathrm{id}})$ 给敌手 $\mathcal{A}^1$，唯一的限制是关于相同密钥 $\mathrm{sk}_{\mathrm{id}}$ 的所有泄露信息 $f_i(\mathrm{sk}_{\mathrm{id}})$ 的总长度不能超过系统设定的泄露界 $\lambda$。

(5) 解密询问。对于敌手 $\mathcal{A}^1$ 提交的关于身份密文对 $(\mathrm{id},C)$ 的解密询问。$\mathcal{S}$ 运行密钥提取算法获知身份 id 对应的密钥 $\mathrm{sk}_{\mathrm{id}}=(a_{\mathrm{id}},b_{\mathrm{id}},c_{\mathrm{id}},d_{\mathrm{id}})$，然后借助解密谕言机 $\mathcal{O}^{\mathrm{Dec}}(\cdot)$ 返回相应的明文 $M$ 给敌手，即 $M=\mathcal{O}^{\mathrm{Dec}}(\mathrm{sk}_{\mathrm{id}},C)$。

(6) 替换询问。敌手 $\mathcal{A}^1$ 能够随时以其掌握的随机信息 $\mathrm{pk}'_{\mathrm{id}}=(X'_{\mathrm{id}},Y'_{\mathrm{id}})$ 替换任何身份 id 的公钥 $\mathrm{pk}_{\mathrm{id}}=(X_{\mathrm{id}},Y_{\mathrm{id}})$。

3) 挑战

该阶段，敌手 $\mathcal{A}^1$ 提交挑战身份 $\mathrm{id}^* \in \mathcal{ID}$ 和两个等长的消息 $M_0,M_1 \in \mathcal{M}$ 给模拟器 $\mathcal{S}$，$\mathcal{S}$ 执行下述操作。

(1) 生成挑战身份 $\mathrm{id}^*$ 所对应的密钥 $\mathrm{sk}_{\mathrm{id}^*}=(a_{\mathrm{id}^*},b_{\mathrm{id}^*},c_{\mathrm{id}^*},d_{\mathrm{id}^*})$ 和证书 $\mathrm{Cert}_{\mathrm{id}^*}$。

(2) 令 $U_1^*=bP$（隐含地设置 $r=b$）和 $U_2^*=T_\nu$，选取随机数 $\delta \leftarrow_R Z_q^*$，并计算 $U_0^*=\delta P$。

(3) 选取随机数 $\eta^* \leftarrow_R Z_q^*$，并计算

$$W^*=[a_{\mathrm{id}^*}+\eta^* c_{\mathrm{id}^*}+(1+\eta^*)\mathrm{Cert}_{\mathrm{id}^*}]U_1^*+(b_{\mathrm{id}^*}+\eta^* d_{\mathrm{id}^*})U_2^*$$

(4) 选取随机数 $\beta \leftarrow_R \{0,1\}$，并计算 $c^*=H_2(W^*)\oplus M_\beta$。

(5) 计算

$$V^*=[\mu^* a_{\mathrm{id}^*}+c_{\mathrm{id}^*}+(1+\mu^*)\mathrm{Cert}_{\mathrm{id}^*}]U_1^*+(\mu^* b_{\mathrm{id}^*}+d_{\mathrm{id}^*})U_2^*$$

式中，$\mu^*=H(U_0^*,U_1^*,U_2^*,c^*,\eta^*)$。

(6) 计算 $\nu = \delta k_1^* + k_2^*$，其中 $(k_1^*, k_2^*) = \mathrm{KDF}(V^*)$。

(7) 令 $C_\beta^* = (U_1^*, U_2^*, e^*, c^*, \eta^*)$，将生成的挑战密文 $C_\beta^*$ 返回给敌手 $\mathcal{A}^1$。

当 $T_\nu = abP$ 时，有 $U_2^* = bP'$，则 $C_\beta^*$ 是关于明文消息 $M_\beta$ 的合法密文。

当 $T_\nu \leftarrow_R G$ 时，对于任意敌手而言，参数 $W^*$ 是均匀随机的，因此 $C_\beta^*$ 是关于随机消息的加密密文，则 $C_\beta^*$ 中不包含随机数 $\beta$ 的任何信息。

4) 阶段 2(训练)

收到挑战密文 $C_\beta^*$ 之后，敌手 $\mathcal{A}^1$ 可对除了挑战身份 $\mathrm{id}^*$ 的任何身份 $\mathrm{id} \neq \mathrm{id}^*$ 进行多项式有界次的密钥提取询问；此外可对除了挑战身份和挑战密文对 $(\mathrm{id}^*, C_\beta^*)$ 的任何身份密文对 $(\mathrm{id}, C) \neq (\mathrm{id}^*, C_\beta^*)$ 进行多项式有界次的解密询问，但是该阶段禁止敌手 $\mathcal{A}^1$ 进行泄露询问。

5) 猜测

敌手 $\mathcal{A}^1$ 输出对模拟器 $\mathcal{S}$ 选取的随机数 $\beta$ 的猜测 $\beta' \in \{0,1\}$。若 $\beta = \beta'$，则敌手 $\mathcal{A}^1$ 在该游戏中获胜。

下面将根据输入元组 $\mathcal{T}_\nu = (P, aP, bP, T_\nu)$ 是否是 DH 元组分两类讨论 CB-PKE 机制的安全性。

**引理 7-3**　若输入元组 $\mathcal{T}_\nu = (P, aP, bP, T_\nu)$ 是一个 DH 元组，即 $T_\nu = abP$，并且敌手 $\mathcal{A}^1$ 能以不可忽略的优势 $\varepsilon_1$ 攻破上述 CB-PKE 机制的安全性，那么存在一个模拟器 $\mathcal{S}$ 能以显而易见的优势 $\mathrm{Adv}_{\text{CB-PKE},\nu=1,\mathcal{S}}^{\mathrm{DDH}}(\kappa,\lambda) \geqslant \varepsilon_1$ 解决 DDH 问题。

**证明**　当模拟器 $\mathcal{S}$ 的输入元组 $\mathcal{T}_\nu = (P, aP, bP, T_\nu)$ 是 DH 元组时，上述交互式实验的模拟过程与实际过程完全等价，即模拟器 $\mathcal{S}$ 将消息 $M_\beta$ 的加密密文发送给敌手 $\mathcal{A}^1$，其中随机数 $\beta \leftarrow_R \{0,1\}$ 是由模拟器 $\mathcal{S}$ 随机选取的。因此若敌手 $\mathcal{A}^1$ 能以不可忽略的优势 $\varepsilon_1$ 攻破上述 CB-PKE 机制连续泄露容忍的 CCA 安全性，则模拟器 $\mathcal{S}$ 能以显而易见的优势 $\mathrm{Adv}_{\text{CB-PKE},\nu=1,\mathcal{S}}^{\mathrm{DDH}}(\kappa,\lambda) \geqslant \varepsilon_1$ 解决 DDH 假设。

引理 7-3 证毕。

**引理 7-4**　若输入元组 $\mathcal{T}_\nu = (P, aP, bP, T_\nu)$ 是一个非 DH 元组，即 $T_\nu \leftarrow_R G$，模拟器 $\mathcal{S}$ 基于相应的密钥泄露信息能以显而易见的优势 $\mathrm{Adv}_{\text{CB-PKE},\nu=0,\mathcal{S}}^{\mathrm{DDH}}(\kappa,\lambda)$ 解决 DDH 问题，其中

$$\mathrm{Adv}_{\text{CB-PKE},\nu=0,\mathcal{S}}^{\mathrm{DDH}}(\kappa,\lambda) \leqslant \frac{2^\lambda q_d}{q^2 - q_d + 1} + \frac{2^{\frac{\lambda}{2}-1}}{\sqrt{q}}$$

特别地，引理 7-4 的证明过程与引理 7-2 相类似，为保持完整性，此处将对引理 7-4 的证明进行详细叙述。

**证明**　当模拟器 $\mathcal{S}$ 的输入元组 $\mathcal{T}_\nu = (P, aP, bP, T_\nu)$ 是非 DH 元组时，模拟器 $\mathcal{S}$ 返回给敌手 $\mathcal{A}^1$ 明文空间中任意消息的加密密文，即挑战密文 $C_\beta^*$ 中不包含模拟器 $\mathcal{S}$ 选取

随机数 $\beta \leftarrow_R \{0,1\}$ 的任何信息，因此敌手 $\mathcal{A}^1$ 只能基于密钥 $\mathrm{sk}_{\mathrm{id}^*}=(a_{\mathrm{id}^*},b_{\mathrm{id}^*},c_{\mathrm{id}^*},d_{\mathrm{id}^*})$ 的泄露信息返回相应的猜测 $\beta' \in \{0,1\}$。此时，敌手 $\mathcal{A}^1$ 在该游戏中获胜的优势来自于密钥的泄露信息，即敌手 $\mathcal{A}^1$ 根据密钥的泄露信息输出对随机数 $\beta$ 的猜测 $\beta'$。

将非 DH 元组对应的密文 $C'=(U_1',U_2',c',v',\eta')$ 称为无效密文，即使其能够通过解密算法的合法性验证。令事件 Reject 表示解密谕言机 $\mathcal{O}^{\mathrm{Dec}}(\cdot)$ 在解密询问中拒绝所有的无效密文。

**断言 7-3**　若 $T_v=(P,aP,bP,T_v)$ 是一个非 DDH 元组，且解密谕言机 $\mathcal{O}^{\mathrm{Dec}}(\cdot)$ 在解密询问中拒绝所有的无效密文(即事件 Reject 发生)，模拟器 $\mathcal{S}$ 解决 DDH 问题的优势为

$$\mathrm{Adv}_{\mathcal{S},\mathrm{Reject}}^{\mathrm{DDH}}(\lambda,\kappa) \leqslant \frac{2^{\frac{\lambda}{2}-1}}{\sqrt{q}}$$

**证明**　由于有效密文的解密询问并不影响敌手 $\mathcal{A}^1$ 在上述游戏中获胜的概率(敌手 $\mathcal{A}^1$ 从有效密文的解密询问中无法获知关于密钥的额外信息)；而所有无效密文的解密询问将被解密谕言机 $\mathcal{O}^{\mathrm{Dec}}(\cdot)$ 拒绝，因此，敌手 $\mathcal{A}^1$ 只能在密钥泄露信息的帮助下输出对随机数 $\beta$ 的猜测 $\beta'$。

在泄露环境下，敌手 $\mathcal{A}^1$ 的视图包括系统公开参数 Params、挑战身份 $\mathrm{id}^*$、挑战明文 $M_0,M_1 \in \mathcal{M}$、挑战密文 $C_\beta^*=(U_0^*,U_1^*,U_2^*,c^*,v^*,\eta^*)$ 及关于密钥 $\mathrm{sk}_{\mathrm{id}^*}=(a_{\mathrm{id}^*},b_{\mathrm{id}^*},c_{\mathrm{id}^*},d_{\mathrm{id}^*})$ 的 $\lambda$ 比特的泄露信息 Leak。此外，相应的证书 $\mathrm{Cert}_{\mathrm{id}^*}$ 实际上是用户私钥的一部分，已知 $a_{\mathrm{id}^*},b_{\mathrm{id}^*},c_{\mathrm{id}^*},d_{\mathrm{id}^*} \in Z_q^*$，根据定理 2-1 可知

$$\begin{aligned}
&\tilde{H}_\infty(a_{\mathrm{id}^*},b_{\mathrm{id}^*},c_{\mathrm{id}^*},d_{\mathrm{id}^*}\,|\,\mathrm{Params},\mathrm{pk}_{\mathrm{id}^*},C_\beta^*,\mathrm{Leak})\\
&=\tilde{H}_\infty(a_{\mathrm{id}^*},b_{\mathrm{id}^*},c_{\mathrm{id}^*},d_{\mathrm{id}^*}\,|\,\mathrm{pk}_{\mathrm{id}^*},\mathrm{Leak})\\
&=\tilde{H}_\infty(a_{\mathrm{id}^*},b_{\mathrm{id}^*},c_{\mathrm{id}^*},d_{\mathrm{id}^*}\,|\,\mathrm{pk}_{\mathrm{id}^*})-\lambda\\
&\geqslant 2\log q-\lambda
\end{aligned}$$

根据平均最小熵的定义，可知在泄露环境下敌手 $\mathcal{A}^1$ 猜中密钥 $\mathrm{sk}_{\mathrm{id}^*}$ 的最大概率为

$$2^{-\tilde{H}_\infty(a_{\mathrm{id}^*},b_{\mathrm{id}^*},c_{\mathrm{id}^*},d_{\mathrm{id}^*}|\mathrm{Params},\mathrm{pk}_{\mathrm{id}^*},C_\beta^*,\mathrm{Leak})} \leqslant \frac{2^\lambda}{q^2}$$

根据引理 2-3 可知，敌手 $\mathcal{A}^1$ 输出 $M_\beta$ 的优势为 $\frac{1}{2}\sqrt{\frac{2^\lambda}{q^2}q}=\frac{2^{\frac{\lambda}{2}-1}}{\sqrt{q}}$，即敌手 $\mathcal{A}^1$ 输出 $\beta=\beta'$ 的优势是 $\frac{2^{\frac{\lambda}{2}-1}}{\sqrt{q}}$。因此，有

$$\mathrm{Adv}_{S,\mathrm{Reject}}^{\mathrm{DDH}}(\lambda,\kappa) = \Pr[v'=v|\mathrm{Reject}] \leq \frac{2^{\frac{\lambda}{2}-1}}{\sqrt{q}}$$

断言 7-3 证毕。

**断言 7-4** 若 $\mathcal{T}_v = (P, aP, bP, T_v)$ 是一个非 DH 元组，且解密谕言机 $\mathcal{O}^{\mathrm{Dec}}(\cdot)$ 并不拒绝所有关于无效密文的解密询问（即事件 Reject 不发生），则有

$$\Pr\left[\overline{\mathrm{Reject}}\right] \leq \frac{2^{\lambda} q_d}{q^2 - q_d + 1}$$

**证明** 由于解密谕言机 $\mathcal{O}^{\mathrm{Dec}}(\cdot)$ 并非拒绝所有关于无效密文的解密询问，因此敌手 $\mathcal{A}^1$ 能从相应的解密应答中获得相应的帮助。令密文 $C' = (U_0', U_1', U_2', c', v', \eta')$ 是敌手 $\mathcal{A}^1$ 在解密询问中提交的第一个无效密文，该询问有可能被解密谕言机 $\mathcal{O}^{\mathrm{Dec}}(\cdot)$ 接收，下面将分两类进行讨论。

(1) $(U_0', U_1', U_2', c', \eta') \neq (U_0^*, U_1^*, U_2^*, c^*, \eta^*)$ 且 $\mu' = \mu^*$。这意味着哈希函数 $H_2$ 发生了碰撞，由该函数的抗碰撞性可知，这种情况发生的概率是可忽略的。

(2) $(U_0', U_1', U_2', c', \eta') \neq (U_0^*, U_1^*, U_2^*, c^*, \eta^*)$ 且 $\mu' \neq \mu^*$。由于敌手 $\mathcal{A}^1$ 正确猜测密钥 $\mathrm{sk}_{\mathrm{id}} = (a_{\mathrm{id}}, b_{\mathrm{id}}, c_{\mathrm{id}}, d_{\mathrm{id}})$ 的概率至多是 $\frac{2^{\lambda}}{q^2}$，则解密谕言机 $\mathcal{O}^{\mathrm{Dec}}(\cdot)$ 接收第一个无效密文的概率至多是 $\frac{2^{\lambda}}{q^2}$。若第一个无效密文被解密谕言机 $\mathcal{O}^{\mathrm{Dec}}(\cdot)$ 拒绝，则敌手能从解密询问中获知关于密钥 $\mathrm{sk}_{\mathrm{id}}$ 的相关信息，使得第二个无效密文被解密谕言机接收的概率至多是 $\frac{2^{\lambda}}{q^2-1}$；随着更多的无效密文被解密谕言机所拒绝，敌手能从相应的解密询问中排除密钥空间中更多的无效信息，使得第 $i$ 个无效密文被解密谕言机接收的概率至多是 $\frac{2^{\lambda}}{q^2-i+1}$。因此，解密谕言机接收一个无效密文的最大概率为 $\frac{2^{\lambda}}{q^2-q_d+1}$，其中 $q_d$ 是敌手 $\mathcal{A}^1$ 进行解密询问的最大次数。

综合考虑敌手 $\mathcal{A}^1$ 进行的 $q_d$ 次解密询问，可知

$$\Pr\left[\overline{\mathrm{Reject}}\right] \leq \frac{2^{\lambda} q_d}{q^2 - q_d + 1}$$

断言 7-4 证毕。

根据断言 7-3 和断言 7-4 的结论，可知

$$
\begin{aligned}
\mathrm{Adv}_{\mathrm{CB-PKE},v=0,\mathcal{S}}^{\mathrm{DDH}}(\kappa,\lambda) &= \left| \Pr[v'=v] - \frac{1}{2} \right| \\
&= \left| \Pr[v'=v|\mathrm{Reject}]\Pr[\mathrm{Reject}] + \Pr\left[v'=v|\overline{\mathrm{Reject}}\right]\Pr\left[\overline{\mathrm{Reject}}\right] - \frac{1}{2} \right|
\end{aligned}
$$

$$\leqslant \Pr[\nu'=\nu|\text{Reject}]+\Pr\left[\overline{\text{Reject}}\right]$$

$$\leqslant \frac{2^{\lambda}q_d}{q^2-q_d+1}+\frac{2^{\frac{\lambda}{2}-1}}{\sqrt{q}}$$

因此，当 $\mathcal{T}_\nu=(P,aP,bP,T_\nu)$ 是一个非 DH 元组时，对于任意的泄露参数 $\lambda \leqslant \log q-l_m-\omega(\log\kappa)$，模拟器 $\mathcal{S}$ 至多能以优势

$$\text{Adv}_{\text{CB-PKE},\nu=0,\mathcal{S}}^{\text{DDH}}(\kappa,\lambda)\leqslant \frac{2^{\lambda}q_d}{q^2-q_d+1}+\frac{2^{\frac{\lambda}{2}-1}}{\sqrt{q}}$$

解决 DDH 困难性问题。

引理 7-4 证毕。

由引理 7-3 和引理 7-4 可知

$$\text{Adv}_{\mathcal{A}^1}^{\text{DDH}}(\kappa,\lambda)\geqslant \text{Adv}_{\text{CB-PKE},\nu=1,\mathcal{S}}^{\text{DDH}}(\kappa,\lambda)-\text{Adv}_{\text{CB-PKE},\nu=0,\mathcal{S}}^{\text{DDH}}(\kappa,\lambda)$$

$$\geqslant \varepsilon_1-\frac{2^{\lambda}q_d}{q^2-q_d+1}-\frac{2^{\frac{\lambda}{2}-1}}{\sqrt{q}}$$

上述构造中使用平均情况的 $(l_k-\ell,\varepsilon)$-强随机性提取器 $\text{Ext}:\{0,1\}^{l_k}\times\{0,1\}^{l_t}\rightarrow Z_q^*$ 实现对主私钥的随机化操作，由其安全性可知

$$\log q\leqslant l_k-\ell-\omega(\log\kappa)$$

在上述构造中，基于通用哈希函数实现了私钥信息的随机提取操作，那么根据引理 2-4 可知

$$\log q\leqslant 2\log q-\lambda-\omega(\log\kappa)$$

综上所述，根据引理 7-3 和引理 7-4 的结论可知，若 DDH 问题是难解的，那么对于任何泄露参数 $\ell\leqslant l_k-\log q-\omega(\log\kappa)$ 和 $\lambda\leqslant\log q-\omega(\log\kappa)$，上述构造是连续泄露容忍的 CCA 安全的 CB-PKE 机制。

定理 7-3 证毕。

**定理 7-4**　对于任意的泄露参数 $\ell\leqslant l_k-\log q-\omega(\log\kappa)$ 和 $\lambda\leqslant\log q-\omega(\log\kappa)$，若存在一个 PPT 敌手 $\mathcal{A}^2$ 能以不可忽略的优势 $\varepsilon_2$ 攻破上述 CB-PKE 机制泄露容忍的 CCA 安全性，那么存在一个模拟器 $\mathcal{S}$ 能以显而易见的优势 $\text{Adv}_{\mathcal{A}^2}^{\text{DDH}}(\kappa,\lambda)$ 解决 DDH 问题的困难性，其中上述优势满足

$$\text{Adv}_{\mathcal{A}^2}^{\text{DDH}}(\kappa,\lambda)\geqslant \varepsilon_2-\frac{2^{\lambda}q_d}{q^2-q_d+1}-\frac{2^{\frac{\lambda}{2}-1}}{\sqrt{q}}$$

式中，$q_d$ 是解密询问的次数。

定理 7-4 与定理 7-3 证明相类似，此处不再赘述。

定理7-3和定理7-4可知，对于任意的泄露参数 $\ell \leqslant l_k - \log q - \omega(\log \kappa)$ 和 $\lambda \leqslant \log q - \omega(\log \kappa)$，上述构造是连续泄露容忍的 CCA 安全的 CB-PKE 机制。

## 7.5 本章小结

现有对 CB-PKE 机制抗泄露性的研究中，相关构造只关注了抵抗有界泄露攻击的安全性，并且无法达到 CCA2 的安全性，也就是说仅证明了 CCA1 安全性；此外，现有抵抗连续泄露攻击的相关加密机制普遍存在泄露率低的不足，并且对 CB-PKE 机制进行抵抗连续泄露攻击的研究较少。针对上述问题，本章在 CB-PKE 机制方面的主要工作如下所示。

(1) 在有界泄露模型下，研究了抵抗有界泄露攻击的 CCA 安全的 CB-PKE 机制，安全性的提升增强 CB-PKE 机制在抗泄露领域的应用性。

(2) 为满足抵抗连续泄露攻击的应用需求，研究了抵抗连续泄露攻击的 CCA 安全的 CB-PKE 机制，并且确保密文中的所有元素对于任意敌手而言是完全随机的；同时，轮泄露参数是一个独立于待加密消息空间的固定值。在实际应用中，即使实际泄露量接近泄露参数的上界，对待加密消息的长度并不产生影响。此外，本章的 CB-PKE 机制具有较大的泄露率，提升了抗泄露攻击的能力。

### 参考文献


[1] Gentry C. Certificate-based encryption and the certificate revocation problem[C]//Proceedings of the International Conference on the Theory and Applications of Cryptographic Techniques, Warsaw, 2003: 272-293.

[2] Morillo P, Ràfols C. Certificate-based encryption without random oracles[EB/OL]. http://eprint.iacr.org/2006/012 [2020-12-28].

[3] Waters B. Efficient identity-based encryption without random oracles[C]//Proceedings of the 24th Annual International Conference on the Theory and Applications of Cryptographic Techniques, Aarhus, 2005: 114-127.

[4] Dodis Y, Katz J. Chosen-ciphertext security of multiple encryption[C]//Proceedings of the 2nd Theory of Cryptography Conference, Cambridge, 2005: 188-209.

[5] Galindo D, Morillo P, Ràfols C. Improved certificate-based encryption in the standard model [J]. Journal of Systems and Software, 2008, 81(7): 1218-1226.

[6] 陆阳，李继国，肖军模. 一个高效的基于证书的加密方案[J]. 计算机科学，2009，36(9): 28-31.

[7] 李继国，张亦辰，卫晓霞．可证安全的基于证书广播加密方案[J]．电子学报，2016，44(5)：1101-1110.

[8] Zhou Y W, Yang B, Mu Y, et al. Continuous leakage-resilient access control for wireless sensor networks[J]. Ad Hoc Networks, 2018, 80: 41-53.

[9] Zhou Y W, Yang B, Wang T, et al. Continuous leakage-resilient certificate-based encryption scheme without bilinear pairings[J]. The Computer Journal, 2020, 63(4): 508-524.

[10] Li J G, Guo Y Y, Yu Q H, et al. Continuous leakage-resilient certificate-based encryption[J]. Information Sciences, 2016, 355: 1-14.

[11] Yu Q H, Li J G, Zhang Y C, et al. Certificate-based encryption resilient to key leakage[J]. Journal of Systems and Software, 2016, 116: 101-112.

# 第 8 章　密钥封装机制的泄露容忍性

公钥加密的方式，将安全性进行了提升，但是公钥加密的性能较差，特别是对于加密大量数据时尤为明显，此外公钥密码系统一般仅能对特定空间的消息进行加密，但具有较好的密钥管理方式；而非对称密码体制虽然加解密的速度较快，对待加密的消息空间不做限制，但是存在密钥管理的困难问题。研究者提出了将上述两种密码技术相结合的混合加密机制，该机制同时具备了对称加密和非对称加密技术的优势。由此可见，混合加密能够很好地解决公钥加密的性能问题，并且将对称密码和公钥密码的优势进行了结合。文献[1]给出了混合加密的形式化定义，即采用密钥封装机制(KEM)与数据封装机制(DEM)相组合的方式，KEM 作为混合加密机制的核心组件逐渐成为密码领域的热点研究问题之一。混合加密机制的加密和解密过程如图 8-1 所示。

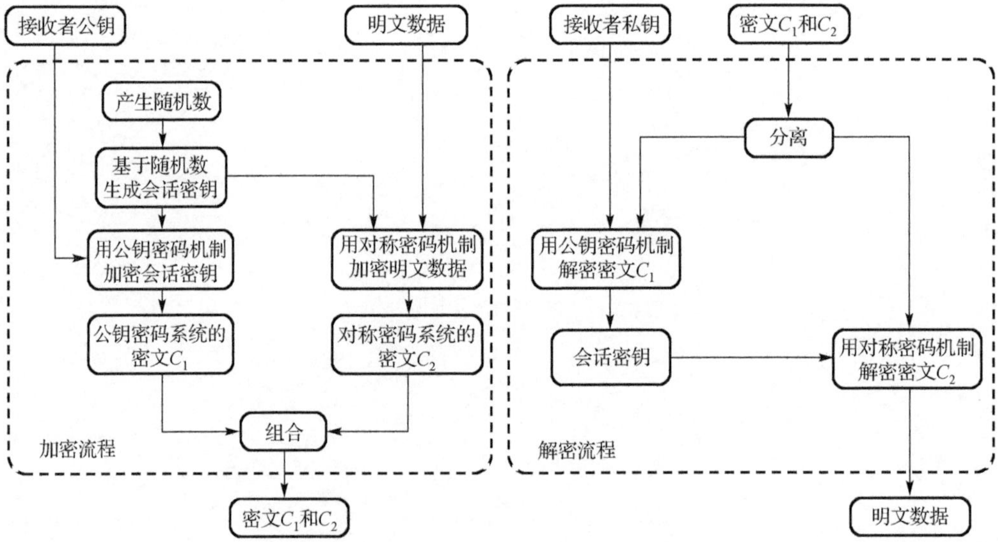


图 8-1　混合加密机制的加密和解密流程

KEM 作为混合加密机制的重要组成部分，近年来得到了广泛关注。针对 KEM 的抗泄露攻击需求，本章介绍 KEM 的泄露容忍性。

(1) 由于基于身份的密钥封装机制(identity-based key-encapsulation mechanism, IB-KEM)是身份基混合加密机制的重要组成部分，为满足真实环境的抗泄露性需求，设计了 CCA 安全的抗泄露 IB-KEM 的通用构造，并基于底层 IB-KEM 的 CPA 安全性对通用构造的 CCA 安全性进行了形式化证明。此外，为充分展示通用构造的实用性及普遍性，分别设计了 IB-KEM 和分层的基于身份的密钥封装机制(hierarchical identity-based key-encapsulation mechanism，HIB-KEM)的具体实例，并在选择身份的安全模型下，基于 DBDH 假设和 BDHE 假设对上述 IB-KEM 实例和 HIB-KEM 实例的 CPA 安全性分别进行了证明。最后，为了实现抵抗连续泄露攻击的目标，研究了各实例的密钥更新算法。

(2)双线性映射的计算量加大，导致相应 KEM 构造的计算效率较低。针对上述不足，在不使用双线性映射的前提下设计了抵抗泄露攻击的无证书密钥封装机制(certificateless key-encapsulation mechanism，CL-KEM)，并基于 DBDH 假设对构造的安全性进行了形式化证明。此外，封装密文的所有元素对敌手而言是完全随机的，可确保任意敌手均无法从封装密文中获知关于用户私钥的泄露信息；并且泄露参数是固定的常数，不受封装密钥空间大小的限制。

(3)广播通信能够实现同时向多人发送消息的目的，在实际应用系统中得到了广泛的关注。针对上述需求，将广播通信和泄露容忍性引入基于证书密钥封装机制，设计了抗泄露的基于证书广播密钥封装机制(certificate-based broadcast key encapsulation mechanism，CB-BKEM)的形式化定义及抗泄露的安全模型，构造了两个 CB-BKEM 的具体实例，在标准模型下基于 DBDH 假设，分别对上述实例泄露容忍的选择明文攻击安全性和选择密文攻击安全性进行了形式化证明。

## 8.1　抗泄露的基于身份密钥封装机制

文献[2]设计了一个 IB-KEM 实例，并在云计算环境对该技术的应用进行了介绍。文献[3]针对电子邮件系统的高效计算需要设计了一个具有通配符功能的 IB-KEM。为满足 IB-KEM 抵抗泄露攻击的实际应用需求，文献[4]设计了第一个 CCA 安全的抗泄露 IB-KEM，然而，该机制使用了矩阵运算导致公开参数、主密钥和用户私钥的长度较长，一定程度上增加了用户的存储、计算和传输的负载。针对上述不足，本节以 IB-KEM 的抗泄露性为研究目标，设计安全高效的抗泄露 IB-KEM。

为了改进传统 IBE 机制中单 KGC 模式存在的 KGC 计算负载大、易遭受攻击等不足，研究者提出了身份分层的身份基加密 HIBE 机制[5-7]。HIBE 实际上是一个多 KGC 的 IBE 机制，其中每个节点既可以是用户，也可是下一层用户的 KGC，也就是说，每个节点能够负责部分用户的私钥生成，那么节点所对应的私钥可以由根 KGC 生成，也可以由上一层父节点生成，同时它也是下一层子节点的 KGC。相类似地，在 IB-KEM 的基础上，本节还将介绍 HIB-KEM 的泄露容忍性。此外，为进一步提升实用性，还对 IB-KEM 和 HIB-KEM 抵抗连续泄露攻击的能力分别进行讨论。

### 8.1.1 IB-KEM 的定义

一个 IB-KEM 包含 4 个 PPT 算法 Setup、KeyGen、Encap 和 Decap。算法的具体描述如下所示。

(1) $(\mathrm{mpk},\mathrm{msk}) \leftarrow \mathrm{Setup}(1^{\kappa})$。初始化算法 Setup 以系统安全参数 $\kappa$ 为输入，输出相应的系统公开参数 mpk 和主密钥 msk，其中 mpk 定义了系统的用户身份空间 $\mathcal{ID}$、封装密钥空间 $\mathcal{K}$、封装密文空间 $\mathcal{C}$ 和用户私钥空间 $\mathcal{SK}$。此外，mpk 是其他算法 KeyGen、Encap 和 Decap 的隐含输入，为了方便起见，下述算法的输入列表并未将其显示。

(2) $\mathrm{sk}_{\mathrm{id}} \leftarrow \mathrm{KeyGen}(\mathrm{msk},\mathrm{id})$。对于输入的任意身份 $\mathrm{id} \in \mathcal{ID}$，密钥生成算法 KeyGen 以主密钥 msk 作为输入，输出身份 id 所对应的私钥 $\mathrm{sk}_{\mathrm{id}}$。特别地，每次运行该算法，随机性密钥生成算法基于不同的随机数为用户生成不同的私钥。

(3) $(C,k) \leftarrow \mathrm{Encap}(\mathrm{id})$。对于输入的任意身份 $\mathrm{id} \in \mathcal{ID}$，封装算法 Encap 输出封装密文 $C \in \mathcal{C}$ 及相应的封装密钥 $k \in \mathcal{K}$。

(4) $k \leftarrow \mathrm{Decap}(\mathrm{sk}_{\mathrm{id}},C)$。对于确定性的解封装算法，输入身份 id 所对应的私钥 $\mathrm{sk}_{\mathrm{id}}$ 和封装密文 $C$，输出相应的解封装密钥 $k$。

在 HIBE 机制中，身份是一个向量，将深度为 $k$ 的身份表示为一个长度为 $k$ 的向量 $\mathrm{id}_k = (I_1, I_2, \cdots, I_k)$，其中第 $i$ 个分量 $I_i$ 表示第 $i$ 层的身份信息。一个 HIB-KEM 除了包含上述 4 个 PPT 算法，还额外包含一个密钥派生算法 Delegate，该算法的具体定义如下所示。

$\mathrm{sk}_{\mathrm{id}_k} \leftarrow \mathrm{Delegate}(\mathrm{sk}_{\mathrm{id}_{k-1}}, \mathrm{id}_k)$。输入第 $k$ 层的身份 $\mathrm{id}_k$ 和第 $k-1$ 层身份 $\mathrm{id}_{k-1}$ 所对应的私钥 $\mathrm{sk}_{\mathrm{id}_{k-1}}$，密钥派生算法 Delegate 将输出第 $k$ 层身份 $\mathrm{id}_k$ 所对应的私钥 $\mathrm{sk}_{\mathrm{id}_k}$。

特别地，在 HIB-KEM 中，初始化算法 Setup 输出的系统公开参数 mpk 中将额外定义一个分层身份结构的最大深度 $l$，限制了系统所能支持的最大身份深度。

对于 IB-KEM 而言，身份空间 $\mathcal{ID}$ 中的任意身份 $\mathrm{id} \in \mathcal{ID}$，有

$$\Pr\left[ k \neq k' \;\middle|\; \begin{array}{c} \mathrm{sk}_{\mathrm{id}} \leftarrow \mathrm{KeyGen}(\mathrm{msk},\mathrm{id}), \\ (C,k) \leftarrow \mathrm{Encap}(\mathrm{id}), \\ k' \leftarrow \mathrm{Decap}(\mathrm{sk}_{\mathrm{id}},C) \end{array} \right] \leqslant \mathrm{negl}(\kappa)$$

成立，其中 $(\mathrm{mpk},\mathrm{msk}) \leftarrow \mathrm{Setup}(1^{\kappa})$。

对于 HIB-KEM 而言，身份空间 $\mathcal{ID}$ 中的任意身份 $\mathrm{id}_k \in \mathcal{ID}$，有

$$\Pr\left[ k \neq k' \;\middle|\; \begin{array}{c} \mathrm{sk}_{\mathrm{id}_k} \leftarrow \mathrm{KeyGen}(\mathrm{msk},\mathrm{id}_k), \\ (C,k) \leftarrow \mathrm{Encap}(\mathrm{id}_k), \\ k' \leftarrow \mathrm{Decap}(\mathrm{sk}_{\mathrm{id}_k},C) \end{array} \right] \leqslant \mathrm{negl}(\kappa)$$

成立，其中 $(\mathrm{mpk},\mathrm{msk}) \leftarrow \mathrm{Setup}(1^{\kappa})$。特别地，对于 HIB-KEM 的密钥派生算法 Delegate 生成的私钥 $\mathrm{sk}_{\mathrm{id}_k} \leftarrow \mathrm{Delegate}(\mathrm{sk}_{\mathrm{id}_{k-1}},\mathrm{id}_k)$，上述概率依然是可忽略的，即有

$$\Pr\left[k \neq k' \left| \begin{array}{l} \mathrm{sk}_{\mathrm{id}_k} \leftarrow \mathrm{Delegate}(\mathrm{sk}_{\mathrm{id}_{k-1}},\mathrm{id}_k), \\ (C,k) \leftarrow \mathrm{Encap}(\mathrm{id}_k), \\ k' \leftarrow \mathrm{Decap}(\mathrm{sk}_{\mathrm{id}_k},C) \end{array} \right.\right] \leqslant \mathrm{negl}(\kappa)$$

成立。

### 8.1.2 IB-KEM 泄露容忍的选择身份安全性

对于 IB-KEM 而言，泄露容忍的选择身份 CCA (leakage-resilient selective identity CCA，LR-SID-CCA) 安全性游戏由模拟器 $\mathcal{S}$ 和敌手 $\mathcal{A}$ 执行，其中 $\kappa$ 是安全参数，$\lambda$ 是泄露参数，其中敌手 $\mathcal{A}$ 的目标是判断挑战阶段来自模拟器 $\mathcal{S}$ 的封装密钥 $k_\nu^*$ 是与挑战密文 $C^*$ 相对应的封装密钥，还是封装密钥空间 $\mathcal{K}$ 中的随机值。此外，通过赋予敌手访问泄露谕言机 $\mathcal{O}_{\mathrm{sk}_{\mathrm{id}}}^{\lambda,\kappa}(\cdot)$ 的能力实现对泄露攻击的模拟，敌手提交高效可计算的泄露函数 $f_i:\{0,1\}^* \to \{0,1\}^{\lambda_i}$ 给 $\mathcal{O}_{\mathrm{sk}_{\mathrm{id}}}^{\lambda,\kappa}(\cdot)$，从 $\mathcal{O}_{\mathrm{sk}_{\mathrm{id}}}^{\lambda,\kappa}(\cdot)$ 处获得关于私钥 $\mathrm{sk}_{\mathrm{id}}$ 的函数值 $f_i(\mathrm{sk}_{\mathrm{id}})$，要求敌手从 $\mathcal{O}_{\mathrm{sk}_{\mathrm{id}}}^{\lambda,\kappa}(\cdot)$ 处获得的关于同一私钥 $\mathrm{sk}_{\mathrm{id}}$ 的泄露量不能超过系统设定的泄露参数 $\lambda$。模拟器 $\mathcal{S}$ 和敌手 $\mathcal{A}$ 间具体的消息交互过程如下所示。

选择身份的安全模型要求，在系统初始化之前敌手 $\mathcal{A}$ 向模拟器 $\mathcal{S}$ 提交其选定的挑战身份 $\mathrm{id}^*$，并且限制 $\mathrm{id}^*$ 不能在任何密钥生成询问中出现，此外 $\mathrm{id}^*$ 对应私钥 $\mathrm{sk}_{\mathrm{id}^*}$ 的泄露量不能超过系统设定的泄露界 $\lambda$。

(1) 初始化。模拟器 $\mathcal{S}$ 输入安全参数 $\kappa$，运行初始化算法 $\mathrm{Setup}(1^{\kappa})$，产生公开的系统参数 mpk 和保密的主密钥 msk，发送 mpk 给敌手 $\mathcal{A}$。

(2) 阶段 1 (训练)。在该阶段敌手 $\mathcal{A}$ 适应性地进行多项式有界次的下述询问。

①密钥生成询问。对于身份 $\mathrm{id}(\mathrm{id} \neq \mathrm{id}^*)$ 的密钥生成询问，模拟器 $\mathcal{S}$ 运行密钥生成算法 KeyGen，返回相应的密钥 $\mathrm{sk}_{\mathrm{id}}$ 给敌手 $\mathcal{A}$。

②解封装询问。对于身份 id 和封装密文 $C$ 的解封装询问，模拟器 $\mathcal{S}$ 首先运行密钥生成算法 KeyGen，产生与身份 id 相对应的密钥 $\mathrm{sk}_{\mathrm{id}}$；然后以 $\mathrm{sk}_{\mathrm{id}}$ 作为输入运行解封装算法 Decap，并返回相应的解封装结果给敌手 $\mathcal{A}$。

③泄露询问。对于身份 id 对应私钥 $\mathrm{sk}_{\mathrm{id}}$ 的泄露询问，模拟器 $\mathcal{S}$ 运行密钥生成算法 KeyGen，产生身份 id 对应的私钥 $\mathrm{sk}_{\mathrm{id}}$，再运行泄露谕言机 $\mathcal{O}_{\mathrm{sk}_{\mathrm{id}}}^{\lambda,\kappa}(\cdot)$，产生密钥 $\mathrm{sk}_{\mathrm{id}}$ 的泄露信息 $f_i(\mathrm{sk}_{\mathrm{id}})$，并把 $f_i(\mathrm{sk}_{\mathrm{id}})$ 发送给敌手 $\mathcal{A}$，其中 $f_i:\{0,1\}^* \to \{0,1\}^{\lambda_i}$ 是高效可计算的泄露函数，但是在整个泄露询问过程中关于同一私钥 $\mathrm{sk}_{\mathrm{id}}$ 的泄露量不能超过系统设定的泄露界 $\lambda$，即有 $\sum_{j=1}^{i} f_j(\mathrm{sk}_{\mathrm{id}}) \leqslant \lambda$ 成立；否则 $\mathcal{S}$ 将输出终止符号 $\perp$ 给 $\mathcal{A}$。

(3)挑战。$\mathcal{S}$ 计算 $(C^*, k_1^*) \leftarrow \text{Encap}(\text{id}^*)$，然后随机选取 $k_0^* \leftarrow \mathcal{K}$ 和 $\nu \leftarrow_R \{0,1\}$，并将 $(C^*, k_\nu^*)$ 发送给 $\mathcal{A}$。

(4)阶段 2(训练)。该阶段敌手可进行多项式有界次的密钥生成询问和解封装询问。特别地，敌手在该阶段不能提交泄露询问。对除挑战身份 $\text{id}^*$ 之外的任何身份 $\text{id}(\text{id} \neq \text{id}^*)$ 进行密钥生成询问，并且不能对挑战身份 $\text{id}^*$ 和挑战密文 $C^*$ 进行解封装询问。其他询问模拟器 $\mathcal{S}$ 以阶段 1 中的方式进行回应。

(5)猜测。敌手 $\mathcal{A}$ 输出对随机数 $\nu$ 的猜测 $\nu'$。若 $\nu = \nu'$，则敌手 $\mathcal{A}$ 在该游戏中获胜。敌手 $\mathcal{A}$ 输出 $\nu' = 1$，意味着收到了与挑战密文相对应的封装密钥；否则，输出 $\nu' = 0$，意味着收到了封装密钥空间中的随机值。

敌手 $\mathcal{A}$ 在上述游戏中获胜的优势定义为

$$\text{Adv}_{\text{IB-KEM},\mathcal{A}}^{\text{LR-SID-CCA}}(\kappa, \lambda) = \left| \Pr[\mathcal{A} \text{ wins}] - \frac{1}{2} \right|$$

式中，概率 $\Pr[\mathcal{A} \text{ wins}]$ 来自于模拟器 $\mathcal{S}$ 和敌手 $\mathcal{A}$ 对随机数的使用。

**定义 8-1** (IB-KEM 泄露容忍的选择身份的 CCA 安全性)若对任意的 PPT 敌手 $\mathcal{A}$，其在上述交互式游戏中获胜的优势 $\text{Adv}_{\text{IB-KEM},\mathcal{A}}^{\text{LR-SID-CCA}}(\kappa, \lambda)$ 是可忽略的，那么相应的 IB-KEM 具有泄露容忍的选择身份的 CCA 安全性。

此外，IB-KEM 泄露容忍的 CPA 安全性游戏中，敌手不具备进行解封装询问的能力，即游戏中敌手仅能提交密钥生成询问和泄露询问。类似地，能够得到 HIB-KEM 泄露容忍的 CPA 和 CCA 安全性游戏的描述及安全性定义，游戏的交互过程与 IB-KEM 的相关游戏相类似，区别是使用分层结构的身份信息。

特别地，在适应性安全模型中，敌手在挑战阶段根据前期阶段 1 的询问结果适应性地提交挑战身份给模拟器。

### 8.1.3 CCA 安全的抗泄露 IB-KEM 的通用构造

本节将联合 CPA 安全的 IB-KEM、消息验证码和强随机性提取器设计 CCA 安全的抗泄露 IB-KEM 的通用构造。为方便机制的设计，对 CPA 安全的 IB-KEM 的封装算法进行简单的修改，即算法所使用的随机数来自于算法输入，则封装算法可表示为

$$(C, k) \leftarrow \text{Encap}(\text{id}, r)$$

式中，$r$ 表示封装算法运算过程中所使用的随机数。

1)通用构造

令 $\Pi' = (\text{Setup}', \text{KeyGen}', \text{Encap}', \text{Decap}')$ 是封装密钥空间为 $\mathcal{K} = \{0,1\}^{l_k}$ 和封装密文空间为 $\mathcal{C}$ 的 CPA 安全的 IB-KEM，$\text{MAC} = (\text{Tag}, \text{Ver})$ 是密钥空间为 $\mathcal{K} = \{0,1\}^{l_k}$ 和消息空间为 $\mathcal{M}$ 的消息验证码；$\text{Ext}: \{0,1\}^{l_k} \times \{0,1\}^{l_t} \rightarrow \{0,1\}^{l_m}$ 是平均情况的 $(l_k - \lambda, \varepsilon)$-强随机

性提取器，其中 $\lambda$ 是泄露参数，$\varepsilon$ 是安全参数 $\kappa$ 上可忽略的值；$\mathcal{H}$: $\mathcal{C}\times\mathcal{C}\times\{0,1\}^{l_t}\to\mathcal{M}$ 是安全的抗碰撞哈希函数。

CCA 安全的抗泄露 IB-KEM $\Pi=(\text{Setup,KeyGen,Enc,Dec})$ 的通用构造由下述算法组成。

（1）$(\text{mpk},\text{msk})\leftarrow\text{Setup}(1^\kappa)$ 。输出 $\text{mpk}=(\text{mpk}',\text{MAC})$ 和 $\text{msk}=\text{msk}'$ ，其中 $(\text{mpk}',\text{msk}')\leftarrow\text{Setup}'(1^\kappa)$ 。

（2）$\text{sk}_{\text{id}}\leftarrow\text{KeyGen}(\text{msk},\text{id})$ 。输出 $\text{sk}_{\text{id}}=\text{sk}'_{\text{id}}$ ，其中 $\text{sk}'_{\text{id}}\leftarrow\text{KeyGen}'(\text{msk},\text{id})$ 。

（3）$C\leftarrow\text{Encap}(\text{id},M)$ 。

①随机选取 $r_1,r_2\leftarrow_R Z_q^*$，并计算

$$(c_1,k_1)\leftarrow\text{Encap}'(\text{id},r_1)\,,(c_2,k_2)\leftarrow\text{Encap}'(\text{id},r_2)$$

②随机选取 $S\leftarrow_R\{0,1\}^{l_t}$ ，并计算

$$k=\text{Ext}(k_1,S)\,,\text{Tag}\leftarrow\text{Tag}[k_2,\mathcal{H}(c_1,c_2,S)]$$

③输出封装密文 $C=(c_1,c_2,S,\text{Tag})$ 及相应的封装密钥 $k$ 。

其中，$\Pi'=(\text{Setup}',\text{KeyGen}',\text{Encap}',\text{Decap}')$ 的 CPA 安全性保证了其输出的封装密钥与封装密钥空间上的任意随机值是不可区分的，也就是说，输出的封装密钥具有足够的随机性，满足强随机性提取器 $\text{Ext}:\{0,1\}^{l_k}\times\{0,1\}^{l_t}\to\{0,1\}^{l_\kappa}$ 的提取要求。

（4）$M\leftarrow\text{Decap}(\text{sk}_{\text{id}},C)$ 。

①计算 $k_2\leftarrow\text{Decap}'(\text{sk}_{\text{id}},c_2)$ 。

②若有 $\text{Ver}[k_2,\text{Tag},\mathcal{H}(c_1,c_2,S)]=1$ 成立，则计算 $k_1\leftarrow\text{Decap}'(\text{sk}_{\text{id}},c_1)$ ，并输出相应的封装密钥 $k=\text{Ext}(k_1,S)$ ；否则输出终止符 $\perp$ 。

2) 正确性和安全性

由底层 IB-KEM 和消息验证码的正确性可知上述通用构造的正确性。

**定理 8-1**　若底层的基础机制 IB-KEM $\Pi'=(\text{Setup}',\text{KeyGen}',\text{Encap}',\text{Decap}')$ 是 CPA 安全的，消息验证码 $\text{MAC}=(\text{Tag},\text{Ver})$ 是强不可伪造的，Ext 是平均情况的强随机性提取器，那么对于满足条件 $\lambda\leqslant l_k-l_\kappa-\omega(\log\kappa)$ 的任意泄露参数 $\lambda$，上述机制 $\Pi=(\text{Setup,KeyGen,Encap,Decap})$ 是 CCA 安全的抗泄露 IB-KEM 的通用构造。

**证明**　通过游戏论证的方式对 IB-KEM 通用构造的抗泄露 CCA 安全性进行证明，每个游戏由模拟器 $\mathcal{S}$ 和敌手 $\mathcal{A}$ 执行。令事件 $\mathcal{F}_i$ 表示敌手 $\mathcal{A}$ 在游戏 $\text{Game}_i$ 中获胜，即有

$$\Pr[\mathcal{F}_i]=\Pr[\mathcal{A}\text{ wins in Game}_i]$$

换句话说，事件 $\mathcal{F}_i$ 发生指敌手 $\mathcal{A}$ 在游戏 $\text{Game}_i$ 中输出了对挑战封装密钥的正确判断。

特别地，证明过程中与挑战密文相关的变量均标记为“*”，即挑战身份和挑战密文分别是 $\text{id}^*$ 和 $C^*=(c_1^*,c_2^*,S^*,\text{Tag}^*)$ 。令事件 $\mathcal{E}_1$ 表示敌手 $\mathcal{A}$ 在解封装询问中提交的

解封装密文 $C=(c_1,c_2,S,\mathrm{Tag})$ 满足条件 $(c_1,c_2,S)\neq(c_1^*,c_2^*,S^*)$ 和 $\mathcal{H}(c_1,c_2,S)=\mathcal{H}(c_1^*,c_2^*,S^*)$；令事件 $\mathcal{E}_2$ 表示敌手 $\mathcal{A}$ 在获得挑战密文 $C_v^*=(c_1^*,c_2^*,S^*,\mathrm{Tag}^*)$ 之后提交了关于二元组 $[\mathrm{id}^*,C'=(c_1^*,c_2^*,S^*,\mathrm{Tag}')]$ 的解封装询问，其中 $\mathrm{Tag}'$ 是关于消息 $\mathcal{H}(c_1^*,c_2^*,S^*)$ 的合法标签，并且 $\mathrm{Tag}'\neq\mathrm{Tag}^*$。

游戏 $\mathrm{Game}_0$：该游戏是 IB-KEM 原始的泄露容忍 CCA 安全性游戏，其中挑战密文 $C_v^*=(c_1^*,c_2^*,S^*,\mathrm{Tag}^*)$ 的生成过程如下所示。

随机选取 $r_1^*,r_2^*\leftarrow_R Z_q^*$，并计算

$$(c_1^*,k_1^*)\leftarrow\mathrm{Encap}'(\mathrm{id}^*,r_1^*),(c_2^*,k_2^*)\leftarrow\mathrm{Encap}'(\mathrm{id}^*,r_2^*)$$

随机选取 $S^*\leftarrow_R\{0,1\}^{l_t}$，并计算

$$\hat{k}_1^*=\mathrm{Ext}(k_1^*,S^*),\mathrm{Tag}^*\leftarrow\mathrm{Tag}[k_2^*,\mathcal{H}(c_1^*,c_2^*,S^*)]$$

输出挑战密文 $C^*=(c_1^*,c_2^*,S^*,\mathrm{Tag}^*)$ 及相应的封装密钥 $k^*=\hat{k}_1^*$。

特别地，该游戏中敌手输出的 $k^*$ 是与挑战密文 $C^*=(c_1^*,c_2^*,S^*,\mathrm{Tag}^*)$ 相对应的封装密钥。

游戏 $\mathrm{Game}_1$：该游戏与游戏 $\mathrm{Game}_0$ 相类似，但该游戏在解封装询问阶段增加了新的拒绝规则，即当事件 $\mathcal{E}_1$ 发生时，模拟器 $\mathcal{S}$ 拒绝敌手 $\mathcal{A}$ 提出的解封装询问。

在游戏 $\mathrm{Game}_0$ 中即使事件 $\mathcal{E}_1$ 发生，模拟器 $\mathcal{S}$ 依然响应敌手 $\mathcal{A}$ 提出的解封装询问；而在游戏 $\mathrm{Game}_1$ 中，当事件 $\mathcal{E}_1$ 发生时，模拟器 $\mathcal{S}$ 将拒绝敌手 $\mathcal{A}$ 提出的解封装询问。因此，当事件 $\mathcal{E}_1$ 不发生时，游戏 $\mathrm{Game}_1$ 和游戏 $\mathrm{Game}_0$ 是不可区分的，则有 $\Pr[\mathcal{F}_1\mid\overline{\mathcal{E}_1}]=\Pr[\mathcal{F}_0\mid\overline{\mathcal{E}_1}]$。根据引理 2-5 可知

$$\left|\Pr[\mathcal{F}_1]-\Pr[\mathcal{F}_0]\right|\leqslant\Pr[\mathcal{E}_1]$$

事件 $\mathcal{E}_1$ 发生意味着函数 $\mathcal{H}$ 产生了碰撞，由于函数 $\mathcal{H}$ 是安全的抗碰撞哈希函数，那么事件 $\mathcal{E}_1$ 发生的概率是可忽略的。因此有

$$\left|\Pr[\mathcal{E}_1]-\Pr[\mathcal{E}_0]\right|\leqslant\mathrm{negl}(\kappa)$$

游戏 $\mathrm{Game}_2$：该游戏与游戏 $\mathrm{Game}_1$ 相类似，但该游戏在解封装询问阶段增加了新的拒绝规则，即当事件 $\mathcal{E}_2$ 发生时，模拟器 $\mathcal{S}$ 拒绝敌手 $\mathcal{A}$ 提出的解封装询问。类似地，当事件 $\mathcal{E}_2$ 不发生时，游戏 $\mathrm{Game}_2$ 和游戏 $\mathrm{Game}_1$ 是不可区分的，则有 $\Pr[\mathcal{F}_2\mid\overline{\mathcal{E}_2}]=\Pr[\mathcal{F}_1\mid\overline{\mathcal{E}_2}]$。根据引理 2-5 可知

$$\left|\Pr[\mathcal{F}_2]-\Pr[\mathcal{F}_1]\right|\leqslant\Pr[\mathcal{E}_2]$$

**断言 8-1**　$\Pr[\mathcal{E}_2]\leqslant\mathrm{negl}(\kappa)$。

**证明**　假设事件 $\mathcal{E}_2$ 以压倒性的概率发生，也就是说，敌手 $\mathcal{A}$ 在获得挑战密文 $C_v^*=(c_1^*,c_2^*,S^*,\mathrm{Tag}^*)$ 之后提交了关于二元组 $[\mathrm{id}^*,C'=(c_1^*,c_2^*,S^*,\mathrm{Tag}')]$ 的解封装询问，其中 $\mathrm{Tag}'$ 是关于消息 $\mathcal{H}(c_1^*,c_2^*,S^*)$ 的合法标签，并且 $\mathrm{Tag}'\neq\mathrm{Tag}^*$。

敌手$\mathcal{B}$与敌手$\mathcal{A}$之间执行 IB-KEM 泄露容忍的 CCA 安全性游戏，并且作为攻击者对底层消息验证码 MAC = (Tag,Ver) 的强不可伪造性进行攻击，敌手$\mathcal{B}$能够适应性地询问标签谕言机 $\text{Tag}(k,\cdot)$ 和验证谕言机 $\text{Ver}(k,\cdot,\cdot)$。

挑战阶段敌手$\mathcal{B}$收到来自敌手$\mathcal{A}$的挑战消息 $M_0,M_1$ 及挑战身份 $\text{id}^*$，敌手$\mathcal{B}$通过下述运算生成相应的挑战密文 $C_v^*=(c_1^*,c_2^*,\text{Tag}^*)$。

随机选取$r_1^*,r_2^*\leftarrow_R Z_q^*$，并计算

$$(c_1^*,k_1^*)\leftarrow \text{Encap}'(\text{id}^*,r_1^*),(c_2^*,k_2^*)\leftarrow \text{Encap}'(\text{id}^*,r_2^*)$$

发送消息 $\mathcal{H}(c_1^*,c_2^*,S^*)$ 给标签谕言机 $\text{Tag}(k,\cdot)$，获得相应的应答 $\text{Tag}^*$。特别地，消息验证码的挑战者对标签谕言机 $\text{Tag}(k,\cdot)$ 和验证谕言机 $\text{Ver}(k,\cdot,\cdot)$ 进行了初始化。

输出挑战密文 $C_v^*=(c_1^*,c_2^*,S^*,\text{Tag}^*)$ 给敌手$\mathcal{A}$。

敌手$\mathcal{A}$获得挑战密文之后，提交了关于二元组 $[\text{id}^*,C'=(c_1^*,c_2^*,S^*,\text{Tag}')]$ 的解封装询问给敌手$\mathcal{B}$。然后，敌手$\mathcal{B}$输出 $(c_1^*,c_2^*,S^*,\text{Tag}')$ 作为伪造的消息标签发送给挑战者。由于 $\text{Tag}'$ 是关于消息 $\mathcal{H}(c_1^*,c_2^*,S^*)$ 的合法标签，并且 $\text{Tag}'\neq\text{Tag}^*$，所以敌手$\mathcal{B}$输出一个合法的消息标签对 $[\mathcal{H}(c_1^*,c_2^*,S^*),\text{Tag}']$，攻破了底层消息验证码 MAC = (Tag,Ver) 的强不可伪造性，然而上述结论与底层消息验证码 MAC = (Tag,Ver) 的安全性事实相矛盾，因此我们的假设不成立，有 $\Pr[\mathcal{E}_2]\leqslant \text{negl}(\kappa)$。

断言 8-1 证毕。

由断言 8-1 可知 $\Pr[\mathcal{E}_2]\leqslant \text{negl}(\kappa)$，那么有

$$\left|\Pr[\mathcal{F}_2]-\Pr[\mathcal{F}_1]\right|\leqslant \text{negl}(\kappa)$$

游戏 $\text{Game}_3$：该游戏与游戏 $\text{Game}_2$ 相类似，除了挑战密文的生成阶段，即该游戏使用挑战身份 $\text{id}^*$ 所对应的密钥 $\text{sk}_{\text{id}^*}$ 计算挑战密文 $C^*=(c_1^*,c_2^*,S^*,\text{Tag}^*)$，具体过程描述如下所示

计算

$$\text{sk}_{\text{id}}^*\leftarrow \text{KeyGen}'(\text{msk},\text{id}^*)$$

随机选取 $r_1^*,r_2^*\leftarrow_R Z_q^*$，并计算

$$(c_1^*,k_1^*)\leftarrow \text{Encap}'(\text{id}^*,r_1^*),(c_2^*,k_2^*)\leftarrow \text{Encap}'(\text{id}^*,r_2^*)$$

计算

$$\overline{k}_1^*\leftarrow \text{Decap}'(\text{sk}_{\text{id}^*},c_1^*),\overline{k}_2^*\leftarrow \text{Decap}'(\text{sk}_{\text{id}^*},c_2^*)$$

随机选取 $S^*\leftarrow_R\{0,1\}^{l_t}$，并计算

$$\hat{k}_1^*=\text{Ext}(\overline{k}_1^*,S^*),\text{Tag}^*\leftarrow \text{Tag}[\overline{k}_2^*,\mathcal{H}(c_1^*,c_2^*,S^*)]$$

输出挑战密文 $C^*=(c_1^*,c_2^*,S^*,\text{Tag}^*)$ 及相应的封装密钥 $k^*=\hat{k}_1^*$。

由底层 IB-KEM $\Pi'=(\text{Setup}',\text{KeyGen}',\text{Encap}',\text{Decap}')$ 解封装算法的正确性可知，

游戏 $\text{Game}_3$ 和游戏 $\text{Game}_2$ 是不可区分的，因此有

$$\left|\Pr[\mathcal{F}_3]-\Pr[\mathcal{F}_2]\right|\leqslant \text{negl}(\kappa)$$

游戏 $\text{Game}_4$：该游戏与游戏 $\text{Game}_3$ 相类似，除了挑战密文的生成阶段之外，该游戏使用从封装密钥空间 $\mathcal{K}$ 中随机选取的封装密钥 $\overline{k}_2^*$ 来计算 $C^*=(c_1^*,c_2^*,S^*,\text{Tag}^*)$ 中的标签元素 $\text{Tag}^*$，具体过程描述如下所示。

计算

$$\text{sk}_{\text{id}}^* \leftarrow \text{KeyGen}'(\text{msk},\text{id}^*)$$

随机选取 $r_1^*,r_2^* \leftarrow_R Z_q^*$，并计算

$$(c_1^*,k_1^*)\leftarrow \text{Encap}'(\text{id}^*,r_1^*),(c_2^*,k_2^*)\leftarrow \text{Encap}'(\text{id}^*,r_2^*)$$

计算

$$\overline{k}_1^* \leftarrow \text{Decap}'(\text{sk}_{\text{id}^*},c_1^*)$$

随机选取 $S^* \leftarrow_R \{0,1\}^{l_t}$ 和 $\overline{k}_2^* \leftarrow_R \mathcal{K}$，并计算

$$\hat{k}_1^* = \text{Ext}(\overline{k}_1^*,S^*),\text{Tag}^* \leftarrow \text{Tag}[\overline{k}_2^*,\mathcal{H}(c_1^*,c_2^*,S^*)]$$

输出挑战密文 $C^*=(c_1^*,c_2^*,S^*,\text{Tag}^*)$ 及相对应的封装密钥 $k^*=\hat{k}_1^*$。

由底层 IB-KEM $\Pi'=(\text{Setup}',\text{KeyGen}',\text{Encap}',\text{Decap}')$ 的安全性可知，封装密钥与封装密钥空间的任意随机值是不可区分的(游戏 $\text{Game}_4$ 和游戏 $\text{Game}_3$ 中的 $\overline{k}_2^*$ 是不可区分的)，则游戏 $\text{Game}_4$ 和游戏 $\text{Game}_3$ 是不可区分的，因此有

$$\left|\Pr[\mathcal{F}_4]-\Pr[\mathcal{F}_3]\right|\leqslant \text{negl}(\kappa)$$

游戏 $\text{Game}_5$：该游戏与游戏 $\text{Game}_4$ 相类似，除了挑战密文的生成阶段，即该游戏使用从封装密钥空间 $\mathcal{K}$ 中随机选取的封装密钥 $\overline{k}_1^*$ 来代替 $C^*=(c_1^*,c_2^*,S^*,\text{Tag}^*)$ 中与元素 $c_1^*$ 相对应的密钥，具体过程描述如下所示。

计算

$$\text{sk}_{\text{id}}^* \leftarrow \text{KeyGen}'(\text{msk},\text{id}^*)$$

随机选取 $r_1^*,r_2^* \leftarrow_R Z_q^*$，并计算

$$(c_1^*,k_1^*)\leftarrow \text{Encap}'(\text{id}^*,r_1^*),(c_2^*,k_2^*)\leftarrow \text{Encap}'(\text{id}^*,r_2^*)$$

随机选取 $S^* \leftarrow_R \{0,1\}^{l_t}$、$\overline{k}_1^* \leftarrow_R \mathcal{K}$ 和 $\overline{k}_2^* \leftarrow_R \mathcal{K}$，并计算

$$\hat{k}_1^* = \text{Ext}(\overline{k}_1^*,S^*),\text{和 Tag}^* \leftarrow \text{Tag}[\overline{k}_2^*,\mathcal{H}(c_1^*,c_2^*)]$$

输出挑战密文 $C^*=(c_1^*,c_2^*,S^*,\text{Tag}^*)$ 及所对应的封装密钥 $k^*=\hat{k}_1^*$。

特别地，在游戏 $\text{Game}_5$ 中，挑战封装密钥 $k^*$ 完全由随机信息生成，即 $k^*$ 是封装

密钥空间 $\{0,1\}^{l_\kappa}$ 中的任意随机值。

由底层 IB-KEM $\Pi' = (\text{Setup}',\text{KeyGen}',\text{Encap}',\text{Decap}')$ 的安全性可知，封装密钥与封装密钥空间的任意随机值是不可区分的(游戏 $\text{Game}_5$ 和游戏 $\text{Game}_4$ 中的 $\overline{k}_1^*$ 是不可区分的)，即游戏 $\text{Game}_5$ 和游戏 $\text{Game}_4$ 是不可区分的，因此有

$$\left|\Pr[\mathcal{F}_5] - \Pr[\mathcal{F}_4]\right| \leqslant \text{negl}(\kappa)$$

由于在游戏 $\text{Game}_0$ 中，$k^*$ 是与封装密文相对应的封密钥；而在游戏 $\text{Game}_5$ 中，$k^*$ 是封装密钥空间上的任意随机值，因此有

$$\text{Adv}_{\text{IB-KEM},\mathcal{A}}^{\text{LR-CCA}}(\kappa,\lambda) = \left|\Pr[\mathcal{F}_5] - \Pr[\mathcal{F}_0]\right|$$

由于游戏 $\text{Game}_5$ 和游戏 $\text{Game}_0$ 是不可区分的，则有 $\left|\Pr[\mathcal{F}_5] - \Pr[\mathcal{F}_0]\right| \leqslant \text{negl}(\kappa)$ 成立，那么

$$\text{Adv}_{\text{IB-KEM},\mathcal{A}}^{\text{LR-CCA}}(\kappa,\lambda) \leqslant \text{negl}(\kappa)$$

由于 $\text{Ext}:\{0,1\}^{l_k} \times \{0,1\}^{l_t} \to \{0,1\}^{l_\kappa}$ 是平均情况的 $(l_k - \lambda, \varepsilon)$-强随机性提取器，由其安全性可知

$$\lambda \leqslant l_k - l_\kappa - \omega(\log \kappa)$$

综上所述，若底层的 $\Pi'$ 是 CPA 安全的 IB-KEM，MAC 是强不可伪造的消息验证码，且 Ext 是平均情况的强随机性提取器，那么对于满足条件 $\lambda \leqslant l_k - l_\kappa - \omega(\log \kappa)$ 的任意泄露参数 $\lambda$，上述 IB-KEM 的通用构造 $\Pi$ 具有抗泄露的 CCA 安全性。

定理 8-1 证毕。

### 8.1.4　CPA 安全的 IB-KEM

上面的通用构造表明，任意的 CPA 安全的 IB-KEM 结合消息验证码和强随机性提取器即可得到 CCA 安全的 IB-KEM，因此，本节将给出 CPA 安全的 IB-KEM 的具体实例。

1) 具体构造

本节实例 $\Pi = (\text{Setup},\text{KeyGen},\text{Encap},\text{Decap})$ 具体包含下面 4 个 PPT 算法。

(1) $(\text{mpk},\text{msk}) \leftarrow \text{Setup}(1^\kappa)$。

运行群生成算法生成相应的元组 $[q, G, g, G_T, e(\cdot)]$，其中 $G$ 是阶为大素数 $q$ 的乘法循环群，$g$ 是群 $G$ 的生成元，$e: G \times G \to G_T$ 是高效可计算的双线性映射。

随机选取 $\alpha \leftarrow_R Z_q^*$ 和 $u, h \leftarrow_R G$，计算主密钥 $\text{msk} = g^\alpha$，并公开系统参数

$$\text{mpk} = \{q, G, g, G_T, e(\cdot), u, h, e(g,g)^\alpha\}$$

(2) $\text{sk}_{\text{id}} \leftarrow \text{KeyGen}(\text{msk},\text{id})$。

随机选取 $r \leftarrow_R Z_q^*$，并计算

$$d_1 = g^{\alpha}(u^{\mathrm{id}}h)^r, d_2 = g^{-r}$$

输出身份 id 所对应的私钥 $\mathrm{sk_{id}} = (d_1, d_2)$。

(3) $(C,k) \leftarrow \mathrm{Encap(id)}$。

随机选取 $z \leftarrow_R Z_q^*$，并计算

$$c_1 = g^z, c_2 = (u^{\mathrm{id}}h)^z$$

输出封装密文 $C=(c_1,c_2)$ 及相对应的封装密钥 $k=e(g,g)^{\alpha z}$。

(4) $k \leftarrow \mathrm{Decap}(d_{\mathrm{id}}, C)$。

输出封装密文 $C=(c_1,c_2)$ 所对应的封装密钥 $k=e(c_1,d_1)e(c_2,d_2)$。

2) 正确性

由下述等式即可获得本书 IB-KEM 实例 $\Pi=(\mathrm{Setup,KeyGen,Encap,Decap})$ 的正确性。

$$\begin{aligned} e(c_1,d_1)e(c_2,d_2) &= e[g^z, g^{\alpha}(u^{\mathrm{id}}h)^r]e[(u^{\mathrm{id}}h)^z, g^{-r}] \\ &= e[g^z, g^{\alpha}]e[g^z,(u^{\mathrm{id}}h)^r]e[(u^{\mathrm{id}}h)^z, g^{-r}] = e(g,g)^{\alpha z} \end{aligned}$$

3) 安全性

下面将基于经典的 DBDH 困难性假设给出上述实例的安全性形式化证明。特别地，本书仅考虑用户私钥的泄露，对主私钥的泄露未考虑。

**定理 8-2**　在选择身份的安全模型下，若存在一个 PPT 敌手 $\mathcal{A}$ 在多项式时间内能以不可忽略的优势 $\mathrm{Adv}_{\text{IB-KEM},\mathcal{A}}^{\text{SID-CPA}}(\kappa)$ 攻破上述 IB-KEM 实例的 CPA 安全性，那么我们就能够构造一个敌手 $\mathcal{B}$ 在多项式时间内能以优势 $\mathrm{Adv}_{\mathcal{B}}^{\text{DBDH}}(\kappa)$ 攻破经典的 DBDH 困难性假设，其中

$$\mathrm{Adv}_{\mathcal{B}}^{\text{DBDH}}(\kappa) \geqslant \mathrm{Adv}_{\text{IB-KEM},\mathcal{A}}^{\text{SID-CPA}}(\kappa)$$

**证明**　敌手 $\mathcal{B}$ 与敌手 $\mathcal{A}$ 开始执行选择身份的 CPA 安全性游戏之前，敌手 $\mathcal{B}$ 从 DBDH 挑战者处获得一个 DBDH 挑战元组 $(g,g^a,g^b,g^c,T)$ 及相应的公开元组 $[q,G,g,G_T,e(\cdot)]$，其中 $a,b,c\in Z_q^*$，$T=e(g,g)^{abc}$ 或 $T\leftarrow_R G_T$（可将 $T$ 表示为 $T=e(g,g)^d$）。敌手 $\mathcal{B}$ 的目标是当 $T=e(g,g)^{abc}$ 时输出 1；否则输出 0。根据选择身份安全模型的要求，在游戏开始之前，敌手 $\mathcal{A}$ 将选定的挑战身份 $\mathrm{id}^*$ 发送给敌手 $\mathcal{B}$。敌手 $\mathcal{A}$ 与敌手 $\mathcal{B}$ 间的消息交互过程如下所示。

(1) 初始化。

初始化阶段敌手 $\mathcal{B}$ 执行下述操作。

令 $u=g^a$，随机选取 $\tilde{h}\leftarrow_R Z_q^*$，计算 $h=(g^a)^{-\mathrm{id}^*}g^{\tilde{h}}$。

计算 $e(g,g)^{\alpha}=e(g^a,g^b)$。特别地，通过上述运算敌手 $\mathcal{B}$ 隐含地设置了 $\alpha=ab$。

发送公开参数 $\mathrm{mpk}=\{q,G,g,G_T,e(\cdot),u,h,e(g,g)^{\alpha}\}$ 给敌手 $\mathcal{A}$。

特别地，$a$ 和 $b$ 由 DBDH 挑战者从 $Z_q^*$ 中均匀随机选取。因此，对于敌手 $\mathcal{A}$ 而言，mpk 中的所有公开参数都是均匀随机的，即模拟游戏与真实环境中的游戏是不可区分的。

(2) 阶段 1。

该阶段敌手 $\mathcal{A}$ 适应性地进行多项式时间次的密钥生成询问。

敌手 $\mathcal{A}$ 能够适应性地对身份空间 $\mathcal{ID}$ 的任意身份 $\text{id} \in \mathcal{ID}(\text{id} \neq \text{id}^*)$ 进行密钥生成询问，敌手 $\mathcal{B}$ 随机选取 $\tilde{r} \leftarrow_R Z_q^*$，输出身份 id 相对应的私钥

$$\text{sk}_{\text{id}} = (d_1, d_2) = \left( (g^b)^{\frac{-\tilde{h}}{\text{id}-\text{id}^*}} (u^{\text{id}} h)^{\tilde{r}}, g^{-\tilde{r}} (g^b)^{\frac{1}{\text{id}-\text{id}^*}} \right)$$

对于任意选取的随机数 $\tilde{r} \leftarrow_R Z_q^*$，存在随机值 $r \in Z_q^*$（$r$ 的随机性由 $\tilde{r}$ 保证），满足 $r = \tilde{r} - \dfrac{b}{\text{id}-\text{id}^*}$，因此有

$$\begin{aligned}
(g^b)^{\frac{-\tilde{h}}{\text{id}-\text{id}^*}} (u^{\text{id}} h)^{\tilde{r}} &= (g^b)^{\frac{-\tilde{h}}{\text{id}-\text{id}^*}} (u^{\text{id}} h)^{r+\frac{b}{\text{id}-\text{id}^*}} \\
&= (g^b)^{\frac{-\tilde{h}}{\text{id}-\text{id}^*}} (u^{\text{id}} h)^{\frac{b}{\text{id}-\text{id}^*}} (u^{\text{id}} h)^r \\
&= (g^b)^{\frac{-\tilde{h}}{\text{id}-\text{id}^*}} (g^{a(\text{id}-\text{id}^*)} g^{\tilde{h}})^{\frac{b}{\text{id}-\text{id}^*}} (u^{\text{id}} h)^r \\
&= g^{ab} (u^{\text{id}} h)^r
\end{aligned}$$

$$g^{-\tilde{r}} (g^b)^{\frac{1}{\text{id}-\text{id}^*}} = g^{-\left(\tilde{r} - \frac{b}{\text{id}-\text{id}^*}\right)} = g^{-r}$$

因此，敌手 $\mathcal{B}$ 为身份 id 生成了随机数为 $r$ 的对应私钥 $\text{sk}_{\text{id}} = (d_1, d_2)$。

(3) 挑战。

敌手 $\mathcal{B}$ 计算

$$c_1 = g^c, c_2 = (g^c)^{\tilde{h}}$$

并输出挑战封装密文 $C^* = (c_1, c_2)$ 及相应的封装密钥 $k^* = T$ 给敌手 $\mathcal{A}$，其中 $(u^{\text{id}^*} h)^c = (g^{a\text{id}^*} (g^a)^{-\text{id}^*} g^{\tilde{h}})^c = (g^c)^{\tilde{h}}$。

(4) 阶段 2。

与阶段 1 相类似，敌手 $\mathcal{A}$ 能够适应性地对任意身份 $\text{id} \in \mathcal{ID}$ 进行密钥生成询问（除了挑战身份 $\text{id}^*$），敌手 $\mathcal{B}$ 按与阶段 1 相同的方式返回相应的应答 $\text{sk}_{\text{id}}$。

(5) 输出。

敌手 $\mathcal{A}$ 输出对封装密钥 $k^*$ 的判断 $\omega$。若 $\omega=1$，则敌手 $\mathcal{B}$ 输出 1，意味着挑战元组是 DBDH 元组；否则输出 0，即挑战元组是非 DBDH 元组。

当 $T = e(g,g)^{abc}$ 时，由于 $\alpha = ab$，有 $k^* = T = e(g,g)^{abc} = e(g,g)^{\alpha c}$，则 $k^*$ 是挑战密文 $C^* = (c_1, c_2)$ 所对应的有效封装密钥；当 $T = e(g,g)^d$ 时，有 $k^* = e(g,g)^d$ 且 $d \leftarrow_R Z_q^*$，则 $k^*$ 是封装密钥空间上的任意随机值。

综上所述，在选择身份的安全模型中，如果 PPT 敌手 $\mathcal{A}$ 能以不可忽略的优势 $\mathrm{Adv}_{\text{IB-KEM},\mathcal{A}}^{\text{SID-CPA}}(\kappa)$ 攻破本书 IB-KEM 实例的 CPA 安全性，且敌手 $\mathcal{B}$ 将敌手 $\mathcal{A}$ 以子程序的形式运行，那么敌手 $\mathcal{B}$ 就能以显而易见的优势

$$\mathrm{Adv}_{\mathcal{B}}^{\text{DBDH}}(\kappa) \geqslant \mathrm{Adv}_{\text{IB-KEM},\mathcal{A}}^{\text{SID-CPA}}(\kappa)$$

攻破 DBDH 困难性假设。

定理 8-2 证毕。

4) 用户私钥更新

已有的研究表明能够基于定期的密钥更新操作将有界泄露容忍的密码机制转换为抵抗连续泄露攻击的密码机制。基于该结论，本节将为上述 IB-KEM 实例设计相应的密钥更新算法，定期完成对用户私钥的更新任务。

密钥更新算法 $\mathrm{sk}'_{\mathrm{id}} \leftarrow \mathrm{Update}(\mathrm{sk}_{\mathrm{id}}, \mathrm{id})$：对于输入的原始用户私钥 $\mathrm{sk}_{\mathrm{id}} = (d_1, d_2)$，密钥更新算法输出更新后的用户私钥 $\mathrm{sk}'_{\mathrm{id}} = (d'_1, d'_2)$，具体操作如下所示。

随机选取 $r_i \leftarrow_R Z_q^*$，并计算

$$d'_1 = d_1 (u^{\mathrm{id}} h)^{r_i} \text{ 和 } d'_2 = d_2 g^{-r_i}$$

输出身份 id 更新后的私钥 $\mathrm{sk}'_{\mathrm{id}} = (d'_1, d'_2)$。

对于任意的更新索引 $j$，第 $j$ 次执行密钥更新算法后的私钥为

$$\mathrm{sk}_{\mathrm{id}}^j = (d_1^j, d_2^j) = \left( g_2^{\alpha} (u^{\mathrm{id}} h)^{r + \sum_{i=1}^{j} r_i}, g^{-\left(r + \sum_{i=1}^{j} r_i\right)} \right)$$

那么对于任意敌手而言，$\mathrm{sk}_{\mathrm{id}}^j = (d_1^j, d_2^j)$ 与密钥生成算法 KeyGen 输出的原始私钥 $\mathrm{sk}_{\mathrm{id}} = (d_1, d_2)$ 是不可区分的。特别地，第 $j$ 次执行密钥更新算法输出的更新私钥 $\mathrm{sk}_{\mathrm{id}}^j$ 相当于密钥生成算法 KeyGen 生成的随机数为 $r + \sum_{i=i}^{j} r_i$ 的用户私钥，因此密钥更新算法未改变 IB-KEM 的性能和安全性。

### 8.1.5 CPA 安全的 HIB-KEM

将本书通用构造的相关结论推广到身份分层的 IB-KEM 中，则有 CPA 安全的 HIB-KEM 结合消息验证码和强随机性提取器即可得到 CCA 安全的 HIB-KEM，因此，本节将给出 CPA 安全的 HIB-KEM 的具体实例。

1) 具体构造

本节 CPA 安全的 HIB-KEM 的具体实例中各算法的具体运算过程如下所示。

(1) $(\mathrm{mpk}, \mathrm{msk}) \leftarrow \mathrm{Setup}'(1^{\kappa})$。

以安全参数 $\kappa$ 作为输入运行群生成算法 $\mathcal{G}(1^{\kappa})$，输出相应的公开元组

$[q,g,G,G_T,e(\cdot)]$；并且设定 HIB-KEM 的身份最大深度值是 $l$。

随机选取 $a \in Z_q^*$，并计算 $g_1 = g^a$。

随机选取 $g_2,h,u_1,u_2,\cdots,u_l \in G$，并公开相应的系统公开参数 mpk，同时秘密保存系统主密钥 $\mathrm{msk} = g_2^a$，其中 $\mathrm{mpk} = [q,g,G,G_T,e(\cdot),g_1,g_2,h,u_1,u_2,\cdots,u_l]$。

(2) $\mathrm{sk}_{\mathrm{id}_k} \leftarrow \mathrm{KeyGen}'(\mathrm{msk},\mathrm{id}_k)$。

随机选取 $r \in Z_q^*$，输出身份 $\mathrm{id}_k = (I_1,I_2,\cdots,I_k)_{k\leqslant l}$ 所对应的私钥

$$\mathrm{sk}_{\mathrm{id}_k} = (d_1,d_2,\omega_{k+1},\omega_{k+2},\cdots,\omega_l) = [g_2^a(u_1^{I_1}u_2^{I_2}\cdots u_k^{I_k}h)^r, g^r, u_{k+1}^r, u_{k+2}^r,\cdots,u_l^r]$$

(3) $\mathrm{sk}_{\mathrm{id}_k} \leftarrow \mathrm{Delegate}'(\mathrm{sk}_{\mathrm{id}_{k-1}},\mathrm{id}_k)$。

对于 $\mathrm{sk}_{\mathrm{id}_{k-1}} = (d_1',d_2',\omega_k',\omega_{k+1}',\cdots,\omega_l')$ 和 $\mathrm{id}_k = (I_1,I_2,\cdots,I_k)_{k\leqslant l}$，密钥派生算法具体包含下述过程。

随机选取 $t \in Z_q^*$，输出身份 $\mathrm{id}_k = (I_1,I_2,\cdots,I_k)_{k\leqslant l}$ 所对应的私钥

$$\mathrm{sk}_{\mathrm{id}_k} = (d_1,d_2,\omega_{k+1},\cdots,\omega_l) = [d_1'(u_1^{I_1}u_2^{I_2}\cdots u_k^{I_k}h)^t(\omega_k')^{I_k}, d_2'g^t, \omega_{k+1}'u_{k+1}^t,\cdots,\omega_l'u_l^r]$$

已知

$$\mathrm{sk}_{\mathrm{id}_{k-1}} = (d_1',d_2',\omega_k',\omega_{k+1}',\cdots,\omega_l') = [g_2^a(u_1^{I_1}u_2^{I_2}\cdots u_{k-1}^{I_{k-1}}h)^r, g^r, u_k^r, u_{k+1}^r,\cdots,u_l^r]$$

那么有

$$\begin{aligned}
d_1'(u_1^{I_1}u_2^{I_2}\cdots u_k^{I_k}h)^t(\omega_k')^{I_k} &= g_2^a(u_1^{I_1}u_2^{I_2}\cdots u_{k-1}^{I_{k-1}}h)^r(u_1^{I_1}u_2^{I_2}\cdots u_k^{I_k}h)^t(u_k^{I_k})^r \\
&= g_2^a(u_1^{I_1}u_2^{I_2}\cdots u_k^{I_k}h)^{r+t} \\
d_2'g^t &= g^{r+t}\omega_{k+1}'u_{k+1}^t = u_{k+1}^{r+t} \\
&\vdots \\
\omega_l'u_l^t &= u_l^{r+t}
\end{aligned}$$

因此，密钥派生算法基于第 $k-1$ 层身份 $\mathrm{id}_{k-1}$ 的私钥 $\mathrm{sk}_{\mathrm{id}_{k-1}}$，为第 $k$ 层身份 $\mathrm{id}_k$ 生成了随机数为 $r+t \in Z_q^*$ 的合法私钥 $\mathrm{sk}_{\mathrm{id}_k}$。

(4) $(C,k) \leftarrow \mathrm{Encap}'(\mathrm{id}_k,M)$，其中 $\mathrm{id}_k = (I_1,I_2,\cdots,I_k)_{k\leqslant l}$。

随机选取 $s \in Z_q^*$，并计算

$$c_1 = g^s, c_1 = (u_1^{I_1}u_2^{I_2}\cdots u_k^{I_k}h)^{-s}$$

输出封装密文 $C = (c_1,c_2)$ 及相对应的封装密钥 $k = e(g_1,g_2)^s$。

(5) $k \leftarrow \mathrm{Decap}'(\mathrm{sk}_{\mathrm{id}},C)$。

输出封装密文 $C=(c_1,c_2)$ 所对应的封装密钥 $k = e(c_1,d_1)e(c_2,d_2)$。

2) 正确性

上述 HIB-KEM 实例的正确性可由下述等式获得。

$$\begin{aligned}e(c_1,d_1)e(c_2,d_2)&=e[g^s,g_2^a(u_1^{I_1}u_2^{I_2}\cdots u_k^{I_k}h)^r]e[(u_1^{I_1}u_2^{I_2}\cdots u_k^{I_k}h)^{-s},g^r]\\&=e(g^s,g_2^a)e[(u_1^{I_1}u_2^{I_2}\cdots u_k^{I_k}h),g]^{sr}e[g,(u_1^{I_1}u_2^{I_2}\cdots u_k^{I_k}h)]^{-sr}\\&=e(g_1,g_2)^s\end{aligned}$$

3) 安全性

本节将基于判定性 BDHE 假设，在选择身份安全模型下对上述 HIB-KEM 构造的 CPA 安全性进行证明。

**定理 8-3**　在选择身份的安全模型下，若存在一个 PPT 敌手 $\mathcal{A}$ 在多项式时间内能以不可忽略的优势 $\mathrm{Adv}_{\text{HIB-KEM},\mathcal{A}}^{\text{SID-CPA}}(\kappa)$ 攻破上述 HIB-KEM 实例的 CPA 安全性，那么就能够构造一个敌手 $\mathcal{B}$ 在多项式时间内能以优势 $\mathrm{Adv}_{\mathcal{B}}^{\text{BDHE}}(\kappa)$ 攻破 BDHE 困难性假设，其中

$$\mathrm{Adv}_{\mathcal{B}}^{\text{BDHE}}(\kappa)\geqslant\mathrm{Adv}_{\text{HIB-KEM},\mathcal{A}}^{\text{SID-CPA}}(\kappa)$$

对于任意未知的随机数 $\alpha,c\in Z_q^*$，令 $x=g^c$ 和 $y_i=g^{\alpha^i}\ (i=1,\cdots,\mu-1,\mu+1,\cdots,l)$，那么当 $T=e(x,y_\mu)$ 时，称元组 $(g,x,y_1,\cdots,y_{\mu-1},y_{\mu+1},\cdots,y_{2\mu},T)$ 是 BDHE 元组，否则 $T\leftarrow_R G_T$，称其为非 BDHE 元组。

**证明**　敌手 $\mathcal{B}$ 在与敌手 $\mathcal{A}$ 进行 HIB-KEM 的选择身份的 CPA 安全性游戏之前，首先收到来自判定性 BDHE 假设挑战者的挑战元组 $(g,x,y_1,y_2,\cdots,y_l,y_{l+2},\cdots,y_{2l+2},T)$，其中 $x=g^c$，$y_i=g^{\alpha^i}\ (i=1,2,\cdots,l,l+2,\cdots,2l+2)$，$T=e(g,x)^{\alpha^{l+1}}$ 或 $T\leftarrow_R G_T$。敌手 $\mathcal{B}$ 的目标是当 $T$=$e(g,x)^{\alpha^{l+1}}$ 时输出 1，否则输出 0。此外，需要说明的是挑战元组缺少的是第 $l+1$ 项，即 $y_{l+1}$ 是未知的。

特别地，由于 $y_i=g^{\alpha^i}$，那么 $y_i^{\alpha^j}=(g^{\alpha^i})^{\alpha^j}=g^{\alpha^i\alpha^j}=g^{\alpha^{i+j}}=y_{i+j}$。

敌手 $\mathcal{A}$ 在敌手 $\mathcal{B}$ 进行系统初始化之前，发送选定的挑战身份 $\mathrm{id}_k^*=(I_1^*,I_2^*,\cdots,I_k^*)_{k\leqslant l}$ 给敌手 $\mathcal{B}$。若 $k<l$，则敌手 $\mathcal{B}$ 将对身份 $\mathrm{id}_k^*$ 进行扩充，对其补充 $l-k$ 个 0，使得挑战身份 $\mathbf{id}_k^*=\left(I_1^*,I_2^*,\cdots,I_k^*,\underbrace{0,\cdots,0}_{l-k}\right)$ 是一个长度为 $l$ 的向量。敌手 $\mathcal{A}$ 在敌手 $\mathcal{B}$ 间的消息交互过程具体叙述如下所示。

(1) 初始化。

该阶段敌手 $\mathcal{B}$ 主要进行下述操作。

随机选取 $r\in Z_q^*$，并计算

$$g_1=y_1=g^\alpha,\ g_2=y_l\cdot g^r=g^{r+\alpha^l}$$

随机选取 $r_1,r_2,\cdots,r_l\in Z_q^*$，对于 $i=1,2,\cdots,l$，计算

$$u_i=\frac{g^{r_i}}{y_{l-i+1}}$$

随机选取 $\eta\in Z_q^*$，并计算

$$h = g^{\eta} \prod_{i=1}^{l} y_{l-i+1}^{I_i^*}$$

发送系统公开参数 $\text{mpk} = \{g, g_1, g_2, u_1, u_2, \cdots, u_l, h\}$ 给敌手 $\mathcal{A}$ 。

特别地，通过上述计算敌手 $\mathcal{B}$ 隐含地设置系统主私钥为 $g_2^{\alpha} = g^{\alpha(\alpha^l + r)} = y_{l+1} y_1^r$，由于 $y_{l+1}$ 是未知的，因此敌手 $\mathcal{B}$ 并不掌握主私钥。此外，因为 $\alpha$ 是由 BDHE 挑战者从 $Z_q^*$ 中随机选取的，所以对于敌手 $\mathcal{A}$ 而言，mpk 中的所有公开参数都是均匀随机的，即模拟游戏与真实环境中的游戏是不可区分的。

(2) 阶段 1。

该阶段敌手 $\mathcal{A}$ 适应性地进行多项式时间次的密钥生成询问。

敌手 $\mathcal{A}$ 能够适应性地对身份空间 $\mathcal{ID}$ 的任意身份 $\text{id}=(I_1, I_2, \cdots, I_u) \in (Z_q^*)^{\mu}$（其中 $\mu \leqslant l$）进行密钥生成询问，且要求询问身份 id 不能跟挑战身份 $\text{id}^*$ 相同，并且不能是挑战身份 $\text{id}^*$ 的前缀。也就是说，存在 $t \in \{1, 2, \cdots, \mu\} (t \leqslant l)$ 满足 $I_t \neq I_t^*$ 。为了应答 $\text{id}_{\mu}=(I_1, I_2, \cdots, I_t, \cdots, I_{\mu})$ 的私钥 $\text{sk}_{\text{id}_{\mu}}$，首先生成身份 $\text{id}_t=(I_1, I_2, \cdots, I_t)$ 所对应的私钥 $\text{sk}_{\text{id}_t}$，然后通过多次调用密钥派生算法生成身份 $\text{id}_{\mu}$ 对应的私钥 $\text{sk}_{\text{id}_{\mu}}$ 。

敌手 $\mathcal{B}$ 随机选取 $\tilde{\gamma} \leftarrow_R Z_q^*$，并输出身份 $\text{id}_t=(I_1, I_2, \cdots, I_t)$ 相对应的私钥

$$\text{sk}_{\text{id}_t} = \left( \begin{array}{c} y_1^r \left( y_t^{\frac{\eta - \sum_{i=1}^{t} I_i r_i}{I_t - I_t^*}} \prod_{i=1}^{t-1} y_{l-i+t+1}^{\frac{I_i^* - I_i}{I_t - I_t^*}} \prod_{i=t+1}^{l} y_{l-i+t+1}^{\frac{I_i^*}{I_t - I_t^*}} \right) (u_1^{I_1} u_2^{I_2} \cdots u_t^{I_t} h)^{\tilde{\gamma}}, \\ y_t^{\frac{1}{I_t - I_t^*}} g^{\tilde{\gamma}}, \dfrac{y_t^{\frac{r_{t+1}}{I_t - I_t^*}}}{y_l^{\frac{1}{I_t - I_t^*}}} u_{t+1}^{\tilde{\gamma}}, \cdots, \dfrac{y_t^{\frac{r_l}{I_t - I_t^*}}}{y_{t+1}^{\frac{1}{I_t - I_t^*}}} u_l^{\tilde{\gamma}} \end{array} \right)$$

已知

$$u_1^{I_1} u_2^{I_2} \cdots u_t^{I_t} h = \prod_{i=1}^{t} g^{I_i r_i} y_{l-i+1}^{-I_i} g^{\eta} \prod_{i=1}^{l} y_{l-i+1}^{I_i^*} = g^{\eta + \sum_{i=1}^{t} I_i r_i} \cdot \prod_{i=1}^{t-1} y_{l-i+1}^{I_i^* - I_i} \cdot y_{l-t+1}^{I_t^* - I_t} \cdot \prod_{i=t+1}^{l} y_{l-i+1}^{I_i^*}$$

对于任意的随机数 $\tilde{\gamma} \leftarrow_R Z_q^*$，存在随机数 $\gamma \in Z_q^*$，满足 $\gamma = \dfrac{\alpha^t}{I_t - I_t^*} + \tilde{\gamma} \in Z_q^*$，那么有

$$\begin{aligned} & y_1^r \left( y_t^{\frac{\eta + \sum_{i=1}^{t} I_i r_i}{I_t - I_t^*}} \prod_{i=1}^{t-1} y_{l-i+t+1}^{\frac{I_i^* - I_i}{I_t - I_t^*}} \prod_{i=t+1}^{l} y_{l-i+t+1}^{\frac{I_i^*}{I_t - I_t^*}} \right) (u_1^{I_1} u_2^{I_2} \cdots u_t^{I_t} h)^{\tilde{\gamma}} \\ = {} & y_{l+1} y_1^r \left( y_t^{\frac{\eta + \sum_{i=1}^{t} I_i r_i}{I_t - I_t^*}} \prod_{i=1}^{t-1} y_{l-i+t+1}^{\frac{I_i^* - I_i}{I_t - I_t^*}} y_{l+1}^{-1} \prod_{i=t+1}^{l} y_{l-i+t+1}^{\frac{I_i^*}{I_t - I_t^*}} \right) (u_1^{I_1} u_2^{I_2} \cdots u_t^{I_t} h)^{\tilde{\gamma}} \\ = {} & g_2^{\alpha} \left( g^{\eta + \sum_{i=1}^{t} I_i r_i} \prod_{i=1}^{t-1} y_{l-i+1}^{I_i^* - I_i} y_{l-t+1}^{I_t^* - I_t} \prod_{i=t+1}^{l} y_{l-i+1}^{I_i^*} \right)^{\frac{\alpha^t}{I_t - I_t^*}} (u_1^{I_1} u_2^{I_2} \cdots u_t^{I_t} h)^{\tilde{\gamma}} \end{aligned}$$

$$= g_2^{\alpha}(u_1^{I_1}u_2^{I_2}\cdots u_t^{I_t}h)^{\frac{\alpha^t}{I_t - I_t^*}}(u_1^{I_1}u_2^{I_2}\cdots u_t^{I_t}h)^{\tilde{\gamma}}$$

$$= g_2^{\alpha}(u_1^{I_1}u_2^{I_2}\cdots u_t^{I_t}h)^{\tilde{\gamma}+\frac{\alpha^t}{I_t - I_t^*}} = g_2^{\alpha}(u_1^{I_1}u_2^{I_2}\cdots u_t^{I_t}h)^{\gamma}$$

$$y_t^{\frac{1}{I_t - I_t^*}} g^{\tilde{\gamma}} = g^{\frac{\alpha^t}{I_t - I_t^*}} g^{\tilde{\gamma}} = g^{\tilde{\gamma}+\frac{\alpha^t}{I_t - I_t^*}} = g^{\gamma}$$

$$\frac{y_t^{\frac{r_{t+1}}{I_t - I_t^*}}}{y_l^{\frac{1}{I_t - I_t^*}}} u_{t+1}^{\tilde{\gamma}} = \left(\frac{g^{r_{t+1}}}{y_{l-t}}\right)^{\frac{\alpha^t}{I_t - I_t^*}} u_{t+1}^{\tilde{\gamma}} = u_{t+1}^{\tilde{\gamma}+\frac{\alpha^t}{I_t - I_t^*}} = u_{t+1}^{\gamma}$$

$$\vdots$$

$$\frac{y_t^{\frac{r_l}{I_t - I_t^*}}}{y_{t+1}^{\frac{1}{I_t - I_t^*}}} u_l^{\tilde{\gamma}} = \left(\frac{g^{r_l}}{y_1}\right)^{\frac{\alpha^t}{I_t - I_t^*}} u_{t+1}^{\tilde{\gamma}} = u_l^{\tilde{\gamma}+\frac{\alpha^t}{I_t - I_t^*}} = u_l^{\gamma}$$

由于随机数 $\gamma \leftarrow_R Z_q^*$（$\gamma$ 的随机性由 $\tilde{\gamma}$ 保证），则敌手 $\mathcal{B}$ 输出了身份 $\mathrm{id}_t = (I_1, I_2, \cdots, I_t)$ 对应的有效私钥

$$\mathrm{sk}_{\mathrm{id}_t} = [g_2^{\alpha}(u_1^{I_1}u_2^{I_2}\cdots u_t^{I_t}h)^{\gamma}, g^{\gamma}, u_{t+1}^{\gamma}, u_{t+2}^{\gamma}, \cdots, u_l^{\gamma}]$$

(3) 挑战。

敌手 $\mathcal{B}$ 计算

$$c_1 = x,\ c_2 = (x)^{-\left(\eta + \sum_{i=1}^{t} I_i^* r_i\right)}$$

并输出挑战密文 $C^* = (c_1, c_2)$ 及相应的封装密钥 $k^* = T \cdot e(y_1, x^r)$ 给敌手 $\mathcal{A}$，其中

$$\begin{aligned} c_2 = (x)^{-\left(\eta + \sum_{i=1}^{t} I_i^* r_i\right)} &= (g^c)^{-\left(\eta + \sum_{i=1}^{t} I_i^* r_i\right)} \\ &= \left[\prod_{i=1}^{l}\left(\frac{g^{r_i}}{y_{l-i+1}}\right)^{I_i^*} g^{\eta} \prod_{i=1}^{l} y_{l-i+1}^{I_i^*}\right]^{-c} \\ &= (u_1^{I_1^*}u_2^{I_1^*}\cdots u_l^{I_l^*}h)^{-c} \end{aligned}$$

(4) 阶段 2。

与阶段 1 相类似，敌手 $\mathcal{A}$ 能够适应性地对任意身份 $\mathrm{id}_{\mu}$ 进行密钥生成询问(除了挑战身份 $\mathrm{id}_k^*$)，敌手 $\mathcal{B}$ 按与阶段 1 相同的方式返回相应的应答 $\mathrm{sk}_{\mathrm{id}_{\mu}}$。

(5) 输出。

敌手 $\mathcal{A}$ 输出对封装密钥 $k^*$ 的判断 $\omega$。若 $\omega$=1，则敌手 $\mathcal{B}$ 输出 1，意味着挑战元组是 BDHE 元组；否则输出 0，即挑战元组是非 BDHE 元组。

若 $T = e(g, x)^{\alpha^{l+1}}$，则有

$$k = e(g, x)^{\alpha^{l+1}} \cdot e(y_1, x^r) = (e(y_1, y_l) \cdot e(y_1, g^r))^c = e(y_1, y_l g^r)^c = e(g_1, g_2)^c$$

因此，当 $T=e(g,x)^{\alpha^{l+1}}$ 时，$k^*$ 是挑战密文 $C^*=(c_1,c_2)$ 所对应的有效封装密钥；否则 $T\leftarrow_R G_T$ 时，$k^*$ 是封装密钥空间上的一个随机值。

综上所述，在选择身份的安全模型下，若敌手 $\mathcal{A}$ 能以不可忽略的优势 $\mathrm{Adv}_{\text{HIB-KEM},\mathcal{A}}^{\text{SID-CPA}}(\kappa)$ 攻破上述 HIB-KEM 实例的 CPA 安全性，且敌手 $\mathcal{B}$ 将敌手 $\mathcal{A}$ 以子程序的形式运行，那么敌手 $\mathcal{B}$ 才能以显而易见优势

$$\mathrm{Adv}_{\mathcal{B}}^{\text{BDHE}}(\kappa)\geqslant \mathrm{Adv}_{\text{HIB-KEM},\mathcal{A}}^{\text{SID-CPA}}(\kappa)$$

攻破 BDHE 困难性假设。

定理 8-3 证毕。

4) 用户私钥更新

与上面构造相类似，本节将为 HIB-KEM 实例设计相应的密钥更新算法。

密钥更新算法 $\mathrm{sk}'_{\mathrm{id}_k}\leftarrow \mathrm{Update}'(\mathrm{sk}_{\mathrm{id}_k},\mathrm{id}_k)$：对于输入的原始私钥 $\mathrm{sk}_{\mathrm{id}_k}=(d_1,d_2,\omega_{k+1},\cdots,\omega_l)$，输出更新后的用户私钥 $\mathrm{sk}'_{\mathrm{id}_k}=(d'_1,d'_2,\omega'_{k+1},\cdots,\omega'_l)$，具体操作如下所示。

随机选取 $r_i\leftarrow_R Z_q^*$，并计算

$$\mathrm{sk}'_{\mathrm{id}_k}=(d'_1,d'_2,\omega'_{k+1},\cdots,\omega'_l)=[d_1(u_1^{I_1}u_2^{I_2}\cdots u_k^{I_k}h)^{r_i},d_2g^{r_i},\omega_{k+1}u_{k+1}^{r_i},\cdots,\omega_l u_l^{r_i}]$$

输出身份 $\mathrm{id}_k$ 更新后的私钥 $\mathrm{sk}'_{\mathrm{id}_k}=(d'_1,d'_2,\omega'_{k+1},\cdots,\omega'_l)$。

对于任意的更新索引 $j$，第 $j$ 次执行密钥更新算法后的私钥为

$$\mathrm{sk}^j_{\mathrm{id}_k}=(d^j_1,d^j_2,\omega^j_{k+1},\cdots,\omega^j_l)=\left[g_2^{\alpha}(u_1^{I_1}u_2^{I_2}\cdots u_k^{I_k}h)^{r+\sum_{i=1}^{j}r_i},g^{r+\sum_{i=1}^{j}r_i},u_{k+1}^{r+\sum_{i=1}^{j}r_i},\cdots,u_l^{r+\sum_{i=1}^{j}r_i}\right]$$

那么对于任意敌手而言，$\mathrm{sk}^j_{\mathrm{id}_k}=(d^j_1,d^j_2,\omega^j_{k+1},\cdots,\omega^j_l)$ 与密钥生成算法输出的原始私钥 $\mathrm{sk}_{\mathrm{id}_k}=(d_1,d_2,\omega_{k+1},\cdots,\omega_l)$ 是不可区分的。特别地，第 $j$ 次执行密钥更新算法输出的更新私钥 $\mathrm{sk}^j_{\mathrm{id}_k}$ 相当于密钥生成算法输出的随机数为 $r+\sum\limits_{i=1}^{j}r_i$ 的用户私钥，因此密钥更新算法未改变 HIB-KEM 的性能和安全性。

## 8.2　抗泄露的无证书密钥封装机制

CL-KEM 是在文献[8]中提出的，文献[9]进一步扩展了 CL-KEM 的性能，提出了无证书门限密钥封装机制。为了提升 CL-KEM 的抗泄露攻击的能力，文献[10]提出了第一个抗泄露的 CL-KEM，并在通用的双线性群模型中对机制的安全性进行了形式证明；然而，该机制是基于双线性映射构造的，导致其计算效率较低。针对上述不足，本节将以 CL-KEM 为研究对象进一步提升抗泄露 CL-KEM 的计算效率和泄露容忍性。

### 8.2.1　CL-KEM 的形式化定义

一个 CL-KEM 包含下述 7 个 PPT 算法，各算法的具体描述如下所示。

(1) $(\text{Params}, \text{msk}) \leftarrow \text{Setup}(1^{\kappa})$。初始化算法Setup由KGC负责运行，以系统安全参数$\kappa$为输入，输出相应的系统公开参数Params和主密钥msk，其中Params定义了系统的用户身份空间$\mathcal{ID}$、封装密钥空间$\mathcal{K}$、封装密文空间$\mathcal{C}$和用户私钥空间$\mathcal{SK}$。此外，Params是其他算法的隐含输入，为了方便起见，下述算法的输入列表并未将其列出。

(2) $y_{\text{id}} \leftarrow \text{Partial-Key-Extraction}(\text{id}, \text{msk})$。随机化的部分密钥生成算法Partial-Key-Extraction由KGC负责运行，输入用户身份$\text{id} \in \mathcal{ID}$及主密钥msk，输出id所对应的部分私钥$y_{\text{id}}$。特别地，多数情况下该算法在输出部分私钥$y_{\text{id}}$的同时，也会生成用户的部分公钥$Y_{\text{id}}$，即$(y_{\text{id}}, Y_{\text{id}}) \leftarrow \text{Partial-Key-Extraction}(\text{id}, \text{msk})$。

(3) $x_{\text{id}} \leftarrow \text{Set-Secret-Value}(\text{id})$。随机化的秘密值生成算法Set-Secret-Value由用户负责执行，输入用户身份$\text{id} \in \mathcal{ID}$，输出id所对应的秘密值$x_{\text{id}}$。

(4) $\text{sk}_{\text{id}} \leftarrow \text{Set-Private-Key}(x_{\text{id}}, y_{\text{id}})$。私钥生成算法Set-Private-Key由用户负责执行，输入用户的部分私钥$y_{\text{id}}$及用户的秘密值$x_{\text{id}}$，输出用户的私钥$\text{sk}_{\text{id}}$。

(5) $\text{pk}_{\text{id}} \leftarrow \text{Set-Public-Key}(Y_{\text{id}}, x_{\text{id}})$。公钥生成算法Set-Public-Key的输入为用户的秘密值$x_{\text{id}}$及用户的部分公钥$Y_{\text{id}}$，输出用户的公钥$\text{pk}_{\text{id}}$。

(6) $(C, k) \leftarrow \text{Encap}(\text{id}, \text{pk}_{\text{id}})$。随机化的密钥封装算法由用户负责执行。对于输入的任意身份$\text{id} \in \mathcal{ID}$及相应的公钥$\text{pk}_{\text{id}}$，封装算法Encap输出相应的封装密文$C \in \mathcal{C}$和封装密钥$k \in \mathcal{K}$。

(7) $k \leftarrow \text{Decap}(\text{sk}_{\text{id}}, C)$。确定性的解封装算法由用户负责执行。输入身份id所对应的封装密文$C$和私钥$\text{sk}_{\text{id}}$，输出相应的封装密钥$k$。

特别地，方案设计时，使用一个交互式的密钥生成算法KeyGen实现部分密钥生成、秘密值设定、私钥设定和公钥设定等4个算法的功能，因此CL-KEM由4个PPT算法组成，即$\Pi = (\text{Setup}, \text{KeyGen}, \text{Encap}, \text{Decap})$，其中$(\text{pk}_{\text{id}}, \text{sk}_{\text{id}}) \leftarrow \text{KeyGen}(\text{msk}, \text{id})$。随机化的密钥生成算法KeyGen是用户id与KGC间的交互式算法，生成用户id的公钥$\text{pk}_{\text{id}}=(X_{\text{id}}, Y_{\text{id}})$和私钥$\text{sk}_{\text{id}}=(x_{\text{id}}, y_{\text{id}})$，其中$x_{\text{id}}$是用户设定的秘密值，$(y_{\text{id}}, Y_{\text{id}})$是由KGC生成的部分密钥，$X_{\text{id}}$是由秘密值$x_{\text{id}}$所决定的公开信息。

对于CL-KEM而言，任意的身份$\text{id} \in \mathcal{ID}$，有

$$\Pr[k \neq k' \ | (C, k) \leftarrow \text{Encap}(\text{id}, \text{pk}_{\text{id}}), k' \leftarrow \text{Decap}(\text{sk}_{\text{id}}, C)] \leqslant \text{negl}(\kappa)$$

成立，其中$(\text{mpk}, \text{msk}) \leftarrow \text{Setup}(1^{\kappa})$和$(\text{pk}_{\text{id}}, \text{sk}_{\text{id}}) \leftarrow \text{KeyGen}(\text{msk}, \text{id})$。

### 8.2.2 CL-KEM 泄露容忍的安全性

与CL-PKE相类似，在CL-KEM机制中同样将攻击敌手分为$\mathcal{A}^1$和$\mathcal{A}^2$两类。

(1) 第一类敌手$\mathcal{A}^1$：此类敌手无法掌握系统的主密钥，但其具有替换合法用户公钥的能力，则$\mathcal{A}^1$类敌手为恶意的用户。此外，对此类敌手的限制如下所示。

①敌手$\mathcal{A}^1$不能对挑战身份进行私钥和部分私钥提取询问。

②敌手$\mathcal{A}^1$在挑战阶段之前不能替换挑战身份所对应的公钥。

(2)第二类敌手$\mathcal{A}^2$：此类敌手可掌握系统的主密钥，但其不具有替换合法用户公钥的能力，则$\mathcal{A}^2$类敌手为恶意的 KGC。此外，对此类敌手的限制如下所示。

①敌手$\mathcal{A}^2$不能对挑战身份进行私钥提取询问。

②敌手$\mathcal{A}^2$不能替换任何用户的公钥。

如果不存在 PPT 敌手$\mathcal{A}^1$，能以不可忽略的优势在下述安全性实验$\mathrm{Exp}_{\text{CL-KEM},\mathcal{A}^1}^{\text{LR-CCA}}(\kappa,\lambda)$中获胜，则 CL-KEM 在第一类敌手$\mathcal{A}^1$的适应性选择密文攻击下具有不可区分性。在$\mathrm{Exp}_{\text{CL-KEM},\mathcal{A}^1}^{\text{LR-CCA}}(\kappa,\lambda)$中，敌手$\mathcal{A}^1$的目标是判断挑战信息$k_\beta$是密钥封装算法为挑战身份$\mathrm{id}^*$生成的对应封装密钥$k_1$，还是挑战者从封装密钥空间$\mathcal{K}$中选取的随机值$k_0$。

$\underline{\mathrm{Exp}_{\text{CL-KEM},\mathcal{A}^1}^{\text{LR-CCA}}(\kappa,\lambda):}$

$(\mathrm{Params},\mathrm{msk})\leftarrow \mathrm{Setup}(1^\kappa);$

$\mathrm{id}^*\leftarrow(\mathcal{A}^1)^{\mathcal{O}^{\mathrm{KeyGen}}(\cdot),\mathcal{O}_{\mathrm{sk_{id}}}^{\lambda,\kappa}(\cdot),\mathcal{O}^{\mathrm{Decap}}(\cdot)}(\mathrm{Params});$

$(C^*,k_1)=\mathrm{Encap}(\mathrm{id}^*)$ 和 $k_0\leftarrow_R \mathcal{K};$

$\beta\leftarrow_R\{0,1\}$

$\beta\leftarrow(\mathcal{A}^1)^{\mathcal{O}_{\neq\mathrm{id}^*}^{\mathrm{KeyGen}}(\cdot),\mathcal{O}_{\neq(\mathrm{id}^*,C^*)}^{\mathrm{Decap}}(\cdot)}(\mathrm{Params},C^*,k_\beta);$

If $\beta=1$, output 1; Otherwise, output 0。

其中，$\mathcal{K}$为 CL-KEM 的封装密钥空间；$\mathcal{O}_{\mathrm{sk_{id}}}^{\lambda,\kappa}(\cdot)$是泄露谕言机，敌手$\mathcal{A}^1$可获得任何身份 id 对应私钥$\mathrm{sk_{id}}$的泄露信息；$\mathcal{O}^{\mathrm{KeyGen}}(\cdot)$表示敌手$\mathcal{A}^1$向挑战者$\mathcal{C}$做任意身份的私钥提取询问；$\mathcal{O}_{\neq\mathrm{id}^*}^{\mathrm{KeyGen}}(\cdot)$表示敌手$\mathcal{A}^1$向挑战者$\mathcal{C}$执行除了挑战身份$\mathrm{id}^*$任何身份的私钥提取询问，$\mathcal{O}^{\mathrm{Decap}}(\cdot)$表示敌手$\mathcal{A}^1$向挑战者$\mathcal{C}$做关于身份封装密文对$(\mathrm{id},C)$的解封装询问，挑战者先执行对身份 id 进行私钥提取询问获知相应的私钥$\mathrm{sk_{id}}$，再运行解封装算法 Decap，即用相应的私钥$\mathrm{sk_{id}}$对询问的封装密文$C$进行解封装；$\mathcal{O}_{\neq(\mathrm{id}^*,C^*)}^{\mathrm{Decap}}(\cdot)$表示敌手$\mathcal{A}^1$向挑战者$\mathcal{C}$做除挑战身份和挑战密文$(\mathrm{id}^*,C^*)$之外对任意身份封装密文对$(\mathrm{id},C)$的解封装询问，即$(\mathrm{id},C)\neq(\mathrm{id}^*,C^*)$。

在交互式实验$\mathrm{Exp}_{\text{CL-KEM},\mathcal{A}^1}^{\text{LR-CCA}}(\kappa,\lambda)$中，敌手$\mathcal{A}^1$的优势定义为安全参数$\kappa$和泄露参数$\lambda$的函数：

$$\mathrm{Adv}_{\text{CL-KEM},\mathcal{A}^1}^{\text{LR-CCA}}(\kappa,\lambda)=\left|\Pr[\mathrm{Exp}_{\text{CL-KEM},\mathcal{A}^1}^{\text{LR-CCA}}(\kappa,\lambda)=1]-\Pr[\mathrm{Exp}_{\text{CL-KEM},\mathcal{A}^1}^{\text{LR-CCA}}(\kappa,\lambda)=0]\right|$$

式中，概率$\Pr[\mathrm{Exp}_{\text{CL-KEM},\mathcal{A}^1}^{\text{LR-CCA}}(\kappa,\lambda)=1]$和$\Pr[\mathrm{Exp}_{\text{CL-KEM},\mathcal{A}^1}^{\text{LR-CCA}}(\kappa,\lambda)=0]$来自于实验参与者对随机数的使用。

如果不存在 PPT 敌手$\mathcal{A}^2$，能以不可忽略的优势在下述安全性实验$\mathrm{Exp}_{\text{CL-KEM},\mathcal{A}^2}^{\text{LR-CCA}}(\kappa,\lambda)$中获胜，则 CL-KEM 在第二类敌手$\mathcal{A}^2$的适应性选择密文攻击下具有不可区分性。

$\underline{\mathrm{Exp}_{\mathrm{CL\text{-}KEM},\mathcal{A}^2}^{\mathrm{LR\text{-}CCA}}(\kappa,\lambda)}$:

$(\mathrm{Params},\mathrm{msk}) \leftarrow \mathrm{Setup}(1^{\kappa})$;

$\mathrm{id}^* \leftarrow (\mathcal{A}^2)^{\mathcal{O}^{\mathrm{KeyGen}}(\cdot),\mathcal{O}_{\mathrm{sk}_{\mathrm{id}}}^{\lambda,\kappa}(\cdot),\mathcal{O}^{\mathrm{Decap}}(\cdot)}(\mathrm{Params},\mathrm{msk})$;

$(C^*,k_1)=\mathrm{Encap}(\mathrm{id}^*)$ 和 $k_0 \leftarrow_R \mathcal{K}$;

$\beta \leftarrow_R \{0,1\}$

$\beta \leftarrow (\mathcal{A}^2)^{\mathcal{O}_{\neq \mathrm{id}^*}^{\mathrm{KeyGen}}(\cdot),\mathcal{O}_{\neq(\mathrm{id}^*,C^*)}^{\mathrm{Decap}}(\cdot)}(\mathrm{Params},\mathrm{msk},C^*,k_{\beta})$;

If $\beta=1$, output 1; Otherwise, output 0。

在交互式实验 $\mathrm{Exp}_{\mathrm{CL\text{-}KEM},\mathcal{A}^2}^{\mathrm{LR\text{-}CCA}}(\kappa,\lambda)$ 中，敌手 $\mathcal{A}^2$ 的优势定义为安全参数 $\kappa$ 和泄露参数 $\lambda$ 的函数：

$$\mathrm{Adv}_{\mathrm{CL\text{-}KEM},\mathcal{A}^2}^{\mathrm{LR\text{-}CCA}}(\kappa,\lambda)=\left|\Pr\left[\mathrm{Exp}_{\mathrm{CL\text{-}KEM},\mathcal{A}^2}^{\mathrm{LR\text{-}CCA}}(\kappa,\lambda)=1\right]-\Pr\left[\mathrm{Exp}_{\mathrm{CL\text{-}KEM},\mathcal{A}^2}^{\mathrm{LR\text{-}CCA}}(\kappa,\lambda)=0\right]\right|$$

式中，概率 $\Pr\left[\mathrm{Exp}_{\mathrm{CL\text{-}KEM},\mathcal{A}^2}^{\mathrm{LR\text{-}CCA}}(\kappa,\lambda)=1\right]$ 和 $\Pr\left[\mathrm{Exp}_{\mathrm{CL\text{-}KEM},\mathcal{A}^2}^{\mathrm{LR\text{-}CCA}}(\kappa,\lambda)=0\right]$ 来自于实验参与者对随机数的使用。

## 8.2.3 抗泄露 CCA 安全的 CL-KEM

本节将给出抗泄露 CL-KEM 的具体实例，并在随机谕言机模型下基于 DDH 困难性假设对构造的安全性进行形式化证明。

1) 具体构造

(1) $(\mathrm{Params},\mathrm{msk}) \leftarrow \mathrm{Setup}(1^{\kappa})$。

运行群生成算法生成相应的元组 $(q,G,P)$，其中 $G$ 是阶为大素数 $q$ 的加法循环群，$P$ 是群 $G$ 的生成元。

令 $H:\mathcal{ID}\times G\times G \rightarrow Z_q^*$ 和 $H':G\times G\times G \rightarrow Z_q^*$ 是两个安全的密码学哈希函数；$\mathrm{KDF}:G \rightarrow Z_q^* \times Z_q^*$ 是安全的密钥衍射函数。

随机选取 $\alpha \leftarrow_R Z_q^*$ 作为系统主密钥，即 $\mathrm{msk}=\alpha$，计算 $P_{\mathrm{pub}}=\alpha P$，并公开系统参数 $\mathrm{Params}=\{q,G,P,P_{\mathrm{pub}},H,H',\mathrm{KDF}\}$。

(2) $(\mathrm{pk}_{\mathrm{id}},\mathrm{sk}_{\mathrm{id}}) \leftarrow \mathrm{KeyGen}(\mathrm{msk},\mathrm{id})$。

用户 $U_{\mathrm{id}}$（身份标识为 id）的密钥生成过程如下所示。

用户 $U_{\mathrm{id}}$ 随机选取秘密值 $x_{\mathrm{id}}^1,x_{\mathrm{id}}^2 \in Z_q^*$，计算公开参数 $X_{\mathrm{id}}=(x_{\mathrm{id}}^1+x_{\mathrm{id}}^2)P$，发送身份标识 id 和公开参数 $X_{\mathrm{id}}$ 给密钥生成中心 KGC。

给定用户 $U_{\mathrm{id}}$ 的身份标识 id 及公开参数 $X_{\mathrm{id}}$，KGC 随机选取秘密数 $r_{\mathrm{id}} \in Z_q^*$，计算 $y_{\mathrm{id}}=r_{\mathrm{id}}+\alpha H(\mathrm{id},X_{\mathrm{id}},Y_{\mathrm{id}})$ 和 $Y_{\mathrm{id}}=r_{\mathrm{id}}P$；然后将 $y_{\mathrm{id}}$ 和 $Y_{\mathrm{id}}$ 返回给用户 $U_{\mathrm{id}}$，其中 $y_{\mathrm{id}}$ 为用户 $U_{\mathrm{id}}$ 的部分私钥，$Y_{\mathrm{id}}$ 为用户 $U_{\mathrm{id}}$ 的部分公钥。

$U_{\mathrm{id}}$ 通过验证等式 $y_{\mathrm{id}}P=Y_{\mathrm{id}}+P_{\mathrm{pub}}H(\mathrm{id},X_{\mathrm{id}},Y_{\mathrm{id}})$ 是否成立，完成对 KGC 生成的部

分私钥 $y_{\mathrm{id}}$ 及公钥 $Y_{\mathrm{id}}$ 的正确性验证，则用户 $U_{\mathrm{id}}$ 的公私钥分别为 $\mathrm{pk}_{\mathrm{id}}=(X_{\mathrm{id}},Y_{\mathrm{id}})$ 和 $\mathrm{sk}_{\mathrm{id}}=(x_{\mathrm{id}}^1,x_{\mathrm{id}}^2,y_{\mathrm{id}})$。

(3) $(C,k)\leftarrow \mathrm{Encap}(\mathrm{id},\mathrm{pk}_{\mathrm{id}})$。

随机选取 $r,r_1,r_2\leftarrow_R Z_q^*$，并计算 $c_0=rP$、$c_1=r_1P$ 和 $c_2=r_2P$。

计算 $c_3=rt_1+r_1t_2$，其中 $(t_1,t_2)=\mathrm{KDF}(W)$、$W=r_1X_{\mathrm{id}}+r_2\mu[Y_{\mathrm{id}}+P_{\mathrm{pub}}H(\mathrm{id},X_{\mathrm{id}},Y_{\mathrm{id}})]$ 和 $\mu=H'(c_0,c_1,c_2)$。

输出封装密文 $C$ 和封装密钥 $k$，其中 $C=(c_0,c_1,c_2,c_3)$ 和 $k=r_2X_{\mathrm{id}}+r_1[Y_{\mathrm{id}}+P_{\mathrm{pub}}H(\mathrm{id},X_{\mathrm{id}},Y_{\mathrm{id}})]$。

特别地，封装密钥 $k$ 是由通用哈希函数 $H_\eta(A,B)=\eta A+B$ 生成的，其中 $\eta=r_1$、$B=r_2X_{\mathrm{id}}$ 和 $A=Y_{\mathrm{id}}+P_{\mathrm{pub}}H(\mathrm{id},X_{\mathrm{id}},Y_{\mathrm{id}})$。类似地，参数 $W$ 同样由通用哈希函数生成，确保了密钥衍射函数的输入具有足够的随机性，因此该函数的输出是均匀随机的，封装密文 $C=(c_0,c_1,c_2,c_3)$ 中的所有元素对于任意敌手而言是完全随机的。换句话说，敌手无法从封装密文中获知用户私钥的泄露信息。

(4) $k\leftarrow \mathrm{Decap}(\mathrm{sk}_{\mathrm{id}},C)$。

计算

$$\mu=H'(c_0,c_1,c_2),W=(x_{\mathrm{id}}^1+x_{\mathrm{id}}^2)c_1+\mu y_{\mathrm{id}}c_2,(t_1',t_2')=\mathrm{KDF}(W)$$

若等式 $c_3P=t_1'c_0+t_2'c_1$ 成立，则输出 $k=(x_{\mathrm{id}}^1+x_{\mathrm{id}}^2)c_2+y_{\mathrm{id}}c_1$；否则输出⊥。

2) 正确性

由下述等式即可获得上述 CL-KEM 实例 $\Pi=(\mathrm{Setup},\mathrm{KeyGen},\mathrm{Encap},\mathrm{Decap})$ 的正确性。

$$\begin{aligned}r_1X_{\mathrm{id}}+r_2\mu[Y_{\mathrm{id}}+P_{\mathrm{pub}}H(\mathrm{id},X_{\mathrm{id}}+Y_{\mathrm{id}})]&=r_1(x_{\mathrm{id}}^1+x_{\mathrm{id}}^2)P+r_2\mu[r_{\mathrm{id}}+\alpha H(\mathrm{id},X_{\mathrm{id}},Y_{\mathrm{id}})]P\\&=(x_{\mathrm{id}}^1+x_{\mathrm{id}}^2)c_1+\mu y_{\mathrm{id}}c_2\end{aligned}$$

$$\begin{aligned}r_2X_{\mathrm{id}}+r_1[Y_{\mathrm{id}}+P_{\mathrm{pub}}H(\mathrm{id},X_{\mathrm{id}},Y_{\mathrm{id}})]&=r_2(x_{\mathrm{id}}^1+x_{\mathrm{id}}^2)P+r_1[r_{\mathrm{id}}+\alpha H(\mathrm{id},X_{\mathrm{id}},Y_{\mathrm{id}})P]\\&=(x_{\mathrm{id}}^1+x_{\mathrm{id}}^2)c_2+y_{\mathrm{id}}c_1\end{aligned}$$

3) 安全性

**定理 8-4**　对于任意的泄露参数 $\lambda\leqslant 2\log q-\omega(\log\kappa)$，若经典的 DDH 困难性假设成立，那么上述 CL-KEM 实例 $\Pi=(\mathrm{Setup},\mathrm{KeyGen},\mathrm{Encap},\mathrm{Decap})$ 具有泄露容忍的选择密文攻击安全性。

将通过下述两个引理完成对定理 8-4 的证明，其中引理 8-1 表明上述 CL-KEM 实例在第一类敌手 $\mathcal{A}^1$ 的攻击下具有泄露容忍的 CCA 安全性；引理 8-2 表明上述 CL-KEM 实例在第二类敌手 $\mathcal{A}^2$ 的攻击下具有泄露容忍的 CCA 安全性。

**引理 8-1**　对于任意的泄露参数 $\lambda\leqslant 2\log q-\omega(\log\kappa)$，若存在一个 PPT 敌手 $\mathcal{A}^1$ 在多项式时间内能以不可忽略的优势 $\mathrm{Adv}_{\text{CL-KEM},\mathcal{A}^1}^{\text{LR-CCA}}(\kappa)$ 攻破 CL-KEM 实例的泄露容忍的 CCA 安全性，那么就能构造一个敌手 $\mathcal{B}$ 在多项式时间内能以显而易见的优势

$\mathrm{Adv}_{\mathcal{B}}^{\mathrm{DDH}}(\kappa)$ 攻破 DDH 困难性假设。

$$\mathrm{Adv}_{\mathcal{B}}^{\mathrm{DBDH}}(\kappa) \geqslant \frac{1}{\mathrm{e}(Q_1+Q_2+1)} \mathrm{Adv}_{\mathrm{CL\text{-}KEM},\mathcal{A}^1}^{\mathrm{LR\text{-}CPA}}(\kappa)$$

式中，$Q_1$ 是敌手 $\mathcal{A}^1$ 在询问阶段提交的部分密钥提取询问的次数；$Q_2$ 是敌手 $\mathcal{A}^1$ 在询问阶段提交的私钥生成询问的次数；e是自然对数底数。

**证明**　敌手 $\mathcal{B}$ 与敌手 $\mathcal{A}^1$ 间进行泄露容忍的选择密文攻击安全性游戏之前，敌手 $\mathcal{B}$ 从 DDH 挑战者处获得一个挑战元组 $(P, aP, bP, dP)$ 及相应的公开元组 $(q, G, P)$，其中 $a,b,d \leftarrow_R Z_q^*$。敌手 $\mathcal{B}$ 的目标是当 $dP = abP$ 时输出 1；否则输出 0。敌手 $\mathcal{B}$ 随机选取一个身份 $\mathrm{id}^*$ 作为敌手 $\mathcal{A}^1$ 的挑战身份，同时维护四个列表 $L_1$、$L_2$、$L_3$ 和 $L_4$ 用于记录游戏执行过程中相应的询问应答结果。敌手 $\mathcal{B}$ 与敌手 $\mathcal{A}^1$ 间的消息交互过程如下所示。

(1) 初始化。

敌手 $\mathcal{B}$ 输入安全参数 $\kappa$ 运行系统初始化算法 Setup，在秘密保存 msk 的同时，将 Params 发送给敌手 $\mathcal{A}^1$。

(2) 阶段 1。

该阶段敌手 $\mathcal{A}^1$ 能够对下述询问适应性地进行多项式有界次的下述询问。

①部分密钥生成询问。当收到敌手 $\mathcal{A}^1$ 提出的部分密钥生成询问 $(\mathrm{id}, X_{\mathrm{id}}, \text{partial key extraction})$ 时，敌手 $\mathcal{B}$ 进行下述操作。

若 $\mathrm{id}=\mathrm{id}^*$，则返回特殊的终止符号 $\perp$。

若 $\mathrm{id} \neq \mathrm{id}^*$，且列表 $L_2$ 中存在以 $(\mathrm{id}, X_{\mathrm{id}})$ 为索引的相应记录 $(\mathrm{id}, X_{\mathrm{id}}, Y_{\mathrm{id}}, y_{\mathrm{id}})$，则返回 $(Y_{\mathrm{id}}, y_{\mathrm{id}})$ 给 $\mathcal{A}^1$；否则，敌手 $\mathcal{B}$ 随机选取 $y_{\mathrm{id}}, h_{\mathrm{id}} \leftarrow_R Z_q^*$ 且 $(*,*,*,h_{\mathrm{id}}) \notin L_1$，并计算 $Y_{\mathrm{id}} = y_{\mathrm{id}}P - P_{\mathrm{pub}}h_{\mathrm{id}}$，返回 $(Y_{\mathrm{id}}, y_{\mathrm{id}})$ 给敌手 $\mathcal{A}^1$ 的同时，分别在列表 $L_1$ 和 $L_2$ 中添加相应的记录 $(\mathrm{id}, X_{\mathrm{id}}, Y_{\mathrm{id}}, h_{\mathrm{id}})$ 和 $(\mathrm{id}, X_{\mathrm{id}}, Y_{\mathrm{id}}, y_{\mathrm{id}})$。

②随机谕言机 $H$ 询问。当敌手 $\mathcal{B}$ 收到敌手 $\mathcal{A}^1$ 提出的关于随机谕言机 $H$ 的询问 $(\mathrm{id}, X_{\mathrm{id}}, Y_{\mathrm{id}}, \text{random oracle } H)$ 时，返回列表 $L_1$ 中以 id 为索引的相应记录 $(\mathrm{id}, X_{\mathrm{id}}, Y_{\mathrm{id}}, h_{\mathrm{id}})$ 的 $h_{\mathrm{id}}$ 给 $\mathcal{A}^1$。特别地，敌手 $\mathcal{A}^1$ 进行随机谕言机 $H$ 询问之前需进行部分密钥生成询问，因此列表 $L_1$ 中肯定存在相应的元组。

③公钥生成询问。当敌手 $\mathcal{B}$ 收到敌手 $\mathcal{A}^1$ 提出的公钥生成询问 $(\mathrm{id}, \text{public key extraction})$ 时，若列表 $L_3$ 中存在以 id 为索引的相应记录 $(\mathrm{id}, X_{\mathrm{id}}, Y_{\mathrm{id}})$，则返回 $(X_{\mathrm{id}}, Y_{\mathrm{id}})$ 给 $\mathcal{A}^1$；否则，敌手 $\mathcal{B}$ 执行下述操作。

若 $\mathrm{id}=\mathrm{id}^*$，令 $X_{\mathrm{id}^*} = aP$（隐含地设置 $x_{\mathrm{id}^*}^1 + x_{\mathrm{id}^*}^2 = a$）；然后敌手 $\mathcal{B}$ 随机选取 $y_{\mathrm{id}^*}, h_{\mathrm{id}^*} \leftarrow_R Z_q^*$ 且 $(*,*,*,h_{\mathrm{id}^*}) \notin L_1$，并计算 $Y_{\mathrm{id}^*} = y_{\mathrm{id}^*}P - P_{\mathrm{pub}}h_{\mathrm{id}^*}$，返回 $(X_{\mathrm{id}^*}, Y_{\mathrm{id}^*})$ 给敌手 $\mathcal{A}^1$ 的同时，分别在列表 $L_1$、$L_3$ 和 $L_4$ 中添加相应的记录 $(\mathrm{id}^*, X_{\mathrm{id}^*}, Y_{\mathrm{id}^*}, h_{\mathrm{id}^*})$、$(\mathrm{id}^*, X_{\mathrm{id}^*}, Y_{\mathrm{id}^*})$ 和 $(\mathrm{id}^*, \perp, \perp, y_{\mathrm{id}^*})$。特别地，挑战身份 $\mathrm{id}^*$ 所对应的私钥 $\mathrm{sk}_{\mathrm{id}^*} = (x_{\mathrm{id}^*}^1, x_{\mathrm{id}^*}^2, y_{\mathrm{id}^*})$，其中敌手 $\mathcal{B}$ 只掌握了 $y_{\mathrm{id}^*}$。

若 $\text{id} \neq \text{id}^*$，则随机选取 $x_{\text{id}}^1, x_{\text{id}}^2 \leftarrow Z_q^*$，并计算 $X_{\text{id}} = (x_{\text{id}}^1 + x_{\text{id}}^2)P$；然后以 $(\text{id}, X_{\text{id}})$ 作为输入运行部分密钥生成询问，获得相应的应答 $(\text{id}, X_{\text{id}}, Y_{\text{id}}, y_{\text{id}})$，返回 $(X_{\text{id}}, Y_{\text{id}})$ 给敌手 $\mathcal{A}^1$ 的同时，分别在列表 $L_3$ 和 $L_4$ 中添加相应的记录 $(\text{id}, X_{\text{id}}, Y_{\text{id}})$ 和 $(\text{id}, x_{\text{id}}^1, x_{\text{id}}^2, y_{\text{id}})$。

④私钥生成询问。当敌手 $\mathcal{B}$ 收到敌手 $\mathcal{A}^1$ 提出的私钥生成询问 (id, private key extraction) 时，若列表 $L_4$ 中存在以 id 为索引的相应记录 $(\text{id}, x_{\text{id}}^1, x_{\text{id}}^2, y_{\text{id}})$，则返回 $(x_{\text{id}}^1, x_{\text{id}}^2, y_{\text{id}})$ 给 $\mathcal{A}^1$；否则，敌手 $\mathcal{B}$ 执行下述操作。

若 $\text{id}=\text{id}^*$，则返回特殊的终止符号⊥。

若 $\text{id} \neq \text{id}^*$，则随机选取 $x_{\text{id}}^1, x_{\text{id}}^2 \leftarrow Z_q^*$，并计算 $X_{\text{id}} = (x_{\text{id}}^1 + x_{\text{id}}^2)P$；然后以 $(\text{id}, X_{\text{id}})$ 作为输入，运行部分密钥生成询问，获得相应的应答 $(\text{id}, X_{\text{id}}, Y_{\text{id}}, y_{\text{id}})$，返回 $(x_{\text{id}}^1, x_{\text{id}}^2, y_{\text{id}})$ 给敌手 $\mathcal{A}^1$ 的同时，分别在列表 $L_3$ 和 $L_4$ 中添加相应的记录 $(\text{id}, X_{\text{id}}, Y_{\text{id}})$ 和 $(\text{id}, x_{\text{id}}^1, x_{\text{id}}^2, y_{\text{id}})$。

⑤公钥替换询问。敌手 $\mathcal{A}^1$ 能将任意身份 id 的公钥 $\text{pk}_{\text{id}} = (X_{\text{id}}, Y_{\text{id}})$ 替换为其所选择的内容 $\text{pk}'_{\text{id}} = (X'_{\text{id}}, Y'_{\text{id}})$，即敌手 $\mathcal{A}^1$ 将列表 $L_3$ 中身份 id 所对应的记录 $(\text{id}, X_{\text{id}}, Y_{\text{id}})$ 更改为 $(\text{id}, X'_{\text{id}}, Y'_{\text{id}})$。

⑥解封装询问。收到敌手 $\mathcal{A}^1$ 提出的解封装询问 $[\text{id}, C = (c_0, c_1, c_2, c_3), \text{decapsulation}]$ 后，敌手 $\mathcal{B}$ 分下述两类情况进行响应。

若 $\text{id} = \text{id}^*$，则以 $\text{id}^*$ 为索引从列表 $L_3$ 中查找相应的记录元组 $(\text{id}^*, X_{\text{id}^*}, Y_{\text{id}^*})$，若存在 $r_1, r_2 \in Z_q^*$ 使得等式 $(t'_1, t'_2) = \text{KDF}(r_1 X_{\text{id}^*} + r_2 \mu[Y_{\text{id}^*} + P_{\text{pub}} H(\text{id}^*, X_{\text{id}^*}, Y_{\text{id}^*})])$ 和 $c_3 P = t'_1 c_0 + t'_2 c_1$ 均成立(其中 $\mu = H'(c_0, c_1, c_2)$)，那么输出 $k = r_2 X_{\text{id}^*} + r_1 [Y_{\text{id}^*} + P_{\text{pub}} H(\text{id}^*, X_{\text{id}^*}, Y_{\text{id}^*})]$。

若 $\text{id} \neq \text{id}^*$，则以 id 为索引从列表 $L_4$ 中查找相应的记录元组 $(\text{id}, x_{\text{id}}^1, x_{\text{id}}^2, y_{\text{id}})$，然后以 $\text{sk}_{\text{id}} = (x_{\text{id}}^1, x_{\text{id}}^2, y_{\text{id}})$ 和 $C = (c_0, c_1, c_2, c_3)$ 作为输入运行解封装算法，返回相应的解封装结果 $k = \text{Decap}(\text{sk}_{\text{id}}, C)$。

⑦泄露询问。当收到敌手 $\mathcal{A}^1$ 提出的泄露询问 $(\text{id}, f_i : \{0,1\}^* \to \{0,1\}^{\lambda_i}, \text{decapsulation})$，其中 $f_i : \{0,1\}^* \to \{0,1\}^{\lambda_i}$ 是高效可计算的泄露函数，敌手 $\mathcal{B}$ 分下面两类情况进行响应。

若 $\text{id} \neq \text{id}^*$，则以 id 为索引从列表 $L_4$ 中查找相应的记录元组 $(\text{id}, x_{\text{id}}^1, x_{\text{id}}^2, y_{\text{id}})$，然后返回相应的泄露信息 $f_i(\text{sk}_{\text{id}})$，其中 $\text{sk}_{\text{id}} = (x_{\text{id}}^1, x_{\text{id}}^2, y_{\text{id}})$，但整个生命周期中敌手 $\mathcal{A}^1$ 获得的关于同一私钥的泄露量不能超过系统设定的泄露参数。

若 $\text{id} = \text{id}^*$，则以 $\text{id}^*$ 为索引从列表 $L_4$ 中查找相应的记录元组 $(\text{id}^*, \perp, \perp, y_{\text{id}^*})$，然后返回相应的泄露信息 $f_i(y_{\text{id}^*})$。敌手 $\mathcal{A}^1$ 通过泄露询问能够获得用户私钥的部分信息，因此返回 $f_i(y_{\text{id}^*})$ 满足泄露函数的应答要求。类似地，关于挑战身份对应私钥的泄露量同样不能超过系统设定的泄露参数。

(3) 挑战。

敌手 $\mathcal{A}^1$ 提交挑战身份 $\text{id}_i$ 给敌手 $\mathcal{B}$，其中对身份 $\text{id}_i$ 既未提交私钥生成询问，也未进行部分密钥提取询问；此外对 $\text{id}_i$ 所对应的公钥 $\text{pk}_{\text{id}_i}$ 未进行替换询问。若 $\text{id}_i \neq \text{id}^*$，则敌手 $\mathcal{B}$ 输出特殊的终止符号⊥；否则，敌手 $\mathcal{B}$ 通过下述操作生成相应的挑战密文 $C^* = (c_0^*, c_1^*, c_2^*, c_3^*)$ 和封装密钥 $k$。

以 $\mathrm{id}^*$ 为索引从列表 $L_3$ 和 $L_4$ 中分别查找相应的记录元组 $(\mathrm{id}^*, X_{\mathrm{id}^*}, Y_{\mathrm{id}^*})$ 和 $(\mathrm{id}^*, \perp, \perp, y_{\mathrm{id}^*})$，其中 $X_{\mathrm{id}^*} = aP$。

令 $c_2^* = bP$（隐含地设置 $r_2 = b$），然后随机选取 $r, r_1 \leftarrow_R Z_q^*$，并计算

$$c_0^* = rP \text{ 和 } c_1^* = r_1 P$$

计算

$$W = r_1 X_{\mathrm{id}^*} + \mu y_{\mathrm{id}^*} c_2^*, c_3^* = rt_1 + r_1 t_2, k_\beta = dP + y_{\mathrm{id}^*} c_1^*$$

式中，$\mu = H(c_0^*, c_1^*, c_2^*)$ 和 $(t_1, t_2) = \mathrm{KDF}(W)$。

返回挑战密文 $C^* = (c_0^*, c_1^*, c_2^*, c_3^*)$ 和封装密钥 $k_\beta$ 给敌手 $\mathcal{A}^1$。

特别地，当 $dP = abP$ 时，$k_\beta = abP + y_{\mathrm{id}^*} c_1^* = (x_{\mathrm{id}^*}^1 + x_{\mathrm{id}^*}^2) c_2^* + y_{\mathrm{id}^*} c_1^*$，则 $k_\beta$ 是与挑战密文 $C^* = (c_0^*, c_1^*, c_2^*, c_3^*)$ 相对应的封装密钥；当 $dP \neq abP$ 时，$k_\beta$ 是群 $G$ 上的均匀随机元素，即 $k_\beta$ 是封装密钥空间上的一个随机值。

(4) 阶段 2。

与阶段 1 相类似，敌手 $\mathcal{B}$ 响应敌手 $\mathcal{A}^1$ 提出的相关询问。但是，敌手 $\mathcal{A}^1$ 不能对挑战身份 $\mathrm{id}^*$ 进行私钥生成询问和部分密钥生成询问；此外不能对挑战身份 $\mathrm{id}^*$ 和挑战密文 $C^*$ 进行解封装询问。特别地，该阶段敌手 $\mathcal{A}^1$ 不能提交任何的泄露询问。

(5) 输出。

敌手 $\mathcal{A}^1$ 输出对 $k_\beta$ 的判断。若 $\beta$=1，敌手 $\mathcal{B}$ 输出 1，意味着 $(P, aP, bP, dP)$ 是一个 DH 元组，否则，敌手 $\mathcal{B}$ 输出 0，意味着 $(P, aP, bP, dP)$ 是一个非 DH 元组。

敌手 $\mathcal{A}^1$ 在询问阶段提交的部分密钥提取询问的总次数是 $Q_1$，提交的私钥生成询问的总次数是 $Q_2$，则整个游戏中共提交了 $Q_1 + Q_2 + 1$ 个用户身份。令事件 $\mathcal{E}_1$ 表示敌手 $\mathcal{B}$ 在询问阶段未终止，事件 $\mathcal{E}_2$ 表示敌手 $\mathcal{B}$ 在挑战阶段未终止，则有

$$\Pr[\mathcal{E}_1] = (1-\delta)^{Q_1+Q_2}, \Pr[\mathcal{E}_2] = \delta$$

式中，$\delta = \dfrac{1}{Q_1 + Q_2 + 1}$ 表示敌手 $\mathcal{B}$ 猜中挑战身份 $\mathrm{id}^*$ 的概率。则在上述游戏中敌手 $\mathcal{B}$ 未终止的概率为

$$\Pr[\mathcal{E}_1 \wedge \mathcal{E}_2] = (1-\delta)^{Q_1+Q_2} \delta \geqslant \frac{1}{\mathrm{e}(Q_1 + Q_2 + 1)}$$

敌手 $\mathcal{A}^1$ 的视图包括挑战密文 $C^*=(c_0^*, c_1^*, c_2^*, c_3^*)$、至多 $\lambda$ 比特的私钥 $\mathrm{sk}_{\mathrm{id}^*}$、泄露信息 Leak 和系统公开参数 Params，其中 $C^*$ 中的所有元素对于敌手 $\mathcal{A}^1$ 而言都是均匀随机的，则敌手无法从 $C^*$ 和 Params 中获知私钥 $\mathrm{sk}_{\mathrm{id}^*}$ 的泄露信息。对于公钥 $\mathrm{pk}_{\mathrm{id}^*} = (X_{\mathrm{id}^*}, Y_{\mathrm{id}^*})$ 而言，敌手 $\mathcal{A}^1$ 无法从 $X_{\mathrm{id}^*}$ 获得相应 $x_{\mathrm{id}^*}^1$ 和 $x_{\mathrm{id}^*}^2$ 的信息，因为 $X_{\mathrm{id}^*}$ 是对于多个 $x_{\mathrm{id}^*}^1$ 和 $x_{\mathrm{id}^*}^2$ 的组合；此外主私钥的保密性确保敌手 $\mathcal{A}^1$ 无法从 $Y_{\mathrm{id}^*}$ 获得 $y_{\mathrm{id}^*}$ 的信息。

由定理 2-1 可知

$$\tilde{H}_\infty[\mathrm{sk}_{\mathrm{id}^*} | (\mathrm{pk}_{\mathrm{id}^*}, C^*, \mathrm{Params}, \mathrm{Leak})] = \tilde{H}_\infty[(x^1_{\mathrm{id}^*}, x^2_{\mathrm{id}^*}, y_{\mathrm{id}^*}) | (\mathrm{pk}_{\mathrm{id}^*}, \mathrm{Leak})] \geqslant 3\log q - \lambda$$

由于封装密钥生成函数 $\mathcal{H}_\eta(A,B)=\eta A+B$ 是通用哈希函数，则有 $\log q \leqslant 3\log q - \lambda - \omega(\log\kappa)$，因此 $\lambda \leqslant 2\log q - \omega(\log\kappa)$。

综上所述，对于任意的泄露参数 $\lambda \leqslant 2\log q - \omega(\log\kappa)$，若敌手 $\mathcal{A}^1$ 能以不可忽略的优势 $\mathrm{Adv}^{\text{LR-CCA}}_{\text{CL-KEM},\mathcal{A}^1}(\kappa)$ 攻破上述 CL-KEM 实例的泄露容忍的选择密文攻击安全性，那么敌手 $\mathcal{B}$ 能以显而易见的优势 $\mathrm{Adv}^{\mathrm{DDH}}_{\mathcal{B}}(\kappa)$ 攻破经典的 DDH 困难性假设，其中

$$\mathrm{Adv}^{\mathrm{DBDH}}_{\mathcal{B}}(\kappa) \geqslant \frac{1}{\mathrm{e}(Q_1+Q_2+1)} \mathrm{Adv}^{\text{LR-CPA}}_{\text{CL-KEM},\mathcal{A}^1}(\kappa)$$

引理 8-1 证毕。

**引理 8-2**　对于任意的泄露参数 $\lambda \leqslant 2\log q - \omega(\log\kappa)$，若存在一个 PPT 敌手 $\mathcal{A}^2$ 在多项式时间内能以不可忽略的优势 $\mathrm{Adv}^{\text{LR-CCA}}_{\text{CL-KEM},\mathcal{A}^1}(\kappa)$ 攻破上述 CL-KEM 实例泄露容忍的 CCA 安全性，那么就能构造一个敌手 $\mathcal{B}$ 在多项式时间内能以优势 $\mathrm{Adv}^{\mathrm{DDH}}_{\mathcal{B}}(\kappa)$ 攻破 DDH 困难性假设，其中

$$\mathrm{Adv}^{\mathrm{DDH}}_{\mathcal{B}}(\kappa) \geqslant \frac{1}{\mathrm{e}(Q_1+Q_2+1)} \mathrm{Adv}^{\text{LR-CCA}}_{\text{CL-KEM},\mathcal{A}^2}(\kappa)$$

引理 8-1 的证明中，DDH 困难问题挑战元组 $(P,aP,bP,dP)$ 的元素并未嵌在主私钥 msk 中，因此在引理 8-1 的证明过程中，敌手 $\mathcal{B}$ 持有完整的 msk，因此可以使用引理 8-1 的证明思路对引理 8-2 进行证明，此处不再赘述详细的证明过程。

### 8.2.4　抗连续泄露 CCA 安全的 CL-KEM

本节将在上述实例的基础上设计抵抗连续泄露攻击的 CCA 安全的 CL-KEM。

1) 具体构造

本节抗连续泄露 CL-KEM 的实例 $\Pi' = (\mathrm{Setup}', \mathrm{KeyGen}', \mathrm{Update}', \mathrm{Encap}', \mathrm{Decap}')$ 主要包含下述 5 个 PPT 算法，其中 Update′ 是附加的密钥更新算法，定期对用户私钥进行更新。

(1) $(\mathrm{Params}, \mathrm{msk}) \leftarrow \mathrm{Setup}'(1^\kappa)$。

运行群生成算法生成相应的元组 $(q,G,P)$，其中 $G$ 是阶为大素数 $q$ 的加法循环群，$P$ 是群 $G$ 的生成元。

令 $H:\mathcal{ID}\times G\times G \to Z_q^*$ 和 $H':G\times G\times G \to Z_q^*$ 是两个安全的密码学哈希函数；$\mathrm{KDF}:G \to Z_q^* \times Z_q^*$ 是安全的密钥衍射函数。

随机选取 $\alpha \leftarrow_R Z_q^*$ 作为系统主密钥，即 $\mathrm{msk}=\alpha$，计算 $P_{\mathrm{pub}}=\alpha P$，并公开系统参数 $\mathrm{Params}=\{q,G,P,P_{\mathrm{pub}},H,H',\mathrm{KDF}\}$。

(2) $(\mathrm{pk}_{\mathrm{id}}, \mathrm{sk}_{\mathrm{id}}) \leftarrow \mathrm{KeyGen}(\mathrm{msk}, \mathrm{id})$。

用户 $U_{\mathrm{id}}$ 随机选取秘密值 $x^1_{\mathrm{id}}, x^2_{\mathrm{id}} \in Z_q^*$，计算公开参数 $X_{\mathrm{id}}=(x^1_{\mathrm{id}}+x^2_{\mathrm{id}})P$，发送身份

标识id和公开参数$X_{id}$给密钥生成中心KGC。

给定用户$U_{id}$的身份标识id及公开参数$X_{id}$，KGC随机选取秘密数$r_{id} \in Z_q^*$，计算$Y_{id} = r_{id}P$和$y_{id} = r_{id} + \alpha H(id, X_{id}, Y_{id})$；然后将$y_{id}$和$Y_{id}$返回给用户$U_{id}$，其中$y_{id}$为用户$U_{id}$的部分私钥，$Y_{id}$为用户$U_{id}$的部分公钥；$U_{id}$通过验证等式$y_{id}P = Y_{id} + P_{pub}H(id, X_{id}, Y_{id})$是否成立，完成对KGC生成的部分私钥$y_{id}$及公钥$Y_{id}$的正确性验证。

用户$U_{id}$随机选取$\boldsymbol{w} = (w_1, w_2, w_3) \in (Z_q^*)^3$，并计算

$$\boldsymbol{d} = (d_1, d_2, d_3) = (x_{id}^1, x_{id}^2, y_{id}) - \boldsymbol{w}$$

$U_{id}$的公私钥分别为$pk_{id} = (X_{id}, Y_{id})$和$sk_{id} = (\boldsymbol{d}, \boldsymbol{w})$。

(3) $sk'_{id} \leftarrow \text{Updata}'(sk_{id})$。

随机选取$\boldsymbol{n} = (n_1, n_2, n_3) \in (Z_q^*)^3$，并计算

$$\boldsymbol{d}' = \boldsymbol{d} + \boldsymbol{n} \text{ 和 } \boldsymbol{w}' = \boldsymbol{w} - \boldsymbol{n}$$

输出更新后的用户私钥$sk'_{id} = (\boldsymbol{d}', \boldsymbol{w}')$。

特别地，对于任意时刻执行的密钥更新算法，输出的更新私钥$sk'_{id} = (\boldsymbol{d}', \boldsymbol{w}')$与原始私钥$sk_{id} = (\boldsymbol{d}, \boldsymbol{w})$满足关系

$$\boldsymbol{d} + \boldsymbol{w} = \boldsymbol{d}' + \boldsymbol{w}' = (x_{id}^1, x_{id}^2, y_{id}), |sk'_{id}| = |sk_{id}| \text{ 和 } sk'_{id} \neq sk_{id}$$

并且，密钥更新算法的执行并不改变用户私钥所对应的底层核心秘密。

(4) $(C, k) \leftarrow \text{Encap}'(id, pk_{id})$。

随机选取$r, r_1, r_2 \leftarrow_R Z_q^*$，并计算$c_0 = rP$、$c_1 = r_1P$和$c_2 = r_2P$。

计算

$$c_3 = rt_1 + r_1t_2$$

式中，$(t_1, t_2) = \text{KDF}(W)$、$W = r_1X_{id} + r_2\mu[Y_{id} + P_{pub}H(id, X_{id}, Y_{id})]$和$\mu = H'(c_0, c_1, c_2)$

输出封装密文$C$和封装密钥$k$，其中

$$C = (c_0, c_1, c_2, c_3), k = r_2X_{id} + r_1[Y_{id} + P_{pub}H(id, X_{id}, Y_{id})]$$

(5) $k \leftarrow \text{Decap}'(sk_{id}, C)$。

计算$(x_{id}^1, x_{id}^2, y_{id}) = \boldsymbol{d} + \boldsymbol{w}$。

计算

$$\mu = H'(c_0, c_1, c_2), W = (x_{id}^1 + x_{id}^2)c_1 + \mu y_{id}c_2, (t'_1, t'_2) = \text{KDF}(W)$$

若等式$c_3P = t'_1c_0 + t'_2c_1$成立，则输出$k = (x_{id}^1 + x_{id}^2)c_2 + y_{id}c_1$；否则输出$\perp$。

2) 安全性

Dodis等指出连续泄露的最大优势是可通过定期执行密钥更新算法将连续泄露的问题转化为有界泄露容忍性进行研究，本节抵抗连续泄露攻击的CL-KEM实例是在8.2.3节构造的基础之上设计的，因此该机制的正确性和安全性可由底层CL-KEM

的相应性质获得，而该机制的连续泄露容忍性可由密钥更新算法和底层 CL-KEM 的有界泄露容忍性获得。下面主要对泄露参数进行详细的分析。

敌手的视图包括封装密文、至多 $\lambda$ 比特的私钥泄露信息 Leak 和系统公开参数 Params，其中封装密文中的所有元素对于敌手而言都是均匀随机的，则敌手无法从封装密文和公开参数中获知用户私钥的泄露信息。对于公钥 $\mathrm{pk}_{\mathrm{id}}=(X_{\mathrm{id}},Y_{\mathrm{id}})$ 而言，敌手无法从 $X_{\mathrm{id}}$ 和 $Y_{\mathrm{id}}$ 获得相应 $\boldsymbol{d}$ 和 $\boldsymbol{w}$ 的信息，因为一个公钥 $\mathrm{pk}_{\mathrm{id}}=(X_{\mathrm{id}},Y_{\mathrm{id}})$ 对于多个 $\boldsymbol{d}$ 和 $\boldsymbol{w}$ 的组合，增强了私钥的随机性。

由定理 2-1 可知

$$\tilde{H}_{\infty}[\mathrm{sk}_{\mathrm{id}}|(\mathrm{pk}_{\mathrm{id}},C,\mathrm{Params},\mathrm{Leak})]=\tilde{H}_{\infty}[\boldsymbol{d},\boldsymbol{w}|(\mathrm{pk}_{\mathrm{id}},\mathrm{Leak})]\geqslant 6\log q-\lambda$$

由于封装密钥是由通用哈希函数生成的，有 $\log q\leqslant 6\log q-\lambda-\omega(\log\kappa)$，因此 $\lambda\leqslant 5\log q-\omega(\log\kappa)$。

综上所述，对于任意的泄露参数 $\lambda\leqslant 5\log q-\omega(\log\kappa)$，若敌手能以不可忽略的优势攻破上述 CL-KEM 实例的连续泄露容忍的选择密文攻击安全性，那么就能构造一个敌手能以显而易见的优势攻破经典的 DDH 困难性假设。

## 8.3　抗泄露的基于证书广播密钥封装机制

广播通信技术的发展实现了同时向多人发送消息的目的，增强了消息传输的效率，比传统方式更有效、更方便、更快捷，实际通信中对广播通信技术的应用需求推进了研究者对广播加密机制的研究。在混合加密机制中，为实现广播通信和抵抗泄露攻击的目的，本节将广播通信和泄露容忍性引入 CB-KEM，提出新的密码原语抗泄露的 CB-BKEM，并给出了该原语的形式化定义及抗泄露的安全模型。本节首先设计 CPA 安全的抗泄露 CB-BKEM 实例，并在标准模型下基于 DDH 假设对该实例泄露容忍的 CPA 安全性进行了形式化证明，然而对于加密机制而言，CCA 安全性是更加实用的安全属性，因此为进一步提升 CB-BKEM 实例的安全性能，本节设计 CCA 安全的抗泄露 CB-BKEM 实例。

### 8.3.1　形式化定义

一个 CB-BKEM 由下述 5 个 PPT 算法组成。

(1) 初始化。Setup 是由 CA 执行的随机化算法，输入安全参数 $\kappa$，输出相应的公开系统参数 Params 和主密钥 msk。

系统参数 Params 中定义了相应 CB-BKEM 的身份空间 $\mathcal{ID}$、封装密钥空间 $\mathcal{K}$ 等；此外，Params 是其他算法的公共输入，为了方便下述算法的描述将其省略。

(2) 密钥产生。KeyGen 是由用户 $U_{\mathrm{id}}$ 执行的随机化算法，输入公开参数 Params 和

用户身份 $\mathrm{id} \in \mathcal{ID}$，输出用户 $U_{\mathrm{id}}$ 的公私钥对 $(\mathrm{pk}_{\mathrm{id}}, \mathrm{sk}_{\mathrm{id}})$。

(3) 证书生成。CertGen 是由 CA 执行的算法，给定用户 $U_{\mathrm{id}}$ 的身份 id 和公钥 $\mathrm{pk}_{\mathrm{id}}$，CA 为用户生成相应的证书 $\mathrm{Cert}_{\mathrm{id}}$，并将其返回给 $U_{\mathrm{id}}$。

(4) 广播密钥封装机制。Encap 是由发送者执行的随机化算法，输入 Params、接收者身份集合 $\mathrm{ID} = \{\mathrm{id}_1, \cdots, \mathrm{id}_n\}$ 及相应的接收者公钥集合 $\mathrm{pk} = \{\mathrm{pk}_1, \cdots, \mathrm{pk}_n\}$，输出封装密文 $C$ 及相应的封装密钥 $k$。

(5) 解封装。Decap 是由接收者执行的确定性算法，发送者指定的接收者使用各自的私钥 $\mathrm{sk}_{\mathrm{id}}$ 和证书 $\mathrm{Cert}_{\mathrm{id}}$ 对封装密文 $C$ 进行解封装，输出相应的封装密钥 $k$ 或无效符号 $\perp$。

CB-BKEM 的正确性要求对于身份空间 $\mathcal{ID}$ 中的任意身份 $\mathrm{id} \in \mathcal{ID}$，有

$$\Pr\left[ k \neq k' \;\middle|\; \begin{array}{c} (\mathrm{pk}_{\mathrm{id}}, \mathrm{sk}_{\mathrm{id}}) \leftarrow \mathrm{KeyGen}(\mathrm{id}), \\ \mathrm{Cert}_{\mathrm{id}} \leftarrow \mathrm{CertGen}(\mathrm{msk}, \mathrm{id}, \mathrm{pk}_{\mathrm{id}}), \\ (C, k) \leftarrow \mathrm{Encap}(\mathrm{id}, \mathrm{pk}_{\mathrm{id}}), \\ k' \leftarrow \mathrm{Decap}(\mathrm{sk}_{\mathrm{id}}, \mathrm{Cert}_{\mathrm{id}}, C) \end{array} \right] \leqslant \mathrm{negl}(\kappa)$$

成立，其中 $(\mathrm{Params}, \mathrm{msk}) \leftarrow \mathrm{Setup}(1^{\kappa})$。

## 8.3.2 CB-BKEM 泄露容忍的安全性

在参考 KEM 和 CB-KEM 安全模型的基础上，本节提出 CB-BKEM 的安全模型。特别地，在基于证书的密码体制中，认证中心 CA 基于用户的公开信息(如身份、公钥等)为其生成相应的证书。在安全性游戏中虽然敌手可自行生成任意用户的公私钥对(敌手生成的与挑战者生成的是相互独立的)，但是为获得挑战者的更多信息，敌手需向挑战者进行私钥生成询问、公钥生成询问和证书生成询问。此外，考虑抗泄露的 CB-BKEM 时，敌手还能够进行泄露询问；然而，用户证书的泄露信息同样会对 CB-BKEM 的安全性造成威胁，因此在设计抵抗泄露攻击的 CB-BKEM 时，我们还需考虑证书的泄露，实质上是考虑主私钥的抗泄露性。

首先讨论泄露环境的敌手类型，在 CB-BKEM 中同样将攻击敌手分为 $\mathcal{A}^1$ 和 $\mathcal{A}^2$ 两类。

第一类敌手 $\mathcal{A}^1$：此类敌手无法掌握系统的主密钥，但其具有替换合法用户公钥的能力，则 $\mathcal{A}^1$ 类敌手为恶意的用户，该敌手能进行关于私钥和证书的泄露询问。此外，对此类敌手的限制如下所示。

①敌手 $\mathcal{A}^1$ 不能对挑战身份进行私钥生成询问和证书生成询问。

②敌手 $\mathcal{A}^1$ 在挑战阶段之前不能替换挑战身份所对应的公钥。

第二类敌手 $\mathcal{A}^2$：此类敌手可掌握系统的主密钥，但其不具有替换合法用户公钥的能力，则 $\mathcal{A}^2$ 类敌手为恶意的 CA，该敌手能进行关于私钥的泄露询问。此外，对此类敌手的限制如下所示。

①敌手 $\mathcal{A}^2$ 不能对挑战身份进行私钥生成询问，此外 $\mathcal{A}^2$ 无须进行证书生成询问。

②敌手 $\mathcal{A}^2$ 不能替换任何用户的公钥。

1) 第一类敌手 $\mathcal{A}^1$ 泄露容忍的 CPA 安全性模型

如果不存在 PPT 敌手 $\mathcal{A}^1$，能以不可忽略的优势在下述安全性交互实验 $\mathrm{Exp}_{\text{CB-BKEM},\mathcal{A}^1}^{\text{LR-CPA}}(\kappa,\lambda_1,\lambda_2)$ 中获胜，则称相应的 CB-BKEM 在第一类敌手 $\mathcal{A}^1$ 泄露容忍的选择消息攻击下具有不可区分性。在 $\mathrm{Exp}_{\text{CB-BKEM},\mathcal{A}^1}^{\text{LR-CPA}}(\kappa,\lambda_1,\lambda_2)$ 中，敌手 $\mathcal{A}^1$ 的目标是判断挑战信息 $k_\beta$ 是密钥封装算法为挑战身份集合 $\mathrm{ID}^*=\{\mathrm{id}_1^*,\cdots,\mathrm{id}_n^*\}$ 生成的与封装密文相对应的封装密钥 $k_1$，还是挑战者从封装密钥空间 $\mathcal{K}$ 中选取的随机值 $k_0$，其中 $\lambda_1$ 是用户私钥的泄露界，$\lambda_2$ 是主密钥的泄露界。

$\mathrm{Exp}_{\text{CB-BKEM},\mathcal{A}^1}^{\text{LR-CPA}}(\kappa,\lambda_1,\lambda_2)$:

$(\text{Params},\text{msk})\leftarrow \text{Setup}(1^\kappa)$;

$\mathrm{ID}^*=\{\mathrm{id}_1^*,\cdots,\mathrm{id}_n^*\}\leftarrow (\mathcal{A}^1)^{\mathcal{O}^{\text{KenGen}}(\cdot),\mathcal{O}^{\text{CertGen}}(\cdot),\mathcal{O}_{\text{sk}_{\text{id}}}^{\lambda_1,\kappa}(\cdot),\mathcal{O}_{\text{Cert}_{\text{id}}}^{\lambda_2,\kappa}(\cdot)}(\text{Params})$;

$(C^*,k_1)=\text{Encap}(\text{Params},\mathrm{ID}^*,\text{pk}^*)$ and $k_0\leftarrow_R \mathcal{K}$;

$\beta\leftarrow_R \{0,1\}$;

$\beta'\leftarrow(\mathcal{A}^1)^{\mathcal{O}_{\text{id}\notin\text{ID}^*}^{\text{KeyGen}}(\cdot),\mathcal{O}_{\text{id}\notin\text{ID}^*}^{\text{CertGen}}(\cdot)}(C^*,k_\beta)$;

If $\beta'=\beta$, output 1; Otherwise, output 0。

其中，$\mathcal{K}$ 为 CB-BKEM 的封装密钥空间；$\mathcal{O}_{\text{sk}_{\text{id}}}^{\lambda_1,\kappa}(\cdot)$ 和 $\mathcal{O}_{\text{Cert}_{\text{id}}}^{\lambda_2,\kappa}(\cdot)$ 是泄露谕言机，$\mathcal{A}^1$ 从 $\mathcal{O}_{\text{sk}_{\text{id}}}^{\lambda_1,\kappa}(\cdot)$ 处可获得任何身份 id 对应私钥 $\text{sk}_{\text{id}}$ 的泄露信息，且同一私钥的泄露总量不能超过系统设定的泄露参数 $\lambda_1$，$\mathcal{A}^1$ 从 $\mathcal{O}_{\text{Cert}_{\text{id}}}^{\lambda_2,\kappa}(\cdot)$ 处可获得任何身份 id 对应证书 $\text{Cert}_{\text{id}}$ 的泄露信息，且所有证书询问的泄露总量不能超过系统设定的泄露参数 $\lambda_2$；$\mathcal{O}^{\text{KeyGen}}(\cdot)$ 表示敌手 $\mathcal{A}^1$ 向挑战者提出关于任意身份的私钥生成询问；$\mathcal{O}_{\text{id}\notin\text{ID}^*}^{\text{KeyGen}}(\cdot)$ 表示敌手 $\mathcal{A}^1$ 向挑战者执行除挑战身份集合 $\mathrm{ID}^*=\{\mathrm{id}_1^*,\cdots,\mathrm{id}_n^*\}$ 之外任何身份的私钥生成询问；$\mathcal{O}^{\text{CertGen}}(\cdot)$ 表示敌手 $\mathcal{A}^1$ 向挑战者提出关于任意身份的证书生成询问；$\mathcal{O}_{\text{id}\notin\text{ID}^*}^{\text{CertGen}}(\cdot)$ 表示敌手 $\mathcal{A}^1$ 向挑战者执行除身份集合 $\mathrm{ID}^*=\{\mathrm{id}_1^*,\cdots,\mathrm{id}_n^*\}$ 之外任意身份的证书生成询问。

在交互式实验 $\mathrm{Exp}_{\text{CB-BKEM},\mathcal{A}^1}^{\text{LR-CPA}}(\kappa,\lambda_1,\lambda_2)$ 中，敌手 $\mathcal{A}^1$ 的获胜的优势定义为关于安全参数 $\kappa$ 及泄露参数 $\lambda_1$ 和 $\lambda_2$ 的函数

$$\mathrm{Adv}_{\text{CB-BKEM},\mathcal{A}^1}^{\text{LR-CPA}}(\kappa,\lambda)=\left|\Pr[\mathrm{Exp}_{\text{CB-BKEM},\mathcal{A}^1}^{\text{LR-CPA}}(\kappa,\lambda_1,\lambda_2)=1]-\Pr[\mathrm{Exp}_{\text{CB-BKEM},\mathcal{A}^1}^{\text{LR-CPA}}(\kappa,\lambda_1,\lambda_2)=0]\right|$$

式中，概率 $\Pr[\mathrm{Exp}_{\text{CB-BKEM},\mathcal{A}^1}^{\text{LR-CPA}}(\kappa,\lambda_1,\lambda_2)=1]$ 和 $\Pr[\mathrm{Exp}_{\text{CB-BKEM},\mathcal{A}^1}^{\text{LR-CPA}}(\kappa,\lambda_1,\lambda_2)=0]$ 来自实验参与者对随机数的使用。

2) 第二类敌手 $\mathcal{A}^2$ 泄露容忍的 CPA 安全性模型

如果不存在 PPT 敌手 $\mathcal{A}^2$ 能以不可忽略的优势在下述安全性实验 $\mathrm{Exp}_{\text{CB-BKEM},\mathcal{A}^2}^{\text{LR-CPA}}$

$(\kappa,\lambda_1,\lambda_2)$ 中获胜，则称 CB-BKEM 在第二类敌手 $\mathcal{A}^2$ 泄露容忍的适应性选择消息攻击下具有不可区分性。

$\underline{\text{Exp}^{\text{LR-CPA}}_{\text{CB-BKEM},\mathcal{A}^2}(\kappa,\lambda_1,\lambda_2):}$

$(\text{Params},\text{msk})\leftarrow \text{Setup}(1^\kappa)$;

$\text{ID}^*=\{\text{id}_1^*,\cdots,\text{id}_n^*\}\leftarrow (\mathcal{A}^2)^{\mathcal{O}^{\text{KeyGen}}(\cdot),\mathcal{O}^{\lambda_1,\kappa}_{\text{sk}_{\text{id}}}(\cdot)}(\text{Params},\text{msk})$;

$(C^*,k_1)=\text{Encap}(\text{ID}^*)$ and $k_0\leftarrow_R \mathcal{K}$;

$\beta\leftarrow_R\{0,1\}$;

$\beta'\leftarrow(\mathcal{A}^2)^{\mathcal{O}^{\text{KeyGen}}_{\text{id}\notin\text{ID}^*}(\cdot)}(C^*,k_\beta,\text{Params},\text{msk})$;

If $\beta=\beta$, output 1; Otherwise, output 0。

在交互式实验 $\text{Exp}^{\text{LR-CPA}}_{\text{CB-BKEM},\mathcal{A}^2}(\kappa,\lambda_1,\lambda_2)$ 中，敌手 $\mathcal{A}^2$ 的优势定义为关于安全参数 $\kappa$ 及泄露参数 $\lambda_1$ 和 $\lambda_2$ 的函数

$$\text{Adv}^{\text{LR-CPA}}_{\text{CB-BKEM},\mathcal{A}^2}(\kappa,\lambda)=\left|\Pr[\text{Exp}^{\text{LR-CPA}}_{\text{CB-BKEM},\mathcal{A}^2}(\kappa,\lambda_1,\lambda_2)=1]-\Pr[\text{Exp}^{\text{LR-CPA}}_{\text{CB-BKEM},\mathcal{A}^2}(\kappa,\lambda_1,\lambda_2)=0]\right|$$

式中，概率来自实验参与者对随机数的使用。

特别地，泄露容忍的选择密文攻击的安全模型中，除了上述相关询问，敌手还能够执行解封装询问，但敌手不能对挑战身份集合和挑战密文进行解封装询问。

### 8.3.3 抗泄露 CPA 安全的 CB-BKEM

本节将提出 CPA 安全的抗泄露 CB-BKEM 的实例，并基于经典的 DDH 困难性假设对方案的安全性进行形式化证明。

1) 具体构造

(1) $(\text{Params},\text{msk})\leftarrow\text{Setup}(1^\kappa)$。

设 $G$ 是阶为 $p$ 的乘法循环群，$g$ 是群 $G$ 的生成元。

选取三个抗碰撞的密码学哈希函数

$$H:\{0,1\}^*\to\{0,1\}^{l_k},\ H_1:\{0,1\}^*\to Z_p^*,\ H_2:\{0,1\}^*\to Z_p^*$$

令 $\text{Ext}:G_2\times\{0,1\}^{l_t}\to\{0,1\}^{l_k}$ 是平均情况的 $(\log q-\lambda_1,\varepsilon_1)$-强随机性提取器，其中 $\lambda_1$ 是泄露参数，$\varepsilon_1$ 是 $\kappa$ 上可忽略的值；$\text{2-Ext}:\{0,1\}^{l_n}\times\{0,1\}^{l_m}\to Z_p^*$ 是 $(l_n,l_m,\varepsilon_2)$ 二源提取器，$\varepsilon_2$ 是 $\kappa$ 上可忽略的值。

随机选取 $m_1\leftarrow_R\{0,1\}^{l_n}$、$m_2\leftarrow_R\{0,1\}^{l_m}$ 和 $g_1\leftarrow_R G$，并计算

$$\alpha=\text{2-Ext}(m_1,m_2) \text{ 和 } g_2=g^\alpha$$

秘密保存系统主密钥 $\text{msk}=\alpha$，并公开系统参数

$$\text{Params}=\{p,G,g,g_1,g_2,H,H_1,H_2,\text{Ext}\}$$

(2) $(\mathrm{pk}_{\mathrm{id}},\mathrm{sk}_{\mathrm{id}}) \leftarrow \mathrm{KeyGen}(\mathrm{id})$。

用户 $U_{\mathrm{id}}$（身份为 id）生成相应的公私钥 $(\mathrm{pk}_{\mathrm{id}},\mathrm{sk}_{\mathrm{id}})$。

$$\mathrm{sk}_{\mathrm{id}} = (a,b),\ \mathrm{pk}_{\mathrm{id}} = g^{aH_1(\mathrm{id})} g_1^b$$

式中，$a,b \leftarrow_R Z_p^*$。

(3) $\mathrm{Cert}_{\mathrm{id}} \leftarrow \mathrm{CertGen}(\mathrm{msk},\mathrm{id},\mathrm{pk}_{\mathrm{id}})$。

CA 随机选取 $t_{\mathrm{id}} \leftarrow_R Z_p^*$，并计算 $T_{\mathrm{id}} = g^{t_{\mathrm{id}}}$；然后基于用户 $U_{\mathrm{id}}$ 的身份 id 和公钥 $\mathrm{pk}_{\mathrm{id}}$ 计算 $u_{\mathrm{id}} = t_{\mathrm{id}} + \alpha H_2(\mathrm{id},T_{\mathrm{id}},\mathrm{pk}_{\mathrm{id}})$。

最后返回证书 $\mathrm{Cert}_{\mathrm{id}} = (T_{\mathrm{id}},u_{\mathrm{id}})$ 给用户，其中 $T_{\mathrm{id}}$ 与用户公钥 $\mathrm{pk}_{\mathrm{id}}$ 一起被公开，$u_{\mathrm{id}}$ 是证书 $\mathrm{Cert}_{\mathrm{id}}$ 的核心部分被秘密保存。

(4) $(C,k) \leftarrow \mathrm{Encap}(\mathrm{ID},\mathrm{PK}_{\mathrm{ID}})$。

令 $\mathrm{ID} = \{\mathrm{id}_1,\cdots,\mathrm{id}_n\}$ 表示接收者身份集合，相对应的公钥集合为 $\mathrm{PK}_{\mathrm{ID}} = \{\mathrm{pk}_1,\cdots,\mathrm{pk}_n\}$，接收者证书的公开参数集合是 $T_{\mathrm{ID}} = \{T_1,\cdots,T_n\}$。特别地，为方便广播形式的描述，统一将用户 $\mathrm{id}_i$ 的公私钥对和证书公开参数分别表示为 $(\mathrm{pk}_i,\mathrm{sk}_i)$ 和 $T_i$。广播封装算法 $(C,k) \leftarrow \mathrm{Encap}(\mathrm{ID},\mathrm{PK}_{\mathrm{ID}})$ 的主要操作如下所示。

随机选取 $r \leftarrow_R Z_p^*$，计算

$$U_1 = g^r, U_2 = g_1^r$$

随机选取 $\eta \leftarrow_R Z_p^*$，计算

$$k = H(U_2^{\eta})$$

选取随机种子 $S \leftarrow_R \{0,1\}^{l_t}$，对接收者集合 $\mathrm{ID} = \{\mathrm{id}_1,\cdots,\mathrm{id}_n\}$ 中的每个身份 $\mathrm{id}_i$ 计算

$$N_i = (\mathrm{pk}_i T_i)^r g_2^{rH_2(\mathrm{id}_i,T_i,\mathrm{pk}_i)}, W_i = \mathrm{Ext}(N_i,S) \oplus k$$

令集合 $\boldsymbol{W} = \{W_1,W_2,\cdots,W_n\}$，输出封装密文 $C = (\mathrm{ID},U_1,U_2,\boldsymbol{W},S)$ 及相应的封装密钥 $k$。

(5) $k \leftarrow \mathrm{Decap}(C,\mathrm{sk}_{\mathrm{id}},\mathrm{Cert}_{\mathrm{id}})$。

计算 $N_i = U_1^{aH(\mathrm{id}_i)+u_i} U_2^b$。

输出封装密钥 $k = \mathrm{Ext}(N_i,S) \oplus W_i$。

2) 正确性

上述 CB-BKEM 实例的正确性可由下述等式获得。

$$\begin{aligned}
U_1^{aH(\mathrm{id}_i)+u_i} U_2^b &= g^{r[aH(\mathrm{id}_i)+u_i]} g_1^{rb} = g^{raH(\mathrm{id}_i)} g^{ru_i} g_1^{rb} \\
&= [g^{aH(\mathrm{id}_i)} g_1^b]^r g^{r[t_{\mathrm{id}}+\alpha H_2(\mathrm{id}_i,T_i,\mathrm{pk}_i)]} \\
&= \mathrm{pk}_i^r (g^{t_i})^r g_2^{rH_2(\mathrm{id}_i,T_i,\mathrm{pk}_i)} \\
&= (\mathrm{pk}_i T_i)^r g_2^{rH_2(\mathrm{id}_i,T_i,\mathrm{pk}_i)}
\end{aligned}$$

3) 安全性

**定理 8-5**　对于泄露参数 $\lambda_1 \leqslant \log q - l_k - \omega(\log \kappa)$ 和 $\lambda_2 \leqslant l_n + l_m - \log q - \omega(\log \kappa)$，若 DDH 困难性假设成立，那么上述 CB-BKEM 实例具有泄露容忍的 CPA 安全性。

将通过下述两个引理完成对定理 8-5 的证明，其中引理 8-3 表明上述 CB-BKEM 实例在第一类敌手 $\mathcal{A}^1$ 选择明文攻击下具有泄露容忍的 CPA 安全性；引理 8-4 表明上述 CB-BKEM 实例在第二类敌手 $\mathcal{A}^2$ 选择明文攻击下具有泄露容忍的 CPA 安全性。

**引理 8-3**　对于泄露参数 $\lambda_1 \leqslant \log q - l_k - \omega(\log \kappa)$ 和 $\lambda_2 \leqslant l_n + l_m - \log q - \omega(\log \kappa)$，若存在一个 PPT 敌手 $\mathcal{A}^1$ 在多项式时间内能以不可忽略的优势 $\mathrm{Adv}_{\text{CB-BKEM},\mathcal{A}^1}^{\text{LR-CPA}}(\kappa, \lambda_1, \lambda_2)$ 攻破上述 CB-BKEM 实例泄露容忍的 CPA 安全性，那么我们就能构造一个敌手 $\mathcal{B}$ 在多项式时间内能以优势 $\mathrm{Adv}_{\mathcal{B}}^{\text{DDH}}(\kappa)$ 攻破 DDH 困难性假设。

$$\mathrm{Adv}_{\mathcal{B}}^{\text{DDH}}(\kappa) \geqslant \left(1 - \frac{n}{Q_1 + Q_2 + n}\right) \mathrm{Adv}_{\text{CB-BKEM},\mathcal{A}^1}^{\text{LR-CPA}}(\kappa, \lambda_1, \lambda_2)$$

式中，$Q_1$ 是 $\mathcal{A}^1$ 在询问阶段提交的私钥生成询问的次数；$Q_2$ 是 $\mathcal{A}^1$ 在询问阶段提交的证书生成询问的次数；$n$ 是广播用户的数量。

**证明**　敌手 $\mathcal{B}$ 与敌手 $\mathcal{A}^1$ 间进行泄露容忍的 CPA 安全性游戏之前，敌手 $\mathcal{B}$ 从 DBDH 挑战者处获得一个挑战元组 $(g, g^x, g^y, T)$ 及相应的公开元组 $(p, g, G)$，其中 $T = g^{ab}$ 或 $T \leftarrow_R G$。敌手 $\mathcal{B}$ 的目标是当 $T = g^{ab}$ 时输出 1，表示挑战元组是 DH 元组；否则输出 0，表示挑战元组是非 DH 元组。此外，$\mathcal{B}$ 维护一个列表 $L$ 用于记录游戏执行过程中敌手 $\mathcal{A}^1$ 提交询问的相应应答结果，该列表初始为空。

$\mathcal{B}$ 与 $\mathcal{A}^1$ 间的消息交互过程如下所示。

(1) 初始化。

该阶段敌手 $\mathcal{B}$ 进行下述操作。

选取三个抗碰撞的密码学哈希函数

$$H: \{0,1\}^* \to \{0,1\}^{l_k}, H_1: \{0,1\}^* \to Z_p^*, H_2: \{0,1\}^* \to Z_p^*$$

令 $\mathrm{Ext}: G_2 \times \{0,1\}^{l_t} \to \{0,1\}^{l_k}$ 是平均情况的 $(\log q - \lambda_1, \varepsilon_1)$ - 强随机性提取器；$\text{2-Ext}: \{0,1\}^{l_n} \times \{0,1\}^{l_m} \to Z_p^*$ 是 $(l_n, l_m, \varepsilon_2)$ 二源提取器。

令 $g_1 \leftarrow_R g^x$，随机选取 $m_1 \leftarrow_R \{0,1\}^{l_n}$ 和 $m_2 \leftarrow_R \{0,1\}^{l_m}$，并计算

$$\alpha = \text{2-Ext}(m_1, m_2) \text{ 和 } g_2 = g^{\alpha}$$

秘密保存系统主密钥 $\mathrm{msk} = \alpha$，发送公开参数

$$\mathrm{Params} = \{p, G, g, g_1, g_2, H, H_1, H_2, \mathrm{Ext}\}$$

给 $\mathcal{A}^1$。

(2) 阶段 1。

该阶段敌手 $\mathcal{A}^1$ 能适应性地进行多项式时间次下述询问。

①公钥生成询问。当敌手 $\mathcal{B}$ 收到敌手 $\mathcal{A}^1$ 提出的公钥生成询问 (id,public key extraction)，若列表 $L$ 中存在以 id 为索引的相应记录 $(\mathrm{id},\mathrm{sk}_{\mathrm{id}},\mathrm{pk}_{\mathrm{id}})$，则返回 $\mathrm{pk}_{\mathrm{id}}$ 给 $\mathcal{A}^1$；否则，敌手 $\mathcal{B}$ 执行下述操作。

随机选取 $a,b \leftarrow_R Z_p^*$，并计算

$$\mathrm{sk}_{\mathrm{id}} = (a,b),\ \mathrm{pk}_{\mathrm{id}} = g^{aH_1(\mathrm{id})} g_1^b$$

返回 $\mathrm{pk}_{\mathrm{id}}$ 给敌手 $\mathcal{A}^1$ 的同时，在列表 $L$ 中添加相应的记录 $(\mathrm{id},\mathrm{sk}_{\mathrm{id}},\mathrm{pk}_{\mathrm{id}})$。

②私钥生成询问。当敌手 $\mathcal{B}$ 收到敌手 $\mathcal{A}^1$ 提出的私钥生成询问 (id,private key extraction) 时，若列表 $L$ 中存在以 id 为索引的记录 $(\mathrm{id},\mathrm{sk}_{\mathrm{id}},\mathrm{pk}_{\mathrm{id}})$，则返回 $\mathrm{sk}_{\mathrm{id}}$ 给 $\mathcal{A}^1$；否则，对 id 进行公钥生成询问后返回列表 $L$ 中相应记录 $(\mathrm{id},\mathrm{sk}_{\mathrm{id}},\mathrm{pk}_{\mathrm{id}})$ 的 $\mathrm{sk}_{\mathrm{id}}$ 给 $\mathcal{A}^1$。

③证书生成询问。当收到敌手 $\mathcal{A}^1$ 提出的证书生成询问 $(\mathrm{id},\mathrm{pk}_{\mathrm{id}}$, certificate generation) 时，敌手 $\mathcal{B}$ 随机选取 $t_{\mathrm{id}} \leftarrow_R Z_p^*$，并计算相应的证书

$$\mathrm{Cert}_{\mathrm{id}} = (T_{\mathrm{id}},u_{\mathrm{id}}) = [g^{t_{\mathrm{id}}}, \alpha H_2(\mathrm{id},T_{\mathrm{id}},\mathrm{pk}_{\mathrm{id}})]$$

并返回给敌手 $\mathcal{A}^1$，其中 $\mathcal{B}$ 能够通过对 id 执行公钥生成询问获得 $\mathrm{pk}_{\mathrm{id}}$。特别地，算法 $\mathcal{B}$ 掌握系统主密钥 $\alpha$。

④公钥替换询问。敌手 $\mathcal{A}^1$ 能将任意身份 id 的公钥 $\mathrm{pk}_{\mathrm{id}}$ 替换为其所选择的内容 $\mathrm{pk}'_{\mathrm{id}}$。

⑤泄露询问。当收到敌手 $\mathcal{A}^1$ 提出的泄露询问 $(\mathrm{id},\mathrm{type}, f_i:\{0,1\}^* \to \{0,1\}^{\lambda_i},\mathrm{leakage})$（其中 $f_i:\{0,1\}^* \to \{0,1\}^{\lambda_i}$ 是高效可计算的泄露函数，type 是泄露类型标记）时，敌手 $\mathcal{B}$ 分下面两类进行响应。

type = 1，表示 $\mathcal{A}^1$ 提交了关于身份 id 的私钥泄露询问。若 $L$ 中存在相应的记录 $(\mathrm{id},\mathrm{sk}_{\mathrm{id}},\mathrm{pk}_{\mathrm{id}})$，那么返回 $\mathrm{sk}_{\mathrm{id}}$ 对应的 $f_i(\mathrm{sk}_{\mathrm{id}})$ 给 $\mathcal{A}^1$；否则，对 id 进行私钥生成询问后返回 $L$ 中相应记录 $(\mathrm{id},\mathrm{sk}_{\mathrm{id}},\mathrm{pk}_{\mathrm{id}})$ 的 $f_i(\mathrm{sk}_{\mathrm{id}})$ 给 $\mathcal{A}^1$。特别地，在整个生命周期中 $\mathcal{A}^1$ 获得的关于同一私钥 $\mathrm{sk}_{\mathrm{id}}$ 的泄露总量不能超过 $\lambda_1$。

type = 0，表示 $\mathcal{A}^1$ 提交了关于身份 id 的证书泄露询问。敌手 $\mathcal{B}$ 首先对身份 id 进行公钥生成询问，获得相应的公钥 $\mathrm{pk}_{\mathrm{id}}$ 后，生成相对应的证书 $\mathrm{Cert}_{\mathrm{id}}$，并返回相应的 $f_i(\mathrm{Cert}_{\mathrm{id}})$ 给敌手 $\mathcal{A}^1$。特别地，在整个生命周期中敌手 $\mathcal{A}^1$ 获得的所有证书的泄露总量不能超过 $\lambda_2$。

(3) 挑战。

敌手 $\mathcal{A}^1$ 提交挑战身份集合 $\mathrm{ID}^* = \{\mathrm{id}_1,\cdots,\mathrm{id}_n\}$ 给敌手 $\mathcal{B}$，其中对身份 $\mathrm{id}_i \in \mathrm{ID}^*$ 未提交私钥生成询问和证书生成询问。敌手 $\mathcal{B}$ 通过下述操作生成相应的挑战密文及对应的封装密钥。

令 $U_1 = g^y$（隐含地设置 $r = y$）和 $U_2 = T$。

对 $\mathrm{id}_i \in \mathrm{ID}^*$，计算 $\mathrm{id}_i$ 相对应的公私钥对 $(\mathrm{sk}_i,\mathrm{pk}_i) = [(a_i,b_i), g^{a_i H_1(\mathrm{id}_i)} g_1^{b_i}]$。

对 $\mathrm{id}_i \in \mathrm{ID}^*$，随机选取 $t_{\mathrm{id}} \leftarrow_R Z_p^*$，并计算 $\mathrm{id}_i$ 相对应的证书

$$\mathrm{Cert}_i = (T_{\mathrm{id}},u_{\mathrm{id}}) = [g^{t_{\mathrm{id}}}, t_{\mathrm{id}} + \alpha H_2(\mathrm{id},T_{\mathrm{id}},pk_{\mathrm{id}})]$$

随机选取 $\eta \leftarrow_R Z_p^*$，计算 $k_\beta = H(U_2^\eta)$。

随机选取 $S \leftarrow_R \{0,1\}^{l_t}$，对接收者集合 $\mathrm{ID}^* = \{\mathrm{id}_1, \cdots, \mathrm{id}_n\}$ 中的每个 $\mathrm{id}_i$ 计算

$$N_i = U_1^{a_i H(\mathrm{id}_i)+u_i} U_2^{b_i}, W_i = \mathrm{Ext}(N_i, S) \oplus k$$

令 $\boldsymbol{W} = \{W_1, W_2, \cdots, W_n\}$，输出封装密文 $C = (\mathrm{ID}, U_1, U_2, \boldsymbol{W}, S)$ 及相应的封装密钥 $k_\beta$。

特别地，当 $T = g^{xy}$ 时，$U_2 = g^{xy} = g_1^y$，则 $k_\beta$ 是与挑战密文 $C = (\mathrm{ID}, U_1, U_2, \boldsymbol{W}, S)$ 相对应的封装密钥；当 $T \leftarrow_R G$ 时，$k_\beta$ 是空间 $\{0,1\}^{l_t}$ 上的随机元素，即 $k_\beta$ 是封装密钥空间上的一个随机值。

(4) 阶段 2。

与阶段 1 相类似，敌手 $\mathcal{B}$ 响应敌手 $\mathcal{A}^1$ 提出的相关询问。但是，敌手 $\mathcal{A}^1$ 不能对挑战身份集合 $\mathrm{ID}^* = \{\mathrm{id}_1, \cdots, \mathrm{id}_n\}$ 中的任意身份进行私钥生成询问和证书生成询问。此外，该阶段禁止提交泄露询问。

(5) 输出。

敌手 $\mathcal{A}^1$ 输出对 $k_\beta$ 的判断。若 $\beta=1$，则敌手 $\mathcal{B}$ 输出 1，意味着 $(g, g^x, g^y, T)$ 是一个 DH 元组；否则，敌手 $\mathcal{B}$ 输出 0，意味着 $(g, g^x, g^y, T)$ 是一个非 DH 元组。

敌手 $\mathcal{A}^1$ 在询问阶段提交的私钥生成询问的次数是 $Q_1$，提交的证书生成询问的次数是 $Q_2$，则整个游戏中共提交了 $Q_1 + Q_2 + n$ 个用户身份，挑战身份集合 $\mathrm{ID}^* = \{\mathrm{id}_1, \cdots, \mathrm{id}_n\}$ 中的任意身份 $\mathrm{id}_i \in \mathrm{ID}^*$ 未进行私钥生成询问和证书生成询问的概率是 $1 - \dfrac{n}{Q_1 + Q_2 + n}$。

由底层提取器 Ext 和 2-Ext 的安全性可知

$$\lambda_1 \leqslant \log q - l_k - \omega(\log \kappa) \text{ 和 } \lambda_2 \leqslant l_n + l_m - \log q - \omega(\log \kappa)$$

若第一类敌手 $\mathcal{A}^1$ 能以不可忽略的优势 $\mathrm{Adv}_{\text{CB-BKEM},\mathcal{A}^1}^{\text{LR-CPA}}(\kappa, \lambda_1, \lambda_2)$ 攻破上述 CB-BKEM 实例泄露容忍的 CPA 安全性，那么敌手 $\mathcal{B}$ 能以显而易见的优势 $\mathrm{Adv}_{\mathcal{B}}^{\text{DDH}}(\kappa)$ 攻破经典的 DDH 困难性假设，其中

$$\mathrm{Adv}_{\mathcal{B}}^{\text{DDH}}(\kappa) \geqslant \left(1 - \frac{n}{Q_1 + Q_2 + n}\right) \mathrm{Adv}_{\text{CB-BKEM},\mathcal{A}^1}^{\text{LR-CPA}}(\kappa, \lambda_1, \lambda_2)$$

引理 8-3 证毕。

**引理 8-4** 对于泄露参数 $\lambda_1 \leqslant \log q - l_k - \omega(\log \kappa)$ 和 $\lambda_2 \leqslant l_n + l_m - \log q - \omega(\log \kappa)$，若存在一个 PPT 敌手 $\mathcal{A}^2$ 在多项式时间内能以不可忽略的优势 $\mathrm{Adv}_{\text{CB-BKEM},\mathcal{A}^2}^{\text{LR-CPA}}(\kappa, \lambda_1, \lambda_2)$ 攻破上述 CB-BKEM 实例泄露容忍的 CPA 安全性，那么就能构造一个敌手 $\mathcal{B}$ 在多项式时间内能以优势 $\mathrm{Adv}_{\mathcal{B}}^{\text{DDH}}(\kappa)$ 攻破 DDH 困难性假设，其中

$$\mathrm{Adv}_{\mathcal{B}}^{\text{DDH}}(\kappa) \geqslant \left(1 - \frac{n}{Q_1 + n}\right) \mathrm{Adv}_{\text{CB-BKEM},\mathcal{A}^2}^{\text{LR-CPA}}(\kappa, \lambda_1, \lambda_2)$$

引理 8-3 的证明中，DDH 困难问题挑战元组 $(g, g^x, g^y, T)$ 的元素并未嵌在主私钥 msk 中，因此在引理 8-3 的证明过程中，敌手 $\mathcal{B}$ 持有完整的 msk，可以使用引理 8-3 的证明思路对引理 8-4 进行证明，此处不再赘述详细的证明过程。特别地，在引

理 8-4 的证明中敌手 $\mathcal{A}^2$ 不能提交公钥替换询问和证书生成询问。

定理 8-5 证毕。

## 8.4 本 章 小 结

本章主要介绍了 IB-KEM、CL-KEM 和 CB-BKEM 的形式化定义及相对应的抗泄露安全模型；设计了 CCA 安全的抗泄露 IB-KEM 的通用构造；在不使用双线性映射的前提下设计了抵抗泄露攻击的 CL-KEM；此外，将广播通信和泄露容忍性引入基于证书密钥封装机制，设计了抗泄露的 CB-BKEM。

### 参 考 文 献


[1] Cramer R, Shoup V. Design and analysis of practical public-key encryption schemes secure against adaptive chosen ciphertext attack[J]. SIAM Journal on Computing, 2010, 33(1): 167-226.

[2] Wang H, Zheng Z H, Yang B. New identity-based key-encapsulation mechanism and its applications in cloud computing[J]. International Journal of High-Performance Computing and Networking, 2015, 8(2): 124-134.

[3] Yang Y. Efficient identity-based key encapsulation scheme with wildcards for email systems[J]. International Journal of Communication Systems, 2014, 27(1): 171-183.

[4] Tomita T, Ogata W, Kurosawa K. CCA-secure leakage-resilient identity-based key-encapsulation from simple (Not *q*-type) assumptions[C]//Proceedings of the Advances in Information and Computer Security, Tokyo, 2019: 3-22.

[5] Boyen X, Waters B. Anonymous hierarchical identity-based encryption (without random oracles) [C]//Proceedings of the 26th Annual International Cryptology Conference, Santa Barbara, 2006: 290-307.

[6] Abdalla M, Kiltz E, Neven G. Generalized key delegation for hierarchical identity-based encryption[C]//Proceedings of the 12th European Symposium on Research in Computer Security, Dresden, 2007: 139-154.

[7] Lewko A B, Waters B. New techniques for dual system encryption and fully secure HIBE with short ciphertexts[C]//Proceedings of the 7th Theory of Cryptography Conference, Zurich, 2010: 455-479.

[8] Huang Q, Wong D S. Generic certificateless key encapsulation mechanism[C]//Proceedings of the 12th Australasian Conference on Information Security and Privacy, Townsville, 2007: 215-229.

[9] Long Y, Chen K F. Efficient chosen-ciphertext secure certificateless threshold key encapsulation mechanism[J]. Information Sciences, 2010, 180(7): 1167-1181.

[10] Wu J D, Tseng Y M, Huang S S, et al. Leakage-resilient certificateless key encapsulation scheme[J]. Informatica, 2018, 29(1): 125-155.